COURS

DE

GÉOMÉTRIE ANALYTIQUE

PAR

JOSEPH CARNOY

DOCTEUR EN SCIENCES PHYSIQUES ET MATHÉMATIQUES
PROFESSEUR A LA FACULTÉ DES SCIENCES DE L'UNIVERSITÉ DE LOUVAIN
MEMBRE DE LA SOCIÉTÉ SCIENTIFIQUE DE BRUXELLES

GÉOMÉTRIE PLANE

SECONDE ÉDITION, REVUE ET AUGMENTÉE.

LOUVAIN
P. DESBARAX, LIBRAIRE

PARIS
GAUTHIER-VILLARS, LIBRAIRE

1876

COURS

DE

GÉOMÉTRIE ANALYTIQUE

Gand, imp. C. Annoot-Braeckman.

TABLE DES MATIÈRES.

CHAPITRE III. — Équation du premier degré en coordonnées triangulaires, polygonales et tangentielles.

CERCLE.

CHAPITRE IV. — Formes diverses de l'équation du cercle.

CHAPITRE V. — Propriétés d'un système de deux ou de plusieurs cercles.

COURBES DU SECOND ORDRE.

CHAPITRE VI. — Équation du second degré en coordonnées cartésiennes.

CHAPITRE VII. — Équation du second degré en coordonnées triangulaires et tangentielles.

CHAPITRE VIII. — Propriétés principales de l'ellipse, de l'hyperbole et de la parabole.

FORME DES COURBES.

CHAPITRE IX. — Construction des courbes algébriques et transcendantes. Courbes semblables.

EXERCICES.

CHAPITRE X. — Théorèmes et problèmes sur les courbes du second ordre ; lieux géométriques.

PROPRIÉTÉS GÉNÉRALES DES CONIQUES.

CHAPITRE XI. — Méthode de la notation abrégée.

CHAPITRE XII. — Méthode des coordonnées triangulaires et polygonales.

CHAPITRE XIII. — Méthode des identités.

CHAPITRE XIV. — De la transformation des figures.

COURBES ALGÉBRIQUES.

CHAPITRE XV. — Équation du troisième et du m^ième^ degré.

FIN DE LA TABLE DES MATIÈRES.

AVERTISSEMENT.

La Géométrie analytique s'est considérablement perfectionnée par l'emploi de nouveaux systèmes de coordonnées, où l'on représente un point par ses distances à trois droites fixes, et où l'on détermine la position d'une droite qui roule sur une courbe par ses distances à trois points fixes : de là dérivent les coordonnées trilatères et tangentielles. Je me suis efforcé, dans ce cours, de faire ressortir les avantages que présentent les nouvelles coordonnées dans les questions où l'on doit considérer des points ou des droites à l'infini, et, en général, dans l'étude des propriétés descriptives des figures où le système des coordonnées cartésiennes ne répond que difficilement au but que l'on veut atteindre.

Après avoir traité les différents problèmes sur la ligne droite suivant les coordonnées de Descartes, j'ai défini les coordonnées nouvelles pour les appliquer à la solution des mêmes questions, afin d'habituer les élèves, dès le commencement, au nouveau mode de représentation du point et de la droite. De même, dans l'étude du cercle, dans la discussion de l'équation générale du second degré, j'ai fait marcher côte à côte les différents systèmes de coordonnées, et indiqué les équations du cercle et des lignes du second ordre suivant le choix des axes et la position du triangle de référence. J'ai donné peu d'étendue au chapitre consacré à la construction des courbes :

toutes les questions relatives à la discussion d'une ligne plane trouvent leur place naturelle dans les applications géométriques du calcul infinitésimal. Il m'a semblé plus utile d'attirer l'attention des élèves sur les diverses méthodes analytiques employées dans la théorie des courbes du second ordre : ils apprécieront d'autant mieux les ressources de chacune d'elles, et la facilité avec laquelle on en déduit les propriétés nombreuses des sections coniques. Quant aux courbes d'ordre plus élevé, je me suis borné à indiquer plusieurs théorèmes généraux, en renvoyant à l'excellent traité *Higher plane curves* de M. Salmon.

Parmi les ouvrages que j'ai consultés, je citerai spécialement : *Trilinear coordinates, an elementary treatise* de M. Whitworth; *Géométrie de direction* de M. P. Serret; *A treatise on conic sections* par M. Salmon; *Principes de la Géométrie analytique*, par M. Painvin; les travaux de M. Hesse, etc. Guidé par ces ouvrages remarquables, j'ai voulu réunir dans un ordre méthodique, avec de nombreux exemples intercalés dans le texte, les principes et les formules indispensables aux jeunes gens qui désirent s'initier aux progrès de la nouvelle géométrie analytique.

P. S. Cette seconde édition renferme des améliorations importantes : quelques démonstrations ont été modifiées dans un sens plus rigoureux et plus général; un grand nombre d'exercices ont été ajoutés dans les diverses parties du cours; enfin, on trouvera, dans un nouveau chapitre, un choix de propriétés des courbes du second ordre à démontrer et un ensemble de lieux géométriques à étudier. La plupart de ces questions ont été proposées dans les concours d'admission aux écoles spéciales françaises. J'espère que toutes ces modifications auront servi à rendre cet ouvrage mieux approprié à sa destination.

Louvain, le 2 juillet 1876.

J. Carnoy.

NOTIONS PRÉLIMINAIRES.

§ I. PRINCIPE DES SIGNES.

1. Considérons le système de trois points A, M, B en ligne droite : les distances AM, AB, et MB comptées à partir des points A et M en allant vers la droite sont liées par la relation

$$(1) \qquad AB = AM + MB.$$

Cette équation et toutes celles qui peuvent s'en déduire telles que

$$(\alpha) \quad AM = AB - MB, \qquad \overline{AB}^2 = \overline{AM}^2 + \overline{MB}^2 + 2AM\cdot MB, \text{ etc.}$$

ont évidemment lieu pour une position quelconque du point M entre A et B.

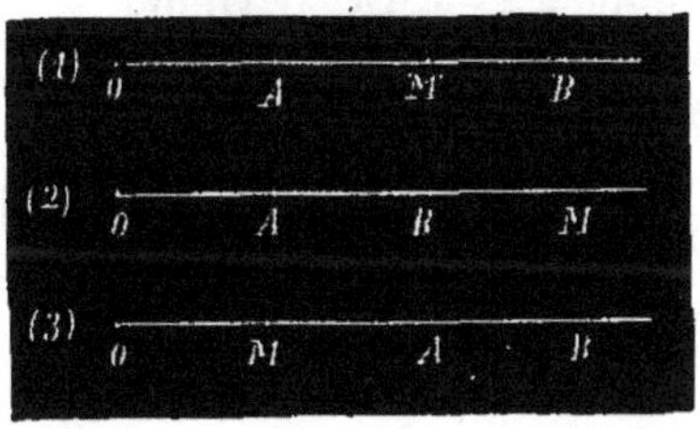

Supposons que le point M (2) soit situé au-delà du point B : on a, dans ce cas, entre les mêmes distances, l'égalité

$$(2) \qquad AB = AM - MB.$$

Fig. a.

Enfin, si le point M (3) est à gauche du point A, il vient

$$(3) \qquad AB = MB - AM.$$

Les relations (2) et 3) ne diffèrent de la relation (1) que par le signe des distances MB et AM, qui, pour la position (2) et (3) du point M, sont parcourues dans un sens contraire au sens primitif; d'ailleurs, il est évident que toutes les équations (α) qui proviennent de la relation (1) seront vraies, dans le second et le troisième cas, par le changement du signe des mêmes distances; donc, *pour qu'une relation entre les distances de trois points en ligne droite soit applicable à une position quelconque de ces points, il faut attribuer le signe + ou le signe — aux distances suivant qu'elles sont parcourues dans un sens ou en sens contraire à partir de ces points.*

2. En vertu de la règle précédente, un segment AB est positif ou négatif suivant l'extrémité à partir de laquelle il est parcouru, et on a toujours

$$AB = -BA.$$

L'équation (1) peut donc s'écrire

$$AM + MB + BA = 0.$$

Nous allons voir que cette relation s'étend à un nombre quelconque de points en ligne droite. En effet, supposons qu'elle soit vraie pour $n-1$ points A, B, C, ... L, M : on aura

$$AB + BC + CD + \cdots + LM + MA = 0.$$

Soit N un nouveau point; le système des trois points A, M, N donne lieu à l'égalité

$$AM + MN + NA = 0;$$

or, si on ajoute ces deux équations membre à membre, en remarquant que $AM = -MA$, il vient

$$AB + BC + CD + \cdots + LM + MN + NA = 0.$$

Donc, si le théorème est vrai pour $n-1$ points, il l'est aussi pour n points, et comme il a lieu pour le système de trois points, il aura lieu pour le système de quatre points, etc.

3. Prenons, sur les droites de la figure, un point fixe O et désignons par a, b, x les distances de ce point aux trois autres A, B, M, de telle sorte que $a = OA$, $b = OB$, $x = OM$. On aura

$$AB = OB - OA = b - a, AM = OM - OA = x - a, MB = OB - OM = b - x,$$

et, en substituant dans la relation (1), il vient

$$(1') \qquad b - a = x - a + b - x.$$

Dans le cas de la droite (2) où le point M est au-delà du point B, on a

$$AB = AM - MB;$$

mais $AM = x - a$, $MB = OM - OB = x - b$, et, par conséquent, l'équation précédente devient

$$b - a = x - a - (x - b),$$

ou bien

$$b - a = x - a + b - x.$$

Lorsque le point M se trouve entre le point fixe O et le point A, on a l'égalité

$$AB = - AM + MB,$$

et comme $AM = a - x$, $MB = b - x$, on a

$$b - a = -(a - x) + b - x$$

ou

$$b - a = x - a + b - x.$$

Ainsi, une relation entre les distances des points A, M, B à un point fixe O ne change pas aussi longtemps que l'un d'eux se déplace pour occuper une position quelconque à droite du point fixe.

Enfin, supposons (fig. b) que le point M soit situé à gauche du point O; les distances AB, AM et MB sont liées par l'équation

$$AB = - AM + MB;$$

mais $AM = x + a$, $MB = x + b$; en substituant, il vient

$$(2') \qquad b - a = - x - a + b + x.$$

On voit, par la comparaison des équations (1′) et (2′), que l'on passe de la première à la seconde en changeant x en $-x$.

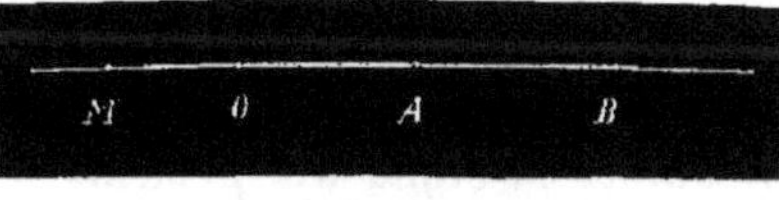

Fig. b.

Si on suppose que le nombre de points soit quelconque, on peut énoncer cette règle : *Une relation entre les distances d'un système de points d'une droite à un même point fixe de cette droite sera applicable à une position quelconque de ces points, si on donne le signe + aux distances des points situés à droite du point fixe, et le signe — aux distances des points situés à gauche.*

Les distances OA, OM, OB.... se nomment *abcisses* des points A, M, B.... par rapport au point fixe O appelé *origine*. On doit regarder l'abcisse d'un point comme une grandeur algébrique dont la valeur absolue indique la distance de ce point à l'origine, et dont le signe fait connaître de quel côté le point se trouve par rapport à la même origine.

§ 2. DES PROJECTIONS.

4. La projection orthogonale d'un point sur une droite est le pied de la perpendiculaire abaissée de ce point sur cette droite.

Soient b_3b une droite indéfinie, et AB une droite de longueur donnée; abaissons des extrémités A et B des perpendiculaires sur b_3b; la distance ab comprise entre les pieds de ces perpendiculaires est la projection orthogonale de la longueur AB sur l'axe.

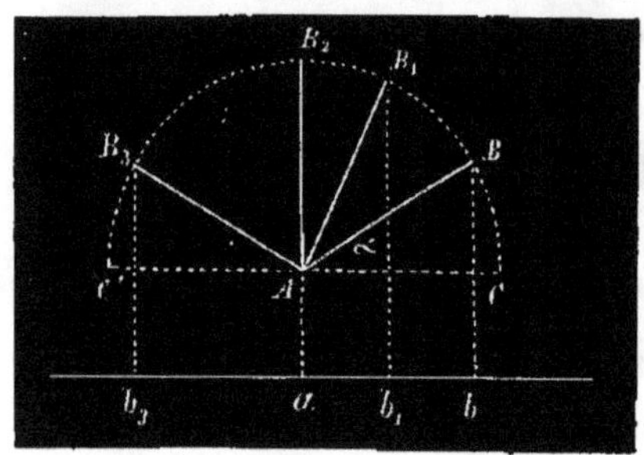

Fig. c.

Cette projection ab varie en grandeur et en direction suivant l'inclinaison de la droite AB sur l'axe. Supposons que la longueur AB tourne autour du point A pour venir se placer en AB_2 perpendiculairement à l'axe : la projection ab diminue et se réduit à un point pour la position AB_2; mais elle est toujours dirigée vers la droite par rapport au point a. Si la droite continue de tourner autour du point A, la projection tombe à gauche de a, et, dans la position AB_3, elle a pour longueur ab_3. Afin de généraliser les formules, nous regarderons la projection d'une droite AB sur un axe comme une grandeur algébrique positive, si, en parcourant la droite de A vers B, la projection est dirigée à droite du point a, et négative, si elle tombe à gauche du même point.

5. *La projection orthogonale d'une droite sur un axe est égale en grandeur et en signe au produit de la longueur de cette droite par le cosinus de l'angle qu'elle fait avec la partie positive de l'axe.*

Considérons la droite AB (fig. c); menons par le point A une parallèle à l'axe, et soient $AB = a$, $ab = p$, angle $BAC = \alpha$. Le triangle BAC donne

$$AC = ab = AB \cos BAC,$$

ou bien

$$p = a \cos \alpha. \tag{1}$$

Aussi longtemps que la droite AB fait un angle aigu avec l'axe, la projection est positive et égale à $a \cos \alpha$. Supposons que la droite AB occupe la position AB_3, et que l'angle B_3AC' soit égal à l'angle BAC ; la valeur absolue de la projection est encore $a \cos \alpha$; mais ici on doit prendre pour α l'angle obtus B_3AC que fait la droite avec la partie positive de l'axe, et, par suite, le produit $a \cos \alpha$ sera négatif ; donc, dans tous les cas, la formule (1) donnera la projection d'une droite en grandeur et en signe. L'angle α est toujours compris entre 0 et 180° ; pour le déterminer, il faut mener une parallèle à l'axe par l'extrémité à partir de laquelle on parcourt la droite AB.

6. *La somme algébrique des projections orthogonales des côtés d'un polygone fermé sur un axe est égale à zéro.*

Considérons le polygone ABCDEF, et abaissons des sommets A, B.... des perpendiculaires sur l'axe de projection. Supposons que l'on parcoure le polygone dans le sens des lettres A, B, C, D, E, F : il est visible que les côtés AB, BC, DE sont projetés positivement suivant ab, bc, et de, tandis que les autres côtés CD, EF, FA ont pour projections $-cd$, $-ef$, $-fa$; il en résulte que la somme algébrique des projections sera

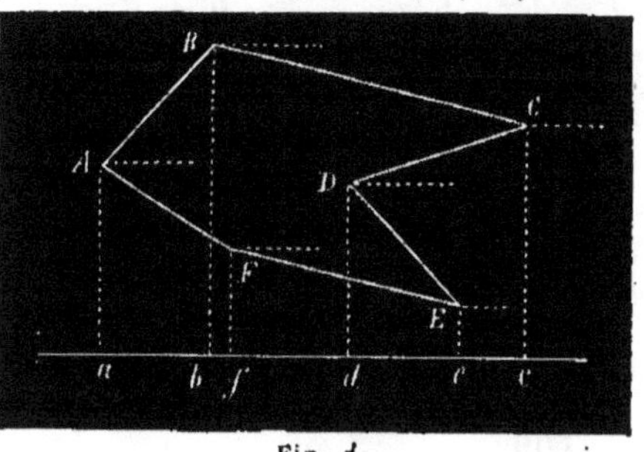

Fig. d.

$$ac + bc - cd + de - ef - fa.$$

Mais $ab + bc = ac$, $-cd + de = -ce$, $ef + fa = ea$; l'expression précédente devient

$$ac - ce - ea \quad \text{ou} \quad ac - ac,$$

et, par conséquent, elle est nulle.

Un raisonnement analogue peut s'appliquer à un polygone d'un nombre quelconque de côtés ; le théorème est donc démontré.

Afin d'exprimer le théorème précédent par une équation, désignons par $a, b, c \ldots. l$ les n côtés d'un polygone, et par $\alpha, \beta, \gamma \ldots. \lambda$ les angles de ces côtés avec l'axe de projection. On aura

$$(2) \qquad a \cos \alpha + b \cos \beta + c \cos \gamma + \cdots . \, l \cos \lambda = 0,$$

ou bien

$$\Sigma a \cos \alpha = 0,$$

où le signe Σ indique une somme. La relation (2) exprime le théorème général des projections orthogonales dans un plan.

§ 5. DES FRACTIONS ÉGALES.

7. *Étant données les fractions égales*

$$\frac{a}{b}=\frac{a'}{b'}=\frac{a''}{b''}=\dots$$

et m, m', m'' .... étant des quantités quelconques, on a :

$$\frac{a}{b}=\frac{a'}{b'}=\frac{a''}{b''}=\dots=\frac{a+a'+a''+\cdots}{b+b'+b''+\cdots}=\frac{ma+m'a'+m''a''+\cdots}{mb+m'b'+m''b''+\cdots}$$

$$=\frac{\sqrt{a^2+a'^2+a''^2+\cdots}}{\sqrt{b^2+b'^2+b''^2+\cdots}}.$$

Pour le démontrer, posons

$$k=\frac{a}{b}=\frac{a'}{b'}=\frac{a''}{b''}=\dots$$

D'où

$$(\alpha)\qquad a=kb,\ a'=kb',\ a''=kb'',\dots$$

On en déduit, en multipliant respectivement ces égalités par $m, m', m''\dots$,

$$(\beta)\qquad ma=kmb,\quad m'a'=km'b',\quad a''=km''b'',\dots$$

et, en les élevant au carré,

$$(\gamma)\qquad a^2=k^2b^2,\quad a'^2=k^2b'^2,\quad a''^2=k^2b''^2\dots..$$

Si on ajoute les équations (α), (β), (γ) respectivement membre à membre, on obtient

$$(a+a'+a''+\cdots)=(b+b'+b''+\cdots)\,k$$

$$(ma+m'a'+m''a''+\cdots)=(mb+m'b'+m''b''+\cdots)\,k$$

$$(a^2+a'^2+a''^2+\cdots)=(b^2+b'^2+b''^2+\cdots)\,k^2.$$

On en tire

$$\frac{+a'+a''+\cdots}{+b'+b''+\cdots}=\frac{ma+m'a'+m''a''+\cdots}{mb+m'b'+m''b''+\cdots}=\frac{\sqrt{a^2+a'^2+a''^2+\cdots}}{\sqrt{b^2+b'^2+b''^2+\cdots}}=k=\frac{a}{b}=\cdots$$

ce qui démontre le théorème énoncé.

8. *Étant données les trois fractions égales*

$$\frac{p}{l}=\frac{q}{m}=\frac{r}{n},$$

et α, β, γ étant trois angles quelconques, on aura

$$\frac{p}{l}=\frac{q}{m}=\frac{r}{n}=\frac{\sqrt{p^2+q^2+r^2-2qr\cos\alpha-2rp\cos\beta-2pq\cos\gamma}}{\sqrt{l^2+m^2+n^2-2mn\cos\alpha-2nl\cos\beta-2lm\cos\gamma}}.$$

En effet, en désignant par k la valeur de chacune des fractions, il vient, en élevant au carré,

$$(\delta)\qquad \frac{p^2}{l^2}=\frac{q^2}{m^2}=\frac{r^2}{n^2}=k^2.$$

Si on multiplie les fractions données deux à deux, on a aussi

$$\frac{qr}{mn}=\frac{rp}{nl}=\frac{pq}{ml}=k^2,$$

et, par suite,

$$(\varepsilon)\qquad \frac{2qr\cos\alpha}{2mn\cos\alpha}=\frac{2rp\cos\beta}{2nl\cos\beta}=\frac{2pq\cos\gamma}{2lm\cos\gamma}=k^2.$$

En vertu du théorème précédent, les égalités (δ) et (ε) conduisent à l'équation

$$\frac{p^2+q^2+r^2-2qr\cos\alpha-2rp\cos\beta-2pq\cos\gamma}{l^2+m^2+n^2-2mn\cos\alpha-2nl\cos\beta-2lm\cos\gamma}=k^2,$$

et, par conséquent,

$$\frac{\sqrt{p^2+q^2+r^2-2qr\cos\alpha-2rp\cos\beta-2pq\cos\gamma}}{\sqrt{l^2+m^2+n^2-2mn\cos\alpha-2nl\cos\beta-2lm\cos\gamma}}=k=\frac{p}{l}=\frac{q}{m}=\frac{r}{n};$$

c'est ce qu'il fallait démontrer.

Ces propriétés des fractions égales nous seront souvent utiles dans les calculs de la géométrie analytique.

§ 4. NOTIONS SUR LES DÉTERMINANTS.

9. Considérons un système de deux équations du premier degré de la forme

$$a_1x+b_1y=c_1$$
$$a_2x+b_2y=c_2.$$

Les valeurs de x et de y qui satisfont à la fois à ces équations sont données par les formules

$$x=\frac{c_1b_2-c_2b_1}{a_1b_2-a_2b_1},\quad y=\frac{a_1c_2-a_2c_1}{a_1b_2-a_2b_1}.$$

Toute expression algébrique de la forme du dénominateur se nomme le *déterminant du second ordre* des quantités a_1, b_1, a_2, b_2.

Pour représenter ce déterminant, on emploie la notation

$$\begin{vmatrix} a_1, & b_1 \\ a_2, & b_2 \end{vmatrix}.$$

On dispose donc les coefficients sous la forme d'un carré entre deux traits verticaux.

Les numérateurs des inconnues x et y sont aussi deux déterminants du second ordre; avec la notation précédente, on peut écrire

$$x=\frac{\begin{vmatrix} c_1, & b_1 \\ c_2, & b_2 \end{vmatrix}}{\begin{vmatrix} a_1, & b_1 \\ a_2, & b_2 \end{vmatrix}},\qquad y=\frac{\begin{vmatrix} a_1, & c_1 \\ a_2, & c_2 \end{vmatrix}}{\begin{vmatrix} a_1, & b_1 \\ a_2, & b_2 \end{vmatrix}}.$$

Remarque 1. Dans le déterminant des quantités a_1, b_1, a_2, b_2, les éléments a_1, b_2 forment la *diagonale* du carré. Dans le développement, il faut donner le signe positif au produit des éléments de cette diagonale.

Remarque 2. Pour obtenir les termes du déterminant

$$\begin{vmatrix} a_1, & b_1 \\ a_2, & b_2 \end{vmatrix}$$

on forme d'abord toutes les permutations du produit des lettres différentes qu'il renferme sans les indices ; il vient ainsi :

$$ab,\qquad ba;$$

on donne ensuite l'indice 1 à la première lettre de chaque groupe, l'indice 2 à la seconde, et on affecte le dernier produit du signe négatif.

10. Considérons, maintenant, le système de trois équations du premier degré

$$\begin{aligned} a_1x + b_1y + c_1z &= d_1,\\ a_2x + b_2y + c_2z &= d_2,\\ a_3x + b_3y + c_3z &= d_3. \end{aligned}$$

Le dénominateur commun des valeurs générales des inconnues x, y et z, c'est-à-dire l'expression

$$a_1b_2c_3 - a_1b_3c_2 + a_2b_3c_1 - a_2b_1c_3 + a_3b_1c_2 - a_3b_2c_1$$

se nomme le *déterminant du troisième ordre* des quantités a_1, b_1, c_1, etc.; on le désigne par la notation

$$\begin{vmatrix} a_1, & b_1, & c_1 \\ a_2, & b_2, & c_2 \\ a_3, & b_3, & c_3 \end{vmatrix}.$$

Le déterminant du troisième ordre s'exprime au moyen de déterminants du second ordre; car sa valeur peut s'écrire de six manières différentes, savoir :

$$\begin{aligned}
&a_1(b_2c_3 - b_3c_2) + a_2(b_3c_1 - b_1c_3) + a_3(b_1c_2 - b_2c_1)\\
&b_1(a_3c_2 - a_2c_3) + b_2(a_1c_3 - a_3c_1) + b_3(a_2c_1 - a_1c_2)\\
&c_1(a_2b_3 - a_3b_2) + c_2(a_3b_1 - a_1b_3) + c_3(a_1b_2 - a_2b_1)\\
&a_1(b_2c_3 - b_3c_2) + b_1(a_3c_2 - a_2c_3) + c_1(a_2b_3 - a_3b_2)\\
&a_2(b_3c_1 - b_1c_3) + b_2(a_1c_3 - a_3c_1) + c_2(a_3b_1 - a_1b_3)\\
&a_3(b_1c_2 - b_2c_1) + b_3(a_2c_1 - a_1c_2) + c_3(a_1b_2 - a_2b_1).
\end{aligned}$$

Posons

$$A_1 = \begin{vmatrix} b_2, & c_2 \\ b_3, & c_3 \end{vmatrix}, \quad A_2 = \begin{vmatrix} b_3, & c_3 \\ b_1, & c_1 \end{vmatrix}, \quad A_3 = \begin{vmatrix} b_1, & c_1 \\ b_2, & c_2 \end{vmatrix},$$

$$B_1 = \begin{vmatrix} c_2, & a_2 \\ c_3, & a_3 \end{vmatrix}, \quad B_2 = \begin{vmatrix} c_3, & a_3 \\ c_1, & a_1 \end{vmatrix}, \quad B_3 = \begin{vmatrix} c_1, & a_1 \\ c_2, & a_2 \end{vmatrix},$$

$$C_1 = \begin{vmatrix} a_2, & b_2 \\ a_3, & b_3 \end{vmatrix}, \quad C_2 = \begin{vmatrix} a_3, & b_3 \\ a_1, & b_1 \end{vmatrix}, \quad C_3 = \begin{vmatrix} a_1, & b_1 \\ a_2, & b_2 \end{vmatrix}.$$

On aura

$$\begin{vmatrix} a_1, & b_1 & c_1, \\ a_2, & b_2, & c_2 \\ a_3, & b_3, & c_3 \end{vmatrix} \begin{aligned} &= a_1A_1 + a_2A_2 + a_3A_3 = b_1B_1 + b_2B_2 + b_3B_3 = c_1C_1 + c_2C_2 + c_3C_3 \\ &= a_1A_1 + b_1B_1 + c_1C_1 = a_2A_2 + b_2B_2 + c_2C_2 = a_3A_3 + b_3B_3 + c_3C_3. \end{aligned}$$

Remarque 1. On fait usage des expressions précédentes pour calculer la valeur d'un déterminant donné du troisième ordre.

Il est bon d'observer que A_1 est le déterminant du second ordre obtenu en supprimant la ligne horizontale et la ligne verticale qui renferment le coefficient a_1; il en est de même des autres déterminants A_2, A_3, B_1.... Si l'on demandait, par exemple, la valeur du déterminant.

$$\begin{vmatrix} 0, & 1, & 2 \\ 0, & 3, & 4 \\ 5, & 2, & 1 \end{vmatrix},$$

on écrirait

$$\begin{vmatrix} 0, & 1, & 2 \\ 0, & 3, & 4 \\ 5, & 2, & 1 \end{vmatrix} = 0 \begin{vmatrix} 3, & 4 \\ 2, & 1 \end{vmatrix} + 0 \begin{vmatrix} 2, & 1 \\ 1, & 2 \end{vmatrix} + 5 \begin{vmatrix} 1, & 2 \\ 3, & 4 \end{vmatrix} = 5(4-6) = -10,$$

et le déterminant proposé a pour valeur — 10.

Remarque 2. On peut encore obtenir les différents termes du déterminant du troisième ordre de la manière suivante : on forme d'abord toutes les permutations du produit *abc*; ce sont :

$$abc, \quad acb, \quad cab, \quad bac, \quad bca, \quad cba;$$

on donne ensuite l'indice 1 à la première lettre, l'indice 2 à la seconde lettre, l'indice 3 à la troisième lettre de chaque groupe; il vient ainsi :

$$a_1b_2c_3, \quad a_1c_2b_3, \quad c_1a_2b_3, \quad b_1a_2c_3, \quad b_1c_2a_3, \quad c_1b_2a_3;$$

enfin, on donne le signe + au premier terme qui est le produit des éléments de la diagonale du carré, et on affecte les autres termes du signe + ou du signe — suivant qu'ils proviennent du premier par un nombre pair ou impair de permutations des indices. Ainsi, le terme $a_1c_2b_3$ sera négatif, puisqu'il vient du premier en permutant les indices des lettres *b* et *c*, le troisième terme provient du second en permutant les indices des lettres *a* et *c*, et, par conséquent, pour passer du premier au troisième il faut deux permutations d'indices; donc ce terme aura le signe + ; et ainsi de suite.

11. Soient enfin *n* équations du premier degré de la forme

$$\begin{aligned} a_1x + b_1y + c_1z + \cdots + s_1v &= \nu_1 \\ a_2x + b_2y + c_2z + \cdots + s_2v &= \nu_2 \\ \cdots\cdots\cdots\cdots\cdots & \\ a_nx + b_ny + c_nz + \cdots + s_nv &= \nu_n. \end{aligned}$$

Le dénominateur commun des valeurs de x, y, z.... qui satisfont à ces équations, s'appelle le déterminant de l'ordre n des coefficients a_1, b_1....; il se désigne par la notation

$$\begin{vmatrix} a_1, & b_1, & c_1, & \ldots\ldots & s_1 \\ a_2, & b_2, & c_2, & \ldots\ldots & s_2 \\ a_3, & b_3, & c_3, & \ldots\ldots & s_3 \\ \ldots & \ldots & \ldots & \ldots & \ldots \\ \ldots & \ldots & \ldots & \ldots & \ldots \\ a_n, & b_n, & c_n, & \ldots\ldots & s_n \end{vmatrix}.$$

La loi de formation indiquée dans la seconde remarque du numéro précédent pour le dénominateur des inconnues x, y, z, lorsqu'on a un système de trois équations du premier degré, s'applique à un système de n équations du premier degré à n inconnues. Il s'en suit que pour obtenir le déterminant de l'ordre n, on forme toutes les permutations du produit $abcd \ldots s$ qui renferme n lettres

$$abcd\ldots, \quad acbd\ldots, \quad \text{etc.};$$

on donne l'indice 1 à la première lettre, l'indice 2 à la seconde..., l'indice n à la dernière lettre dans chaque groupe; enfin, après avoir donné le signe + au produit

$$a_1 b_2 c_3 \ldots s_n$$

qui renferme les coefficients de la diagonale du carré, on affecte un terme quelconque du signe + ou du signe — suivant qu'il provient du premier par un nombre pair ou impair de permutations des indices. La somme algébrique de tous les termes ainsi obtenus sera le déterminant de l'ordre n.

Remarque 1. Nous avons vu qu'un déterminant du troisième ordre est égal à $a_1A_1 + a_2A_2 + a_3A_3$, A_1, A_2, A_3 étant des déterminants du second ordre qui ne contiennent pas la lettre a. Cette propriété s'applique aux déterminants des différents ordres. Ainsi, en désignant par $A_1, A_2, \ldots A_n$ des déterminants de l'ordre $(n - 1)$ qui ne renferment pas, le premier le coefficient a_1, le second le coefficient a_2, etc., le déterminant de l'ordre n peut s'écrire

$$a_1A_1 + a_2A_2 + \cdots a_nA_n.$$

De même, A_1, B_1, C_1, ... S_1 étant des déterminants de l'ordre $(n - 1)$, le premier ne renfermant pas le coefficient a_1, le second le coefficient b_1 etc., le déterminant de l'ordre n sera encore égal à

$$a_1A_1 + b_1B_1 + c_1C_1 + \cdots s_1S_1.$$

Remarque 2. Il n'est pas indispensable pour la définition d'un déterminant de considérer un système d'équations du premier degré en $x, y, \ldots$ On peut dire : Etant données n^2 quantités $a_1, b_1, \ldots s_1, a_2, b_2, \ldots s_2$, etc. disposées en carré ayant n lignes horizontales et n lignes verticales, si, dans le produit

$$a_1b_2c_3 \ldots s_n$$

des éléments de la diagonale où les indices se suivent dans l'ordre 1, 2, 3 jusqu'à n, on permute ces indices de toutes les manières possibles en donnant à chaque terme le signe + ou le signe — suivant qu'il dérive du premier par un nombre pair ou impair de permutations des indices, la somme algébrique des termes ainsi obtenus est le déterminant de l'ordre n des n^2 quantités $a_1, b_1 \ldots$

12. Propriétés des déterminants. — a) *Un déterminant ne change pas, si on écrit horizontalement les lignes verticales, et réciproquement.*

Ainsi,

$$\begin{vmatrix} a_1, & b_1, & c_1 \\ a_2, & b_2, & c_2 \\ a_3, & b_3, & c_3 \end{vmatrix} = \begin{vmatrix} a_1, & a_2, & a_3 \\ b_1, & b_2, & b_3 \\ c_1, & c_2, & c_3 \end{vmatrix}.$$

Cette propriété résulte de la loi de formation d'un déterminant ; dans les deux cas les différents termes proviennent du même terme $+ a_1b_2c_3$.

b) *Un déterminant change de signe, lorsqu'on y échange entre elles deux lignes parallèles (verticales ou horizontales).*

Ainsi, on a

$$\begin{vmatrix} a_1, & b_1, & c_1 \\ a_2, & b_2, & c_2 \\ a_3, & b_3, & c_3 \end{vmatrix} = - \begin{vmatrix} b_1, & a_1, & c_1 \\ b_2, & a_2, & c_2 \\ b_3, & a_3, & c_3 \end{vmatrix} = - \begin{vmatrix} a_2, & b_2, & c_2 \\ a_1, & b_1, & c_1 \\ a_3, & b_3, & c_3 \end{vmatrix}.$$

En effet, pour trouver les différents termes des deux derniers déterminants, il faut effectuer toutes les permutations possibles sur les indices dans le produit $+ b_1a_2c_3$ des éléments de la diagonale ; mais ce terme $b_1a_2c_3$ étant négatif dans le premier déterminant, il est évident que tous les termes qui en dérivent, d'après la loi précédente, auront les mêmes valeurs numériques et seront affectés d'un signe différent aux termes du premier; donc le déterminant a changé de signe.

c) Un déterminant est nul, quand deux lignes parallèles sont identiques.

Ainsi

$$\begin{vmatrix} a_1, & a_1, & c_1 \\ a_2, & a_2, & c_2 \\ a_3, & a_3, & c_3 \end{vmatrix} = \begin{vmatrix} a_1, & b_1, & c_1 \\ a_1, & b_1, & c_1 \\ a_3, & b_3, & c_3 \end{vmatrix} = 0;$$

car, d'un côté si on échange deux lignes identiques, le déterminant ne sera évidemment pas altéré; mais d'un autre côté, un tel échange revient à changer le signe du déterminant; donc, chacun des deux déterminants sera nul puisqu'il n'est pas altéré par le changement de signe des termes qu'il renferme.

d) Un déterminant est égal à 0, quand tous les coefficients d'une ligne sont nuls; car, dans chaque terme, il entre un élément de chaque ligne. Il en résulte que, si tous les éléments d'une ligne sont nuls, un seul étant excepté, le déterminant d'un certain ordre se réduira au produit de ce coefficient différent de zéro par un déterminant d'un ordre inférieur d'une unité. Ainsi

$$\begin{vmatrix} 0, & b_1, & c_1 \\ 0, & b_2, & c_2 \\ a_3, & b_3 & c_3, \end{vmatrix} = 0 \begin{vmatrix} b_2, & c_2 \\ b_3, & c_3 \end{vmatrix} + 0 \begin{vmatrix} b_3, & c_3 \\ b_1, & c_1 \end{vmatrix} + a_3 \begin{vmatrix} b_1, & c_1 \\ b_2, & c_2 \end{vmatrix} = a_3 \begin{vmatrix} b_1, & c_1 \\ b_2, & c_2 \end{vmatrix}.$$

e) Quand les éléments d'une ligne se composent d'une somme de plusieurs coefficients, le déterminant est égal à une somme de plusieurs déterminants.

Ainsi,

$$\begin{vmatrix} a_1 + \alpha_1, & b_1, & c_1 \\ a_2 + \alpha_2, & b_2, & c_2 \\ a_3 + \alpha_3, & b_3, & c_3 \end{vmatrix} = \begin{vmatrix} a_1, & b_1, & c_1 \\ a_2, & b_2, & c_2 \\ a_3, & b_3, & c_3 \end{vmatrix} + \begin{vmatrix} \alpha_1, & b_1, & c_1 \\ \alpha_2, & b_2, & c_2 \\ \alpha_3, & b_3, & c_3 \end{vmatrix}.$$

En effet, on peut écrire

$$\begin{vmatrix} a_1 + \alpha_1, & b_1, & c_1 \\ a_2 + \alpha_2, & b_2, & c_2 \\ a_3 + \alpha_3, & b_3, & c_3 \end{vmatrix} \begin{aligned} &= (a_1 + \alpha_1) A_1 + (a_2 + \alpha_2) A_2 + (a_3 + \alpha_3) A_3 \\ &= (a_1A_1 + a_2A_2 + a_3A_3) + (\alpha_1A_1 + \alpha_2A_2 + \alpha_3A_3). \end{aligned}$$

A_1, A_2, A_3 étant des déterminants du second ordre; or, les trinômes des paranthèses sont les deux déterminants du second membre de l'équation précédente, donc, etc.

f) Quand on multiplie les éléments d'une ligne par un même facteur, le déterminant se trouve multiplié par ce facteur.

Car, on a

$$\begin{vmatrix} pa_1, & b_1, & c_1 \\ pa_2, & b_2, & c_2 \\ pa_3, & b_3, & c_3 \end{vmatrix} = pa_1A_1 + pa_2A_2 + pa_3A_3 = p \begin{vmatrix} a_1, & b_1, & c_1 \\ a_2, & b_2, & c_2 \\ a_3, & b_3, & c_3 \end{vmatrix}.$$

Il en résulte que si deux lignes ne diffèrent que par un facteur constant, le déterminant sera égal à zéro; ainsi

$$\begin{vmatrix} pa_1, & a_1, & c_1 \\ pa_2, & a_2, & c_2 \\ pa_3, & a_3, & c_3 \end{vmatrix} = p \begin{vmatrix} a_1, & a_1, & c_1 \\ a_2, & a_2, & c_2 \\ a_3, & a_3, & c_3 \end{vmatrix} = 0.$$

g) Si chaque élément d'une ligne est égal à la somme des coefficients correspondants des autres lignes, multipliés respectivement par des facteurs constants, le déterminant est égal à zéro.

En effet, on a

$$\begin{vmatrix} lb_1 + nc_1, & b_1, & c_1 \\ lb_2 + nc_2, & b_2, & c_2 \\ lb_3 + nc_3, & b_3, & c_3 \end{vmatrix} = \begin{vmatrix} lb_1, & b_1, & c_1 \\ lb_2, & b_2, & c_2 \\ lb_3, & b_3, & c_3 \end{vmatrix} + \begin{vmatrix} nc_1, & b_1, & c_1 \\ nc_2, & b_2, & c_2 \\ nc_3, & b_3, & c_3 \end{vmatrix},$$

et les deux déterminants du second membre de cette équation étant nuls, la propriété est démontrée.

Il s'en suit qu'un déterminant ne change pas, si on ajoute aux coefficients d'une ligne, les coefficients des autres lignes après les avoir multipliés respectivement par des facteurs constants; car on a

$$\begin{vmatrix} a_1 + lb_1 + mc_1, & b_1, & c_1 \\ a_2 + lb_2 + mc_2, & b_2, & c_2 \\ a_3 + lb_3 + mc_3, & b_3, & c_3 \end{vmatrix} = \begin{vmatrix} a_1, & b_1, & c_1 \\ a_2, & b_2, & c_2 \\ a_3, & b_3, & c_3 \end{vmatrix} + \begin{vmatrix} lb_1 + mc_1, & b_1, & c_1 \\ lb_2 + mc_2, & b_2, & c_2 \\ lb_3 + mc_3, & b_3, & c_3 \end{vmatrix},$$

et, en vertu de la propriété démontrée, le dernier déterminant est nul.

Les coefficients l, m sont quelconques; ils peuvent être égaux à l'unité, positifs ou négatifs; on profite de leur indétermination pour arriver à introduire plusieurs zéros dans une ligne; ce qui abrège le calcul de la valeur du déterminant.

Applications.

a) Vérifier les égales suivantes :

(1) $$\begin{vmatrix} 2, & 3, & 4 \\ 0, & 5, & 6 \\ 0, & 0, & 7 \end{vmatrix} = 70, \qquad \begin{vmatrix} 2, & -1, & 3 \\ -4, & 2, & 5 \\ 6, & -3, & 7 \end{vmatrix} = 0;$$

(2) $$\begin{vmatrix} 2, & 3, & 8 \\ 4, & 6, & 4 \\ 6, & 12, & 4 \end{vmatrix} = 2\cdot3\cdot4 \begin{vmatrix} 1, & 1, & 2 \\ 2, & 2, & 1 \\ 3, & 4, & 1 \end{vmatrix} = 2\cdot3\cdot4 \begin{vmatrix} 0, & 1, & 2 \\ 0, & 2, & 1 \\ -1, & 4, & 1 \end{vmatrix} = 72;$$

$$\begin{vmatrix} 1, & 1, & 1, & 1 \\ 1, & -1, & -1, & 1 \\ 1, & -1, & 1, & -1 \\ 1, & 1, & -1, & -1 \end{vmatrix} = \begin{vmatrix} 4, & 1, & 1, & 1 \\ 0, & -1, & -1, & 1 \\ 0, & -1, & 1, & -1 \\ 0, & 1, & -1, & -1 \end{vmatrix} = 4 \begin{vmatrix} -1, & -1, & 1 \\ -1, & 1, & -1 \\ 1, & -1, & -1 \end{vmatrix} = 4 \begin{vmatrix} -2, & -1, & 1 \\ 0, & 1, & -1 \\ 0, & -1, & -1 \end{vmatrix} = 1$$

(4) $$\begin{vmatrix} a_1 + x, & b_1 \\ a_2, & b_2 \end{vmatrix} = \begin{vmatrix} a_1, & b_1 \\ a_2; & b_2 \end{vmatrix} + \begin{vmatrix} x, & b_1 \\ 0, & b_2 \end{vmatrix} = a_1b_2 - a_2b_1 + b_2x;$$

(5) $$\begin{vmatrix} x, & a, & b \\ c, & x, & d \\ e, & f, & x \end{vmatrix} = x^3 - x(ac + be + df) + ade + bcf;$$

(6) $$\begin{vmatrix} a^2, & a, & 1 \\ b^2, & b, & 1 \\ c^2, & c, & 1 \end{vmatrix} = \begin{vmatrix} a^2 - c^2, & a - c, & 0 \\ b^2 - c^2, & b - c, & 0 \\ c^2, & c, & 1 \end{vmatrix} = (a - c)\ (b - c)\ (a - b).$$

b) Résoudre le système suivant de n équations du premier degré à n inconnues

$$a_1x + b_1y + c_1z + \cdots s_1v = \nu_1$$
$$a_2x + b_2y + c_2z + \cdots s_2v = \nu_2$$
$$\cdots\cdots\cdots\cdots\cdots$$
$$\cdots\cdots\cdots\cdots\cdots$$
$$a_nx + b_ny + c_nz + \cdots s_nv = \nu_n.$$

Soit Δ le déterminant de l'ordre n des coefficients des inconnues; on aura

$$\Delta = a_1A_1 + a_2A_2 + a_3A_3 + \cdots a_nA_n.$$

Les quantités A_1, A_2, ... A_n sont des déterminants de l'ordre $n - 1$ qui ne renferment pas la lettre a. Si, dans l'équation précédente, on remplace la lettre a par toute autre lettre b, c...., le second membre est nul; car, si au lieu de a_1, a_2 .... a_n, on écrit, par exemple, b_1, b_2, ...; b_n, l'expression

$$b_1A_1 + b_2A_2 + b_3A_3 + \cdots b_nA_n$$

représente le déterminant

$$\begin{vmatrix} b_1, & b_1, & c_1 & . & . & . & . & s_1 \\ b_2, & b_2, & c_2 & . & . & . & . & s_2 \\ b_3, & b_3, & c_3 & . & . & . & . & s_3 \\ . & . & . & . & . & . & . & . \\ . & . & . & . & . & . & . & . \\ b_n, & b_n, & c_n, & . & . & . & . & s_n \end{vmatrix}$$

qui est nul, puisque deux lignes sont égales. Il en serait de même pour toute autre substitution. Cela étant, multiplions respectivement les équations données par A_1, A_2, A_3, ... A_n et ajoutons-les membre à membre; les coefficients des inconnues y, z... étant nuls, il viendra.

$$\Delta x = \nu_1 A_1 + \nu_2 A_2 + \cdots \nu_n A_n;$$

d'où on tire

$$x = \frac{\nu_1 A_1 + \nu_2 A_2 + \cdots \nu_n A_n}{\Delta}.$$

Pour trouver l'inconnu y, il faut remarquer que le déterminant Δ est aussi égal à

$$b_1 B_1 + b_2 B_2 + \cdots b_n B_n,$$

et si on ajoute les équations, après les avoir respectivement multipliées par B_1, B_2 ... B_n, on aura

$$\Delta y = \nu_1 B_1 + \nu_2 B_2 + \cdots \nu_n B_n,$$

car, les coefficients des autres inconnues sont égaux à zéro ; on en déduit

$$y = \frac{\nu_1 B_1 + \nu_2 B_2 + \cdots \nu_n B_n}{\Delta}.$$

On trouverait d'une manière analogue la valeur de toute autre inconnue.

Remarque. Dans le cas particulier où les seconds membres des équations données sont nuls excepté celui de la première, on a

$$x = \frac{\nu_1 A_1}{\Delta}, \qquad y = \frac{\nu_1 B_1}{\Delta}, \qquad z = \frac{\nu_1 C_1}{\Delta} \ldots,$$

et les valeurs des inconnues x, y, z.... sont proportionnelles à A_1, B_1 .... C_1.

Lorsque tous les seconds membres sont nuls, l'élimination successive de $(n-1)$ inconnues donne

$$\Delta x = 0, \qquad \Delta y = 0, \ldots.$$

Il en résulte que si les équations

$$\begin{gathered} a_1 x + b_1 y + \cdots s_1 v = 0. \\ a_2 x + b_2 y + \cdots s_2 v = 0, \\ . \; . \; . \; . \; . \; . \; . \; . \; . \; . \\ . \; . \; . \; . \; . \; . \; . \; . \; . \; . \\ a_n x + b_n y + \cdots s_n v = 0, \end{gathered}$$

doivent être satisfaites par des valeurs de x, y, z.... différentes de zéro, il faut que l'on ait

$$\Delta = 0.$$

Lorsque cette condition est satisfaite, les équations sont compatibles et les valeurs de x, y, z.... sont proportionnelles aux déterminants A_1, B_1, C_1 .... S_1. En effet, Δ étant nul on a

$$a_1A_1 + b_1B_1 + c_1C_1 + \cdots s_1S_1 = 0;$$

de plus, si on remplace $a_1, b_1 \cdots c_1$, par $a_2, b_2 \cdots s_2$; $a_3, b_3, \cdots s_3$, etc., on aura aussi

$$\begin{array}{l} a_2A_1 + b_2B_1 + c_2C_1 + \cdots s_2S_1 = 0 \\ a_3A_1 + b_3B_1 + \cdots\cdots s_3S_1 = 0 \\ \cdots\cdots\cdots\cdots \\ a_nA_1 + b_nB_1 + \cdots\cdots s_nS_1 = 0; \end{array}$$

car les premiers membres de ces équations représentent des déterminants où deux lignes parallèles ont les mêmes coefficients. Mais les égalités précédentes montrent que A_1, B_1, C_1, ... S_1, satisfont aux équations données ; il est évident que les valeurs λA_1, λB_1, $\lambda C_1 \cdots$ satisferont également aux mêmes équations quel que soit λ. On a donc

$$x = \lambda A_1, \quad y = \lambda B_1, \quad z = \lambda C_1, \ldots v = \lambda S_1.$$

Ainsi, les équations proposées déterminent les rapports et non les valeurs mêmes de x, y, z....

c) Trouver la condition pour que les n équations du premier degré

$$\begin{array}{l} a_1x + b_1y + \cdots + s_1 = 0, \\ a_2x + b_2y + \cdots + s_2 = 0, \\ \cdots\cdots\cdots\cdots \\ a_nx + b_ny + \cdots + s_n = 0, \end{array}$$

entre les $(n-1)$ inconnues, x, y, z.... soient compatibles. Il faut que l'on ait

$$\Delta = \begin{vmatrix} a_1, & b_1, & c_1, \ldots s_1 \\ a_2, & b_2, & c_2, \ldots s_2 \\ \cdot & \cdot & \cdot \\ \cdot & \cdot & \cdot \\ a_n, & b_n, & c_n, \ldots s_n \end{vmatrix} = 0.$$

En effet, les équations données seront compatibles, si la relation obtenue en éliminant les inconnues est satisfaite. Or, si on multiplie ces équations respectivement par S_1, S_2, ... S_n et si on les ajoute membre à membre, il viendra

$$s_1S_1 + s_2S_2 + s_3S_3 + \cdots s_nS_n = 0$$

ou bien $\Delta = 0$; car les coefficients des inconnues après l'addition sont nuls.

d) Montrer que les valeurs des n inconnues x, y, z .... v qui satisfont à un système de $(n-1)$ équations du premier degré de la forme

$$\begin{array}{l} a_2x + b_2y + \cdots s_2v = 0, \\ a_3x + b_3y + \cdots s_3v = 0, \\ \cdots\cdots\cdots\cdots \\ \cdots\cdots\cdots\cdots \\ a_nx + b_ny + \cdots s_nv = 0, \end{array}$$

sont proportionnelles aux déterminants A_1, B_1, C_1, $\cdots$ S_1.

Ajoutons à ces $(n-1)$ équations l'égalité suivante :

$$0 \cdot x + 0 \cdot y + \cdots 0 \cdot v = 0\,;$$

nous obtenons ainsi un système de n équations où les seconds membres sont nuls et pour lequel on a

$$\Delta = \begin{vmatrix} 0, & 0, & 0, & \ldots & 0 \\ a_2, & b_2, & c_2, & \ldots & s_2 \\ \cdot & \cdot & \cdot & \cdot & \cdot \\ \cdot & \cdot & \cdot & \cdot & \cdot \\ a_n, & b_n, & c_n, & \ldots & s_n, \end{vmatrix} = 0;$$

par conséquent, en vertu d'une remarque faite précédemment, on peut écrire

$$\frac{x}{A_1} = \frac{y}{B_1} = \frac{z}{C_1} \cdots = \frac{v}{S_1}.$$

Ainsi, pour les équations

$$a_2x + b_2y + c_2z = 0,$$
$$a_3x + b_3y + c_3z = 0,$$

il viendra

$$\frac{x}{\begin{vmatrix} b_2, & c_2 \\ b_3, & c_3 \end{vmatrix}} = \frac{y}{\begin{vmatrix} c_2, & a_2 \\ c_3, & a_3 \end{vmatrix}} = \frac{z}{\begin{vmatrix} a_2, & b_2 \\ a_3, & b_3 \end{vmatrix}}.$$

De même, étant données les équations

$$a_2x + b_2y + c_2z + d_2v = 0,$$
$$a_3x + b_3y + c_3z + d_3v = 0,$$
$$a_4x + b_4y + c_4z + d_4v = 0,$$

on aura

$$\frac{x}{\begin{vmatrix} b_2, & c_2, & d_2 \\ b_3, & c_3, & d_3 \\ b_4, & c_4, & d_4 \end{vmatrix}} = \frac{-y}{\begin{vmatrix} c_2, & d_2, & a_2 \\ c_3, & d_3, & a_3 \\ c_4, & d_4, & a_4 \end{vmatrix}} = \frac{z}{\begin{vmatrix} d_2, & a_2, & b_2 \\ d_3, & a_3, & b_3 \\ d_4, & a_4, & b_4 \end{vmatrix}} = \frac{-v}{\begin{vmatrix} a_2, & b_2, & c_2 \\ a_3, & b_3, & c_3 \\ a_4, & b_4, & c_4 \end{vmatrix}}.$$

e) Montrer que le produit des deux déterminants

$$\begin{vmatrix} a_1, & b_1, & c_1 \\ a_2, & b_2, & c_2 \\ a_3, & b_3, & c_3 \end{vmatrix} \cdot \begin{vmatrix} \alpha_1, & \beta_1, & \gamma_1 \\ \alpha_2, & \beta_2, & \gamma_2 \\ \alpha_3, & \beta_3, & \gamma_3 \end{vmatrix}$$

est lui-même un déterminant ayant pour expression :

$$\begin{vmatrix} a_1\alpha_1 + b_1\beta_1 + c_1\gamma_1; & a_1\alpha_2 + b_1\beta_2 + c_1\gamma_2, & a_1\alpha_3 + b_1\beta_3 + c_1\gamma_3 \\ a_2\alpha_1 + b_2\beta_1 + c_2\gamma_1, & a_2\alpha_2 + b_2\beta_2 + c_2\gamma_2, & a_2\alpha_3 + b_2\beta_3 + c_2\gamma_3 \\ a_3\alpha_1 + b_3\beta_1 + c_3\gamma_1, & a_3\alpha_2 + b_3\beta_2 + c_3\gamma_2 & a_3\alpha_3 + b_3\beta_3 + c_3\gamma_3 \end{vmatrix}.$$

COURS

DE

GÉOMÉTRIE ANALYTIQUE.

DÉFINITION.

La géométrie analytique est la partie des Mathématiques où l'on étudie les propriétés des figures par l'analyse algébrique. Avec quelques conventions, on arrive aux équations qui déterminent les différents points d'une ligne et d'une surface géométriques; au lieu de se servir des procédés de la Géométrie synthétique pour en démontrer une propriété, on emploie l'équation de cette ligne ou de cette surface.

Il suit de cette définition que tous les résultats de la Géométrie analytique ont la même généralité que ceux de l'algèbre : après avoir démontré une certaine propriété d'une figure composée de points, de droites et de courbes, la même relation aura lieu dans les différentes positions de la figure, lorsqu'un point ou une droite passe de la gauche vers la droite etc...; car on ne fait usage que de formules algébriques, et les changements de position de certaines parties de la figure dépendent seulement des valeurs ou des signes attribués aux lettres qu'elles renferment.

La Géométrie analytique étend donc les conceptions de la Géométrie en les généralisant; elle fournit, en même temps, une méthode générale et uniforme pour l'étude des propriétés des figures. De plus, elle est aussi quelquefois très utile pour résoudre, par la Géométrie, certaines questions de calcul.

C'est vers 1637 que l'illustre Descartes a défini cette nouvelle méthode pour les recherches géométriques; elle fut bientôt admise et cultivée avec ardeur par tous les géomètres, et elle peut revendiquer une grande part dans les progrès ultérieurs des sciences mathématiques.

Cependant, au commencement de ce siècle, quelques géomètres se sont portés de préférence vers la Géométrie pure. L'élan fut donné par Carnot, qui, dans son traité de *Géométrie de position*, généralisa les démonstrations avec la notion des longueurs positives et négatives. Plus tard, les nombreux et remarquables travaux de Poncelet, de Chasles, de Steiner etc. ont séduit les esprits par des méthodes générales et fécondes. Mais, en même temps, la Géométrie analytique s'est considérablement étendue en suivant une voie nouvelle, et les élégantes recherches de ces dernières années ont servi à la compléter de la manière la plus heureuse.

La Géométrie analytique se divise en deux parties : *la Géométrie analytique plane*, qui s'occupe des lignes planes et des problèmes qui s'y rattachent; *la Géométrie analytique à trois dimensions*, qui étudie les figures dans l'espace.

PREMIÈRE PARTIE.

GÉOMÉTRIE ANALYTIQUE PLANE.

CHAPITRE PREMIER.

INTRODUCTION.

SOMMAIRE. — *Des coordonnées cartésiennes, obliques et rectangulaires. Coordonnées polaires. — Transformation des coordonnées. — Passage de la définition d'une ligne géométrique à son équation. — Classification des lignes planes.*

§ 1. DES COORDONNÉES.

1. On donne le nom de *coordonnées* aux quantités variables qui servent à fixer la position d'un point dans un plan.

Pour définir les coordonnées de Descartes, tirons préalablement (*fig.* 1) deux droites fixes XX′, YY′ qui se coupent en un point O, sous un angle quelconque. Par un point M, menons des parallèles à ces droites; les coordonnées de ce point sont les longueurs MQ et MP, c'est-à-dire ses distances parallèles aux droites fixes. Mais MQ = OP, MP = OQ : ce sont ordinairement ces quantités que l'on considère, parce qu'elles

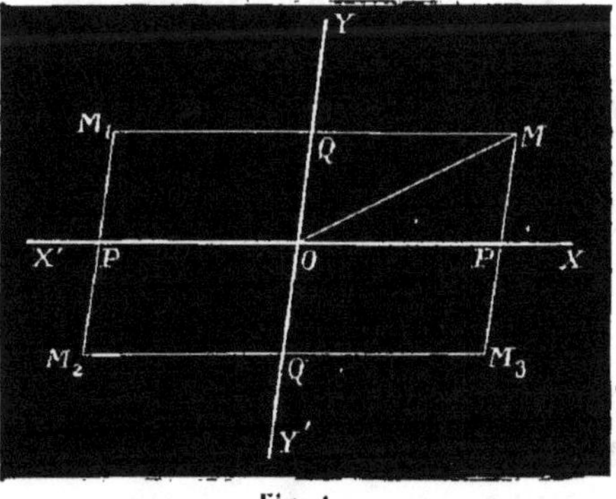

Fig. 1.

sont dirigées suivant les droites primitives. La coordonnée OP s'appelle *abcisse* du point M et se désigne par la lettre x; la seconde OQ est l'*ordonnée* et se représente par la lettre y.

Si l'on donne les deux coordonnées OP et OQ d'un point du plan, on trouve sa position en portant, sur les droites préalables, les longueurs OP et OQ; les parallèles menées par les points P et Q déterminent, par leur intersection, le point correspondant.

Comme rien n'indique dans quel sens il faut compter les distances OP et OQ, on pourrait trouver quatre points M, M_1, M_2, M_3 qui répondent à ces mêmes coordonnées. Il y a indétermination. Pour la faire disparaître, on est convenu d'admettre la loi suivante pour les signes. Les abcisses sont positives, si elles sont dirigées à partir du point O dans le sens OX, de gauche à droite; elles sont négatives dans le sens opposé. Les ordonnées sont positives, lorsqu'elles sont comptées à partir de l'origine O dans le sens OY, négatives dans le sens contraire. En vertu de cette règle que l'on suit toujours, si on représente par a et b les coordonnées OP et OQ, on a évidemment :

Pour le point M... $x = a$, $y = b$;
Pour le point M_1... $x = -a$, $y = b$;
Pour le point M_2... $x = -a$, $y = -b$;
Pour le point M_3... $x = a$, $y = -b$.

Ces systèmes de valeurs pour les coordonnées diffèrent au moins par les signes des quantités a et b; et il est visible qu'il n'y aura plus qu'un seul point du plan qui réponde à un système de valeurs données pour x et y.

Les deux droites fixes XX', YY' se nomment les *axes des coordonnées;* la première est l'axe des abcisses ou des x; la seconde est l'axe des ordonnées ou des y. Le point O s'appelle *origine;* enfin, l'angle formé par les parties positives OX, OY est l'*angle des axes;* nous le représenterons par θ; il est toujours compris entre 0° et 180°.

Le système de coordonnées que nous venons de définir est le système des *coordonnées obliques*.

2. *Coordonnées rectangulaires.* Dans ce système, les droites préalables XX', YY' forment un angle droit; de sorte que les coordonnées rectangulaires d'un point sont les distances perpendiculaires de ce point aux deux axes, ou les projections orthogonales du rayon OM sur les mêmes droites. C'est le système le plus généralement employé.

REMARQUES. I. Les coordonnées obliques ou rectangulaires d'un point sont des quantités variables avec sa position dans le plan; elles peuvent avoir une valeur quelconque entre les limites $-\infty$ et $+\infty$. Un point sur l'axe des x a une ordonnée nulle; pour les points extrêmes de cet axe, on aurait :

$$x=+\infty,\quad y=0,\qquad \text{et}\qquad x=-\infty,\quad y=0.$$

Tout point de l'axe des y a une abcisse nulle; l'origine est le seul point du plan qui a ses deux coordonnées égales à 0.

II. Par abréviation, on emploie la notation $M(x, y)$ pour indiquer que le point M a pour coordonnées les nombres x et y; le premier est l'abcisse, le second l'ordonnée. Souvent, dans une question, pour distinguer les coordonnées variables x et y de celles de points donnés, on affecte ces dernières d'accents ou d'indices; ainsi $M'(x', y')$, $M_1(x_1, y_1)$ etc. sont généralement des points donnés; tandis que $M(x, y)$ est un point variable qui décrit une certaine ligne dans le plan.

3. *Trouver les coordonnées d'un point* C *qui partage une ligne* AB *en deux segments dont le rapport est égal à* $\frac{m}{n}$.

Par les points A, C, B (*fig.* 2), menons des parallèles à OY; soient (x', y'), (x'', y'') les coordonnées des points donnés A et B, et (x, y) celles du point C. A l'aide d'une parallèle à OX menée par le point A, on a les égalités

$$\frac{AC}{CB}=\frac{AK}{KF}=\frac{m}{n}.$$

Or

$$AK=PQ=OQ-OP=x-x',$$

et

$$KF=QR=OR-OQ=x''-x.$$

Après la substitution, il vient

$$(\alpha)\qquad \frac{x-x'}{x''-x}=\frac{m}{n}.$$

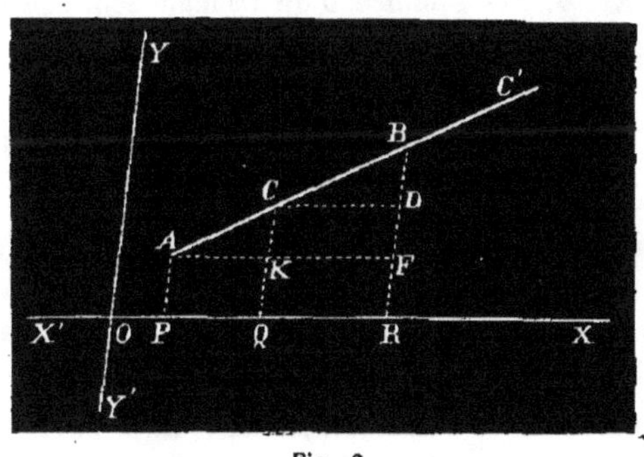

Fig. 2.

En second lieu, si on mène CD parallèle à OX, on a aussi :

$$\frac{m}{n}=\frac{AC}{CB}=\frac{DF}{BD},\qquad \text{et}\qquad \frac{DF}{BD}=\frac{y-y'}{y''-y};$$

par suite,

$$(\beta) \qquad \frac{y-y'}{y''-y}=\frac{m}{n}.$$

Les deux équations (α) et (β) nous donnent finalement, pour les coordonnées cherchées,

$$x=\frac{mx''+nx'}{m+n}, \qquad y=\frac{my''+ny'}{m+n}.$$

Si le point de division était en dehors des points A et B, par exemple en C′, une marche identique conduirait aux formules :

$$x=\frac{mx''-nx'}{m-n}, \qquad y=\frac{my''-ny'}{m-n}.$$

Dans le cas particulier où le point C est au milieu de AB, $m=n$; et les coordonnées du milieu sont :

$$x=\frac{x'+x''}{2}, \qquad y=\frac{y'+y''}{2}.$$

Ex. 1. Un triangle ABC a pour sommets : A $(-1, 0)$, B $(0, 2)$, C $(3, 0)$; trouver lés coordonnées des milieux des côtés. R. $\left(-\frac{1}{2}, 1\right)$, $(1, 0)$, $\left(\frac{3}{2}, 1\right)$.

Ex. 2. Les sommets opposés d'un parallélogramme sont : A $(0, 0)$, A′ $(3, 2)$; B $(0, 2)$, B′ $(3, 0)$. Quelles sont les coordonnées du point d'intersection des diagonales?

R. $\left(\frac{3}{2}, 1\right)$.

Ex. 3. Les sommets d'un triangle sont : A (x', y'), B (x'', y'') et C (x''', y'''); trouver les coordonnées des milieux des médianes.

R. On arrivera à trois expressions de la forme

$$\left(\frac{2x'+x''+x'''}{4}, \frac{2y'+y''+y'''}{4}\right).$$

Ex. 4. On a quatre points dans un plan P_1, P_2, P_3 et P_4 ; soit C_1 le milieu de $P_1 P_2$; on joint C_1 avec P_3, et on divise la distance C_1P_3 en trois parties égales ; soit C_2 le point de division le plus près de C_1 ; on joint C_2 avec P_4, et on divise $C_2 P_4$ en quatre parties égales ; trouver les coordonnées du point de divison C_3 le plus proche de C_2, celles des points donnés étant (x_1, y_1) etc. On trouvera successivement : 1° Pour le point C_1, $\left(\frac{x_1+x_2}{2}, \frac{y_1+y_2}{2}\right)$; 2° Pour le point C_2, $\left(\frac{x_1+x_2+x_3}{3}, \frac{y_1+y_2+y_3}{3}\right)$; enfin, pour le point C_3, $\left[\frac{x_1+x_2+x_3+x_4}{4}, \frac{y_1+y_2+y_3+y_4}{4}\right]$.

Si l'on continue l'opération que nous venons d'indiquer, lorsque le nombre des points donnés est m, on trouvera, pour le dernier point construit,

$$x = \frac{x_1 + x_2 + \cdots x_m}{m} \qquad y = \frac{y_1 + y_2 + \cdots y_m}{m}.$$

Ce point s'appelle *le centre des moyennes distances* des points donnés. On arrive toujours au même point final quel que soit l'ordre suivi entre ces points dans la suite des opérations.

Ex. 5. Etant donné un système de m points $P_1(x_1, y_1)$, $P_2(x_2, y_2)$ etc., construire le point dont les coordonnées sont représentées par

$$x = \frac{n_1 x_1 + n_2 x_2 + \cdots\cdots n_m x_m}{n_1 + n_2 + \cdots\cdots + n_m}, \qquad y = \frac{n_1 y_1 + n_2 y_2 + \cdots\cdots n_m y_m}{n_1 + n_2 + \cdots\cdots n_m}.$$

Ce point se nomme le *centre des distances proportionnelles* du système.

4. *Trouver l'expression de la distance entre deux points donnés.*

Soient $M'(x', y')$, $M''(x'', y'')$ les points donnés; menons les ordonnées $M'P'$, $M''P''$, et, par le point M', une parallèle à OX; le triangle $M'M''K$ donne la relation :

$$\overline{M'M''}^2 = \overline{M'K}^2 + \overline{M''K}^2 - 2M'K \cdot M''K \cdot \cos M'KM'';$$

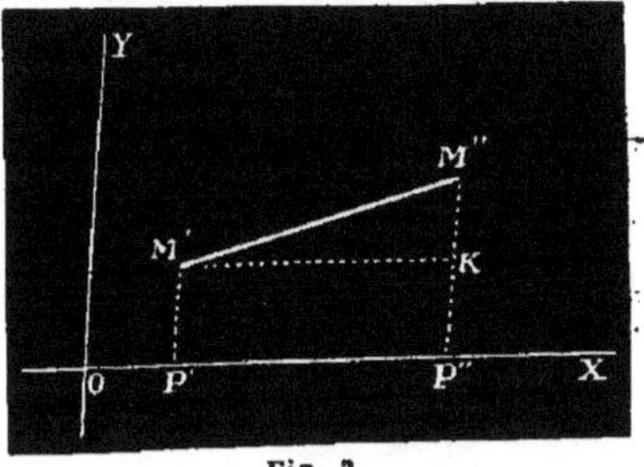

Fig. 3.

mais

$$M'K = P'P'' = x'' - x',$$
$$M''K = M''P'' - KP'' = y'' - y'.$$

De plus, si θ est l'angle des axes, $M'KM'' = 180^\circ - \theta$.

Donc, en désignant par δ la distance des deux points, on obtient la formule* :

$$\delta^2 = (x'' - x')^2 + (y'' - y')^2 + 2(x'' - x')(y'' - y')\cos\theta.$$

D'où

$$\delta = \sqrt{(x'' - x')^2 + (y'' - y')^2 + 2(x'' - x')(y'' - y')\cos\theta}.$$

L'expression de la distance de l'origine à un point $M'(x', y')$ découle de la précédente; il faut supposer que le second point M'' vienne coïncider avec l'origine; alors $x'' = 0$ et $y'' = 0$; et il vient

$$\delta = \sqrt{x'^2 + y'^2 + 2x'y'\cos\theta}.$$

Lorsque les axes sont rectangulaires, ces formules se simplifient : on a $\theta = \frac{\pi}{2}$, $\cos\theta = 0$; par suite,

$$\delta = \sqrt{(x'' - x')^2 + (y'' - y')^2};$$

et la distance d'un point $M'(x', y')$ à l'origine devient

$$\delta = \sqrt{x'^2 + y'^2}.$$

Dans l'application de ces formules, il faut tenir compte du signe des coordonnées, et prendre, pour δ, la valeur positive du radical.

Ex. 1. Trouver la distance des deux points A $(-3,4)$ et B $(5,-6)$. R. $2\sqrt{41}$.

Ex. 2. Quels sont les côtés d'un triangle qui a pour sommets : A $(-1,-2)$, B $(1,2)$, C $(2,-3)$? R. $2\sqrt{5}$, $\sqrt{10}$, $\sqrt{26}$.

Ex. 3. Evaluer la distance entre le point A(x', y') et le point B $\left[\frac{2(x'+ay')}{1+a^2}, \frac{2a(x'+ay')}{1+a^2}\right]$.

$$\text{R.}\quad \sqrt{x'^2+y'^2}.$$

Ex. 4. Faire le même calcul pour les points A $(\sin p, -\cos q)$ et B $(-\sin q, \cos p)$.

$$\text{R.}\quad 2\cos\frac{p-q}{2}.$$

Ex. 5. Les sommets d'un triangle sont A(x', y'), B(x'', y'') et C(x''', y''') ; trouver les distances entre les milieux des côtés.

$$\text{R.}\quad \frac{1}{2}\sqrt{(x'''-x'')^2+(y'''-y'')^2}\text{, etc. ou}\quad \frac{1}{2}\text{BC},\quad \frac{1}{2}\text{AC},\quad \frac{1}{2}\text{AB}.$$

Ex. 6. Exprimer que la distance d'un point M (x, y) au point $(-1,2)$ est égale à 3.

$$\text{R.}\quad (x+1)^2+(y-2)^2=9.$$

Ex. 7. Déterminer les coordonnées du centre du cercle qui passe par les trois points A$(-1,1)$, B$(1,2)$, C$(1,-2)$. Il faudra résoudre les deux équations :

$$(x+1)^2+(y-1)^2=(x-1)^2+(y-2)^2,$$
$$(x+1)^2+(y-1)^2=(x-1)^2+(y+2)^2.$$

$$\text{R.}\quad \left(\frac{3}{4}, 0\right).$$

Ex. 8. Chercher les coordonnées d'un point du plan situé à égale distance des points A$(-1,1)$, B$(2,3)$.

On a la condition : $(x+1)^2+(y-1)^2=(x-2)^2+(y-3)^2$, ou $6x+4y-11=0$. Tous les systèmes de valeurs, qui satisfont à cette relation, donnent des points qui répondent à la question.

5. *Coordonnées polaires.* Dans ce nouveau système, pour déterminer un point du plan, on prend préalablement un point fixe O appelé *pôle*, et une droite fixe OX. Les coordonnées polaires d'un point quelconque M sont : 1° La longueur du rayon vecteur MO qu'on désigne par la lettre ρ; 2° L'angle ω que fait ce rayon vecteur avec l'axe.

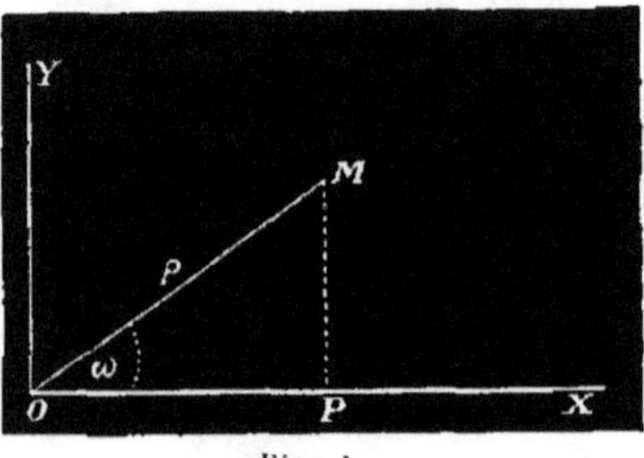

Fig. 4.

La coordonnée ρ varie entre 0 et $+\infty$; l'angle ω se compte à partir de OX vers OM de 0° à 360°. Ces limites suffisent pour déterminer un point quelconque du plan.

Il existe une relation importante entre les coordonnées polaires et les coordonnées rectangulaires d'un point, lorsqu'on prend le pôle pour origine, et l'axe OX pour celui des abcisses. Si on mène OY perpendiculaire à OX ainsi que les coordonnées du point M, on a évidemment

$$x = \rho \cos \omega, \qquad y = \rho \sin \omega\,;$$

d'où

$$\frac{y}{x} = \operatorname{tg} \omega \qquad \text{et} \qquad \rho = \sqrt{x^2 + y^2}.$$

Ces formules permettent de changer une relation entre les coordonnées rectangulaires x et y en une autre qui ne renferme plus que les coordonnées polaires, et réciproquement.

Ex. 1. Introduire dans les équations qui suivent les coordonnées polaires.

1° $Ax + By + C = 0$. R. $\rho = \dfrac{-C}{A \cos \omega + B \sin \omega}$.

2° $y^2 (a - x) - x^3 = 0$. R. $a \sin^2 \omega = \rho \cos \omega$.

3° $x^2 + y^2 = 5x$. R. $\rho = 5 \cos \omega$.

4° $x (x^2 + y^2) - a (x^2 - y^2) = 0$. R. $\rho \cos \omega = a \cos 2\omega$.

Ex. 2. Introduire les coordonnées rectangulaires dans les équations suivantes :

1° $\rho^2 \cos 2\omega = a^2$. R. $x^2 - y^2 = a^2$.

2° $\rho^2 \sin 2\omega = b^2$. R. $xy = \dfrac{b^2}{2}$.

3° $\rho = a + b \cos \omega$. R. $x^2 + y^2 - bx = a\sqrt{x^2 + y^2}$.

4° $\rho = a \sin 2\omega$. R. $(x^2 + y^2)^3 - 4a^2x^2y^2 = 0$.

Ex. 3. Chercher l'expression de la distance entre deux points donnés

$$A(\rho', \omega') \qquad \text{et} \qquad B(\rho'', \omega'').$$

On a :

$$\delta^2 = (x'' - x')^2 + (y'' - y')^2.$$

Mais

$$x'' = \rho'' \cos \omega'', \quad y'' = \rho'' \sin \omega'', \quad x' = \rho' \cos \omega', \quad y' = \rho' \cos \omega'.$$

D'où

$$\delta^2 = \rho'^2 + \rho''^2 - 2\rho''\rho' \cos (\omega'' - \omega').$$

On arriverait au même résultat directement au moyen du triangle formé par les deux points donnés et le pôle.

§ 2. TRANSFORMATION DES COORDONNÉES.

6. La transformation des coordonnées a pour but d'exprimer les coordonnées x et y d'un point, comptées sur deux axes primitifs, en fonction des coordonnées du même point relatives à un nouveau système d'axes.

Les formules qui en dérivent servent à introduire les coordonnées nouvelles dans une relation entre les premières x et y, et à passer ainsi, comme nous le verrons plus tard, de l'équation d'une courbe rapportée à un système d'axes, à son équation pour des axes nouveaux. Cette opération est souvent utile pour simplifier, avec un système d'axes convenables, l'équation d'une ligne afin de l'étudier avec plus de facilité.

Dans la recherche des formules de transformation, nous allons distinguer différents cas, suivant la position des axes nouveaux relativement aux axes primitifs.

7. Première transformation. *Déplacement de l'origine.* Soient OX, OY les anciens axes, et O'X', O'Y' les axes nouveaux ; nous désignerons par x et y les coordonnées d'un point M par rapport aux premiers, et par x', y' les coordonnées du même point pour les deux autres; enfin, soient a et b les coordonnées de la nouvelle origine O'. On a

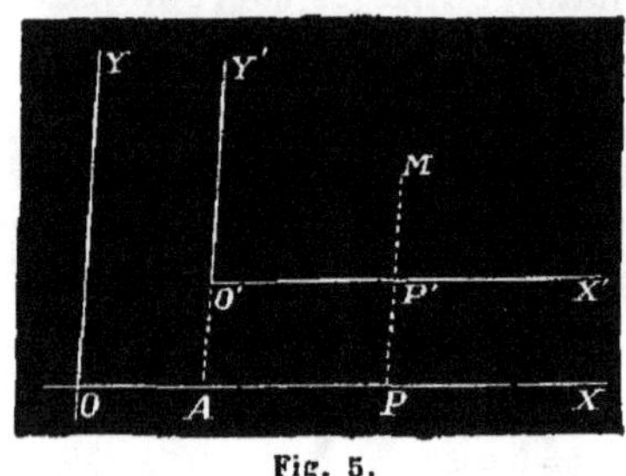

Fig. 5.

$$a = OA, \quad b = AO', \quad x' = O'P', \quad y' = MP', \quad x = OP, \quad y = MP.$$

Mais,

$$OP = OA + AP = OA + O'P',$$
$$MP = PP' + MP' = AO' + MP';$$

ou bien

$$x = a + x', \qquad y = b + y'.$$

Ce sont les formules de transformation qui correspondent à un changement de l'origine, la direction des axes étant la même; les quantités a et b sont supposées connues.

Ex. **1**. Que deviennent les équations

$$y + 4x - 7 = 0, \qquad x^2 + y^2 - 4x + 2y - 1 = 0,$$

si on place la nouvelle origine au point $(2, -1)$?

$$\text{R.} \quad y' + 4x' = 0, \qquad x'^2 + y'^2 = 6.$$

2. Que devient l'équation

$$x^2 + y^2 - \frac{2mn}{m-n}x = 0,$$

si la nouvelle origine se trouve sur OX à une distance $\frac{mn}{m-n}$ de l'origine primitive?

$$\text{R.} \quad x'^2 + y'^2 = \left(\frac{mn}{m-n}\right)^2.$$

8. SECONDE TRANSFORMATION. *Changement de direction des axes.*

Les droites OX, OY (*fig.* 6) sont toujours les axes primitifs et OX′, OY′ les nouveaux axes issus de la même origine; soient α et β les angles de ces derniers avec OX : ces deux angles sont donnés et servent à fixer la position des axes nouveaux. Nous désignerons, comme tantôt, par x et y, x' et y', les coordonnées d'un point quelconque M relativement aux axes de même nom; enfin θ sera l'angle YOX. Après avoir mené les coordonnées, on a, d'après la figure,

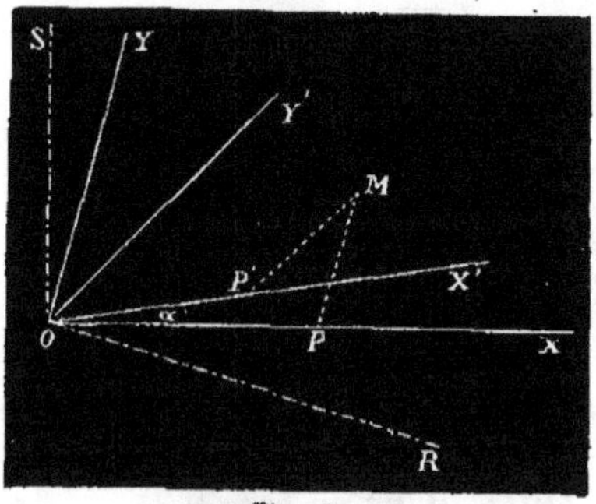

$$\theta = YOX,\quad \alpha = X'OX,\quad \beta = Y'OX.$$
$$x = OP,\quad y = MP,\quad x' = OP',\quad y' = MP'.$$

Fig. 6.

Pour arriver à exprimer x et y en fonction de x' et de y', tirons deux lignes auxiliaires OR et OS respectivement perpendiculaires à OY et à OX, et projetons le polygone OP′MPO, d'abord sur OR. En vertu du théorème : que la somme algébrique des projections des côtés d'un polygone fermé sur un axe est nulle, on peut écrire la relation suivante, en parcourant le polygone dans le sens OP′MPO,

$$OP'\cos(OP',OR) + P'M\cos(P'M,OR) - MP\cos(MP,OR) - PO\cos(PO,OR) = 0;$$

ou bien

$$x'\cos X'OR + y'\cos Y'OR - x\cos XOR = 0;$$

car le côté MP est perpendiculaire à OR, et le troisième terme disparaît.

Or,

$$XOR = YOR - YOX = \frac{\pi}{2} - \theta;$$

$$X'OR = X'OX + XOR = \alpha + \frac{\pi}{2} - \theta = \frac{\pi}{2} - (\theta - \alpha);$$

$$Y'OR = Y'OX + XOR = \beta + \frac{\pi}{2} - \theta = \frac{\pi}{2} - (\theta - \beta).$$

La substitution de ces valeurs nous conduit à la relation

$$(a)\qquad x'\sin(\theta - \alpha) + y'\sin(\theta - \beta) - x\sin\theta = 0.$$

Projetons maintenant le même polygone sur OS. On aura

$$OP'\cos X'OS + P'M\cos Y'OS - MP\cos YOS - PO\cos XOS = 0.$$

Mais

$$X'OS = \frac{\pi}{2} - \alpha,\quad Y'OS = \frac{\pi}{2} - \beta,\quad YOS = \frac{\pi}{2} - \theta;$$

de plus, le côté OP est perpendiculaire à OS, cos XOS $=0$; en substiuant, on obtient

$$(b) \qquad x' \sin \alpha + y' \sin \beta - y \sin \theta = 0.$$

Les deux équations (a) et (b), résolues par rapport à x et y, donnent

$$x = \frac{x' \sin(\theta - \alpha) + y' \sin(\theta - \beta)}{\sin \theta}, \qquad y = \frac{x' \sin \alpha + y' \sin \beta}{\sin \theta}.$$

Ces formules servent à passer d'un système d'axes obliques à un autre système de même nature et de même origine; elles sont peu employées dans toute leur généralité. Nous allons examiner quelques cas particuliers d'un usage plus fréquent.

1° *Passer d'un système d'axes rectangulaires à un système d'axes obliques.*

On a, dans ce cas, $\theta = \frac{\pi}{2}$, $\sin \theta = 1$; et les formules précédentes deviennent

$$x = x' \cos \alpha + y' \cos \beta$$
$$y = x' \sin \alpha + y' \sin \beta.$$

2° *Passer d'un système d'axes rectangulaires à un autre système d'axes rectangulaires.*

Dans cette hypothèse, $\theta = \frac{\pi}{2}$, $\sin \theta = 1$; de plus, $\beta = \frac{\pi}{2} + \alpha$, $\cos \beta = -\sin \alpha$, et $\sin \beta = \cos \alpha$. Les formules propres à ce passage seront

$$x = x' \cos \alpha - y' \sin \alpha,$$
$$y = x' \sin \alpha + y' \cos \alpha.$$

3° *Passer d'un système d'axes obliques à un système d'axes rectangulaires.*

On a ici : $\beta = \frac{\pi}{2} + \alpha$, $\sin(\theta - \beta) = -\cos(\theta - \alpha)$, et $\sin \beta = \cos \alpha$; par suite,

$$x = \frac{x' \sin(\theta - \alpha) - y' \cos(\theta - \alpha)}{\sin \theta},$$

$$y = \frac{x' \sin \alpha + y' \cos \alpha}{\sin \theta}.$$

9. Transformation générale. Elle consiste à changer à la fois l'origine et la direction des axes. On peut y parvenir au moyen des deux transformations précédentes. Si $O'(a, b)$ repésente la nouvelle origine, et si on mène, par ce point, deux axes $O'X''$, $O'Y''$ parallèles aux axes primitifs, on passera d'un système à l'autre par les formules

$$x = a + x'', \qquad y = b + y''.$$

Il reste ensuite à passer du système $O'X''$, $O'Y''$ au système $O'X'$, $O'Y'$, en conservant l'origine. Il faudra remplacer x'', y'' par les valeurs générales de x et de y trouvées précédemment. Les formules de la transformation la plus générale des coordonnées rectilignes seront donc

$$x = a + \frac{x' \sin(\theta - \alpha) + y' \sin(\theta - \beta)}{\sin \theta},$$

$$y = b + \frac{x' \sin \alpha + y' \sin \beta}{\sin \theta}.$$

Remarques. I. Dans les formules précédentes, θ est l'angle formé par les parties positives des axes OX et OY ; il peut varier entre 0° et 180°. Les angles α et β sont formés par les parties positives des axes nouveaux avec l'ancien axe des x positifs ; ils peuvent varier entre 0° et 180°.

II. Dans les cas particuliers du N° 8, si l'origine change et se trouve au point $O'(a, b)$ du plan, il faut ajouter aux valeurs de x et de y les coordonnées a et b de cette origine.

III. Les différentes formules de la transformation des coordonnées sont du premier degré en x' et y' et de la forme

$$x = a + px' + qy', \qquad y = b + rx' + sy'.$$

La substitution de ces valeurs, dans une équation du degré m en x et y, conduira à une nouvelle équation du même degré en x', y'. Il est clair que le degré ne pourra pas s'élever, car le développement d'un polynôme à la puissance m ne donne pas de termes en x', y' de degré supérieur à m ; il ne diminuera pas non plus, car, en repassant des axes nouveaux aux anciens, il devrait augmenter.

Ex. 1. Montrer que l'équation

$$x^2 + y^2 = R^2$$

est toujours de la même forme pour tous les axes rectangulaires de même origine.

Ex. 2. On a l'équation en coordonnées rectangulaires

$$x^2 + y^2 - 2ax - 2by + a^2 + b^2 = R^2.$$

Que devient-elle pour un système d'axes rectangulaires issus de l'origine O' (a, b)?

R. $x'^2 + y'^2 = R^2$.

Ex. 3. Quel changement éprouve l'équation en coordonnées rectangulaires

$$y^2 - x^2 = 4,$$

si on prend pour axes les bissectrices des axes primitifs?

R. $x'y' = 2$.

Ex. 4. Ecrire les formules propres à passer d'un système d'axes rectangulaires à un système d'axes obliques en conservant l'origine et le même axe des x.

R. $x = x' + y' \cos\beta, \quad y = y' \sin\beta$.

Ex. 5. Etant donnée l'équation en coordonnées rectangulaires

$$2x^2 - 3xy + 2y^2 = 1,$$

que devient elle, si on conserve l'axe des x et si on prend, pour axe des y, la bissectrice des axes primitifs?

R. $4x'^2 + y'^2 + \sqrt{2}\cdot x'y' = 2$.

10. *Transformation des coordonnées cartésiennes en coordonnées polaires.* Nous avons déjà fait connaître les formules qui servent à opérer ce passage, lorsque les axes sont rectangulaires, l'origine au pôle, et l'axe des x coïncidant avec l'axe polaire; ce sont :

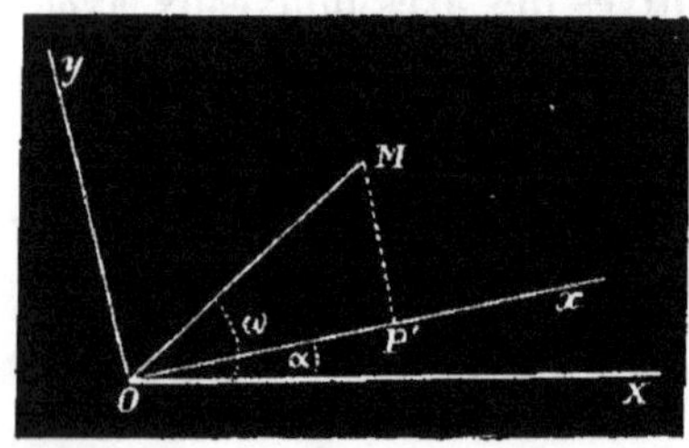

Fig. 7.

$$x = \rho \cos\omega, \qquad y = \rho \sin\omega.$$

Si l'axe des x fait un angle α (*fig.* 7) avec l'axe polaire, il suffit de changer ω en $\omega - \alpha$, et on a, dans cette hypothèse,

$$x = \rho \cos(\omega - \alpha), \qquad y = \rho \sin(\omega - \alpha).$$

Supposons maintenant que les axes soient obliques, et que celui des x coïncide avec l'axe polaire. Le triangle OMP donne

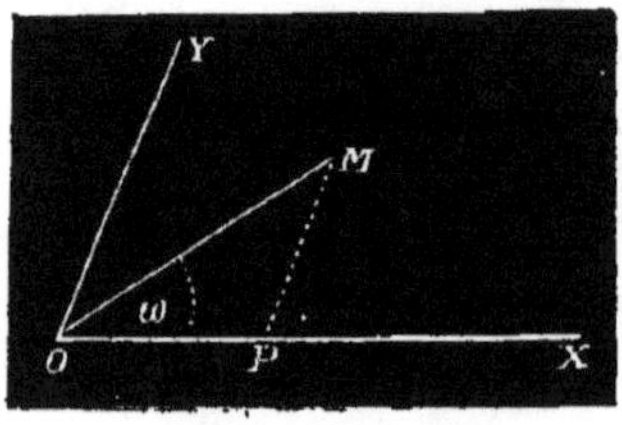

Fig. 8.

$$\frac{MP}{OM} = \frac{\sin\omega}{\sin\theta}, \qquad \frac{OP}{OM} = \frac{\sin(\theta - \omega)}{\sin\theta}.$$

D'où on tire les formules de transformation

$$x = \frac{\rho \sin(\theta - \omega)}{\sin\theta}, \qquad y = \frac{\rho \sin\omega}{\sin\theta}.$$

§ 3. ÉQUATIONS DES LIEUX GÉOMÉTRIQUES.

11. Soit AB une ligne définie géométriquement par une propriété commune à chacun de ses points. Menons à volonté, dans le plan, deux axes OX, OY. Les coordonnées x et y d'un point M dépendent de sa position sur la courbe : pour la valeur particulière $x = \text{OP}$, l'ordonnée prend une valeur déterminée MP ; et si on fait varier x, par exemple, en lui attribuant les valeurs croissantes OP'....., l'ordonnée y varie aussi ; elle augmente ou diminue suivant la forme de la courbe. Dans tous les cas, on peut regarder l'ordonnée d'un point qui décrit une ligne géométrique, comme dépendant de l'abcisse de ce point ; ce qui s'exprime en disant que y est une *fonction* de x. Dès lors, en partant de la définition de cette ligne on pourra, par une construction auxiliaire et au moyen de théorèmes connus, exprimer par une équation la relation qui existe entre l'ordonnée et l'abcisse. L'équation ainsi obtenue ne renfermant plus que des quantités données et les deux variables x et y est l'équation de la ligne définie : c'est-à-dire une équation qui sera satisfaite par les coordonnées de tous les points de la courbe ; car ces points jouissent de la même propriété et doivent satisfaire à la même relation.

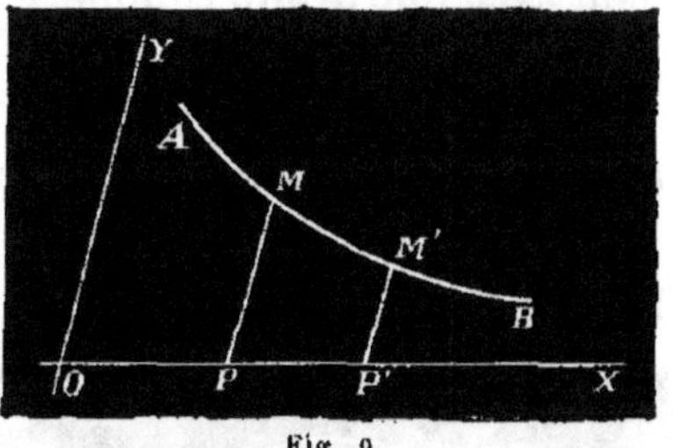

Fig. 9.

Réciproquement, toute équation entre x et y représente une ligne dont on peut connaître approximativement la forme au moyen de deux axes quelconques. Il faut remarquer qu'un système de valeurs pour x et y, pris au hasard, ne satisfera pas généralement à l'équation ; les points dont les coordonnées satisfont à cette relation ne vont pas se répartir dans le plan d'une manière arbitraire ; mais ils doivent se suivre d'après une certaine loi. Or, si on donne à la variable x qui représente l'abcisse une valeur x_1, l'équation donnera une ou plusieurs valeurs pour y, suivant son degré ; on aura donc un ou plusieurs points de la courbe situés sur l'ordonnée correspondante à x_1. Avec une seconde valeur $x = x_2$, on obtiendra de nouveau un ou plusieurs points du lieu sur l'ordonnée correspondante à x_2, et ainsi de suite. Lorsque les points ainsi trouvés sont assez rapprochés, on peut les joindre par un trait continu, et tracer approximativement la courbe, lieu de l'équation donnée.

Nous allons donner quelques exemples qui ont pour but d'indiquer la marche à suivre dans la mise en équation des lignes. Nous ferons remarquer que, les axes des coordonnées étant arbitraires, on peut les choisir comme on veut dans chaque question. Souvent, on fait usage d'axes rectangulaires ; s'il y a des points ou des droites données, il est généralement avantageux de prendre l'un des axes passant par ces points ou coïncidant avec une droite connue.

12. Cercle. *La circonférence de cercle est une courbe dont les points sont également distants d'un point fixe appelé centre.*

Pour arriver à son équation, prenons pour axes deux droites rectangulaires qui se coupent au centre. Soient x et y les coordonnées d'un point M ; menons MP perpendiculaire a OX, ainsi que le rayon OM. Le triangle OMP donne

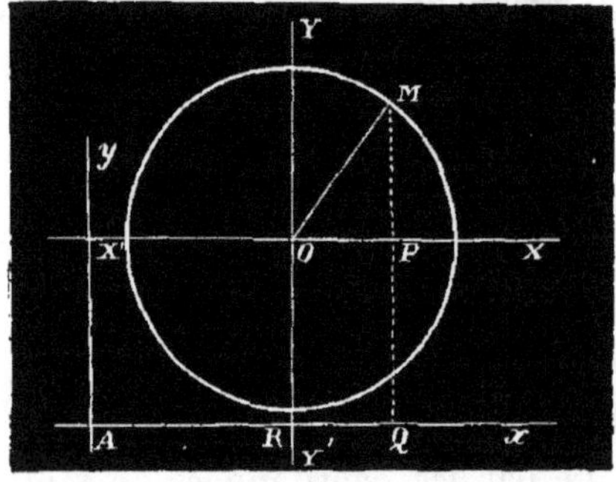

Fig. 10.

$$\overline{OP}^2 + \overline{MP}^2 = \overline{OM}^2,$$

ou bien

$$x^2 + y^2 = r^2,$$

r étant le rayon du cercle.

C'est là relation qui existe entre les coordonnées d'un point quelconque de la circonférence, ou l'équation de cette ligne, pour le système particulier d'axes que nous avons choisis.

Cette équation serait différente, avec un système d'axes rectangulaires issus d'un point quelconque A du plan. En effet, si on les prend parallèles aux premiers, et si on prolonge MP jusqu'à sa rencontre avec Ax, on a ici x=AQ, y=MQ. Soient a=AR, et b=OR les coordonnées du centre; on a toujours, dans le triangle OMP,

$$\overline{OP}^2 + \overline{MP}^2 = \overline{OM}^2.$$

Mais,

$$OP = RQ = AQ - AR = x - a,$$
$$MP = MQ - PQ = MQ - OR = y - b;$$

de sorte que l'équation du cercle, pour ce second système d'axes, sera

$$(x - a)^2 + (y - b)^2 = r^2.$$

13. Hyperbole. *L'hyperbole est une courbe dont chaque point jouit de cette propriété : que la différence de ses distances à deux points fixes est constante.*

Comme il y a deux points fixes donnés, prenons, pour axe des x, la droite qui passe par ces deux points, et, pour axe des y, une perpendiculaire OY élevée au milieu de la distance FF′. Soit $M(x, y)$ un point de la courbe; tirons les droites MF, MF′ et MP perpendiculaire à OX. Nous représenterons la constante par $2a$, et la distance FF′ par $2c$.

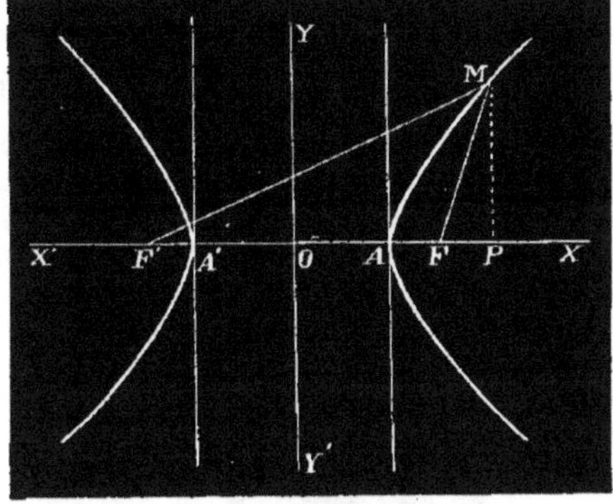

Fig. 11.

D'après la définition, on a :

$$MF' - MF = 2a.$$

Or, le triangle MPF donne

$$MF = \sqrt{\overline{MP}^2 + \overline{FP}^2} = \sqrt{\overline{MP}^2 + (OP - OF)^2};$$

ou bien

$$MF = \sqrt{y^2 + (x - c)^2}.$$

On trouvera aussi, par le triangle MPF′,

$$MF' = \sqrt{y^2 + (x + c)^2}.$$

L'équation de la courbe sera donc

$$\sqrt{y^2 + (x + c)^2} - \sqrt{y^2 + (x - c)^2} = 2a.$$

Afin de simplifier, faisons passer le second radical dans le membre de droite, et élevons ensuite au carré. Il viendra, après les réductions,

$$cx - a^2 = a\sqrt{y^2 + (x - c)^2};$$

et, en élevant une seconde fois au carré, on pourra mettre l'équation sous la forme

$$x^2(c^2 - a^2) - a^2y^2 = a^2(c^2 - a^2).$$

Mais, dans le triangle FMF′, on a $FF' > F'M - FM$ ou $2c > 2a$; la différence $c^2 - a^2$ est positive et on peut poser $c^2 - a^2 = b^2$. L'équation de l'hyperbole, pour le système d'axes de la figure, sera finalement

$$b^2x^2 - a^2y^2 = a^2b^2$$

ou bien

$$\frac{x^2}{a^2} - \frac{y^2}{b^2} = 1.$$

Pour se faire une idée de la courbe, il faut discuter l'équation. Si on la résoud par rapport à y, on trouve

$$y = \pm \frac{b}{a}\sqrt{x^2 - a^2}.$$

A chaque valeur attribuée à x, correspondent deux valeurs égales et de signes contraires pour y; les points de la courbe sont donc distribués deux à deux à égale distance de l'axe des x. Il en sera de même relativement à l'axe des y; il suffit de résoudre l'équation par rapport à x pour s'en assurer. La courbe est donc symétrique par rapport aux deux axes.

Pour $x = \pm a$, $y = 0$; si on porte sur l'axe des x, de chaque côté de l'origine, $OA = OA' = a$, on aura les points A et A' où la courbe rencontre l'axe des x. Dans l'hypothèse $x = 0$, l'équation donne pour y une valeur imaginaire; la courbe ne rencontre pas cet axe.

Lorsque x varie depuis 0 jusqu'à $\pm a$, y est imaginaire; donc, si on tire par les points A et A' des parallèles à OY, il n'y aura aucun point de la courbe situé dans la portion du plan qu'elles comprennent. Mais si x augmente depuis $\pm a$ jusqu'à $\pm \infty$, y est toujours réel et croît indéfiniment avec x. A ces valeurs correspondent les deux branches de la figure : elles s'étendent à l'infini, l'une dans le sens des x positifs, l'autre dans le sens des x négatifs, en s'écartant de plus en plus des axes.

14. LEMNISCATE. *La lemniscate est une courbe telle que le produit des distances de chacun de ses points à deux points fixes est constant et égal au carré de la moitié de la distance des points fixes.*

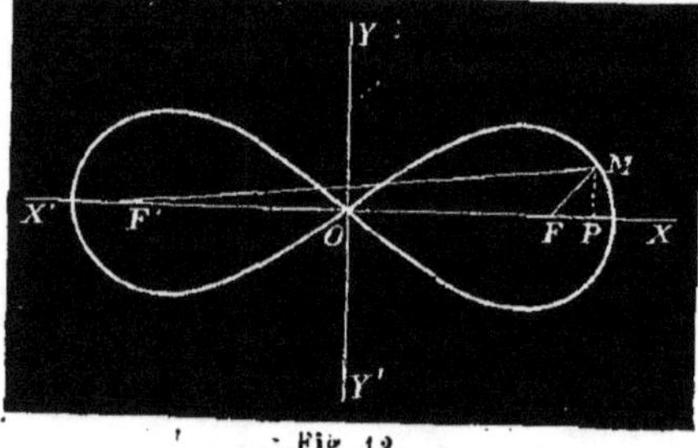

Fig 12.

Adoptons le même système d'axes que dans l'exemple précédent, et posons $a = OF$. L'équation de la courbe sera

$$\sqrt{y^2 + (x-a)^2}\,\sqrt{y^2 + (x+a)^2} = a^2.$$

Si on élève au carré les deux membres, on obtient

$$[y^2 + (x-a)^2]\,[y^2 + (x+a)^2] = a^4,$$

ou bien

$$[y^2 + x^2 + a^2 - 2ax]\,[y^2 + x^2 + a^2 + 2ax) = a^4.$$

L'équation de la courbe peut donc s'écrire

$$(y^2 + x^2 + a^2)^2 - 4a^2x^2 = a^4.$$

En la résolvant par rapport à y^2, on trouve

$$y^2 = a\sqrt{4x^2 + a^2} - (x^2 + a^2).$$

Pour calculer y, il faudra toujours prendre le radical du second membre avec le signe positif.

A chaque valeur de x, il y a deux valeurs égales et de signes contraires pour y; la courbe est symétrique par rapport à l'axe des x.

Les points de rencontre avec XX' s'obtiennent en faisant $y = 0$; on trouve ainsi la condition

$$a\sqrt{4x^2 + a^2} = x^2 + a^2,$$

ou bien

$$x^2(x^2 - 2a^2) = 0.$$

On y satisfait pour $x = 0$, et $x = \pm a\sqrt{2}$. La courbe passe par l'origine, et coupe l'axe des x en deux autres points situés à une distance $a\sqrt{2}$ du point O.

Il est facile de vérifier que, pour les valeurs de x plus grandes que $a\sqrt{2}$, y est imaginaire; la courbe reste comprise dans la portion du plan interceptée par les parallèles à OY, menées par les points où elle rencontre l'axe des x. Lorsque x varie entre 0 et $a\sqrt{2}$, y augmente d'abord pour diminuer ensuite; le maximum de y tombe entre $x = \frac{8a}{10}$ et $x = \frac{9a}{10}$. La courbe aura donc la forme indiquée dans la figure.

15. Cissoïde de Dioclès. *On a un cercle (fig. 13), un diamètre* $a = \text{OL}$, *et la tangente* LR *à l'extrémité de ce diamètre. Par le point* O, *on mène une sécante quelconque telle que* OD *qui rencontre le cercle en un point* C; *on prend enfin* OM = CD; *le lieu du point* M *ainsi construit est la courbe appelée cissoïde.*

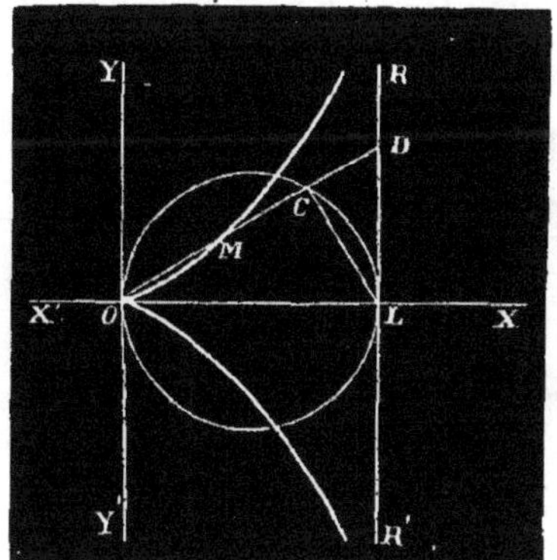

Fig. 13.

Pour trouver son équation en coordonnées polaires, prenons le point O pour pôle, et OL pour axe polaire. Soient ρ, ω les coordonnées du point M; d'après la construction, on a

$$\rho = \text{OM} = \text{CD} = \text{OD} - \text{OC}.$$

Or, si on mène CL, les triangles rectangles ODL et OCL nous donnent

$$\text{OD} = \frac{a}{\cos\omega}, \qquad \text{OC} = a\cos\omega.$$

D'où

$$\rho = \frac{a}{\cos\omega} - a\cos\omega;$$

ou bien

$$\rho = \frac{a \sin^2\omega}{\cos\omega}.$$

C'est l'équation de la cissoïde en coordonnées polaires.

En vertu de la transformation indiquée précédemment, on obtiendra facilement l'équation de la courbe en coordonnées rectangulaires. Si on prend OL pour axe des x, et la perpendiculaire OY pour l'axe des ordonnées, il faut se servir des formules

$$x = \rho\cos\omega, \qquad y = \rho\sin\omega.$$

On trouvera ainsi :

$$y^2 = \frac{x^3}{a - x}.$$

Cette équation indique que la courbe est symétrique par rapport à l'axe des x; si x augmente de 0 à a, l'ordonnée y croît d'une manière continue et devient infinie pour $x = a$. D'ailleurs, pour toute autre valeur attribuée à x, y est imaginaire. La courbe se compose de deux branches symétriques qui s'éloignent de plus en plus de l'axe des x en se rapprochant indéfiniment de la droite fixe RR'.

16. Spirale d'Archimède. *Une longueur fixe* OA *tourne uniformément autour du point* O, *de sorte que le point* A *décrit une circonférence de rayon* OA $= r$. *Un point* M *part en même temps du point* O *pour parcourir d'un mouvement uniforme le rayon* OA, *pendant le même temps que le point* A *décrit la circonférence entière. Le lieu des positions du point* M *est la spirale d'Archimède.*

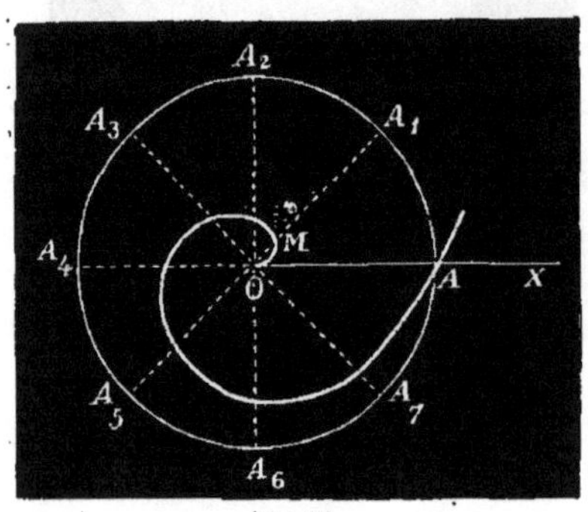

Fig 14.

Cherchons son équation en coordonnées polaires, le point O étant le pôle et l'axe polaire étant dirigé suivant la position primitive du rayon OA. Soit OA_1 une position du rayon mobile telle que AA_1 soit, par exemple, la huitième partie de la circonférence. D'après la nature de la question, le point M sera sur OA_1 à une distance du point O égale à la huitième partie de ce rayon. On a donc la proportion :

$$\frac{OM}{OA_1} = \frac{AA_1}{\text{circonf.}}, \quad \text{ou bien} \quad \frac{\rho}{r} = \frac{\omega}{2\pi}.$$

D'où, en posant $a = \frac{r}{2\pi}$,

$$\rho = a\omega.$$

C'est l'équation cherchée.

Il sera facile de construire la courbe par points. Après avoir partagé, par exemple, la circonférence en huit parties égales par les points A_1, A_2, A_3..., on tire les rayons OA_1, OA_2, OA_3... et on prend sur chacun d'eux $\frac{1}{8}, \frac{2}{8}, \frac{3}{8}$... du rayon. La courbe ainsi obtenue passera évidemment par le point A.

Si on suppose que le rayon fasse une infinité de révolutions autour du point O, et que le point M parcoure à chaque tour la longueur du rayon, la courbe se continue indéfiniment en forme de spirale.

17. Ces exemples suffisent pour montrer que la simple notion des coordonnées conduit à représenter une ligne géométrique par une équation. De plus, nous arriverons bientôt aux conditions et formules qui expriment les relations de situation de points et de droites. Dès lors, pour démontrer une propriété d'une figure, on n'aura plus qu'à se servir d'expressions analytiques connues, à les combiner entre elles, pour arriver à la relation algébrique qui exprime la propriété indiquée. On remplace ainsi toute démonstration graphique par une opération de calcul.

§ 4. CLASSIFICATION DES LIGNES PLANES.

18. On divise d'une manière générale les lignes planes en lignes *algébriques* et en lignes *transcendantes* : les premières sont représentées par des équations qui ne renferment que des opérations algébriques à effectuer sur x et y ; les lignes transcendantes ont des équations où se trouve un sinus, un logarithme ou tout autre signe transcendant qui se rapporte à ces variables.

Les lignes algébriques se partagent en différents ordres suivant le degré de leurs équations : ainsi une ligne est dite du second ordre, si son équation est du second degré en x et y ; une ligne de l'ordre m est celle dont l'équation est du degré m.

La nature d'une ligne étant indépendante du choix des axes auxquels on la rapporte, une bonne classification doit s'appuyer sur une base invariable avec les changements d'axes coordonnés. Or, nous avons vu que les formules de transformation, pour passer d'un système d'axes à un autre, ne changent pas le degré de l'équation. Donc le partage des lignes en différents ordres comme on vient de l'indiquer est légitime ; une courbe de l'ordre m le sera toujours pour tous les axes possibles.

Chaque ordre renferme aussi plusieurs *espèces* de courbes suivant les valeurs attribuées aux coefficients qui entrent dans l'équation générale. C'est ainsi, comme nous le verrons bientôt, qu'il y a trois espèces de courbes du second ordre. Newton a prouvé l'existence de soixante-douze espèces de courbes du troisième ordre, et depuis ce nombre s'est accrû de plusieurs espèces nouvelles.

19. *Une ligne de l'ordre m ne peut être rencontrée par une droite en plus de m points.*

En effet, rapportons cette ligne à deux axes dont l'un OX coïncide avec la droite donnée. Avec ce système d'axes, l'équation de la courbe est du degré m. Pour les points d'intersection avec l'axe des x, on a $y=0$; cette hypothèse introduite dans l'équation fera disparaître les termes qui renferment y et il restera une équation en x qui sera au plus de degré m ; elle donnera au plus m valeurs pour les abcisses des points d'intersection de la courbe avec la droite XX'.

Il suit de cette propriété qu'une ligne du premier ordre ne peut être rencontrée par une droite qu'en un point ; toutes les lignes de cet ordre seront des droites. L'hyperbole, qui est une ligne du second ordre, ne peut être rencontrée par une droite en plus de deux points ; la lemniscate en plus de quatre points etc.

20. Il arrive quelquefois qu'une équation du degré m se décompose en un produit de plusieurs facteurs de degré inférieur. Dans ce cas, elle représente plusieurs lignes d'un ordre moins élevé. Ainsi une équation du troisième degré qui pourrait se mettre sous la forme :

$$(ax + by + c)(mx^2 + pxy + qy^2 + s) = 0,$$

représenterait une ligne du premier ordre donnée par l'équation

$$ax + by + c = 0,$$

et une ligne du second ordre par

$$mx^2 + pxy + qy^2 + s = 0.$$

De même l'équation du degré m

$$(a_1x + b_1y + c_1)(a_2x + b_2y + c_2)\cdots(a_mx + b_my + c_m) = 0$$

donnera un système de m lignes droites ; c'est un cas particulier d'une ligne de l'ordre m, et il arrivera quelquefois qu'une propriété de cette dernière s'appliquera au système de ces m droites.

Remarque. De toutes les lignes planes, les plus remarquables et les mieux connues sont les lignes du second ordre. Les géomètres de l'antiquité en ont fait la découverte en coupant par un plan un cône droit à base circulaire ; c'est ainsi qu'ils ont été amenés à les étudier et qu'ils sont parvenus à en démontrer plusieurs propriétés importantes. Apollonius (247 ans avant J.-C.) a réuni, dans un traité en huit livres, ses propres recherches sur ce sujet avec tout ce qui avait été fait avant lui. D'après les principes de la géométrie analytique, ces courbes sont représentées par l'équation générale du second degré en x et y. Avec cette équation et par des procédés inconnus aux anciens, on a pénétré plus avant dans la nature des lignes du second ordre, et augmenté considérablement le nombre de leurs propriétés ; aussi leur théorie fera l'objet d'une grande partie de la géométrie plane : il est indispensable de s'y arrêter un certain temps pour aborder plus facilement l'étude des courbes d'un ordre plus élevé.

CHAPITRE II.

LIGNE DROITE.

(COORDONNÉES CARTÉSIENNES).

SOMMAIRE. — *Formes diverses de l'équation du premier degré. — Problèmes. — Droite imaginaire. Equations de degré supérieur représentant des lignes droites. — Recherche de lieux géométriques du premier degré.*

§ 1. ÉQUATION DU PREMIER DEGRÉ.

21. L'équation la plus simple du premier degré est celle qui ne renferme qu'une cordonnée, par exemple

$$Bx + C = 0.$$

On en tire $x = -\frac{C}{B}$; et, en posant $a = -\frac{C}{B}$,

$$x = a.$$

Pour l'interpréter, menons à volonté dans le plan (*fig.* 15) deux axes OX, OY et prenons sur le premier une abscisse $OA = a$. Le point A appartient au lieu de l'équation; il en sera de même de tous les points de la droite DC parallèle à OY et traversant le point A : car ils ont tous pour abscisse a; d'ailleurs aucun autre point du plan ne pouvant satisfaire à cette condition, l'équation proposée représente une droite parallèle à l'axe des y. De même l'équation

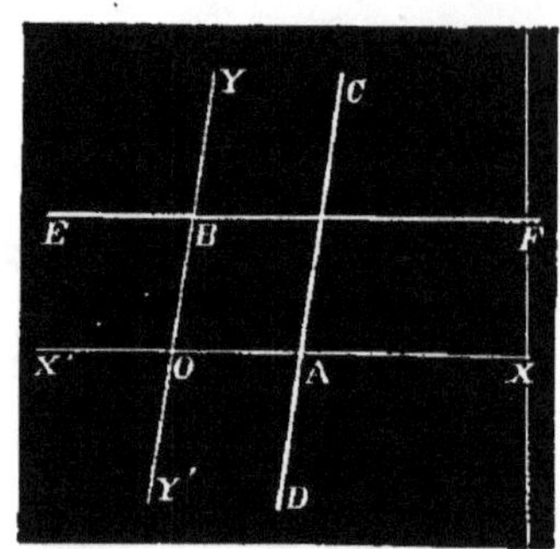

Fig. 15.

$$Ay + C = 0$$

qu'on peut ramener à la forme

$$y = b,$$

sera celle d'une droite EF parallèle à OX et qui rencontre OY en un point B tel que $OB = b$.

Ainsi *toute équation du premier degré, qui ne renferme qu'une coordonnée, représente une droite parallèle à la coordonnée qui n'y entre pas.*

22. Considérons maintenant une équation qui renferme les deux variables x et y sans terme constant; elle est de la forme

$$Ay + Bx = 0.$$

En la résolvant par rapport à y et posant $m = -\frac{B}{A}$, elle devient

$$y = mx.$$

Dans le cas où m est positif, il est évident qu'on ne peut satisfaire à l'équation qu'en attribuant aux coordonnées x et y des valeurs de même signe; les points du lieu doivent se trouver dans l'angle XOY où les coordonnées sont positives, et dans l'angle opposé où elles sont négatives.

De l'équation on tire

$$\frac{y}{x} = m.$$

Si donc M_1, M_2, M_3 (*fig.* 16) sont des points du lieu, on aura

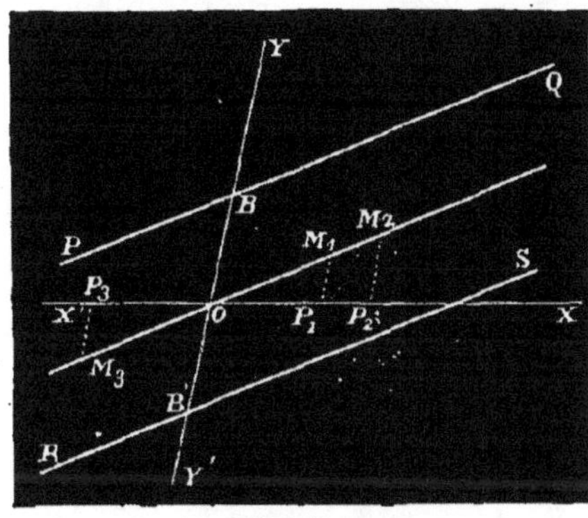

Fig. 16.

$$\frac{M_1P_1}{OP_1} = \frac{M_2P_2}{OP_2} = \frac{-M_3P_3}{-OP_3} = m.$$

Les triangles $M_1OP_1, M_2OP_2, M_3OP_3$ sont semblables et les angles M_1OP_1, M_2OP_2, M_3OP_3 égaux; les trois points M_1, M_2, M_3 sont en ligne droite; et comme ils sont quelconques, le lieu de l'équation sera une ligne droite qui passe par l'origine, l'équation étant satisfaite pour $x = 0$, $y = 0$.

Un raisonnement identique prouverait que le lieu de l'équation

$$y = -mx,$$

est une droite qui traverse l'origine, et qui est dirigée dans les angles YOX', XOY' où les coordonnées sont de signes contraires.

Donc *toute équation de la forme* $Ay + Bx = 0$ *ou* $y = mx$ *représente une droite qui passe par l'origine.*

23. Prenons enfin l'équation la plus générale du premier degré en x et y

$$Ay + Bx + C = 0.$$

On en tire

$$y = -\frac{B}{A}x - \frac{C}{A}.$$

Posons $m = -\frac{B}{A}$, $b = -\frac{C}{A}$; nous aurons à considérer l'équation

$$y = mx + b.$$

Soit OM_2 une droite passant par l'origine et représentée par

$$y = mx.$$

Pour une même valeur de x, l'y de la première équation surpasse l'y de la deuxième de la quantité constante b. Les points du lieu de l'équation proposée seront donc situés sur une ligne PQ (*fig.* 16) parallèle à OM_2 et qui intercepte sur OY une longueur $OB = b$.

Lorsque b est négatif, on a

$$y = mx - b;$$

c'est l'équation d'une droite RS parallèle à OM_2 et de l'autre côté de l'origine.

On prouvera de la même manière que les deux équations

$$y = -mx + b \qquad \text{et} \qquad y = -mx - b$$

représentent deux droites parallèles à celle de l'équation $y = -mx$.

Après cette discussion, on est en droit de conclure que *toute équation du premier degré entre les variables x et y représente une ligne droite.*

24. Réciproquement, *une droite quelconque sera représentée par une équation du premier degré.*

En effet, si elle est parallèle à l'un des axes, tous ses points auront une même abcisse ou une même ordonnée et son équation sera

$$x = a \qquad \text{ou} \qquad y = b.$$

Si elle passe par l'origine, en prenant plusieurs points de la droite M_1, M_2, M_3 et abaissant les ordonnées, on aura des triangles semblables, et, par suite, les relations

$$\frac{M_1P_1}{OP_1} = \frac{M_2P_2}{OP_2} = \cdots$$

Soit m le rapport constant de l'ordonnée à l'abcisse; on aura pour chaque point de la droite

$$\frac{y}{x} = m \qquad \text{ou} \qquad y = mx.$$

Enfin, si la droite donnée rencontre les axes, on peut toujours mener par l'origine une droite qui lui soit parallèle et qui ait pour équation

$$y = mx \quad \text{ou} \quad y = -mx.$$

Or, pour passer de celle-ci à la première, il suffit d'augmenter ou de diminuer l'ordonnée d'une quantité constante b; l'équation de la droite proposée sera nécessairement du premier degré et sous l'une des formes indiquées dans le numéro précédent.

25. Lorsqu'on connaît l'équation d'une droite, il suffit pour la construire de chercher deux points qui lui appartiennent. On donnera donc à x deux valeurs x_1, x_2 choisies à volonté; l'équation fournira les valeurs correspondantes y_1, y_2 pour l'ordonnée y. La droite des deux points M_1 (x_1, y_1), M_2 (x_2, y_2) est celle qui répond à l'équation donnée. Pour plus de facilité on détermine de préférence les points où elle rencontre les axes : pour $x = 0$, l'équation donne l'ordonnée du point d'intersection de la droite avec OY, et, pour $y = 0$, l'abcisse du point d'intersection avec l'axe des x.

Ex. **1**. Que signifient les équations $x = 0$, $y = 0$?

R. La première représente l'axe des y, la seconde l'axe des x.

Ex. **2**. Figurer le parallélogramme dont les côtés ont pour équations

$$2x - 3 = 0, \qquad 3x + 5 = 0;$$
$$5y = 1, \qquad 2y = 5.$$

Ex. **3**. Que représentent les équations

$$y - x = 0, \qquad y + x = 0?$$

R. Les bissectrices des axes.

Ex. **4**. Construire le triangle dont les côtés ont pour équations

$$y - 2x + 5 = 0, \qquad 3y - x = 4, \qquad 2y + 5x - 5 = 0.$$

Ex. **5**. Figurer le quadrilatère dont les côtés sont donnés par

$$x - 5 = 0, \qquad y = 1, \qquad 5x + 2y - 7 = 0, \qquad 2y - 3x = 4.$$

26. *Coefficient angulaire.* Lorsque l'équation d'une droite PQ (*fig.* 16) est ramenée à la forme

$$y = mx + b,$$

le coefficient b représente l'ordonnée du point d'intersection de la droite avec l'axe des y; car, pour $x = 0$, $y = b$. Cette longueur s'appelle l'*ordonnée à l'origine* : sa valeur n'a aucune influence sur la direction de la droite; elle ne fait qu'indiquer si celle-ci passe plus ou moins près de l'origine.

Pour obtenir la signification de m, menons OM_2 parallèle à PQ; son équation sera

$$y = mx.$$

Pour un point M_1, on aura

$$M_1P_1 = m \cdot OP_1; \quad \text{d'où} \quad m = \frac{M_1P_1}{OP_1} = \frac{\sin M_1OP_1}{\sin OM_1P_1}.$$

Soit θ l'angle des axes et α celui de la droite avec OX; il viendra, en remarquant que $OM_1P_1 = \theta - \alpha$,

$$m = \frac{\sin \alpha}{\sin (\theta - \alpha)}.$$

Lorsque les axes sont rectangulaires, $\theta = 90°$, $\sin (\theta - \alpha) = \cos \alpha$, et, par conséquent,

$$m = \operatorname{tang} \alpha.$$

Le coefficient de x dans l'équation s'exprime donc en fonction de l'angle α; on l'appelle *coefficient angulaire* de la droite; pour un même système d'axes, la direction d'une droite dépend uniquement de ce coefficient.

Lorsque l'équation est de la forme

$$Ay + Bx + C = 0,$$

il faut la résoudre par rapport à y pour obtenir la valeur du coefficient angulaire; on aurait ainsi $m = -\frac{B}{A}$.

27. Il existe encore deux formes très employées de l'équation d'une droite en coordonnées cartésiennes que nous allons faire connaître.

Reprenons l'équation

$$Ay + Bx + C = 0$$

d'une certaine droite AB. Appelons a et b les distances à l'origine des points d'intersection de la droite avec les axes, et introduisons ces quantités dans l'équation. Pour $y = 0$, $x = OA = a$; d'où

$$Ba + C = 0.$$

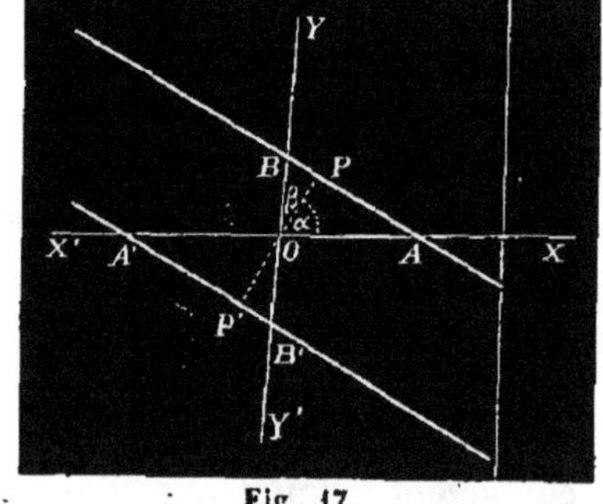

Fig. 17.

Pour $x = 0$, $y = OB = b$ et, par conséquent,

$$Ab + C = 0.$$

On en tire $B = -\frac{C}{a}$, $A = -\frac{C}{b}$; substituant ces valeurs, on obtient, après la suppression du facteur commun C,

$$\frac{x}{a} + \frac{y}{b} = 1.$$

Si on imagine un parallélogramme dont les sommets se trouvent sur les axes aux distances $\pm a$ et $\pm b$ de l'origine, les équations de ses côtés seront

$$\frac{x}{a} + \frac{y}{b} = 1, \qquad \frac{y}{b} - \frac{x}{a} = 1,$$

$$\frac{x}{a} + \frac{y}{b} = -1, \quad \frac{x}{a} - \frac{y}{b} = 1.$$

Lorsque dans les formules

$$a = -\frac{C}{B}, \quad b = -\frac{C}{A},$$

on pose $A = 0$, $B = 0$, les segments interceptés par la droite sur les axes sont infinis. Il en résulte que l'équation

$$0.y + 0.x + C = 0 \quad \text{ou} \quad C = 0,$$

c'est-à-dire une constante égalée à zéro, doit être regardée comme la définition analytique d'une droite située à l'infini et nécessairement indéterminée de direction, puisque le coefficient angulaire se présente sous la forme $\frac{0}{0}\cdot$ Cependant, si on avait à considérer une droite $Ay + Bx + C = 0$, lorsque les coefficients A et B tendent simultanément vers 0, et que le rapport $-\frac{B}{A}$ reste constant, l'équation limite $C = 0$ représenterait une droite à l'infini parallèle à une direction déterminée.

28. Abaissons de l'origine (*fig.* 17) une perpendiculaire sur la droite AB; soit p la longueur de cette perpendiculaire, et α, β les angles qu'elle fait avec les axes positifs OX, OY. Les triangles rectangles donnent

$$a = \frac{p}{\cos\alpha}, \qquad b = \frac{p}{\cos\beta}.$$

La substitution de ces valeurs fournit cette nouvelle forme de l'équation d'une droite

$$x\cos\alpha + y\cos\beta = p.$$

Pour un système d'axes rectangulaires $\cos\beta = \sin\alpha$, et on aurait alors

$$x\cos\alpha + y\sin\alpha - p = 0.$$

L'équation d'une droite A'B' parallèle à la première de l'autre côté de l'origine mais à la même distance de ce point serait

$$x\cos(180^\circ - \alpha) + y\cos(180^\circ - \beta) = p,$$

ou bien

$$x\cos\alpha + y\cos\beta = -p;$$

et, en coordonnées rectangulaires,

$$x\cos\alpha + y\sin\alpha = -p.$$

Dans ces équations p doit être regardé comme pouvant être positif ou négatif et les angles α et β comme compris entres les limites 0 et 180°.

L'équation générale

$$Ay + Bx + C = 0$$

peut toujours être ramenée à la forme

$$x\cos\alpha + y\sin\alpha - p = 0;$$

c'est-à-dire qu'il est toujours possible de trouver une quantité p et un angle α propres à passer de l'une à l'autre. En effet, multiplions l'équation par un facteur indéterminé μ, et identifions-la avec la seconde; on aura les relations

$$\mu A = \sin\alpha, \qquad \mu B = \cos\alpha \quad \text{et} \quad \mu C = -p.$$

En élevant les deux premières au carré et ajoutant, on trouve

$$\mu^2(A^2 + B^2) = 1, \qquad \text{d'où} \qquad \mu = \pm\frac{1}{\sqrt{A^2 + B^2}};$$

et, par suite,

$$\cos\alpha = \pm\frac{B}{\sqrt{A^2 + B^2}}, \quad \sin\alpha = \pm\frac{A}{\sqrt{A^2 + B^2}}, \quad p = \mp\frac{C}{\sqrt{A^2 + B^2}}.$$

Il suffit donc de diviser l'équation proposée par $\pm\sqrt{A^2 + B^2}$.

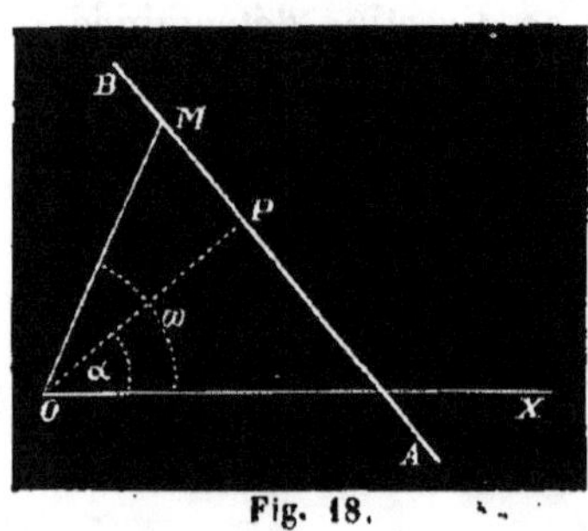

Fig. 18.

29. *Équation de la droite en coordonnées polaires.* Soit AB une droite (*fig.* 18), O le pôle et OX l'axe polaire. Abaissons OP perpendiculaire à AB et posons $OP = p$, $POX = \alpha$; ces quantités p et α sont constantes pour une même droite. Si ρ, ω sont les coordonnées d'un point quelconque M, le triangle OMP nous donne

$$\rho\cos(\omega - \alpha) = p;$$

d'où

$$\rho = \frac{p}{\cos(\omega - \alpha)}.$$

C'est l'équation de la droite en coordonnées polaires : elle s'obtient immédiatement de l'équation du N° 28, en remplaçant x par $\rho \cos \omega$, et y par $\rho \sin \omega$. En développant, elle peut se ramener à la forme

$$\rho = \frac{p}{C \cos \omega + D \sin \omega}.$$

§ 2. PROBLÈMES SUR LA LIGNE DROITE.

30. *Etant donnée l'équation d'une droite, trouver l'angle qu'elle fait avec l'axe des x.*

Si

$$y = mx + b$$

est l'équation de la droite donnée en coordonnées rectangulaires, on a pour déterminer α la relation

$$\operatorname{tang} \alpha = m.$$

Avec des axes obliques, il faut prendre

$$\frac{\sin \alpha}{\sin(\theta - \alpha)} = m;$$

en developpant et résolvant l'équation par rapport à tang α, on trouve

$$\operatorname{tang} \alpha = \frac{m \sin \theta}{1 + m \cos \theta}.$$

Afin d'avoir une formule calculable par logarithmes, écrivons

$$\frac{m-1}{m+1} = \frac{\sin \alpha - \sin(\theta - \alpha)}{\sin \alpha + \sin(\theta - \alpha)} = \frac{\operatorname{tang}\left(\alpha - \frac{\theta}{2}\right)}{\operatorname{tang} \frac{\theta}{2}};$$

d'où on tire, pour déterminer α,

$$\operatorname{tang}\left(\alpha - \frac{\theta}{2}\right) = \frac{m-1}{m+1} \operatorname{tang} \frac{\theta}{2}.$$

Ex. 1. Déterminer l'angle de la droite $y = 2x + 5$ avec l'axe des x.

R. $\alpha = 63° 26' 5'' 8\ldots$

Ex. 2. Étant données les droites $y = mx$, $y = m'x$, trouver l'inclinaison, sur l'axe des x, de la bissectrice de l'angle qu'elles forment entre elles.

Soit α'' cet angle ; on a : $\alpha'' = \frac{\alpha + \alpha'}{2}$. Mais

$$\operatorname{tang} \frac{\alpha + \alpha'}{2} = \frac{\sin(\alpha + \alpha')}{1 + \cos(\alpha + \alpha')}.$$

En développant, et divisant les deux termes de la fraction par $\cos \alpha \cos \alpha'$, on trouvera

$$\operatorname{tang} \alpha'' = \frac{m + m'}{1 - mm' + \sqrt{(1 + m^2)(1 + m'^2)}}.$$

Ex. 3. Trouver les cosinus des angles de la droite $Ay + Bx + C = 0$ avec les axes.

Menons, par l'origine, la droite $Ay + Bx = 0$ parallèle à la droite donnée. Prenons ensuite, à partir de l'origine, une longueur $OM = r$, et soient p, q les coordonnées du point M. On aura $Aq + Bp = 0$; d'où

$$\frac{p}{A} = -\frac{q}{B}.$$

Mais $p = r \cos \alpha$, $q = r \cos \beta$, α et β étant les angles de la droite avec les axes. On en déduira les égalités

$$\frac{\cos \alpha}{A} = -\frac{\cos \beta}{B} = \frac{1}{\pm\sqrt{A^2 + B^2}}.$$

Supposons, maintenant, que les axes soient obliques, et projetons le contour $p + q + r$ respectivement sur p, q, r. Il viendra les relations

$$\begin{gathered} p + q \cos \theta = r \cos \alpha, \\ p \cos \theta + q = r \cos \beta, \\ p \cos \alpha + q \cos \beta = r. \end{gathered}$$

En éliminant p, q, r, on aura

$$\begin{vmatrix} 1 & \cos \theta & \cos \alpha \\ \cos \theta & 1 & \cos \beta \\ \cos \alpha & \cos \beta & 1 \end{vmatrix} = 0,$$

ou bien, en développant,

$$(k) \quad \cos^2 \alpha + \cos^2 \beta - 2 \cos \alpha \cos \beta \cos \theta = \sin^2 \theta.$$

C'est la relation qui existe entre les cosinus d'une droite avec deux axes obliques ; elle se réduit à $\cos^2 \alpha + \cos^2 \beta = 1$, pour des axes rectangulaires.

Cela étant, les deux premières équations donnent

$$\frac{\cos \alpha}{p + q \cos \theta} = \frac{\cos \beta}{p \cos \theta + q};$$

par suite,

$$\frac{\cos \alpha}{A - B \cos \theta} = \frac{\cos \beta}{A \cos \theta - B} =$$

$$\frac{\sqrt{\cos^2 \alpha + \cos^2 \beta - 2 \cos \alpha \cos \beta \cos \theta}}{\sqrt{(A - B \cos \theta)^2 + (A \cos \theta - B)^2 - 2 (A - B \cos \theta)(A \cos \theta - B) \cos \theta}} = \frac{1}{\sqrt{A^2 + B^2 - 2 AB \cos \theta}}.$$

Ces égalités déterminent cos α, cos β.

Ex. 4. Ramener l'équation $Ay + Bx + C = 0$ d'une droite rapportée à des axes obliques à la forme $x \cos \alpha + y \cos \beta - p = 0$.

Si on identifie la première équation avec la seconde, après l'avoir multipliée par un facteur indéterminé λ, on aura les relations

$$\mu A = \cos \beta, \qquad \mu B = \cos \alpha, \qquad \mu C = -p;$$

en substituant dans la relation (k) du numéro précédent, il vient, pour déterminer μ, l'équation

$$\mu^2 (A^2 + B^2 - 2AB \cos \theta) = \sin^2 \theta.$$

Il faudra donc multiplier l'équation proposée par le facteur

$$\frac{\sin \theta}{\pm\sqrt{A^2 + B^2 - 2AB \cos \theta}}.$$

31. *Trouver l'angle de deux droites données.*

Les équations des droites données peuvent toujours se ramener à la forme

$$(1)\ y = mx + b, \qquad (2)\ y = m'x + b'.$$

Menons, par l'origine (*fig.* 19), deux droites parallèles aux premières : elles auront pour équations

$$(1')\ y = mx, \qquad (2')\ y = m'x,$$

et feront entre elles le même angle que les droites proposées. Soit φ l'angle cherché, α et α' les angles d'inclinaison des droites (1′) et (2′) sur OX.

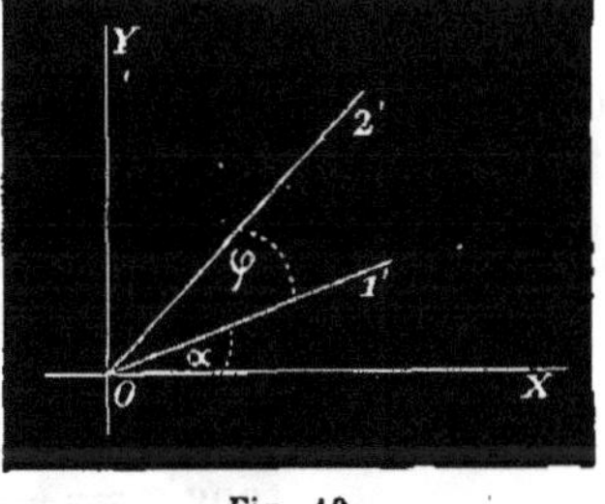

Fig. 19.

On a évidemment

$$\varphi = \alpha' - \alpha;$$

d'où

$$(k)\ \text{tang}\ \varphi = \frac{\text{tang}\ \alpha' - \text{tang}\ \alpha}{1 + \text{tang}\ \alpha \cdot \text{tang}\ \alpha'}.$$

Or, si les axes sont rectangulaires, tang $\alpha' = m'$, tang $\alpha = m$; on aura donc, pour déterminer φ, la formule

$$\text{tang}\ \varphi = \frac{m' - m}{1 + mm'}.$$

Lorsque les droites sont perpendiculaires, $\varphi = \frac{\pi}{2}$, tang $\varphi = \infty$; par suite,

$$1 + mm' = 0;$$

telle est la relation qui doit exister entre les coefficients angulaires de deux droites pour qu'elles soient perpendiculaires.

Si elles sont parallèles, $\varphi = 0$ et $\tang \varphi = 0$; d'où $m = m'$ sera la condition du parallélisme des deux droites.

Quand les droites proposées ont des équations de la forme

$$(1)\ Ay + Bx + C = 0, \qquad (2)\ A'y + B'x + C' = 0,$$

on a : $m = -\dfrac{B}{A}$, $m' = -\dfrac{B'}{A'}$; et, dans ce cas,

$$\tang \varphi = \frac{BA' - AB'}{AA' + BB'}.$$

La condition de perpendicularité est

$$AA' + BB' = 0;$$

et celle du parallélisme

$$BA' - AB' = 0, \qquad \text{ou} \qquad \frac{A}{A'} = \frac{B}{B'};$$

c'est-à-dire que, si deux droites sont parallèles, les coefficients des variables sont proportionnels.

Supposons, maintenant, que les axes soient obliques; on a alors

$$\tang \alpha = \frac{m \sin\theta}{1 + m\cos\theta}, \qquad \tang \alpha' = \frac{m' \sin\theta}{1 + m'\cos\theta};$$

et l'on trouve, après la substitution dans la relation (k),

$$\tang \varphi = \frac{(m' - m)\sin\theta}{1 + mm' + (m + m')\cos\theta}.$$

Avec la seconde forme d'équations, on aurait

$$\tang \varphi = \frac{(BA' - AB')\sin\theta}{AA' + BB' - (AB' + BA')\cos\theta}.$$

La conditon de perpendicularité pour les coordonnées obliques est donc

$$1 + mm' + (m + m')\cos\theta = 0;$$

ou bien

$$AA' + BB' - (AB' + BA')\cos\theta = 0.$$

Ex. 1. Chercher l'angle des droites

$$5x + 2y - 12 = 0,$$
$$4x + y - 6 = 0.$$

R. 19° 59'...

Ex. 2. Ecrire l'équation d'une droite quelconque faisant un angle de 45° avec la droite $y = mx + b$.

R. $$y = \frac{1+m}{1-m}x + \lambda.$$

Ex. 3. Montrer qu'on ne peut avoir en même temps

$$m - m' = 0,$$

$$1 + mm' + (m + m')\cos\theta = 0.$$

Ex. 4. Déterminer l'angle de deux droites, connaissant les cosinus des angles qu'elles font avec les axes.

Supposons que le point (1'), dans la figure précédente, ait pour coordonnées p et q, et soit r sa distance à l'origine. Projetons le contour $p + q + r$ respectivement sur p, q et 02'. Il viendra

$$p + q\cos\theta = r\cos\alpha\ ;$$

$$p\cos\theta + q = r\cos\beta\ ;$$

$$p\cos\alpha' + q\cos\beta' = r\cos\varphi.$$

En éliminant p, q, r, on trouvera, pour déterminer φ, la relation

$$\sin^2\theta\cos\varphi = \cos\alpha\cos\alpha' + \cos\beta\cos\beta' - (\cos\alpha\cos\beta' + \cos\beta\cos\alpha')\cos\theta\ ;$$

elle se réduit à

$$\cos\varphi = \cos\alpha\cos\alpha' + \cos\beta\cos\beta',$$

si les axes sont rectangulaires.

32. *Trouver l'équation générale des droites parallèles à une droite donnée.*

Supposons d'abord que la droite donnée soit représentée par

$$y = mx + b.$$

On sait que les coefficients angulaires de deux droites de même direction sont égaux ; par suite, l'équation

$$y = mx + \lambda,$$

où λ est arbitraire, définira toutes les droites parallèles à la première.

Si la droite donnée est $Ay + Bx + C = 0$, la condition du parallélisme peut s'écrire

$$\frac{A}{A'} = \frac{B}{B'}.$$

On y satisfait en posant : $A' = kA$, $B' = kB$. Il en résulte que l'équation

$$k(Ay + Bx) + C' = 0$$

représentera une droite parallèle à l'autre quel que soit C'. En posant $\lambda = \frac{C'}{k}$, elle devient

$$Ay + Bx + \lambda = 0.$$

33. *Trouver l'équation générale des droites perpendiculaires à une droite donnée.*

Quand les axes sont rectangulaires, on a, pour les conditions de perpendicularité,

$$1 + mm' = 0,$$
$$AA' + BB' = 0.$$

De la première, on tire $m' = -\frac{1}{m}$; par suite, l'équation

$$y = -\frac{x}{m} + \lambda$$

représentera une droite perpendiculaire à $y = mx + b$, quel que soit λ.

Dans le second cas, la condition peut s'écrire

$$\frac{A'}{B} = -\frac{B'}{A} = k;$$

d'où $A' = Bk$, $B' = -Ak$; et l'équation

$$k(By - Ax) + C' = 0,$$

ou, en posant $\lambda = \frac{C'}{k}$,

$$By - Ax + \lambda = 0,$$

définira une droite quelconque perpendiculaire à la droite $Ay + Bx + C = 0$.

Lorsque les axes sont obliques, les conditions de perpendicularité peuvent s'écrire

$$1 + m\cos\theta + m'(m + \cos\theta) = 0,$$
$$A'(A - B\cos\theta) - B'(A\cos\theta - B) = 0.$$

D'où

$$m' = -\frac{1 + m\cos\theta}{m + \cos\theta},$$

$$\frac{A'}{A\cos\theta - B} = \frac{B'}{A - B\cos\theta}.$$

Les équations cherchées seront alors

$$y = -\frac{1 + m\cos\theta}{m + \cos\theta}x + \lambda,$$

$$(\text{A}\cos\theta - \text{B})\,y + (\text{A} - \text{B}\cos\theta)\,x + \lambda = 0.$$

34. *Déterminer le point d'intersection de deux droites données.*

Soient

$$y = mx + b, \qquad y = m'x + b'$$

les équations des droites données. Les coordonnées de leur point commun doivent satisfaire à la fois à ces deux équations : il suffit donc, pour les obtenir, de résoudre les équations par rapport à x et y.

En égalant les valeurs de y, on a

$$mx + b = m'x + b'\,; \qquad \text{d'où} \qquad x = \frac{b' - b}{m - m'},$$

et, par suite,

$$y = \frac{mb' - bm'}{m - m'}.$$

Lorsque $m = m'$, ces valeurs sont infinies, et cela doit être puisque, dans ce cas, les droites sont parallèles.

Ex. 1. Quel est le point d'intersection des droites

$$3x + 2y - 8 = 0 \qquad \text{et} \qquad 5x - y - 9 = 0?$$

R. $(2,1)$.

Ex. 2. Trouver les coordonnées des sommets d'un triangle dont les côtés ont pour équations

$$2y - x = 2, \qquad y + x - 1 = 0, \qquad 2x + y = -4.$$

R. $\text{A}(0,1)$, $\text{B}(-2,0)$, $\text{C}(-5,+6)$.

Ex. 3. Chercher le point d'intersection des droites

$$(b - b')\,x - (a - a')\,y = a'b - ab'$$

$$(b - b')\,x + (a - a')\,y = ab - a'b'.$$

R. $\left[\dfrac{a + a'}{2}, \quad \dfrac{b + b'}{2}\right]$.

Ex. 4. Même recherche pour les droites

$$y + ax + a^2 = 0, \qquad y + bx + b^2 = 0.$$

R. $[-(a + b), ab]$.

Ex. 5. Déterminer le point commun des droites

$$\frac{x}{a}+\frac{y}{b}=1, \qquad \frac{x}{a'}+\frac{y}{b'}=1.$$

$$\text{R.} \quad \left[\frac{(a-a')\,bb'}{ab'-ba'}, \qquad \frac{(b'-b)\,aa'}{ab'-ba'}\right].$$

Ex. 6. Même calcul pour

$$x\cos\alpha+y\sin\alpha-p=0, \qquad x\cos\alpha'+y\sin\alpha'-p'=0.$$

$$\text{R.} \quad x=\frac{p\sin\alpha'-p'\sin\alpha}{\sin\varphi}, \qquad y=\frac{p'\cos\alpha-p\cos\alpha'}{\sin\varphi};$$

φ est l'angle des deux droites.

Ex. 7. Avec les mêmes équations que dans l'exemple précédent, calculer la distance du point d'intersection des droites à l'origine.

On a, en appelant ρ cette distance,

$$\rho^2=x^2+y^2=\frac{1}{\sin^2\varphi}[p^2+p'^2-2pp'\cos\varphi].$$

Si on désigne par D la distance entre les pieds des perpendiculaires abaissées de l'origine sur les droites, on aura cette relation

$$\rho^2=\frac{D^2}{\sin^2\varphi}, \qquad \text{ou} \qquad D=\rho\sin\varphi.$$

35. L'équation générale de la ligne droite $y=mx+b$ ne renferme que deux coefficients ou paramètres inconnus. Il en est de même de l'équation $Ay+Bx+C=0$; car, si on divise par C, il reste les deux coefficients $\frac{A}{C}$ et $\frac{B}{C}$ dans le premier membre. Les deux conditions géométriques auxquelles une droite peut être assujettie servent à trouver deux équations de condition où entrent les paramètres et des quantités données : équations qui suffisent pour les déterminer. Dans les problèmes qui suivent, on s'occupe de la recherche d'équations de lignes droites soumises à certaines conditions.

36. *Trouver l'équation d'une droite qui passe par deux points donnés.*

Une droite quelconque est donnée par l'équation

$$y=mx+b,$$

en déterminant convenablement les coefficients m et b. Soient $M'(x',y')$, $M''(x'',y'')$ les points donnés. Si l'un de ces points, par exemple M', doit appartenir à la droite, ses coordonnées doivent satisfaire à l'équation : on a donc la condition

$$y' = mx' + b.$$

On peut profiter de cette relation pour éliminer une inconnue, par exemple b; ce qui s'obtient par la soustraction des équations membre à membre; il vient ainsi

$$y - y' = m(x - x').$$

Cette équation représente une infinité de droites, puisqu'elle renferme un coefficient indéterminé m; et toutes ces droites jouissent de la propriété de passer par le point M'.

Mais, comme la droite cherchée doit aussi passer par M'', on a cette seconde condition

$$y'' - y' = m\,(x'' - x'), \qquad \text{d'où} \quad m = \frac{y'' - y'}{x'' - x'}.$$

Si on substitue cette valeur dans l'équation précédente, on obtient, pour la droite cherchée,

$$y - y' = \frac{y'' - y'}{x'' - x'}(x - x'),$$

ou bien, sous une forme plus symétrique,

$$\frac{y - y'}{y'' - y'} = \frac{x - x'}{x'' - x'}.$$

En chassant les dénominateurs et faisant passer tous les termes dans le premier membre, on peut encore écrire

$$(y'' - y')\,x - (x'' - x')\,y + y'x'' - x'y'' = 0.$$

Il est bon de retenir que le coefficient angulaire d'une droite qui passe par deux points est égal au rapport de la différence des ordonnées à la différence des abcisses de ces points.

Ex. **1**. Que devient l'équation d'une droite qui passe par deux points, si on fait successivement $y'' = y'$, $x'' = x'$?

R. $y = y', \qquad x = x'.$

Ex. **2**. Écrire l'équation de la droite qui joint l'origine au point M (x', y').

R. $x'y - y'x = 0.$

Ex. **3**. Trouver les équations des côtés d'un triangle dont les sommets sont $(-1,2)$, $(2,3)$, $(-4,5)$.

R. $3y - x - 7 = 0, \qquad y + x - 1 = 0, \qquad 3y + x - 11 = 0.$

Ex. 4. Les sommets d'un triangle sont A (0,0), B (0,y'') C (x''',0), trouver les équations des médianes.

R. $x'''y - y''x = 0, \quad 2y''x + x'''y - x'''y'' = 0, \quad y''x + 2x'''y - x'''y'' = 0.$

Ex. 5. Trouver la condition pour que les trois points (x', y'), (x'', y''), (x''', y''') soient en ligne droite.

La droite des deux premiers points est

$$(y'' - y')\,x + (x' - x'')\,y + y'x'' - x'y'' = 0.$$

D'après la question, le troisième point devra satisfaire à cette équation, et la condition cherchée sera

$$(y'' - y')\,x''' + (x' - x'')\,y''' + y'x'' - x'y'' = 0,$$

ou, sous une forme plus symétrique,

$$x'\,(y''' - y'') + x''\,(y' - y''') + x'''\,(y'' - y') = 0.$$

Ex. 6. Trouver les médianes du triangle dont les sommets sont : A (x',y'), B (x'',y''), C (x''', y''').

R. $(2x' - x'' - x''')\,y - (2y' - y'' - y''')\,x + y'(x'' + x''') - x'(y'' + y''') = 0;$

$(2x'' - x' - x''')\,y - (2y'' - y' - y''')\,x + y''(x' + x''') - x''(y' + y''') = 0;$

$(2x''' - x' - x'')\,y - (2y''' - y' - y'')\,x + y'''(x' + x'') - a'''(y' + y'') = 0.$

Ex. 7. Montrer que la droite passant par les milieux de deux côtés d'un triangle est parallèle au troisième côté.

Ex. 8. Trouver le rapport des segments qu'une droite $Ay + Bx + C = 0$ détermine sur la ligne qui joint les deux points M' (x', y'), M''(x'', y'').

Désignons par $\frac{m}{n}$ ce rapport, et par C (x, y) le point d'intersection des droites. On aura (N° 3)

$$x = \frac{mx'' + nx'}{m + n}, \qquad y = \frac{my'' + ny'}{m + n}.$$

Substituons ces valeurs dans l'équation de la droite donnée; il viendra

$$A\,(my'' + ny') + B\,(mx'' + nx') + C\,(m + n) = 0.$$

On en tire

$$\frac{m}{n} = -\frac{Ay' + Bx' + C}{Ay'' + Bx'' + C}.$$

Ex. 9. Trouver le rapport suivant lequel la droite des points D (x', y'), E (x'', y') est rencontrée par la ligne qui joint deux autres points F (x''', y'''), G (x^{iv}, y^{iv}).

R. $$\frac{m}{n} = \frac{x'\,(y^{\text{iv}} - y''') + x'''\,(y' - y^{\text{iv}}) + x^{\text{iv}}\,(y''' - y')}{x''\,(y''' - y^{\text{iv}}) + x'''\,(y^{\text{iv}} - y'') + x^{\text{iv}}\,(y'' - y''')}.$$

Ex. 10. Une droite rencontre les côtés AB, AC, BC d'un triangle aux points F, E, D démontrer la relation

$$\frac{BD \cdot CE \cdot AF}{DC \cdot EA \cdot FB} = -1.$$

Ex. 11. Par les sommets d'un triangle ABC, on mène trois droites passant par un même point O et coupant les côtés opposés aux point D, E, F ; prouver que l'on a toujours

$$\frac{BD \cdot CE \cdot AF}{DC \cdot EA \cdot FB} = 1.$$

Ex. 12. Étant donné un quadrilatère ABCD, on mène les diagonales du parallélogramme ayant pour sommets les milieux des côtés ; soit I leur point d'intersection, et F, G, les milieux des diagonales du quadrilatère. Les points I, F, G sont en ligne droite et le point I est le milieu de FG.

37. *Trouver l'équation d'une droite qui passe par un point et qui est parallèle à une droite donnée.*

Soit M (x', y') et $y = px + q$ le point et la droite donnés. La droite cherchée aura une équation de la forme (N° 32)

$$y = px + \lambda,$$

et, comme elle doit passer par le point M (x', y'), on a la condition

$$y' = px' + \lambda.$$

En retranchant membre à membre, le coefficient indéterminé λ disparaît, et il vient, pour l'équation demandée,

$$y - y' = p(x - x').$$

Ex. 1. Quelle est l'équation d'une droite passant par M (x', y') et parallèle à l'une des droites suivantes :

$$Ay + Bx + C = 0, \qquad \frac{x}{a} + \frac{y}{b} = 1\,?$$

$$\text{R.} \quad A(y - y') + B(x - x') = 0, \qquad \frac{x - x'}{a} + \frac{y - y'}{b} = 0.$$

Ex. 2. Un triangle a pour sommets A $(1, 2)$, B $(-1, 1)$, C $(5, 2)$, trouver les droites menées par les sommets parallèlement aux côtés opposés.

$$\text{R.} \quad 4y - x = 7, \qquad y = 1, \qquad 2y - x - 1 = 0.$$

38. *Trouver l'équation générale des droites qui passent par le point d'intersection de deux droites données.*

Soient les équations des droites données,

$$y - mx - b = 0, \qquad y - m'x - b' = 0;$$

l'équation demandée sera

$$(k) \qquad y - mx - b = \lambda(y - m'x - b'),$$

dans laquelle λ est indéterminé. En effet, elle est du premier degré en x

et y, et, à cause de la présence de λ, elle représente une infinité de droites; de plus, toutes ces droites passent par le point d'intersection des deux premières ; car les coordonnées de ce point annulent le premier et le second membre de l'équation, quel que soit λ.

Une condition nouvelle permettra de déterminer λ; si, par exemple, la droite est assujettie à passer par un point $M(x',y')$, on a la relation

$$y'-mx'-b=\lambda(y'-m'x'-b').$$

Par l'élimination de λ, on trouve l'équation

$$\frac{y-mx-b}{y'-mx'-b}=\frac{y-m'x-b'}{y'-m'x'-b'},$$

qui représente une droite issue du point d'intersection des deux premières, et passant par le point donné.

Pour exprimer que l'une des droites (k) doit être parallèle à la droite $y-px-q=0$, il faudrait d'abord écrire ainsi l'équation

$$(1-\lambda)\,y+(m'\lambda-m)\,x+b'\lambda-b=0;$$

et la condition du parallélisme serait

$$\frac{1-\lambda}{1}=\frac{m'\lambda-m}{-p}.$$

Cette relation suffit pour déterminer λ.

Ex. 1. Droite passant par $M(1,-2)$ et le point d'intersection des droites

$$y=2x-5 \quad \text{et} \quad y+x-1=0.$$

R. $y-x+3=0$.

Ex. 2. Droite passant par l'origine et le point commun des droites

$$\frac{x}{a}+\frac{y}{b}=1, \qquad \frac{x}{a'}+\frac{y}{b'}=1.$$

R. $x\left(\frac{1}{a}-\frac{1}{a'}\right)+y\left(\frac{1}{b}-\frac{1}{b'}\right)=0.$

Ex. 3. Droite parallèle à $2y+3x=5$ et passant par le point d'intersection des droites de l'exemple 1.

R. $2y+3x-4=0$.

Ex. 4. Les côtés d'un triangle sont : $\frac{x}{a}+\frac{y}{b}=1$, $x=0$ et $y=0$. Trouver les médianes.

R. $\frac{2x}{a}+\frac{y}{b}-1=0$, $\quad \frac{x}{a}+\frac{2y}{b}-1=0 \quad$ et $\quad \frac{x}{a}-\frac{y}{b}=0$.

39. *Reconnaître si trois droites concourent en un même point.*

Considérons les droites représentées par les équations

$$Ay + Bx + C = 0, \quad A'y + B'x + C' = 0, \quad A''y + B''x + C'' = 0.$$

On cherche les valeurs de x et de y du point d'intersection des deux premières : si les valeurs obtenues satisfont à la troisième équation, les trois droites proposées passent par un même point. On trouve ainsi, pour la condition générale,

$$A''(BC' - CB') + B''(CA' - AC') + C''(AB' - BA') = 0.$$

Il est un moyen plus commode, c'est de chercher trois constantes λ, μ, ν, telles qu'en multipliant respectivement les équations par ces constantes et ajoutant, on ait l'identité

$$\lambda(Ay + Bx + C) + \mu(A'y + B'x + C') + \nu(A''y + B''x + C'') = 0;$$

c'est-à-dire une équation qui soit satisfaite quelles que soient les valeurs de x et de y. En effet, les coordonnées du point commun aux deux premières droites annulent séparément les deux premiers trinômes, et elles devront également annuler le dernier, puisque l'équation est satisfaite quelles que soient les valeurs attribuées aux variables; donc les trois droites concourent en un même point, si on peut arriver à une telle identité. Souvent il suffit, pour la trouver, de combiner par addition ou soustraction les équations des droites données.

Ainsi, dans l'Ex. 4 du numéro précédent, les médianes du triangle sont

$$\frac{2x}{a} + \frac{y}{b} - 1 = 0, \quad \frac{x}{a} + \frac{2y}{b} - 1 = 0 \quad \text{et} \quad \frac{x}{a} - \frac{y}{b} = 0;$$

si on change les signes des deux dernières équations et si on ajoute, on a l'identité

$$\left(\frac{2x}{a} + \frac{y}{b} - 1\right) - \left(\frac{x}{a} + \frac{2y}{b} - 1\right) - \left(\frac{x}{a} - \frac{y}{b}\right) = 0,$$

ou bien

$$0 = 0.$$

Dans cet exemple les constantes sont : $\lambda = 1$, $\mu = -1$ et $\nu = -1$.

Ex. **1**. Montrer que les droites suivantes

$$x'''y - y''x = 0, \quad 2y''x + x'''y - x'''y'' = 0, \quad y''x + 2x'''y - x'''y'' = 0$$

se coupent en un même point.

Le point d'intersection des deux dernières a pour coordonnées $x = \frac{x'''}{3}$, $y = \frac{y''}{3}$:

valeurs qui satisfont à la première équation. Autrement, si on retranche les deux dernières équations on retrouve la première. Donc, etc.

Ex. 2. Même recherche pour les droites

$$y + ax + a^2 = 0, \qquad y + bx + b^2 = 0 \qquad \text{et} \qquad x + (a + b) = 0.$$

Si, après avoir retranché les deux premières équations, on ajoute au résultat la dernière multipliée par $(b - a)$, on trouve $0 = 0$.

40. *Trouver l'équation de la perpendiculaire abaissée d'un point sur une droite donnée.*

Soient $M(x', y')$ et $y = mx + b$ le point et la droite donnés. La perpendiculaire est représentée par une équation de la forme

$$y = -\frac{x}{m} + \lambda.$$

Si on exprime qu'elle passe par le point M, on a

$$y' = -\frac{x'}{m} + \lambda.$$

En retranchant membre à membre, on trouve, pour l'équation demandée,

$$y - y' = -\frac{x - x'}{m}.$$

Lorsque la droite donnée est définie par $Ay + Bx + C = 0$, $m = -\frac{B}{A}$, et on a pour la perpendiculaire

$$\frac{y - y'}{A} = \frac{x - x'}{B}.$$

Dans le cas où les axes sont obliques, on arriverait de la même manière aux équations

$$\frac{y - y'}{1 + m\cos\theta} = -\frac{x - x'}{m + \cos\theta},$$

$$\frac{y - y'}{B\cos\theta - A} = \frac{x - x'}{A\cos\theta - B}.$$

Ex. 1. Droite issue du point $(-1, 2)$ et perpendiculaire à la droite $5x - 2y = 5$.

R. $5y + 2x = 8$.

Ex. 2. Les sommets d'un triangle sont A $(1, 2)$, B $(-1, 1)$, C $(-2, 5)$ trouver les équations des perpendiculaires abaissées des sommets sur les côtés opposés.

Equations des côtés :

$$2y - x - 5 = 0, \qquad 5y + x - 7 = 0, \qquad y + 2x + 1 = 0.$$

Equations des perpendiculaires :

$$y + 2x + 1 = 0, \qquad y - 5x - 4 = 0, \qquad 2y - x - 5 = 0.$$

Ex. 3. Droite passant par $M(x', y')$ et perpendiculaire à $\frac{x}{a} + \frac{y}{b} = 1$.

$$\text{R.} \quad a(x - x') - b(y - y') = 0.$$

Ex. 4. Les trois hauteurs d'un triangle passent par un même point.

En effet, si on choisit deux axes rectangulaires de manière à ce que les coordonnées des sommets soient : $A(x', 0)$, $B(0, y'')$, $C(x''', 0)$, on trouvera, pour les équations des hauteurs,

$$y''y - x'(x - x''') = 0, \qquad y''y - x'''(x - x') = 0, \qquad x = 0;$$

on voit facilement que la dernière est une conséquence des deux autres ; donc etc.

Ex. 5. Les perpendiculaires élevées aux milieux des côtés d'un triangle passent par un même point.

Avec le triangle de l'exemple précédent, on aura, pour les équations des perpendiculaires,

$$y''y - x'x + \frac{1}{2}(x'^2 - y''^2) = 0, \quad y''y - x'''x + \frac{1}{2}(x'''^2 - y''^2) = 0, \quad x - \frac{x' + x'''}{2} = 0.$$

En retranchant les deux premières, on retrouve la troisième ; donc, etc.

Ex. 6. Droite passant par le point $M(x', y')$ et perpendiculaire à $x\cos\alpha + y\sin\alpha - p = 0$

R. $(x - x')\sin\alpha - (y - y')\cos\alpha = 0$, ou $x\sin\alpha - y\cos\alpha = x'\sin\alpha - y'\cos\alpha$.

Ex. 7. Droite menée par le point d'intersection des droites $y - 2x - 5 = 0$, $y + x - 1 = 0$, et perpendiculaire à $2y - 5x = 9$.

$$\text{R.} \quad 5y + 2x - 9 = 0.$$

41. *Chercher l'expression de la distance d'un point à une droite.*

Supposons d'abord les axes rectangulaires. La distance d'un point $M(x', y')$ à une droite donnée $y - mx - b = 0$ se compte sur la perpendiculaire représentée par l'équation

$$\frac{y - y'}{1} = -\frac{x - x'}{m}.$$

Soient x_1, y_1 les coordonnées inconnues du pied de la perpendiculaire et P la distance cherchée; on aura

$$P = \sqrt{(x_1 - x')^2 + (y_1 - y')^2}.$$

Or, en vertu d'une propriété des fractions égales, on peut écrire

$$\frac{y - y'}{1} = \frac{-(x - x')}{m} = \frac{y - y' - m(x - x')}{1 + m^2} = \frac{-y' + mx' + y - mx}{1 + m^2}.$$

Remplaçons les coordonnées courantes x et y par x_1, y_1 : comme le pied de la perpendiculaire appartient à la fois aux deux droites, $y_1 - mx_1 = b$; il viendra donc, pour calculer les différences $x_1 - x'$, $y_1 - y'$, les équations suivantes :

$$\frac{y_1 - y'}{1} = \frac{-(x_1 - x')}{m} = \frac{-(y' - mx' - b)}{1 + m^2};$$

si on substitue leurs valeurs dans le radical précédent, on trouve, pour l'expression cherchée,

$$P = \pm \frac{y' - mx' - b)}{\sqrt{1 + m^2}}.$$

Lorsque l'équation de la droite donnée est de la forme $Ay + Bx + C = 0$, $m = -\frac{B}{A}$, $b = -\frac{C}{A}$; il vient, dans ce cas,

$$P = \pm \frac{Ay' + Bx' + C}{\sqrt{A^2 + B^2}}.$$

Le numérateur de ces fractions est le premier membre de l'équation de la droite où x et y sont remplacés par x' et y'. De là découle cette règle : *Le premier membre de l'équation d'une droite* $Ay + Bx + C = 0$, *divisé par* $\sqrt{A^2 + B^2}$, *représente la distance d'un point quelconque* $M(x,y)$ *du plan à cette droite.*

Enfin, si la droite donnée est représentée par l'équation $x \cos\alpha + y \sin\alpha - p = 0$, on a pour la perpendiculaire

$$P = \frac{x' \cos\alpha + y' \sin\alpha - p}{\sqrt{\cos^2\alpha + \sin^2\alpha}} = \pm (x' \cos\alpha + y' \sin\alpha - p).$$

Donc, *si on substitue dans le premier membre de l'équation de la droite* $x \cos\alpha + y \sin\alpha - p = 0$ *les coordonnées d'un point* $M(x', y')$, *on obtient une quantité* $x' \cos\alpha + y' \sin\alpha - p$ *qui mesure la distance de ce point à la droite.*

Pour attribuer des signes différents à la perpendiculaire suivant la position du point par rapport à la droite, il faut remarquer qu'avec $x' = 0$ et $y' = 0$, on a : $x' \cos\alpha + y' \sin\alpha - p = -p$. La distance de l'origine à la droite est négative; il faudra regarder, comme négatives, les perpendiculaires qui se rapportent aux points du plan situés du même côté de la droite que l'origine : car la fonction $x \cos\alpha + y \sin\alpha - p$ est continue;

elle reste négative jusqu'à ce que le point M (x', y') arrive sur la droite; elle passe alors par 0 et devient positive pour un point situé au-delà.

Lorsque les axes sont obliques, la distance

$$P = \sqrt{(x_1 - x')^2 + (y_1 - y')^2 + 2(x_1 - x')(y_1 - y')\cos\theta}$$

se compte sur la perpendiculaire qui a pour équation

$$\frac{y - y'}{1 + m\cos\theta} = -\frac{x - x'}{m + \cos\theta}.$$

De là, on aura comme tantôt les relations

$$\frac{y - y'}{1 + m\cos\theta} = \frac{-(x - x')}{m + \cos\theta} = \frac{y - y' - m(x - x')}{1 + m^2 + 2m\cos\theta} = \frac{-y' + mx' + y - mx}{1 + m^2 + 2m\cos\theta};$$

et, pour le pied (x_1, y_1) de la perpendiculaire,

$$\frac{y_1 - y'}{1 + m\cos\theta} = \frac{-(x_1 - x')}{m + \cos\theta} = \frac{-(y' - mx' - b)}{1 + m^2 + 2m\cos\theta}.$$

En substituant les valeurs de $x_1 - x'$, $y_1 - y'$ tirées de ces équations dans le radical, on trouve, après les réductions,

$$P = \pm\frac{(y' - mx' - b)\sin\theta}{\sqrt{1 + m^2 + 2m\cos\theta}}.$$

Cette valeur de P est aussi proportionnelle à la quantité $y' - mx' - b$.

Ex. 1. Distance du point $(-1, 3)$ à la droite $x + 3y - 5 = 0$.

$$\text{R.}\quad \frac{3}{\sqrt{10}}.$$

Ex. 2. Distances de l'origine aux droites $Ay + Bx + C = 0$ et $\frac{x}{a} + \frac{y}{b} = 1$.

$$\text{R.}\quad P = \frac{C}{\sqrt{A^2 + B^2}},\qquad P = \frac{ab}{\sqrt{a^2 + b^2}}.$$

Ex. 3. Trouver les équations des bissectrices d'un triangle dont les côtés sont :

$$Ay + Bx + C = 0,\qquad A'y + B'x + C' = 0,\qquad A''y + B''x + C'' = 0.$$

Si on pose

$$k = \frac{1}{\sqrt{A^2 + B^2}},\qquad k' = \frac{1}{\sqrt{A'^2 + B'^2}},\qquad k'' = \frac{1}{\sqrt{A''^2 + B''^2}},$$

on aura pour les bissectrices intérieures, l'origine étant dans le triangle,

$$k(Ay + Bx + C) - k'(A'y + B'x + C') = 0.$$
$$k'(A'y + B'x + C') - k''(A''y + B''x + C'') = 0.$$
$$k''(A''y + B''x + C'') - k(Ay + Bx + C) = 0.$$

Ces droites concourent en un même point; la somme des équations donne $0 = 0$.

Ex. 4. Étant donnés les angles (α', β'), (α'', β'') de deux droites avec les axes, déterminer les cosinus des angles analogues de la bissectrice de l'angle de ces droites. Soient (α_1, β_1) les angles cherchés et V celui des droites. On aura

$$\cos\alpha' = \cos\left(\alpha_1 - \frac{V}{2}\right) = \cos\alpha_1 \cos\frac{V}{2} + \sin\alpha_1 \sin\frac{V}{2}.$$

$$\cos\alpha'' = \cos\left(\alpha_1 + \frac{V}{2}\right) = \cos\alpha_1 \cos\frac{V}{2} - \sin\alpha_1 \sin\frac{V}{2}.$$

D'où on tire, par addition,

$$\cos\alpha_1 = \frac{\cos\alpha' + \cos\alpha''}{2\cos\frac{V}{2}}.$$

On trouverait de la même manière

$$\cos\beta_1 = \frac{\cos\beta' + \cos\beta''}{2\cos\frac{V}{2}}.$$

Pour la seconde bissectrice, on aurait

$$\cos\alpha_2 = \frac{\cos\alpha' - \cos\alpha''}{2\sin\frac{V}{2}}, \quad \cos\beta_2 = \frac{\cos\beta' - \cos\beta''}{2\sin\frac{V}{2}}.$$

Ex. 5. Trouver les coordonnées des pieds des perpendiculaires abaissées du point M (x', y') sur les droites

$$Ay + Bx + C = 0, \qquad x\cos\alpha + y\sin\alpha - p = 0.$$

R. $$y = y' - \frac{A(Ay' + Bx' + C)}{A^2 + B^2}, \quad x = x' - \frac{B(Ay' + Bx' + C)}{A^2 + B^2};$$

$$y = y' + \sin\alpha\,(p - x'\cos\alpha - y'\sin\alpha), \qquad x = x' + \cos\alpha\,(p - x'\cos\alpha - y'\sin\alpha).$$

Ex. 6. Déterminer l'aire d'un triangle en fonction des coordonnées des sommets.

Soient A (x', y'), B (x'', y''), C (x''', y''') les sommets, et S la surface du triangle. On sait que $2S = BC \times P$, P étant la perpendiculaire abaissée du sommet A sur BC. Or,

$$BC = \sqrt{(x'' - x''')^2 + (y'' - y''')^2}, \quad P = \frac{x'(y'' - y''') - y'(x'' - x''') + y'''x'' - x'''y''}{\sqrt{(x'' - x''')^2 + (y'' - y''')^2}};$$

par suite, il viendra

$$2S = x'(y'' - y''') + x''(y''' - y') + x'''(y' - y''),$$

ou bien

$$2S = \begin{vmatrix} x' & y' & 1 \\ x'' & y'' & 1 \\ x''' & y''' & 1 \end{vmatrix}.$$

Dans le cas particulier où le sommet (x''', y''') est l'origine, cette expression se réduit à

$$2S = \begin{vmatrix} x' & y' \\ x'' & y'' \end{vmatrix} = x'y'' - y'x''.$$

Quand les axes sont obliques, il faut multiplier le déterminant par $\sin\theta$.

Ex. 7. Trouver la surface d'un triangle dont les côtés sont représentés par les équations

$$Ay + Bx + C = 0, \qquad A'y + B'x + C' = 0, \qquad A''y + B''x + C'' = 0.$$

Il faut chercher les coordonnées des points d'intersection de ces droites prises deux à deux, et les substituer ensuite dans l'expression précédente. On trouvera

$$2S = \frac{[A(B'C'' - B''C') + A'(B''C - BC'') + A''(BC' - CB')]^2}{(AB' - BA')(A'B'' - B'A'')(BA'' - AB'')},$$

ou bien

$$2S = \frac{\begin{vmatrix} A & B & C \\ A' & B' & C' \\ A'' & B'' & C'' \end{vmatrix}^2}{\begin{vmatrix} A & B \\ A' & B' \end{vmatrix} \cdot \begin{vmatrix} A' & B' \\ A'' & B'' \end{vmatrix} \cdot \begin{vmatrix} A'' & B'' \\ A & B \end{vmatrix}}.$$

Ex. 8. Chercher l'expression de la surface d'un polygone, connaissant les coordonnées des sommets.

Soient A (x', y'), B (x'', y'')........ L $(x^{(m)}, y^{(m)})$ les sommets, et O (α, β) un point pris dans l'intérieur du polygone. Joignons ce dernier à tous les sommets, on aura m triangles dont la somme sera la surface cherchée. Transportons l'origine en O et mettons l'indice 1 aux coordonnées nouvelles des sommets. On peut écrire

$$2S = \begin{vmatrix} x'_1 & y'_1 \\ x''_1 & y''_1 \end{vmatrix} + \begin{vmatrix} x''_1 & y''_1 \\ x'''_1 & y'''_1 \end{vmatrix} + \cdots\cdots \begin{vmatrix} x^{(m)}_1 & y^{(m)}_1 \\ x'_1 & y'_1 \end{vmatrix}.$$

Mais $x'_1 = x' - \alpha$, $x''_1 = x'' - \alpha$, $y'_1 = y' - \beta$, etc.; par suite, il vient

$$2S = \begin{vmatrix} x' - \alpha & y' - \beta \\ x'' - \alpha & y'' - \beta \end{vmatrix} + \begin{vmatrix} x'' - \alpha & y'' - \beta \\ x''' - \alpha & y''' - \beta \end{vmatrix} + \cdots + \begin{vmatrix} x^{(m)} - \alpha & y^{(m)} - \beta \\ x' - \alpha & y' - \beta \end{vmatrix}.$$

En développant chaque déterminant comme suit :

$$\begin{vmatrix} x' - \alpha & y' - \beta \\ x'' - \alpha & y'' - \beta \end{vmatrix} = \begin{vmatrix} x' & y' \\ x'' & y'' \end{vmatrix} - \begin{vmatrix} \alpha & y' \\ \alpha & y'' \end{vmatrix} - \begin{vmatrix} \beta & x' \\ \beta & x'' \end{vmatrix}$$

. . . .

et substituant, on trouvera

$$2S = \begin{vmatrix} x' & y' \\ x'' & y'' \end{vmatrix} + \begin{vmatrix} x'' & y'' \\ x''' & y''' \end{vmatrix} + \cdots + \begin{vmatrix} x^{(m)} & y^{(m)} \\ x' & y' \end{vmatrix}.$$

§ 5. DROITE IMAGINAIRE. ÉQUATIONS QUI REPRÉSENTENT UN SYSTÈME DE DROITES.

42. Jusqu'ici nous n'avons considéré que les valeurs réelles de x et y : à chaque système de valeurs pour ces variables, correspond un point réel du plan. Par analogie, si on attribue à x et y des valeurs imaginaires de la forme $a+a'\sqrt{-1}$, $b+b'\sqrt{-1}$, on dit que le point correspondant est imaginaire. Deux points imaginaires sont *conjugués*, si leurs coordonnées ne diffèrent que par le signe des termes qui renferment $\sqrt{-1}$: ainsi le point $M'(x=a+a'\sqrt{-1},\ y'=b+b'\sqrt{-1})$ et $M''(x''=a-a'\sqrt{-1},\ y''=b-b'\sqrt{-1})$ sont conjugués ; on prend, pour leur milieu, le point qui a pour coordonnées $x=\frac{x'+x''}{2}$, et $y=\frac{y'+y''}{2}$. Le milieu de deux points conjugués est réel, et pour M', M'' on a : $x=a$, $y=b$.

La droite qui passe par deux points imaginaires conjugués est réelle. En effet, si on substitue dans l'équation

$$\frac{x-x'}{x''-x'}=\frac{y-y'}{y''-y'},$$

les coordonnées des deux points M' et M'', on trouve

$$\frac{x-a-a'\sqrt{-1}}{-2a'\sqrt{-1}}=\frac{y-b-b'\sqrt{-1}}{-2b'\sqrt{-1}}, \quad \text{ou} \quad \frac{x-a}{a'}=\frac{y-b}{b'}.$$

L'équation générale du premier degré

$$Ay+Bx+C=0,$$

dans laquelle A, B, C sont réels, représente une droite, lieu des points réels du plan dont les coordonnées satisfont à l'équation; mais celle-ci est aussi satisfaite par une infinité de valeurs imaginaires de x et de y; et on peut dire que cette même droite renferme une infinité de points imaginaires.

Soient $a+a'\sqrt{-1}$ et $b+b'\sqrt{-1}$ un système de valeurs propres à satisfaire à l'équation; on aura

$$A(b+b'\sqrt{-1})+B(a+a'\sqrt{-1})+C=0,$$

d'où

$$(k) \qquad Ab+Ba+C=0 \quad \text{et} \quad Ab'+Ba'=0.$$

Les nombres (a, b), (a', b') des coordonnées imaginaires correspondent toujours à deux points réels, dont l'un est sur la droite $Ay+Bx+C=0$ et le second sur $Ay+Bx=0$.

Les relations (k) permettent de calculer les rapports $\frac{A}{C}$ et $\frac{B}{C}$ qui entrent dans l'équation de la droite passant par un point imaginaire donné $(a + a'\sqrt{-1}, b + b'\sqrt{-1})$. On aura seulement un système de valeurs pour ces inconnues; donc *il n'y a qu'une seule droite réelle qui passe par un point imaginaire.*

43. L'équation

$$(A + A'\sqrt{-1})y + (B + B'\sqrt{-1})x + C + C'\sqrt{-1} = 0$$

est dite l'équation générale d'une droite imaginaire. Si on groupe les termes réels et ceux qui multiplient $\sqrt{-1}$, elle prend la forme

$$Ay + Bx + C + (A'y + B'x + C')\sqrt{-1} = 0.$$

On peut satisfaire à cette équation par un seul système de valeurs réelles de x et de y données par les équations suivantes :

$$Ay + Bx + C = 0 \quad \text{et} \quad A'y + B'x + C' = 0.$$

Donc, *toute droite imaginaire passe par un point réel du plan et un seul.*

Deux droites imaginaires sont *conjugées*, si elles ont des équations de la forme

$$(A + A'\sqrt{-1})y + (B + B'\sqrt{-1})x + C + C'\sqrt{-1} = 0,$$
$$(A - A'\sqrt{-1})y + (B - B'\sqrt{-1})x + C - C'\sqrt{-1} = 0.$$

Si on écrit

$$Ay + Bx + C + (A'y + B'x + C')\sqrt{-1} = 0,$$
$$Ay + Bx + C - (A'y + B'x + C')\sqrt{-1} = 0,$$

on voit qu'on satisfait à la fois aux deux équations en posant :

$$Ay + Bx + C = 0 \quad \text{et} \quad A'y + B'x + C' = 0;$$

celles-ci déterminent un point réel commun aux droites. Donc, *deux droites imaginaires conjuguées ont un point d'intersection réel.*

Les points et les droites imaginaires ne peuvent pas se construire géométriquement; mais il est avantageux et nécessaire de les introduire en géométrie, pour interpréter certaines équations et donner à l'énoncé d'un théorème toute la généralité possible.

44. Il arrive quelquefois que le premier membre d'une équation $f(x, y) = 0$ de degré supérieur se décompose en un produit de plusieurs facteurs du premier degré en x et y; l'équation est alors satisfaite en posant chaque facteur égal à zéro, et elle représente un système de droites réelles ou imaginaires.

45. Considérons, en premier lieu, l'équation du second degré

$$Ax^2 + Bx + C = 0.$$

Si on désigne par a et b les deux racines de l'équation $x^2 + \frac{B}{A}x + \frac{C}{A} = 0$, la première peut se mettre sous la forme

$$A(x-a)(x-b) = 0.$$

On y satisfait en posant : $x-a=0, x-b=0$. L'équation proposée se partage en deux autres du premier degré et représente deux droites parallèles à l'axe des y. Ces droites seront réelles et différentes si $B^2-4AC > 0$, imaginaires si $B^2-4AC < 0$, et elles coïncident lorsque $B^2-4AC = 0$; car ce sont les conditions pour que les racines a et b soient réelles et différentes, imaginaires et égales.

L'équation du degré m

$$x^m + A_1x^{m-1} + A_2x^{m-2} + \cdots + A_{m-1}x + A_m = 0$$

donne m racines réelles ou imaginaires $a, b, c, d.., l$; on peut écrire

$$(x-a)(x-b)(x-c)(x-d)\ldots(x-l) = 0.$$

D'où on tire les m équations

$$x-a=0, \quad x-b=0, \quad x-c=0, \ldots, \quad x-l=0,$$

qui représentent m droites réelles ou imaginaires parallèles à OY.

De même l'équation

$$y^m + B_1y^{m-1} + B_2y^{m-2} + \cdots + B_{m-1}y + B_m = 0$$

définit m droites parallèles à l'axe des x.

Donc *toute équation du degré m, qui ne renferme qu'une coordonnée, représente m droites réelles ou imaginaires parallèles à la coordonnée qui ne se trouve pas dans l'équation.*

46. Soit maintenant l'équation homogène du second degré

$$Ay^2 + Bxy + Cx^2 = 0,$$

c'est-à-dire, une équation où la somme des exposants des variables x et y est égale à 2 dans chaque terme. Si on la divise par x^2, on a

$$A\left(\frac{y}{x}\right)^2 + B\left(\frac{y}{x}\right) + C = 0.$$

En regardant $\frac{y}{x}$ comme l'inconnue, l'équation a deux racines a et b, et elle se transforme en

$$A\left(\frac{y}{x}-a\right)\left(\frac{y}{x}-b\right)=0 \quad \text{ou} \quad A(y-ax)(y-bx)=0.$$

On y satisfait en posant :

$$y-ax=0, \qquad y-bx=0;$$

l'équation proposée représente deux droites qui traversent l'origine.

L'équation homogène du degré m est de la forme

$$y^m + A_1 y^{m-1}x + A_2 y^{m-2}x^2 + \cdots + A_{m-1} y x^{m-1} + A_m x^m = 0.$$

En la divisant par x^m, elle devient

$$\left(\frac{y}{x}\right)^m + A_1\left(\frac{y}{x}\right)^{m-1} + \cdots + A_{m-1}\left(\frac{y}{x}\right) + A_m = 0.$$

Soient $a, b, c, \ldots, l$, les m racines de l'équation résolue par rapport à $\frac{y}{x}$; on pourra remplacer l'équation donnée par les m équations

$$y-ax=0, \qquad y-bx=0, \ldots, y-lx=0,$$

qui donnent m droites passant par l'origine.

Donc *toute équation homogène du dégré m représente un système de m droites issues de l'origine.*

47. *Trouver l'angle des deux droites de l'équation* $Ay^2+Bxy+Cx^2=0$.

Les équations des droites étant $y-ax=0$ et $y-bx=0$, on a : $\operatorname{tang}\varphi=\frac{a-b}{1+ab}$; mais a et b sont les racines d'une équation du second degré, et on doit avoir $a+b=-\frac{B}{A}$, $ab=\frac{C}{A}$. D'où on tire $a-b=\sqrt{(a+b)^2-4ab}=\frac{\sqrt{B^2-4AC}}{A}$; en substituant, on trouve

$$\operatorname{tang}\varphi=\frac{\sqrt{B^2-4AC}}{A+C};$$

Les droites sont perpendiculaires si $A+C=0$, et parallèles si $B^2-4AC=0$; mais comme elle passent par l'origine, elle doivent coïncider dans ce dernier cas.

48. *Chercher l'équation des bissectrices des droites représentées par* $Ay^2 + Bxy + Cx^2 = 0$.

On sait que les bissectrices des angles des droites $y - ax = 0$, $y - bx = 0$ sont représentées par les équations

$$\frac{y - ax}{\sqrt{1 + a^2}} - \frac{y - bx}{\sqrt{1 + b^2}} = 0, \quad \frac{y - ax}{\sqrt{1 + a^2}} + \frac{y - bx}{\sqrt{1 + b^2}} = 0.$$

En multipliant membre à membre, il vient

$$\frac{(y - ax)^2}{1 + a^2} - \frac{(y - bx)^2}{1 + b^2} = 0.$$

Après avoir chassé les dénominateurs, on trouve l'équation du second degré

$$(a + b)\,y^2 + 2xy\,(1 - ab) - (a + b)\,x^2 = 0$$

qui représente les bissectrices. Si on substitue à $a + b$ et à ab leurs valeurs, elle devient

$$y^2 - 2\frac{A - C}{B}xy - x^2 = 0.$$

Les bissectrices existent toujours, même si $B^2 - 4AC < 0$, ou lorsque les droites proposées sont imaginaires; car, si on pose $z = \frac{y}{x}$, l'équation

$$z^2 - 2\frac{A - C}{B}z - 1 = 0$$

a toujours des racines réelles.

49. *Trouver la condition pour que l'équation du second degré*

$$Ay^2 + 2Bxy + Cx^2 + 2Dy + 2Ex + F = 0$$

représente deux lignes droites.

En résolvant l'équation par rapport à y, on obtient

$$y = -\frac{Bx + D}{A} \pm \frac{1}{A}\sqrt{(B^2 - AC)\,x^2 + 2\,(BD - AE)\,x + D^2 - AF}.$$

Pour que le second membre soit du premier degré et de la forme $mx + b$, il faut que le polynôme sous le radical soit un carré parfait, et que l'on ait la relation

$$(BD - AE)^2 = (B^2 - AC)\,(D^2 - AF),$$

ou bien

$$ACF + 2BDE - AE^2 - CD^2 - FB^2 = 0.$$

Les deux droites δ_1 et δ_2 que représente l'équation du second degré, lorsque la condition précédente est satisfaite, sont parallèles aux droites D_1 et D_2 passant par l'origine et données par l'équation $Ay^2+2Bxy+Cx^2=0$. En effet, soient g et h les coordonnées inconnues du point d'intersection de δ avec δ_1; transportons l'origine en ce point sans changer la direction des axes. Il faut remplacer x par $x'+g$ et y par $y'+h$; après la substitution, l'équation devra se réduire à

$$Ay'^2+2Bx'y'+Cx'^2=0;$$

car les coefficients des termes du second degré conservent la même valeur, et les droites δ et δ_1 passant par la nouvelle origine, sont représentées par une équation homogène du second degré en x' et y'. Donc, les droites δ et δ_1 issues de la nouvelle origine sont parallèles aux droites D_1 et D_2 issues de l'origine primitive, puisque l'équation est la même en faisant abstraction des accents donnés aux coordonnées nouvelles.

Ex. **1**. Que représentent les équations : (1) $x^2-y^2=0$, (2) $x^2+y^2=0$, (3) $x^3-a^3=0$, (4) $y^2+4xy+4x^2=0$, (5) $y^2+4xy+3x^2=0$?

R. 1) Les bissectrices des axes $y+x=0$, $y-x=0$. 2) Deux droites imaginaires $y-x\sqrt{-1}=0$, $y+x\sqrt{-1}=0$. 3) Les droites $x-a=0$, $x-a\left(\dfrac{-1\pm\sqrt{-3}}{2}\right)=0$. 4) Deux droites qui coïncident, $y+2x=0$. 5) Les droites $y+3x=0$, $y+x=0$.

Ex. **2**. Que faut-il pour que les deux droites imaginaires

$$(A+A'\sqrt{-1})y+(B+B'\sqrt{-1})x+C+C'\sqrt{-1}=0,$$
$$(a+a'\sqrt{-1})y+(b+b'\sqrt{-1})x+c+c'\sqrt{-1}=0,$$

aient un point réel d'intersection?

R. Les droites $Ay+Bx+C=0$, $A'y+B'x+C'=0$, $ay+bx+c=0$, $a'y+b'x+c'=0$ doivent concourir en un même point.

Ex. **3**. Quelle valeur faut-il donner à λ dans l'équation $x^2+\lambda y^2+5xy+x+y-1=0$, pour obtenir deux lignes droites?

$$\text{R.}\quad \lambda=\frac{11}{5}.$$

Ex. **4**. Que représente l'équation

$$(x-h)^m+A_1(x-h)^{m-1}(y-k)+A_2(x-h)^{m-2}(y-k)^2+\cdots A_m(y-k)^m=0?$$

R. Un système de m droites qui passent par le point (h, k).

§ 4. LIEUX GÉOMÉTRIQUES.

50. Les principes de la géométrie analytique donnent une méthode uniforme pour la recherche de lieux géométriques, en exprimant par une équation la relation qui existe entre l'ordonnée et l'abscisse de chaque point ; la nature de cette équation indique celle du lieu demandé. Dans les questions de ce genre, il est important de bien choisir les axes pour simplifier la suite des calculs ainsi que le résultat final. Comme nous l'avons déjà fait remarquer, il est souvent avantageux de se servir d'axes rectangulaires. S'il y a des droites données, on les prendra de préférence pour les axes ; de même lorsque deux points sont connus d'avance, on fait passer l'un des axes par ces points, on place l'origine au milieu, etc.

Ex. 1. Trouver le lieu des points tels que la différence de leurs distances à deux droites fixes est constante et égale à k.

Les deux droites fixes étant prises pour axes des coordonnées, soit M (x, y) un point du lieu ; on a, d'après la figure,

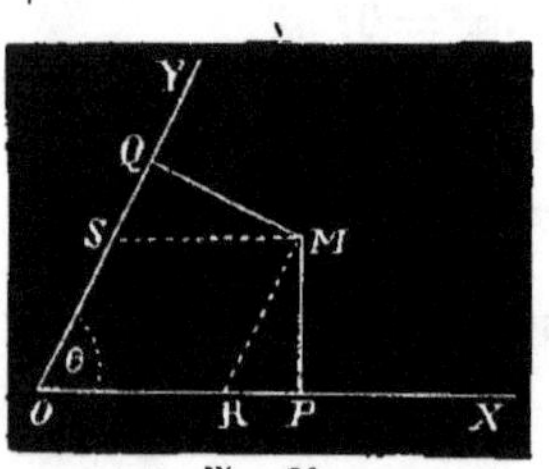

Fig. 20.

$$MP = y \sin\theta, \qquad MQ = x \sin\theta;$$

l'équation cherchée sera

$$y = x + \frac{k}{\sin\theta}.$$

C'est une droite parallèle à la bissectrice des axes ; pour $k = 0$, on aura $y = x$.

Ex. 2. Lieu des points dont la somme des distances à deux droites fixes est constante.

$$\text{R.} \quad y = -x + \frac{k_1}{\sin\theta}.$$

Ex. 3. Lieu des points dont le rapport des mêmes distances est constant.

$$\text{R.} \quad y = k_2 x.$$

Ex. 4. Un point se meut dans un plan de manière à ce que la différence des carrés de ses distances à deux points fixes est constante. Quelle ligne décrit ce point ?

Soient F et F' les deux points fixes ; prenons pour origine leur milieu, et pour axe des x, la droite qui les joint. M (x, y) étant un point du lieu, on trouvera facilement, avec des axes rectangulaires,

$$\overline{MF}^2 = (x-a)^2 + y^2, \qquad \overline{MF'}^2 = (x+a)^2 + y^2;$$

a est la moitié de la distance FF' ; si on représente par k^2 la constante, on aura, pour l'équation du lieu demandé,

$$x = \frac{k^2}{4a}.$$

Le lieu est donc une droite perpendiculaire à FF′, et située à une distance $\frac{k^2}{4a}$ du milieu des points fixes.

Ex. 5. D'un point M on abaisse les perpendiculaires MP et MQ sur deux droites fixes; quel est le lieu des points M tels que $OP + OQ = k^2$?

On a

$$OP = x + y\cos\theta, \qquad OQ = y + x\cos\theta.$$

D'où

$$x + y = \frac{k^2}{1 + \cos\theta}.$$

Ex. 6. Dans la même hypothèse, trouver le lieu des points tels que la droite PQ reste parallèle à une droite fixe.

$$\text{R.} \quad x + y\cos\theta = k(y + x\cos\theta).$$

Ex. 7. D'un point O, on mène une droite qui rencontre une droite fixe D en un point M; sur OM on prend un point P, tel que $\frac{OP}{PM} = \frac{m}{n}$. Trouver le lieu des points P.

Prenons des axes rectangulaires ayant pour origine le point O, et pour axe des x la perpendiculaire abaissée sur la droite fixe D; celle-ci aura pour équation $x = a$.

On a évidemment pour chaque point du lieu

$$\frac{x}{a - x} = \frac{OP}{PM} = \frac{m}{n}; \qquad \text{d'où} \qquad x = \frac{am}{m + n}.$$

C'est une droite parallèle à la droite fixe.

Ex. 8. On donne une droite A et deux points fixes O et O′ sur cette droite. D'un point M on mène, sous des inclinaisons données, les droites MB et MC. Trouver le lieu des points M tels que $\frac{OC}{O'B} = k$ (const.)

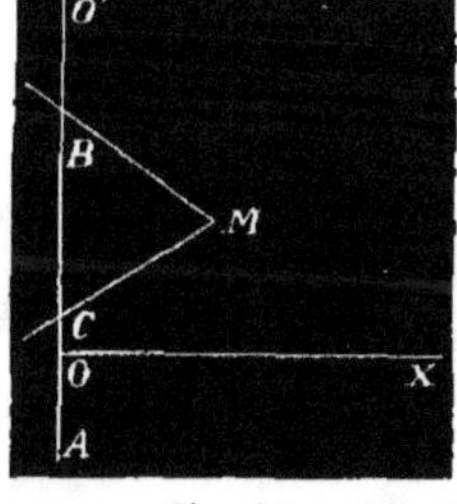

Fig. 21.

Le point O étant pris pour origine, OO′ pour axe des y, les deux droites MC et MB ont des équations de la forme $y = m_1x + \beta_1$, $y = m_2x + \beta_2$; m_1 et m_2 sont donnés.

Mais $OC = \beta_1$, $OB = \beta_2$; d'où $O'B = d - \beta_2$, d étant la distance des points fixes. On a donc la relation

$$\frac{\beta_1}{d - \beta_2} = k.$$

Si on substitue à β_1 et β_2 leurs valeurs $y - m_1x$ et $y - m_2x$, on trouve pour l'équation du lieu

$$(1 + k)y - (m_1 + m_2k)x = kd.$$

C'est une droite qui rencontre l'axe des y au point dont l'ordonnée est $y = \frac{kd}{1 + k}$.

Si $k = 1$, $y = \frac{d}{2}$.

51. Lorsqu'une ligne est mobile dans un plan, son équation renferme au moins un paramètre variable qui prend une valeur déterminée pour chaque position de cette ligne. Il arrive souvent que les points d'un lieu géométrique sont déterminés par la rencontre de deux lignes variables de position; on a alors à combiner des équations dans lesquelles entrent certains coefficients indéterminés. Il est nécessaire, dans ce cas, de trouver des relations en nombre suffisant pour éliminer tous ces paramètres, et arriver à une équation qui ne renferme plus que x et y avec des quantités données; celle-ci étant satisfaite, quelle que soit la position des lignes mobiles, sera l'équation du lieu géométrique cherché.

52. *Étant donné un angle* XOY, *on mène deux sécantes quelconques* PBA, PDC; *trouver le lieu du point d'intersection des droites* AD *et* BC.

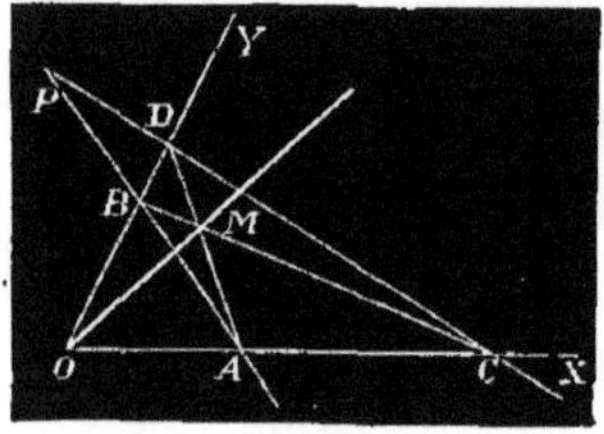

Fig. 22.

Soient $(-a, b)$ les coordonnées du point P; les sécantes auront pour équation

(PA) $y - b = \lambda(x+a)$, (PC) $y - b = \lambda'(x+a)$.

Si on fait successivement $x = 0$ et $y = 0$, on trouve

$$OB = b + \lambda a, \quad OD = b + \lambda' a, \quad OA = -\frac{b+\lambda a}{\lambda}, \quad OC = -\frac{b+\lambda' a}{\lambda'};$$

les équations des droites qui se coupent au point M seront

$$(AD)\ \frac{y}{b+\lambda' a} - \frac{\lambda x}{\lambda a + b} = 1, \quad (BC)\ \frac{y}{b+\lambda a} - \frac{\lambda' x}{\lambda' a + b} = 1.$$

Les coordonnées du point M satisfont à la fois à ces deux équations quelles que soient les valeurs des paramètres λ et λ'; il reste à éliminer ces derniers; on y arrive facilement ici en retranchant les équations membre à membre. En effet, on a :

$$y\left(\frac{1}{\lambda' a + b} - \frac{1}{\lambda a + b}\right) + x\left(\frac{\lambda'}{\lambda' a + b} - \frac{\lambda}{\lambda a + b}\right) = 0,$$

ou bien,

$$ay(\lambda - \lambda') + bx(\lambda' - \lambda) = 0;$$

et, finalement,

$$ay - bx = 0.$$

Le lieu cherché est donc une droite qui passe par le sommet de l'angle fixe. La droite OM est appelée la *polaire* du point P par rapport à l'angle YOX, et le point P en est le *pôle*.

La droite OP est représentée par $y = -\frac{b}{a}x$, ou $ay + bx = 0$. La polaire d'un point (x_1, y_1) de cette droite a pour équation $x_1 y + y_1 x = 0$, ou bien, en remplaçant y_1 par $-\frac{b}{a}x_1$, $ay - bx = 0$; ainsi, tous les points de la droite OP ont la même polaire.

Réciproquement, un point quelconque (c, d) de OM a pour polaire la droite OP ; car l'équation de la polaire du point (c, d) est $cy + dx = 0$; mais le point (c, d) étant sur la droite OM, on a : $ad - bc = 0$, ou $\frac{a}{c} = \frac{b}{d}$; et l'équation précédente devient $ay + bx = 0$ qui représente la droite OP.

53. *Soient donnés un angle* LOS *et deux points fixes* P *et* Q *en ligne droite avec le point* O. *On mène d'un point fixe* R *une sécante quelconque* RBA ; *trouver le lieu du point d'intersection des droites* PA *et* QB.

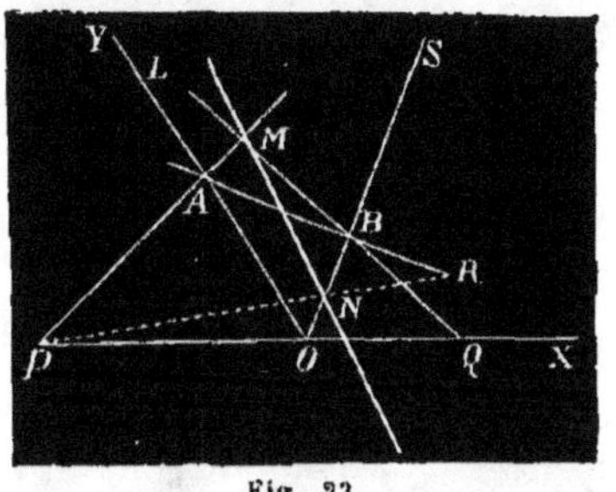

Fig. 23.

Soit O l'origine ; prenons la droite PQ pour axe des x et OL pour axe des y. Posons $OP = a$, $OQ = a'$; on a pour les équations des droites qui se rencontrent en M

$$(PA)\ y = \lambda(x + a), \quad (QB)\ y = \lambda'(x - a'),$$

où λ et λ' sont des coefficients variables. De plus la droite OS a une équation de la forme $y = kx$, k étant une constante donnée. Si on cherche les coordonnées des points A et B, on trouve

$$A(0, \lambda a), \qquad B\left(\frac{\lambda' a'}{\lambda' - k}, \frac{k\lambda' a'}{\lambda' - k}\right);$$

l'équation de la droite qui joint les points R (p, q) et B sera donc

$$y - q = \frac{k\lambda' a' - q(\lambda' - k)}{\lambda' a' - p(\lambda' - k)}(x - p).$$

En exprimant que le point A se trouve sur cette droite, on a la relation

$$(\lambda a - q)[\lambda' a' - p(\lambda' - k)] = -p[k\lambda' a' - q(\lambda' - k)];$$

ou bien

$$\lambda a[(a' - p)\lambda' + pk] = \lambda' a'[q - kp].$$

Enfin, après la substitution des valeurs de λ et λ' tirées des équations (PA) et (QB), on trouve pour l'équation du lieu

$$a(a' - p)y + (apk - a'q + a'pk)x = aa'q;$$

c'est donc une ligne droite. Il serait facile de prouver que cette droite passe par le point N, intersection de PR avec OS, ainsi que par le point de concours des droites QR et OL.

Lorsque le troisième point fixe R se trouve sur la ligne des deux autres PQ, on a $q=0$, et le lieu est alors une droite qui passe par le sommet de l'angle fixe et dont l'équation est

$$a(a'-p)y+pk(a+a')x=0.$$

Dans cette hypothèse, le triangle ABM se déplace de telle sorte que deux de ses sommets A et B parcourent les droites fixes OL et OS, tandis que ses côtés passent respectivement par trois points fixes P, Q, R en ligne droite; pendant ce mouvement le troisième sommet décrit le lieu de l'équation.

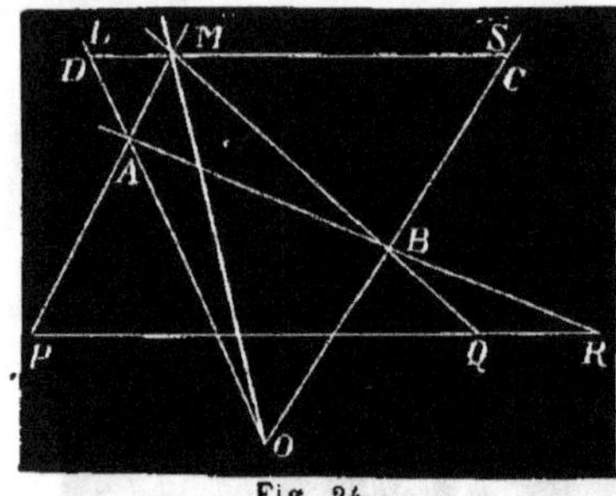

Fig. 24.

Si l'on traitait le problème dans le cas de la *fig.* 24, où le point O ne se trouve plus sur la ligne des points fixes, on trouverait aussi que le troisième sommet M du triangle mobile décrit une droite qui passe par le point d'intersection des droites fixes OL et OS.

On peut étendre la propriété précédente à un quadrilatère variable ABCM (*fig.* 25) dont les côtés passent par les points donnés P_1, P_2, P_3, P_4 en ligne droite, tandis que ses sommets A, B, C glissent sur les lignes fixes D_1, D_2, D_3; dans ces conditions le sommet libre M décrit une ligne droite.

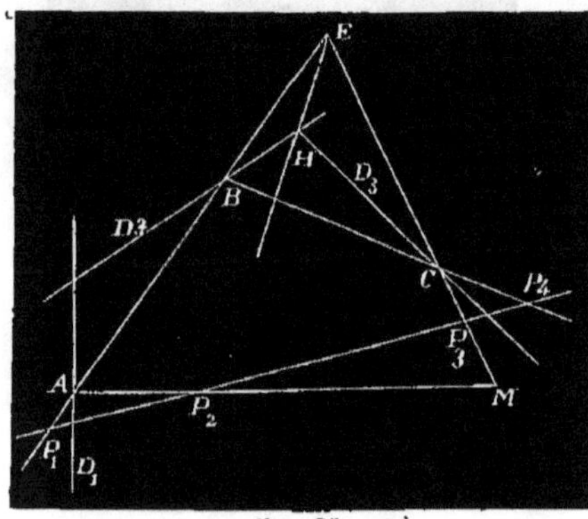

Fig. 25.

En effet, les trois côtés du triangle BEC pendant le déplacement du quadrilatère, pivotent autour des points P_1, P_3, P_4 et les sommets B et C restent sur les droites D_2 et D_3; donc, le sommet E décrit une droite qui passe par le point H, intersection de D_2 avec D_3. Cela étant, le triangle AEM a ses trois côtés qui passent par P_1, P_2, P_3 et deux sommets A, E, qui glissent sur les droites fixes D_1 et EH; donc pendant le mouvement du quadrilatère le sommet M doit décrire une ligne droite.

En passant du quadrilatère au pentagone et ainsi de suite, on arrive à ce théorème général : *si les n côtés d'un polygone pivotent autour de n points fixes situés en ligne droite, pendant que n — 1 sommets glissent sur n — 1 droites fixes, le sommet libre décrit une ligne droite*(1).

Ce théorème donne le moyen de résoudre cette question intéressante : *étant donné un triangle tel que* ODC (*fig.* 24), *lui inscrire un triangle dont les côtés passent par trois points fixes* P, Q, R *en ligne droite.* On imagine un triangle variable ABM dans les conditions indiquées précédemment; le troisième sommet décrit une droite qui rencontrera le côté CD en un point M; la position ABM du triangle mobile satisfera à la question. En étendant cette solution successivement au quadrilatère etc., on a un procédé géométrique pour inscrire à un polygone de *n* côtés, un autre polygone d'un même nombre de côtés passant par *n* points fixes en ligne droite.

Exercices sur la ligne droite.

Ex. 1. Distance entre deux lignes parallèles $Ay+Bx+\lambda_1=0$, $A'y+B'x+\lambda_2=0$,

$$\text{R.} \quad P=\pm\frac{\lambda_1-\lambda_2}{\sqrt{A^2+B^2}}.$$

Ex. 2. Droite passant par l'origine et perpendiculaire à la ligne qui joint les points (a, b), (a', b').

$$\text{R.} \quad (a-a')\,x+(b-b')\,y=0.$$

Ex. 3. Droite passant par les points (ω', ρ'), (ω'', ρ'').

$$\text{R.} \quad \rho=\frac{\rho'\rho''\sin(\omega''-\omega')}{\rho'\sin(\omega-\omega')-\rho''\sin(\omega-\omega'')}.$$

Ex. 4. Angle des droites : $\rho=\dfrac{p}{A\cos\omega+B\sin\omega}$, $\rho=\dfrac{p'}{A'\cos\omega+B'\sin\omega}$:

$$\text{R.} \quad \operatorname{tang}\varphi=\frac{AB'-BA'}{AA'+BB'}.$$

Ex. 5. Si λ est un coefficient indéterminé, que représentent les équations

$$\rho=\frac{\lambda}{A\cos\omega+B\sin\omega},\quad \rho=\frac{\lambda}{B\cos\omega-A\sin\omega}?$$

---

(1) Ce théorème est une conséquence d'une proposition plus générale due à Mac-Laurin se rapportant au lieu décrit par le sommet libre d'un polygone, lorsque les points fixes ou pôles ne sont pas en ligne droite : Poncelet, *Propriétés projectives des figures*, tome I, p. 281.

Ex. **6**. Surface du triangle formé par les lignes

$$y = 0, \quad y + x - a = 0, \quad y = mx + c.$$

$$\text{R.} \quad \frac{(am + c)^2}{2m(m + 1)}.$$

Ex. **7**. Aire du parallélogramme dont les côtés ont pour équations

$$Ax + By + C = 0, \quad Ax + By + C' = 0, \quad ax + by + c = 0, \quad ax + by + c' = 0.$$

$$\text{R.} \quad \frac{(C - C')(c - c')}{Ab - Ba}.$$

Ex. **8**. Interpréter l'équation $\sin 3\omega = 0$.

R. Elle représente les lignes $\omega = 0$, $\omega = \frac{\pi}{3}$, $\omega = \frac{2\pi}{3}$.

Ex. **9**. Que représentent les équations $P + \lambda Q = 0$, $P - \lambda Q = 0$, P et Q étant des polynômes du premier degré en x et y?

Ex. **10**. Un point M se meut de manière à ce que la somme des carrés de ses distances à deux points (x_1, y_1), (x_2, y_2) soit égale à la somme des carrés de ses distances à deux autres points (x_3, y_3), (x_4, y_4); montrer que le lieu du point M est la droite

$$2x(x_1 + x_2 - x_3 - x_4) + 2y(y_1 + y_2 - y_3 - y_4) = x_1^2 + x_2^2 - x_3^2 - x_4^2 + y_1^2 + y_2^2 - y_3^2 - y_4^2.$$

Ex. **11**. Quand une droite se déplace de manière à ce que la somme des réciproques des segments qu'elle détermine sur les axes est constante, elle passe par un point fixe.

Ex. **12**. Sur les côtés d'un triangle pris comme diagonales, on forme des parallélogrammes ayant leurs côtés parallèles à deux lignes fixes; montrer que les autres diagonales passent par un même point.

Ex. **13**. Dans tout trapèze, la ligne qui joint les milieux des diagonales est parallèle aux deux bases.

Ex. **14**. Le milieu de la droite qui joint les milieux des diagonales d'un quadrilatère est le centre des moyennes distances des quatre sommets.

Ex. **15**. Si AL, BM, CN sont les perpendiculaires abaissées des sommets sur les côtés BC, CA, AB d'un triangle, montrer que les droites MN, NL, LM rencontrent les côtés BC, CA, AB en trois points en ligne droite.

Ex. **16**. Dans tout triangle, le point de concours des hauteurs, le point de concours des médianes, et celui des perpendiculaires élevées sur les milieux des côtés sont en ligne droite.

Ex. **17**. Dans un triangle OAB, on mène une parallèle DE à la base AB; trouver le lieu du point d'intersection de BD avec AE.

Soient OA et OB pris pour axes et $a = \text{OA}$, $b = \text{OB}$; la parallèle détermine sur les axes des segments proportionnels à a et b. Posons $\text{OD} = \mu a$, $\text{OE} = \mu b$; les lignes qui déterminent le point du lieu seront

$$\frac{x}{\mu a} + \frac{y}{b} = 1, \quad \frac{x}{a} + \frac{y}{\mu b} = 1.$$

D'où, en éliminant μ par la soustraction,

$$\frac{x}{a} - \frac{y}{b} = 0;$$

le lieu est une droite qui passe par le milieu de la base du triangle.

Ex. 18. Trouver le lieu des centres des rectangles inscrits dans un triangle donné.

Menons la hauteur CR du triangle ; prenons cette droite pour axe des y et RB pour axe des x. Si on pose $a = \text{RA}$, $a' = \text{RB}$, $\text{CR} = p$, les équations des côtés du triangle seront

$$(\text{AC})\ \frac{y}{p} - \frac{x}{a} = 1, \qquad (\text{BC})\ \frac{y}{p} + \frac{x}{a'} = 1.$$

La droite DE parallèle à la base est représentée par $y = \mu$, où μ est indéterminé. En remplaçant y par μ dans les équations précédentes, on trouvera

$$x = \text{RP} = -a\left(1 - \frac{\mu}{p}\right), \qquad x = \text{RQ} = a'\left(1 - \frac{\mu}{p}\right).$$

Or, l'abcisse du point M est évidemment la demi-somme des valeurs qu'on vient d'écrire, c'est-à-dire, $x = \frac{a' - a}{2}\left(1 - \frac{\mu}{p}\right)$; d'un autre côté l'ordonnée du même point est $\frac{1}{2}\mu$; d'où $\mu = 2y$. L'équation du lieu sera

$$x = \frac{(a' - a)}{2}\left(1 - \frac{2y}{p}\right), \quad \text{ou bien} \quad \frac{2x}{a' - a} + \frac{2y}{p} = 1.$$

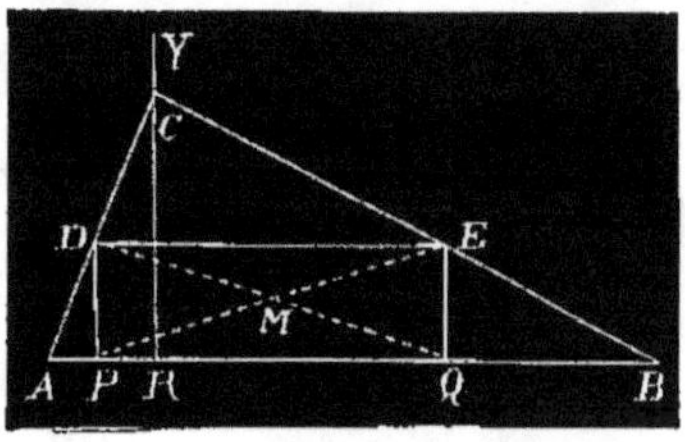

Fig. 26.

Ex. 19. Mener dans un plan une droite telle que la somme des perpendiculaires abaissées de m points sur cette droite, multipliées respectivement par les constantes k_1, k_2, k_3... k_m soit égale à zéro.

Prenons pour les coordonnées des points (x_1, y_1), (x_2, y_2),... (x_m, y_m), et pour l'équation de la droite inconnue

$$x \cos\alpha + y \sin\alpha - p = 0.$$

On a la condition

$$k_1(x_1 \cos\alpha + y_1 \sin\alpha - p) + k_2(x_2 \cos\alpha + y_2 \sin\alpha - p) + \ldots + k_m(x_m \cos\alpha + y_m \sin\alpha - p) = 0;$$

ou plus simplement

$$\cos\alpha\, \Sigma k_1 x_1 + \sin\alpha\, \Sigma k_1 y_1 - p\, \Sigma k_1 = 0,$$

dans laquelle $\Sigma k_1 x_1 = k_1 x_1 + k_2 x_2 + \ldots k_m x_m$, $\Sigma k_1 y_1 = k_1 y_1 + \cdots + k_m y_m$ et $\Sigma k_1 = k_1 + k_2 + \cdots k_m$

Si on tire de cette relation la valeur de p pour la substituer dans l'équation de la droite cherchée, on trouve

$$x\Sigma k_1 - \Sigma k_1 x_1 + [y\Sigma k_1 - \Sigma k_1 y_1] \tang\alpha = 0 :$$

équation qui renferme encore un coefficient inconnu α. Il y a une infinité de droites qui répondent à la question et elles passent par un point fixe dont les coordonnées sont : $x = \frac{\Sigma k_1 x_1}{\Sigma k_1}$, $y = \frac{\Sigma k_1 y_1}{\Sigma k_1}$. Ce point est le *centre* des distances proportionnelles des points donnés.

Ex. **20**. Étant données deux droites, on fait tourner autour d'un point fixe une sécante qui, dans une certaine position, rencontre les droites aux points A et B. On prend sur la sécante une longueur OM, telle que l'on ait : $\frac{2}{\mathrm{OM}} = \frac{1}{\mathrm{OA}} + \frac{1}{\mathrm{OB}}$. Trouver le lieu du point M.

Prenons la position primitive de la sécante pour axe polaire et le point O pour pôle ; les droites données ont pour équations

$$p_1 = \rho \cos(\omega - \alpha_1), \qquad p_2 = \rho \cos(\omega - \alpha_2);$$

mais en développant et désignant par a_1, b_1, a_2, b_2 des constantes, on peut mettre ces équations sous la forme :

$$\frac{1}{\rho} = a_1 \cos\omega + b_1 \sin\omega, \qquad \frac{1}{\rho} = a_2 \cos\omega + b_2 \sin\omega.$$

L'équation du lieu sera

$$\frac{2}{\rho} = (a_1 + a_2)\cos\omega + (b_1 + b_2)\sin\omega.$$

Si l'on avait m lignes droites, le lieu d'un point M, tel que l'on ait

$$\frac{m}{\mathrm{OM}} = \frac{1}{\mathrm{OA}} + \frac{1}{\mathrm{OB}} + \frac{1}{\mathrm{OC}} + \cdots$$

serait la droite de l'équation

$$\frac{m}{\rho} = \cos\omega \cdot \Sigma a_1 + \sin\omega \cdot \Sigma b_1,$$

où

$$\Sigma a_1 = a_1 + a_2 + \cdots a_m, \qquad \Sigma b_1 = b_1 + b_2 + \cdots + b_m.$$

Poncelet, dans son *Traité des propriétés projectives des figures*, tome II, p. 16, s'est occupé de la relation qui précède pour généraliser, d'après les principes de projection centrale, la notion du centre des moyennes distances d'un système de points donnés.

Ex. **21**. Lieu d'un point tel que la somme de ses distances à m points donnés soit égale à la somme de ses distances à m autres point fixes.

Ex. **22**. Dans un parallélogramme ABCD, on mène une droite PP′ parallèle à AB, et une droite QQ′ parallèle à BC. Quel est le lieu du point d'intersection des droites PQ, P′Q′.

Ex. **23**. Étant donnée la base AB d'un triangle et la relation $\cot A + m \cot B = k$, trouver le lieu du troisième sommet.

Ex. **24**. Étant données m lignes $a, b, c, \ldots. l$, chercher le lieu d'un point M, tel que la somme des aires des triangles ayant ces lignes pour bases et le point M pour sommet commun soit égale à m^2.

Ex. **25**. Étant donnés deux points A et B, l'un sur OX, l'autre sur OY, on prend deux autres points A′ et B′ tels que l'on ait : $\mathrm{OA}' + \mathrm{OB}' = \mathrm{OA} + \mathrm{OB}$. Trouver le lieu du point d'intersection des droites AB′, BA′.

Ex. **26.** La somme des perpendiculaires abaissées d'un point quelconque pris dans l'intérieur d'un polygone régulier sur les côtés est constante. Si le polygone est un triangle équilatéral, cette somme est égale à la hauteur du triangle.

Ex. **27.** Dans tout polygone fermé, la somme algébrique des produits de chaque côté par le sinus ou le cosinus de l'angle qu'il fait avec une droite quelconque est nulle.

Ex. **28.** Par un point donné, mener une droite qui fasse des angles égaux avec deux droites données.

Ex. **29.** Mener une droite qui divise un triangle en deux parties équivalentes.

Ex. **30.** Trouver un point, dans l'intérieur d'un triangle, tel que les droites qui le réunissent aux sommets déterminent trois triangles équivalents.

Ex. **31.** Étant données deux droites, mener, par un point, une droite qui détermine sur elles, à partir de leur point d'intersection, des segments dont le rapport soit égal à une quantité donnée.

Ex. **32.** Partager un triangle en deux parties dans le rapport de $m : n$, par une droite menée par un point donné.

Ex. **33.** Par un point donné, mener une sécante qui, par sa rencontre avec deux droites fixes, détermine un triangle d'une aire donnée.

Ex. **34.** Étant donné un angle BOC, mener, par un point A, une sécante qui rencontre les côtés en des points M et N tels que le produit AM.AN soit minimum.

Ex. **35.** Sur deux droites rectangulaires OX, OY, on construit un rectangle variable OABC d'un périmètre donné ; montrer que la perpendiculaire abaissée du sommet C sur la diagonale AB passe par un point fixe.

Ex. **36.** Étant données cinq droites, on en prend quatre pour former un quadrilatère complet dans lequel les milieux des trois diagonales sont en ligne droite ; les cinq droites analogues dans les cinq quadrilatères que l'on peut former avec les droites données passent par un même point.

Ex. **37.** Étant données quatre droites A, B, C, D, on en prend trois pour former un triangle dont on construit le point de concours des hauteurs. Les quatre points ainsi obtenus sont en ligne droite.

Ex. **38.** D'un point M (*fig.* 20) on abaisse les perpendiculaires MP, MQ sur deux droites fixes ; trouver le lieu du milieu de PQ quand le point M décrit une droite donnée.

Ex. **39.** Dans un trangle ABC, on donne la base AB et la somme k des deux autres côtés ; du sommet C, on tire la hauteur CP sur laquelle on prend une longueur PM égale à l'un des côtés du triangle. Trouver le lieu du point M.

Ex. **40.** On a un triangle ABC dont les côtés variables AC et BC rencontrent aux points M et N une droite donnée FG parallèle à la base. Trouver le lieu décrit par le point C, lorsque $\frac{FM}{NG} = k$.

Ex. **41.** Sur la base AB d'un triangle ABC on prend les longueurs AK et BF telles que l'on ait $\frac{BF}{AK} = m$; on tire ensuite, par les points K et F, des droites parallèles à une droite fixe ; soient G et H leurs points de rencontre avec AC et BC. Trouver le lieu du point d'intersection des droites HA et GB.

Ex. **42**. Soient A et B deux points fixes; par le point B, on mène une droite quelconque, et, par le point A, la perpendiculaire AP à cette droite; on prend ensuite sur AP un point M tel que AM.AP = constante. Trouver le lieu du point M.

Ex. **43**. Un triangle OAB dont le sommet O est fixe tourne autour de ce point en variant de grandeur mais en restant semblable à lui-même; si le sommet A décrit une droite, quel sera le lieu du sommet B?

Ex. **44**. D'un point donné, on mène des droites à une ligne donnée, et l'on partage ces distances en deux parties suivant un rapport donné. Trouver le lieu des points de division.

Ex. **45**. Étant donné un angle XOY, on mène, par un point M, deux droites aux lignes OX, OY, chacune sous un angle constant; soient P et Q les intersections des droites; trouver le lieu du point M, quand $\frac{MQ}{MP} = k$ (const.).

Ex. **46**. Étant données trois droites qui concourent en un même point, trouver le lieu des points tels, que si l'on mène de chacun d'eux, sous une inclinaison donnée, des sécantes aux lignes droites, la distance entre ce point et la première droite soit égale au produit des distances du même point aux deux autres.

Ex. **47**. Étant données quatre droites qui passent par un même point, trouver le lieu d'un point tel que, menant de ce point une sécante qui rencontre les quatre droites, la somme des distances du point d'où part la sécante et ceux où elle rencontre les deux premières soit égale à la somme des deux autres distances analogues.

Ex. **48**. Les sommets d'un triangle glissent sur trois droites fixes OA, OB, OC qui concourent en un même point; si deux côtés AC et BC passent chacun par un point fixe, le troisième côté AB tournera aussi autour d'un point fixe.

Ex. **49**. Étant donné un polygone de m côtés, si on le déforme en faisant glisser ses sommets sur m droites qui concourent en un même point, tandis que $m-1$ de ses côtés pivotent autour de $m-1$ points fixes, le $m^{\text{ième}}$ côté tournera aussi autour d'un point fixe.

Ex. **50**. D'un point M, on mène, sous des inclinaisons données, deux sécantes qui rencontrent une droite fixe XX′ aux points C et D; trouver le lieu du point M tel que le rapport des segments AC et BD comptés sur XX′ à partir de deux points A et B soit constant.

Ex. **51**. Lorsque deux triangles sont tels que les perpendiculaires abaissées des sommets du premier sur les côtés du second passent par un même point, réciproquement, les perpendiculaires abaissées des sommets du second sur les côtés du premier passent aussi par un même point.

Ex. **52**. Etant donnés m points $A_1, A_2, \ldots\ldots, A_m$ sur une droite et un point O sur la même ligne, on appelle *centre harmonique* du système par rapport au point O, un nouveau point C tel que

$$\frac{1}{OA_1} + \frac{1}{OA_2} + \cdots\cdots + \frac{1}{OA_m} = \frac{m}{OC}.$$

Soit P un point quelconque du plan; menons, de ce point, des rayons aux points O, $A_1, A_2 \ldots\ldots A_m$, C; montrer que, si on tire une transversale qui rencontre les rayons aux points ω, a_1, a_2 ...... a_m, γ, le point γ sera le centre harmonique de ce dernier système.

Ex. **53**. Soit un système de m points A_1, A_2 ...... A_m distribués d'une manière quelconque dans le plan, et une droite fixe OX ; joignons un point quelconque O de la droite fixe aux points A_1, A_2, A_3 ...... A_m; menons ensuite une transversale quelconque qui rencontre les rayons OX, OA_1, OA_2 ...... OA_m aux points x, a_1, a_2 ...... a_m. Si γ est le centre harmonique du système a_1, a_2 ...... a_m par rapport au point x, la droite $O\gamma$ passera toujours par un point fixe C, quelle que soit la transversale employée et quel que soit le point O pris sur OX. Le point C se nomme le centre harmonique du système plan A_1, A_2 ... A_m par rapport à la droite OX. (Poncelet.)

CHAPITRE III.

POINT ET LIGNE DROITE.

(COORDONNÉES TRIANGULAIRES, POLYGONALES ET TANGENTIELLES).

SOMMAIRE. — *Coordonnées triangulaires et polygonales. Équation de la ligne droite. — Problèmes. — Coordonnées tangentielles, équation du point. — Rapport anharmonique et harmonique ; homographie; involution.*

§ 1. DÉFINITIONS. ÉQUATION DE LA LIGNE DROITE EN COORDONNÉES TRIANGULAIRES ET POLYGONALES.

54. Considérons un triangle fixe $\alpha\beta\gamma$; nous nommerons A, B, C, les côtés opposés aux sommets α, β, γ, les équations de ces côtés étant

$$A = 0, \qquad B = 0, \qquad C = 0,$$

dans lesquelles $A = x\cos\alpha_1 + y\sin\alpha_1 - p_1$, $B = x\cos\alpha_2 + y\sin\alpha_2 - p_2$, $C = x\cos\alpha_3 + y\sin\alpha_3 - p_3$. Les coordonnées triangulaires d'un point M du plan sont les distances orthogonales MP, MQ, MR de ce point aux côtés du triangle fixe, appelé triangle de *référence*. Or, si (x_1, y_1) sont les coordonnées rectangulaires du même point, ces distances sont les nombres positifs ou négatifs $x_1\cos\alpha_1 + y_1\sin\alpha_1 - p_1$, $x_1\cos\alpha_2 + y_1\sin\alpha_2 - p_2$, $x_1\cos\alpha_3 + y_1\sin\alpha_3 - p_3$; nous les désignerons par A_1, B_1, C_1, et les coordonnées d'un point variable par A, B, C. D'après une

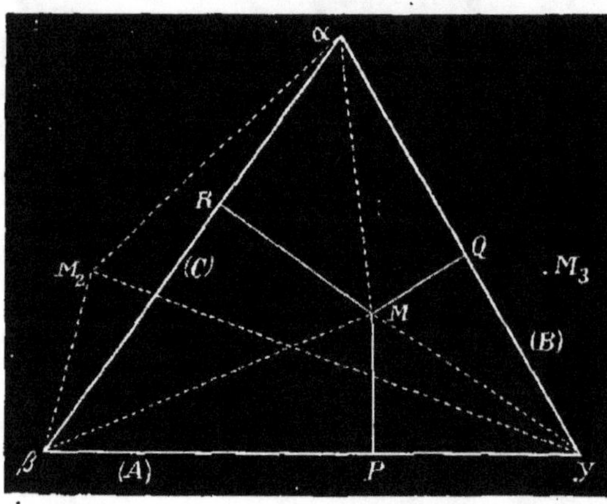

Fig. 27.

remarque faite précédemment, l'une quelconque de ces coordonnées triangulaires, par exemple A, sera négative si le point se trouve dans la même région que l'origine par rapport à la droite A, et positive dans la région opposée. Ainsi, dans l'hypothèse où l'origine des coordonnées se trouve dans le triangle, les trois coordonnées du point M sont négatives; pour le point M_2, la coordonnée C est seule positive tandis que pour le point M_3 ce serait la coordonnée B qui deviendrait positive etc.

Les coordonnées triangulaires sont liées entre elles par la relation

$$-aA-bB-cC=2S,$$

où a, b, c désignent les longueurs des côtés du triangle de référence et S sa surface. En effet, d'après la figure, on a, pour le point M,

$$\text{triang. } M\beta\gamma + \text{triang. } M\gamma\alpha + \text{triang. } M\alpha\beta = \text{triang. } ABC;$$

ou bien

$$-aA_1-bB_1-cC_1=2S.$$

Il est essentiel de remarquer que cette relation existe, quelle que soit la position du point M; ainsi, pour le point M_2, on a

$$\text{triang. } M_2\beta\gamma + \text{triang. } M_2\gamma\alpha - \text{triang. } M_2\alpha\beta = \text{triang. } ABC,$$

ou bien

$$-aA_2-bB_2-cC_2=2S;$$

car la coordonnée C_2 est positive; il serait facile de vérifier la formule pour toute autre position du point M. Si on désigne par h_1, h_2, h_3 les hauteurs du triangle, on a : $ah_1=2S$, $bh_2=2S$, $ch_3=2S$; et la relation fondamentale peut encore s'écrire

$$\frac{A}{h_1}+\frac{B}{h_2}+\frac{C}{h_3}=-1.$$

En vertu de cette relation, il suffit de connaître les rapports de deux coordonnées à la troisième pour calculer numériquement chacune d'elles. Supposons, par exemple, que les coordonnées d'un point soient proportionnelles aux quantités f, g, h; on aura

$$\frac{A}{f}=\frac{B}{g}=\frac{C}{h}=\frac{-aA-bB-cC}{-af-bg-ch}=-\frac{2S}{af+bg+ch}.$$

D'où

$$A=-\frac{2fS}{af+bg+ch},\quad B=-\frac{2gS}{af+bg+ch},\quad C=-\frac{2hS}{af+bg+ch}.$$

Un point du plan est aussi déterminé, si on prend pour les coordonnées triangulaires non pas précisément les perpendiculaires elles-mêmes, mais ces perpendiculaires multipliées respectivement par des constantes λ, μ, ν, c'est-à-dire en posant :

$$A' = \lambda A, \qquad B' = \mu B, \qquad C' = \nu C;$$

A', B', C' étant les coordonnées nouvelles; celles-ci sont liées par la relation

$$-\frac{aA'}{\lambda} - \frac{bB'}{\mu} - \frac{cC'}{\nu} = 2S.$$

Dans le cas particulier où $\lambda = a$, $\mu = b$ et $\nu = c$, on aurait très simplement

$$-A' - B' - C' = 2S.$$

Lorsque les équations des côtés du triangle de référence sont de la forme

$$a_1x + b_1y + c_1 = 0, \qquad a_2x + b_2y + c_2 = 0, \qquad a_3x + b_3y + c_3 = 0,$$

on peut dire que les coordonnées triangulaires d'un point sont les nombres positifs ou négatifs $a_1x_1 + b_1y_1 + c_1$, $a_2x_1 + b_2y_1 + c_2$, $a_3x_1 + b_3y_1 + c_3$; car ces quantités sont proportionnelles aux perpendiculaires A, B, C; on a, dans cette hypothèse, $\lambda = \sqrt{a_1^2 + b_1^2}$, $\mu = \sqrt{a_2^2 + b_2^2}$, $\nu = \sqrt{a_3^2 + b_3^2}$.

Enfin, si on prenait, pour les coordonnées d'un point, les rapports des triangles partiels au triangle de référence, c'est-à-dire les quantités $\frac{aA}{2S}$, $\frac{bB}{2S}$, $\frac{cC}{2S}$, on aurait simplement

$$A' + B' + C' = -1.$$

Ce sont les coordonnées triangulaires proprement dites, tandis que les autres se nomment quelquefois *coordonnées trilatères*. Dans ce cours, nous donnerons toujours le nom de coordonnées triangulaires aux distances orthogonales A, B, C d'un point aux côtés du triangle de référence.

Avec ce mode de détermination du point, on adopte trois coordonnées, une de plus qu'il n'en faut pour trouver sa position dans le plan. Ce système présente le grand avantage de conduire à des équations homogènes entre les coordonnées triangulaires pour représenter les lieux géométriques.

Nous nous sommes basés sur les coordonnées cartésiennes dans les définitions précédentes; cependant, la théorie des coordonnées triangulaires peut être exposée d'une manière indépendante, comme nous le ferons généralement dans ce qui va suivre. Ce système se suffit à lui-même et il est bon de le regarder comme tel pour ne pas le confondre avec la méthode dite de *notation abrégée*, comme on l'a fait à l'origine. (Voir SALMON, PAINVIN, etc.)

Il est quelquefois avantageux, dans certaines questions, de prendre, pour figure de référence, non pas un triangle, mais un polygone d'un certain nombre de côtés. Dans ce cas, on appelle *coordonnées polygonales* les distances positives ou négatives d'un point aux côtés du polygone. Comme deux de ces longueurs suffisent pour fixer la position du point, les coordonnées polygonales ne sont pas indépendantes les unes des autres : elles ont des valeurs déterminées, quand deux d'entre elles sont connues.

55. *Trouver les coordonnées triangulaires d'un point* M *qui divise une ligne* PQ *dans un rapport donné* $\frac{m}{n}$.

Soient (A_1, B_1, C_1), (A_2, B_2, C_2) les coordonnées des points P et Q, et (A, B, C) celles du point M. Abaissons des perpendiculaires sur le côté A du triangle de référence et menons les parallèles PR et MS.

D'après la question, $\frac{PM}{QM} = \frac{m}{n}$; mais, par les triangles semblables, on a

$$\frac{PM}{MQ} = \frac{MR}{QS} = \frac{A - A_1}{A_2 - A};$$

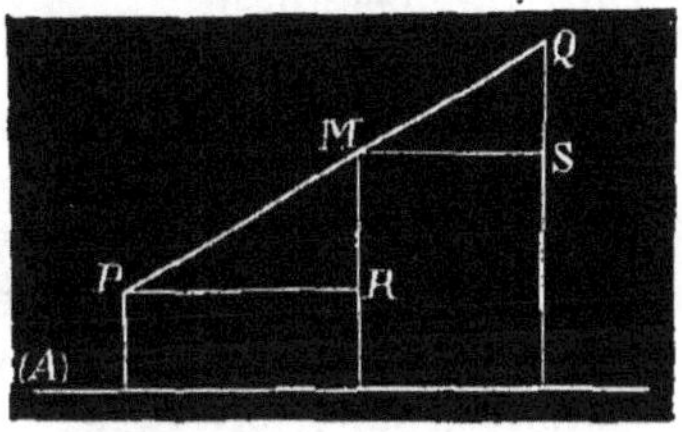

Fig. 28.

d'où

$$\frac{A - A_1}{A_2 - A} = \frac{m}{n} \quad \text{et} \quad A = \frac{mA_2 + nA_1}{m + n}.$$

On trouverait de la même manière

$$B = \frac{mB_2 + nB_1}{m + n}, \qquad C = \frac{mC_2 + nC_1}{m + n}.$$

Les coordonnées du milieu de PQ seront

$$\frac{A_1 + A_2}{2}, \quad \frac{B_1 + B_2}{2}, \quad \frac{C_1 + C_2}{2}.$$

56. *Trouver l'aire d'un triangle dont les sommets sont :* $\alpha'(A_1, B_1, C_1)$, $\beta'(A_2, B_2, C_2)$, $\gamma'(A_3, B_3, C_3)$.

Par les points α', β', γ' menons des parallèles au côté C du triangle de référence, et soit S' la surface cherchée; on a

$$S' = \text{trap. } PQ\beta'\alpha' + \text{trap. } QR\alpha'\gamma' - \text{trap. } PR\gamma'\beta'.$$

Or,

$$\text{trap. } PQ\beta'\alpha' = \frac{1}{2}(A_1 + A_2)\,PQ = \frac{1}{2}(A_1 + A_2)(\beta Q - \beta P),$$

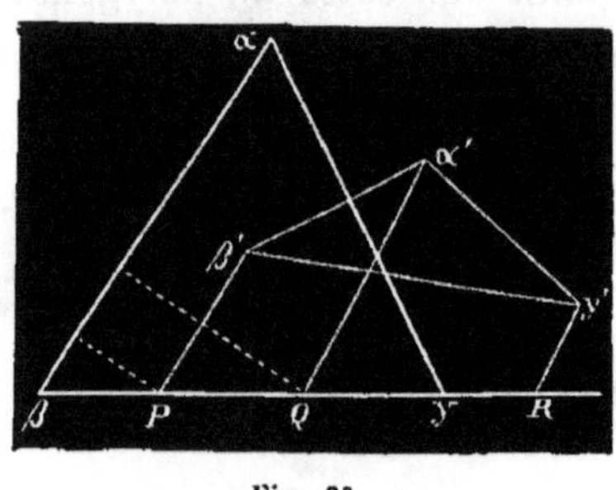

Fig. 29.

car sa hauteur est égale à la perpendiculaire abaissée du milieu de $\alpha'\beta'$ sur le côté A. De plus,

$$\beta Q = \frac{C_1}{\sin\beta}, \quad \beta P = \frac{C_2}{\sin\beta};$$

d'où

$$\beta Q - \beta P = \frac{1}{\sin\beta}(C_1 - C_2).$$

Donc

$$\text{trap. } PQ\beta'\alpha' = \frac{1}{2\sin\beta}(A_1 + A_2)(C_1 - C_2).$$

On trouvera aussi

$$\text{trap. } QR\alpha'\gamma' = \frac{1}{2\sin\beta}(A_1 + A_3)(C_3 - C_1)$$

$$\text{trap. } PR\gamma'\beta' = \frac{1}{2\sin\beta}(A_2 + A_3)(C_3 - C_2).$$

En subsituant, on aura

$$S' = \frac{1}{2\sin\beta}[(A_1+A_2)(C_1-C_2)+(A_1+A_3)(C_3-C_1) - (A_3+A_2)(C_3-C_2)]$$

$$= \frac{1}{2\sin\beta}[A_1(C_3 - C_2) + A_2(C_1 - C_3) + A_3(C_2 - C_1)];$$

ou bien, sous la forme d'un déterminant,

$$S' = \frac{1}{2\sin\beta}\begin{vmatrix} A_1, & A_2, & A_3 \\ 1, & 1, & 1, \\ C_1, & C_2, & C_3 \end{vmatrix} = \frac{1}{2S\cdot 2\sin\beta}\begin{vmatrix} A_1, & A_2, & A_3 \\ 2S, & 2S, & 2S \\ C_1, & C_2, & C_3 \end{vmatrix}.$$

On peut remplacer chaque terme de la seconde suite horizontale par $2S + aA_1 + cC_1$, $2S + aA_2 + cC_2$, $2S + aA_3 + cC_3$, c'est-à-dire, à cause de la relation $-aA - bB - cC = 2S$, par les quantités $-bB_1$, $-bB_2$, $-bB_3$. Donc, on aura finalement, au signe près,

$$S' = \frac{b}{2S \cdot 2\sin\beta} \begin{vmatrix} A_1, & A_2, & A_3 \\ B_1, & B_2, & B_3 \\ C_1, & C_2, & C_3 \end{vmatrix} = \frac{abc}{8S^2} \begin{vmatrix} A_1, & B_1, & C_1 \\ A_2, & B_2, & C_2 \\ A_3, & B_3, & C_3 \end{vmatrix}.$$

Ex. 1. Trouver les coordonnées triangulaires des sommets du triangle de référence.

R. Pour le point α, $-\frac{2S}{a}, 0, 0$ ou $-h_1, 0, 0$;

» β, $0, -\frac{2S}{b}, 0$ ou $0, -h_2, 0$;

» γ, $0, 0, -\frac{2S}{c}$ ou $0, 0, -h_3$.

Ex. 2. Même calcul pour les milieux des côtés.

Pour le milieu du côté A, on a d'abord $A = 0$; ensuite, pour ce même point, le produit de b par B est le double de la surface de la moitié du triangle de référence; on a donc $-bB = S$; de même $-cC = S$. Les coordonnées du point milieu de A seront : $0, \frac{-S}{b}, \frac{-S}{c}$; et celles des milieux des deux autres côtés : $-\frac{S}{a}, 0, \frac{-S}{c}$; $-\frac{S}{a}, -\frac{S}{b}, 0$.

Ex. 3. Quelles sont les coordonnées du centre du cercle inscrit au triangle de référence?

On a ici

$$A = B = C = \frac{-aA - bB - cC}{-(a+b+c)} = -\frac{2S}{a+b+c}.$$

Ex. 4. Trouver les coordonnées du centre du cercle circonscrit.

Si r est le rayon de ce cercle on a : $A = r\cos\alpha$, $B = r\cos\beta$, $C = r\cos\gamma$.

57. *Toute droite est représentée par une équation du premier degré et homogène entre les coordonnées triangulaires.*

En effet, soient (A, B, C), (A_1, B_1, C_1), (A_2, B_2, C_2) trois points d'une droite dont le premier est variable et peut être pris à volonté sur cette droite. L'aire du triangle formé par ces trois points est nulle; de sorte que les coordonnées A, B, C d'un point quelconque de la droite satisfont à la relation (N° 56)

$$\begin{vmatrix} A, & B, & C \\ A_1, & B_1, & C_1 \\ A_2, & B_2, & C_2 \end{vmatrix} = 0.$$

Si l'on pose

$$l = \begin{vmatrix} B_1, & C_1 \\ B_2, & C_2 \end{vmatrix}, \qquad m = \begin{vmatrix} C_1, & A_1 \\ C_2, & A_2 \end{vmatrix}, \qquad n = \begin{vmatrix} A_1, & B_1 \\ A_2, & B_2 \end{vmatrix},$$

l'équation d'une droite est de la forme

$$lA + mB + nC = 0.$$

Réciproquement toute équation homogène du premier degré représente une ligne droite; car elle est aussi de premier degré en x et y, d'après la signification des fonctions A, B, C.

Dans le cas particulier où les coefficients l, m, n, sont remplacés par a, b, c, on a l'équation

$$aA + bB + cC = 0,$$

qui revient à une constante 2S égalée à zéro; elle définit donc une droite située à l'infini dans le plan. Si on substitue aux côtés a, b, c les sinus des angles opposés, l'équation précédente peut être remplacée par

$$A \sin \alpha + B \sin \beta + C \sin \gamma = 0.$$

L'équation du premier degré entre les coordonnées polygonales

$$lA + mB + nC + pD + \cdots + rR = 0$$

représentera une ligne droite, puisqu'elle est aussi du même degré par rapport aux coordonnées cartésiennes x et y; mais, comme elle renferme plus de deux constantes arbitraires, on voit que, dans ce système, une droite pourra être représentée d'une infinité de manières par une équation du premier degré.

58. *Trouver l'équation d'une droite renfermant les perpendiculaires p, q, r abaissées des sommets du triangle de référence sur cette droite.*

Soit D une droite ayant pour équation

$$lA + mB + nC = 0.$$

Menons par les sommets α, β, γ les perpendiculaires p, q, r; appelons A_1, B_1, C_1 les coordonnées du point I où la droite rencontre le côté B. On a $B_1 = 0$, et $lA_1 + nC_1 = 0$. D'où

$$\frac{l}{n} = -\frac{C_1}{A_1} = -\frac{I\alpha \cdot \sin \alpha}{I\gamma \cdot \sin \gamma} = \frac{p \sin \alpha}{r \sin \gamma}$$

en attribuant à p et r des signes contraires. On trouvera au moyen du point I'

$$\frac{l}{m}=\frac{p \sin \alpha}{q \sin \beta}.$$

D'où, on déduit,

$$\frac{l}{p \sin \alpha}=\frac{m}{q \sin \beta}=\frac{n}{r \sin \gamma};$$

donc, si on substitue les côtés a, b, c aux sinus, les coefficients l, m, n de l'équation de la droite sont proportionnels à ap, bq, cr, et on peut écrire

$$apA + bqB + crC = 0, \quad \text{ou} \quad \frac{p}{h_1}A + \frac{q}{h_2}B + \frac{r}{h_3}C = 0.$$

C'est l'équation demandée.

Comme la droite D est déterminée de position avec deux perpendiculaires, il doit exister une relation entre les quantités p, q, r. Pour la déterminer, menons par un point M de la droite, Ma, Mb, Mc respectivement parallèles aux côtés A, B, C; appelons θ, φ et ψ les angles IMa, IMb, IMc comptés dans le même sens à partir de MI. On aura, eu égard aux signes,

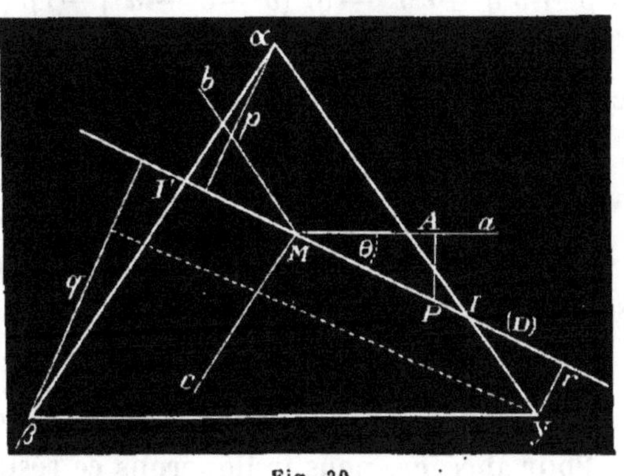

Fig 30.

$$q - r = a \sin \theta,$$
$$r - p = b \sin \varphi,$$
$$p - q = c \sin \psi.$$

Mais $\varphi - \theta = \pi - \gamma$ et $\psi - \varphi = \pi - \alpha$; d'où $\sin \theta = -\sin(\varphi + \gamma)$ et $\sin \psi = \sin(\alpha - \varphi)$. On en tire

$$\sin \theta = -\sin \varphi \cos \gamma - \cos \varphi \sin \gamma;$$

par suite,

$$(\sin \theta + \sin \varphi \cos \gamma)^2 = (1 - \sin^2 \varphi) \sin^2 \gamma;$$

et, finalement,

$$(\gamma) \quad \sin^2 \theta + \sin^2 \varphi + 2 \sin \theta \sin \varphi \cos \gamma = \sin^2 \gamma.$$

On trouvera de même

$$(\alpha) \quad \sin^2 \varphi + \sin^2 \psi + 2 \sin \varphi \sin \psi \cos \alpha = \sin^2 \alpha;$$

et, par analogie,

$$(\beta)\qquad \sin^2\psi + \sin^2\theta + 2\sin\psi\sin\theta\cos\beta = \sin^2\beta.$$

Si on subsitue aux sinus leurs valeurs dans l'une des équations précédentes, par exemple dans l'égalité (α), on aura

$$\frac{(r-p)^2}{b^2}+\frac{(p-q)^2}{c^2}+2\frac{(r-p)(p-q)}{bc}\cos\alpha=\sin^2\alpha,$$

ou

$$b^2(p-q)^2+c^2(r-p)^2+2bc(r-p)(p-q)\cos\alpha=b^2c^2\sin^2\alpha.$$

En développant, il vient

$$b^2q^2+c^2r^2+c^2p^2+b^2p^2-2c^2rp-2b^2pq+(rp-rq-p^2+pq)(b^2+c^2-a^2)$$
$$=b^2c^2\sin^2\alpha,$$

ou bien,

$$a^2p^2+b^2q^2+c^2r^2-qr(b^2+c^2-a^2)-rp(a^2+c^2-b^2)-pq(a^2+b^2-c^2)$$
$$=b^2c^2\sin^2\alpha,$$

c'est à dire,

$$a^2p^2+b^2q^2+c^2r^2-2bcqr\cos\alpha-2acrp\cos\beta-2abpq\cos\gamma=4S^2.$$

Si on remplace a, b, c par $\frac{2S}{h_1}$, $\frac{2S}{h_2}$, $\frac{2S}{h_3}$, cette relation peut encore se mettre sous la forme

$$\frac{p^2}{h_1^2}+\frac{q^2}{h_2^2}+\frac{r^2}{h_3^2}-2\frac{qr}{h_2h_3}\cos\alpha-2\frac{rp}{h_3h_1}\cos\beta-2\frac{pq}{h_1h_2}\cos\gamma=1.$$

Pour abréger, nous indiquerons ce résultat par la notation

$$\left\{ap,\ bq,\ cr\right\}=2S,$$

ou

$$\left\{\frac{p}{h_1},\ \frac{q}{h_2},\ \frac{r}{h_3}\right\}=1.$$

59. *Chercher l'équation d'une droite qui passe par un point* (A_1, B_1, C_1).

Les coordonnées A, B, C du point qui décrit une droite satisfont aux équations

$$lA+mB+nC=0,$$
$$-aA-bB-cC=2S.$$

Pour le point particulier (A_1, B_1, C_1), on a les relations

$$lA_1+mB_1+nC_1=0,$$
$$-aA_1-bB_1-cC_1=2S.$$

Par la soustraction des équations membre à membre, on obtient

$$l(A - A_1) + m(B - B_1) + n(C - C_1) = 0,$$

$$a(A - A_1) + b(B - B_1) + c(C - C_1) = 0;$$

d'où on tire les égalités

$$(k) \qquad \frac{A - A_1}{\lambda} = \frac{B - B_1}{\mu} = \frac{C - C_1}{\nu},$$

dans lesquelles λ, μ, ν sont proportionnels aux déterminants

$$\begin{vmatrix} m, & n \\ b, & c \end{vmatrix}, \qquad \begin{vmatrix} n, & l \\ c, & a \end{vmatrix}, \qquad \begin{vmatrix} l, & m \\ a, & b \end{vmatrix},$$

c'est-à-dire que les constantes λ, μ, ν doivent satisfaire aux équations

$$l\lambda + m\mu + n\nu = 0,$$

$$a\lambda + b\mu + c\nu = 0.$$

Soit (*fig.* 30) D une droite qui passe par un point M (A_1, B_1, C_1), et P un point variable ayant pour coordonnées A, B, C; menons, par ce dernier, des perpendiculaires sur Ma, Mb, Mc. Si ρ représente la distance MP, on aura

$$\sin\theta = \frac{PA}{PM} = \frac{A - A_1}{\rho};$$

de même

$$\sin\varphi = \frac{B - B_1}{\rho}, \qquad \sin\psi = \frac{C - C_1}{\rho}.$$

Donc, en admettant que λ, μ, ν soient les sinus des angles θ, φ et ψ, on peut égaler chacun des rapports (k) à ρ, et les équations d'une droite qui passe par un point seront

$$(h) \qquad \frac{A - A_1}{\lambda} = \frac{B - B_1}{\mu} = \frac{C - C_1}{\nu} = \rho.$$

En vertu des relations (α), (β), (γ) du numéro précédent, les constantes λ, μ et ν satisfont aux équations

$$a\lambda + b\mu + c\nu = 0,$$

$$\mu^2 + \nu^2 + 2\mu\nu\cos\alpha = \sin^2\alpha,$$

$$\nu^2 + \lambda^2 + 2\nu\lambda\cos\beta = \sin^2\beta,$$

$$\lambda^2 + \mu^2 + 2\mu\lambda\cos\gamma = \sin^2\gamma;$$

ou encore à toute autre condition obtenue par une combinaison quelconque de ces équations. Si l'on voulait, par exemple, trouver une seconde relation symétrique en λ, μ et ν, on prendrait

$$a\lambda + b\mu + c\nu = 0$$

$$\mu^2 + \nu^2 + 2\mu\nu \cos \alpha = \sin^2 \alpha.$$

En transposant et élévant au carré, on tire de la première

$$b^2\mu^2 + c^2\nu^2 + 2bc\mu\nu = a^2\lambda^2; \quad \text{d'où} \quad 2\mu\nu = \frac{a^2\lambda^2 - b^2\mu^2 - c^2\nu^2}{bc}.$$

Si on substitue dans la seconde, on aura

$$bc\mu^2 + bc\nu^2 + (a^2\lambda^2 - b^2\mu^2 - c^2\nu^2) \cos \alpha = bc \sin^2 \alpha;$$

d'où

$$a^2\lambda^2 \cos \alpha + bc\mu^2 + bc\nu^2 - (b^2\mu^2 + c^2\nu^2)\left(\frac{b^2 + c^2 - a^2}{2bc}\right) = bc \sin^2 \alpha,$$

ou bien

$$a^2\lambda^2 \cos \alpha + \mu^2 ab \cos \beta + \nu^2 ac \cos \gamma = bc \sin^2 \alpha.$$

Or, a, b, c sont proportionnels aux sinus des angles α, β, γ et on peut écrire

$$\lambda^2 \sin \alpha \cos \alpha + \mu^2 \sin \beta \cos \beta + \nu^2 \sin \gamma \cos \gamma = \sin \alpha \sin \beta \sin \gamma;$$

par suite,

$$\lambda^2 \sin 2\alpha + \mu^2 \sin 2\beta + \nu^2 \sin 2\gamma = 2 \sin \alpha \sin \beta \sin \gamma.$$

Il faut remarquer que toutes ces relations entre λ, μ et ν ne forment que deux équations distinctes.

§ 2. PROBLÈMES.

60. *Déterminer le point d'intersection des droites* $l\mathrm{A} + m\mathrm{B} + n\mathrm{C} = 0$, $l'\mathrm{A} + m'\mathrm{B} + n'\mathrm{C} = 0$.

Il faut résoudre ces équations par rapport à $\frac{\mathrm{A}}{\mathrm{C}}$ et $\frac{\mathrm{B}}{\mathrm{C}}$; on aura

$$\frac{\mathrm{A}}{\begin{vmatrix} m, & n \\ m', & n' \end{vmatrix}} = \frac{\mathrm{B}}{\begin{vmatrix} n, & l \\ n', & l' \end{vmatrix}} = \frac{\mathrm{C}}{\begin{vmatrix} l, & m \\ l', & m' \end{vmatrix}},$$

$$= \frac{-a\mathrm{A} - b\mathrm{B} - c\mathrm{C}}{-a\begin{vmatrix} m, & n \\ m', & n' \end{vmatrix} - b\begin{vmatrix} n, & l \\ n', & l' \end{vmatrix} - c\begin{vmatrix} l, & m \\ l', & m' \end{vmatrix}} = -\frac{2\mathrm{S}}{\begin{vmatrix} a, & b, & c \\ l, & m, & n \\ l', & m', & n' \end{vmatrix}}.$$

Il est facile au moyen de ces relations d'écrire les valeurs des inconnues A, B, C. La condition du parallélisme des deux droites sera

$$\begin{vmatrix} a, & b, & c \\ l, & m, & n \\ l', & m', & n' \end{vmatrix} = 0.$$

61. *Trouver la condition pour que les trois droites* $lA + mB + nC = 0$, $l'A + m'B + n'C = 0$, $l''A + m''B + n''C = 0$ *passent par un même point.*

Il faut que ces trois équations soient satisfaites en même temps par un système de valeurs pour A, B et C, et, par conséquent, que le déterminant de ces équations soit nul.

Autrement, les droites concourent en un même point, si l'on peut trouver trois constantes k, k', k'' telles que l'on ait identiquement

$$k(lA + mB + nC) + k'(l'A + m'B + n'C) + k''(l''A + m''B + n''C) = 0\,;$$

car les coordonnées du point d'intersection des deux premières annulent les deux premières parenthèses et elles devront aussi annuler le trinôme de la dernière ; donc ce point est commun aux trois droites.

Ex. 1. Les bissectrices d'un triangle passent par un même point.

Toute droite qui passe par le sommet (α) du triangle de référence a une équation de la forme $mB + nC = 0$; on en tire $\frac{m}{n} = -\frac{C}{B}$ · Le rapport des coefficients m et n est égal et de signe contraire au rapport algébrique des perpendiculaires abaissées d'un point de la droite sur les côtés C et B ; pour une bissectrice, ces perpendiculaires sont égales, et $\frac{m}{n} = -1$; par suite, les équations cherchées seront :

$$B - C = 0, \qquad C - A = 0, \qquad A - B = 0\,;$$

leur somme est identiquement nulle.

Ex. 2. Les perpendiculaires abaissées des sommets sur les côtés opposés concourent en un même point.

On trouvera, pour la perpendiculaire issue du sommet (α), $\frac{m}{n} = -\frac{\cos\beta}{\cos\gamma}$, et son équation sera : $B\cos\beta - C\cos\gamma = 0$; de même, pour les autres, on aura : $C\cos\gamma - A\cos\alpha = 0$, $A\cos\alpha - B\cos\beta = 0$. L'addition de ces équations donne $0 = 0$.

Ex. 3. Les médianes se coupent en un même point.

Pour la médiane du côté $\beta\gamma$, on a : $\frac{m}{n} = -\frac{\sin\beta}{\sin\gamma}$, et son équation est : $B\sin\beta - C\sin\gamma = 0$; pour les deux autres, on trouvera $C\sin\gamma - A\sin\alpha = 0$, $A\sin\alpha - B\sin\beta = 0$. Si on ajoute membre à membre, on a $0 = 0$.

Ex. **4**. Les bissectrices des angles extérieurs d'un triangle rencontrent les côtés opposés en trois points situés en ligne droite.

Les équations de ces bissectrices sont : (1) $B + C = 0$, (2) $C + A = 0$, (3) $A + B = 0$; elles rencontrent les côtés A, B, C du triangle en trois points qui se trouvent sur la droite $A + B + C = 0$.

Ex. **5**. Par les sommets d'un triangle, on mène trois droites qui se coupent en un point; elles rencontrent les côtés du triangle en trois points I, F, K. Montrer que les droites IF, FK, KI rencontrent les côtés en trois points en ligne droite.

Les équations des droites qui passent par les sommets et qui concourent en un même point sont de la forme

$$(1)\quad mB - nC = 0, \qquad (2)\quad nC - lA = 0, \qquad (3)\quad lA - mB = 0.$$

Pour le point F, intersection de (3) avec le côté C, on a

$$C = 0 \qquad \text{et} \qquad lA - mB = 0.$$

De même pour le point I, intersection de (1) avec A, on a aussi

$$A = 0 \qquad \text{et} \qquad mB - nC = 0.$$

L'équation de la droite IF est donc

$$(\text{IF}) \qquad lA - mB + nC = 0.$$

On trouvera pour les deux autres

$$(\text{FK}) \qquad -lA + mB + nC = 0,$$

$$(\text{IK}) \qquad lA + mB - nC = 0.$$

Cela étant, pour les points d'intersection de ces droites avec les côtés, on a

$$B = 0, \qquad lA - mB + nC = 0,$$

$$A = 0, \quad -lA + mB + nC = 0,$$

$$C = 0, \qquad lA + mB - nC = 0.$$

Si on multiplie les premières équations par $2m$, $2l$, $2n$ et si on ajoute membre à membre, on voit que les trois points d'intersection se trouvent sur la droite

$$lA + mB + nC = 0.$$

Il résulte de cette propriété une construction géométrique de la droite $lA + mB + nC = 0$. On prend, dans le plan, le point O déterminé par les relations

$$lA = mB = nC,$$

et on le joint aux sommets du triangle par les droites (3), (2), (1); soient F, K, I leurs points d'intersection avec les côtés $\alpha\beta$, $\alpha\gamma$, $\beta\gamma$: les lignes FK, KI, IF vont couper respectivement les côtés $\gamma\beta$, $\beta\alpha$, $\alpha\gamma$ aux points α', β', γ' qui appartiennent à la droite $lA + mB + nC = 0$.

Ex. **6**. Étant donnée la droite $lA + mB + nC = 0$, construire le point $lA = mB = nC$.

Soient A', B', C' les points où la droite donnée rencontre les côtés $\beta\gamma$, $\gamma\alpha$, $\alpha\beta$; si on réunit ces points aux sommets du triangle, on aura trois droites $\alpha A'$, $\beta B'$, $\gamma C'$ ayant pour équations

$$(\alpha A')\ mB + nC = 0, \quad (\beta B')\ nC + lA = 0, \quad (\gamma C')\ lA + mB = 0;$$

désignons par C″, B″, A″ les points d'intersection des droites $\alpha A'$, $\beta B'$; $\alpha A'$, $\gamma C'$; $\beta B'$, $\gamma C'$; si on tire les lignes $A''\alpha$, $B''\beta$, $C''\gamma$, elles se couperont en un même point qui sera le point cherché; car il est facile de vérifier que les droites $A''\alpha$, $B''\beta$, $C''\gamma$ sont représentées par

$$mB - nC = 0, \qquad nC - lA = 0, \qquad lA - mB = 0.$$

Ex. 7. Montrer que les droites qui passent par un même point et par les sommets d'un triangle déterminent, sur les côtés, six segments dont le produit de trois non consécutifs est égal au produit des trois autres.

Soient (1) $mB - nC = 0$, (2) $nC - lA = 0$, (3) $lA - mB = 0$ les droites, et a, b, c les points où elles rencontrent respectivement les côtés A, B, C. Pour le point a on a : $\frac{m}{n} = \frac{C}{B} = \frac{a\beta \sin\beta}{a\gamma \sin\gamma}$; on trouvera de même $\frac{n}{l} = \frac{b\gamma \sin\gamma}{b\alpha \sin\alpha}$ et $\frac{l}{m} = \frac{c\alpha \sin\alpha}{c\beta \sin\beta}$; en multipliant, il vient

$$1 = \frac{a\beta \cdot b\gamma \cdot c\alpha}{a\gamma \cdot b\alpha \cdot c\beta}.$$

Ex. 8. Quand deux triangles sont tels que les côtés se coupent deux à deux en trois points situés sur une ligne droite, les droites qui joignent les sommets deux à deux concourent en un même point.

Soient $\alpha\beta\gamma$, $\alpha'\beta'\gamma'$ les deux triangles et

$$\text{(H)} \qquad lA + mB + nC = 0,$$

la droite qui renferme les points d'intersection des côtés A et A′, B et B′, C et C′. L'équation du côté A′ sera de la forme

$$lA + mB + nC + kA = 0,$$

car il passe par le point d'intersection de A et H; cette équation peut s'écrire

$$\text{(A')} \qquad l'A + mB + nC = 0.$$

On trouvera également

$$\text{(B')} \qquad lA + m'B + nC = 0$$

$$\text{(C')} \qquad lA + mB + n'C = 0.$$

Si on retranche ces équations membre à membre, on obtient

$$(l' - l)\,A + (m - m')\,B = 0,$$
$$(m' - m)\,B + (n - n')\,C = 0,$$
$$(l - l')\,A + (n' - n)\,C = 0.$$

Ces droites passent par les sommets α', β', γ' du second triangle, puisque ces équations proviennent des précédentes par soustraction; de plus elles passent aussi par les sommets α, β, γ. Ces trois droites concourent en un point : en ajoutant ces équations, on trouve $0 = 0$.

Deux triangles qui jouissent de cette propriété sont appelés *homologiques* ; la droite H est l'*axe d'homologie* et le point de concours des droites $\alpha\alpha'$, $\beta\beta'$, $\gamma\gamma'$ en est le *centre*.

Poncelet, *Traité des prop. proj. des fig.* p. 151, a établi la théorie des figures homologiques et son application à la recherche des propriétés des lignes.

62. *Trouver l'angle θ d'une droite* $lA + mB + nC = 0$ *avec le côté* A *du triangle de référence.*

Si on mène par le sommet γ une parallèle à la droite donnée, son équation est

$$A - kB = 0,$$

avec la condition

$$\begin{vmatrix} 1, & -k, & 0 \\ l, & m, & n \\ a, & b, & c \end{vmatrix} = 0,$$

ou bien

$$mc - bn = (na - lc)\,k; \qquad \text{d'où} \qquad k = \frac{mc - bn}{na - lc}.$$

Mais on a aussi $k = \frac{A}{B} = \frac{\sin\theta}{\sin(\gamma - \theta)}$; en développant et résolvant l'équation par rapport à tang θ, on trouve

$$\operatorname{tang}\theta = \frac{k\sin\gamma}{1 + k\cos\gamma}.$$

Si on remplace k par sa valeur, il vient

$$\operatorname{tang}\theta = \frac{(mc - nb)\sin\gamma}{(na - lc) + (mc - nb)\cos\gamma} = \frac{(m\sin\gamma - n\sin\beta)\sin\gamma}{n\sin\alpha - l\sin\gamma + (m\sin\gamma - n\sin\beta)\cos\gamma},$$

et, finalement, en remarquant que $\sin\alpha = \sin(\beta + \gamma) = \sin\beta\cos\gamma + \sin\gamma\cos\beta$, on obtient

$$\operatorname{tang}\theta = \frac{m\sin\gamma - n\sin\beta}{m\cos\gamma + n\cos\beta - l}.$$

63. *Trouver l'angle des droites* $lA + mB + nC = 0$, $l'A + m'B + n'C = 0$.

Soit V l'angle des droites, θ et θ′ les angles qu'elles font avec le côté A. On a : $V = \theta - \theta'$, et, par suite,

$$\operatorname{tang} V = \frac{\operatorname{tang}\theta - \operatorname{tang}\theta'}{1 + \operatorname{tang}\theta\operatorname{tang}\theta'}.$$

Si on remplace tang θ et tang θ′ par leurs valeurs, on aura

$$\operatorname{tang} V = \frac{(m\sin\gamma - n\sin\beta)(m'\cos\gamma + n'\cos\beta - l') - (m'\sin\gamma - n'\sin\beta)(m\cos\gamma + n\cos\beta - l)}{(m\cos\gamma + n\cos\beta - l)(m'\cos\gamma + n'\cos\beta - l') + (m\sin\gamma - n\sin\beta)(m'\sin\gamma - n'\sin\beta)}$$

En développant, on pourra mettre cette expression sous la forme,

$$\operatorname{tang} V = \frac{l(m'\sin\gamma - n'\sin\beta) + m(n'\sin\alpha - l'\sin\gamma) + n(l'\sin\beta - m'\sin\alpha)}{ll' + mm' + nn' - (mn' + m'n)\cos\alpha - (nl' + n'l)\cos\beta - (lm' + l'm)\cos\gamma}.$$

La condition de perpendicularité des deux droites sera

$$ll'+mm'+nn'-(mn'+m'n)\cos\alpha-(nl'+n'l)\cos\beta-(lm'+l'm)\cos\gamma=0,$$

ou

$$l'(l-n\cos\beta-m\cos\gamma)+m'(m-n\cos\alpha-l\cos\gamma)+n'(n-m\cos\alpha-l\cos\beta)=0.$$

64. *Chercher l'expression des perpendiculaires abaissées des sommets du triangle de référence sur la droite* $lA+mB+nC=0$.

Soient p, q, r ces perpendiculaires. On a (N° 58)

$$\frac{ap}{l}=\frac{bq}{m}=\frac{cr}{n};$$

chacune de ces fractions est égale à la suivante :

$$\frac{\{ap,\ bq,\ cr\}}{\{l,\ m,\ n\}}=\frac{2S}{\{l,\ m,\ n\}}.$$

On a donc pour les perpendiculaires

$$p=\frac{2S}{a}\cdot\frac{l}{\{l,\ m,\ n\}},\qquad q=\frac{2S}{b}\cdot\frac{m}{\{l,\ m,\ n\}},\qquad r=\frac{2S}{c}\cdot\frac{n}{\{l,\ m,\ n\}}.$$

65. *Trouver la perpendiculaire abaissée d'un point* $(A_1,\ B_1,\ C_1)$ *sur la droite* $apA+bqB+crC=0$.

Menons, par le point $(A_1,\ B_1,\ C_1)$, une parallèle à la droite donnée et appelons P la perpendiculaire cherchée. Les distances de cette parallèle aux sommets du triangle de référence sont $p-P$, $q-P$, $r-P$, ou bien, $p+P$, $q+P$, $r+P$; l'équation de cette droite sera

$$a(p\pm P)A+b(q\pm P)B+c(r\pm P)C=0.$$

Comme elle passe par le point $(A_1,\ B_1,\ C_1)$, on a

$$a(p\pm P)A_1+b(q\pm P)B_1+c(r\pm P)C_1=0.$$

D'où l'on tire

$$P=\pm\frac{apA_1+bqB_1+crC_1}{-aA_1-bB_1-cC_1}=\pm\frac{apA_1+bqB_1+crC_1}{2S}.$$

Si l'équation de la droite donnée était de la forme

$$\frac{p}{h_1}A+\frac{q}{h_2}B+\frac{r}{h_3}C=0,$$

on aurait simplement

$$P = \pm\left(\frac{p}{h_1}A_1 + \frac{q}{h_2}B_1 + \frac{r}{h_3}C_1\right).$$

66. *Quelle est l'expression de la distance d'un point* (A_1, B_1, C_1) *à la droite* $lA + mB + nC = 0$?

Si on écrit l'équation de la droite sous la forme

$$apA + bqB + crC = 0,$$

on a

$$P = \pm\frac{apA_1 + bqB_1 + crC_1}{2S}.$$

En remplaçant p, q, r par leurs valeurs (N° 64), on trouve

$$P = \pm\frac{lA_1 + mB_1 + nC_1}{\{l, m, n\}}.$$

67. *Trouver la distance entre les deux points* (A_1, B_1, C_1), $A_2, B_2, C_2)$.

Une droite qui passe par le premier point est représentée par

$$\frac{A - A_1}{\lambda} = \frac{B - B_1}{\mu} = \frac{C - C_1}{\nu} = \rho\,;$$

si elle passe par le second, on a les relations

$$\frac{A_2 - A_1}{\lambda} = \frac{B_2 - B_1}{\mu} = \frac{C_2 - C_1}{\nu} = \rho.$$

On en déduit

$$\frac{(A_2 - A_1)^2 \sin 2\alpha + (B_2 - B_1)^2 \sin 2\beta + (C_2 - C_1)^2 \sin 2\gamma}{\lambda^2 \sin 2\alpha + \mu^2 \sin 2\beta + \nu^2 \sin 2\gamma} = \rho^2,$$

ou bien (N° 59),

$$\rho^2 = \frac{(A_2 - A_1)^2 \sin 2\alpha + (B_2 - B_1)^2 \sin 2\beta + (C_2 - C_1)^2 \sin 2\gamma}{2 \sin\alpha \sin\beta \sin\gamma}.$$

68. *Trouver l'équation de la perpendiculaire abaissée d'un point* (A_1, B_1, C_1) *sur la droite* $lA + mB + nC = 0$.

La droite est représentée par

$$\frac{A - A_1}{\lambda} = \frac{B - B_1}{\mu} = \frac{C - C_1}{\nu},$$

avec les conditions

$$a\lambda + b\mu + c\nu = 0$$
$$l'\lambda + m'\mu + n'\nu = 0;$$

l', m', n' sont les coefficients inconnus qui entrent dans l'équation $l'A + m'B + n'C = 0$ de cette droite sous la forme ordinaire. La condition de perpendicularité est (N° 63)

$$l'(l - n\cos\beta - m\cos\gamma) + m'(m - n\cos\alpha - l\cos\gamma)$$
$$+ n'(n - m\cos\alpha - l\cos\beta) = 0.$$

Par la comparaison de ces relations, on voit que λ, μ, ν sont proportionnels à

$$l - n\cos\beta - m\cos\gamma,\quad m - n\cos\alpha - l\cos\gamma,\quad n - m\cos\alpha - l\cos\beta;$$

et les équations de la perpendiculaire seront

$$\frac{A - A_1}{l - m\cos\gamma - n\cos\beta} = \frac{B - B_1}{m - n\cos\alpha - l\cos\gamma} = \frac{C - C_1}{n - l\cos\beta - m\cos\alpha}.$$

Exercices.

Ex. 1. Trouver l'équation de la droite menée par les deux points

$$\frac{A}{\lambda} = \frac{B}{\mu} = \frac{C}{\nu};\qquad \frac{A}{\lambda'} = \frac{B}{\mu'} = \frac{C}{\nu'}.$$

R. $$\begin{vmatrix} A & B & C \\ \lambda & \mu & \nu \\ \lambda' & \mu' & \nu' \end{vmatrix} = 0.$$

Ex. 2. Quelle est l'équation de la droite menée par un point et l'intersection de deux autres?

R. $$\frac{lA + mB + nC}{lA_1 + mB_1 + nC_1} = \frac{l'A + m'B + n'C}{l'A_1 + m'B_1 + n'C_1}.$$

Ex. 3. Quel est le rapport des segments que la ligne $lA + mB + nC = 0$ détermine sur la droite qui passe par les points (A_1, B_1, C_1), (A_2, B_2, C_2)?

R. $$\frac{m_1}{n_1} = -\frac{lA_1 + mB_1 + nC_1}{lA_2 + mB_2 + nC_2}.$$

Ex. 4. Déterminer les coordonnées du point où la droite $lA + mB + nC = 0$ rencontre les côtés du triangle de référence. Pour le côté $A = 0$, on trouvera

$$A = 0,\quad B = \frac{2nS}{mc - nb},\quad C = \frac{2mS}{nb - mc}.$$

Ex. 5. Trouver l'équation de la droite passant par le point d'intersection des lignes $A = C\cos\beta$, $B = C\cos\alpha$ et le point de référence γ.

R. $A\cos\alpha = B\cos\beta$.

Ex. 6. Quelle est la surface du triangle dont les sommets coïncident avec les milieux des côtés du triangle de référence?

$$\text{R.}\quad \frac{S}{4}.$$

Ex. 7. Écrire l'équation générale des droites parallèles à $lA + mB + nC = 0$.

$$\text{R.}\quad lA + mB + nC + \lambda(aA + bB + cC) = 0.$$

Ex. 8. Trouver la condition pour que la droite $lA + mB + nC = 0$ soit parallèle au côté A du triangle de référence.

$$\text{R.}\quad mc - nb = 0.$$

Ex. 9. Les droites $A + C\cos\beta = 0$, $B + C\cos\alpha = 0$ sont parallèles.

Ex. 10. Chercher les conditions pour que la droite $lA + mB + nC = 0$ soit perpendiculaire aux côtés du triangle de référence.

R. $l - n\cos\beta - m\cos\gamma = 0$, $m - n\cos\alpha - l\cos\gamma = 0$, $n - m\cos\alpha - l\cos\beta = 0$.

Ex. 11. Les perpendiculaires élevées sur les milieux des côtés du triangle $A{\cdot}B{\cdot}C = 0$ sont représentées par les équations

$$B\sin\beta - C\sin\gamma + A\sin(\beta - \gamma) = 0,$$
$$C\sin\gamma - A\sin\alpha + B\sin(\gamma - \alpha) = 0,$$
$$A\sin\alpha - B\sin\beta + C\sin(\alpha - \beta) = 0.$$

Ex. 12. Étant données les droites

$$(1)\ lA + mB + nC = 0, \qquad (3)\ lA + mB - nC = 0,$$
$$(2)\ lA - mB + nC = 0, \qquad (4)\ lA - mB - nC = 0,$$

on forme les groupes (1, 2), (3, 4); (1, 3), (2, 4); (1, 4), (2, 3); soient P et P′, Q et Q′, R et R′ les points d'intersection de ces lignes. Montrer que les milieux des droites PP′, QQ′, RR′ sont situés sur la droite

$$\frac{l^2A}{a} + \frac{m^2B}{b} + \frac{n^2C}{c} = 0.$$

Ex. 13. Prouver que les sinus d'une droite avec les côtés du triangle de référence satisfont à la relation

$$\mu\nu\sin\alpha + \nu\lambda\sin\beta + \lambda\mu\sin\gamma + \sin\alpha\sin\beta\sin\gamma = 0,$$

et que la distance de deux points a pour expression

$$\rho^2 = -\frac{(B_2 - B_1)(C_2 - C_1)\sin\alpha + (C_2 - C_1)(A_2 - A_1)\sin\beta + (A_2 - A_1)(B_2 - B_1)\sin\gamma}{\sin\alpha\sin\beta\sin\gamma}.$$

Ex. 14. Trouver les sinus des angles d'une droite $lA + mB + nC = 0$ avec les côtés du triangle de référence. Les sinus cherchés satisfont aux équations

$$l\lambda + m\mu + n\nu = 0,$$
$$\lambda\sin\alpha + \mu\sin\beta + \nu\sin\gamma = 0.$$

On en déduit

$$\frac{\lambda}{\begin{vmatrix} m & n \\ \sin\beta & \sin\gamma \end{vmatrix}} = \frac{\mu}{\begin{vmatrix} n & l \\ \sin\gamma & \sin\alpha \end{vmatrix}} = \frac{\nu}{\begin{vmatrix} l & m \\ \sin\alpha & \sin\beta \end{vmatrix}} = \frac{\sqrt{\mu\nu\sin\alpha + \nu\lambda\sin\beta + \lambda\mu\sin\gamma}}{\sqrt{(m\sin\gamma - n\sin\beta)\cdot(n\sin\alpha - l\sin\gamma)\sin\gamma +}}$$

En simplifiant la dernière fraction, on trouvera

$$\lambda = \frac{\begin{vmatrix} m & n \\ \sin\beta & \sin\gamma \end{vmatrix}}{\{l, m, n\}}, \quad \mu = \frac{\begin{vmatrix} n & l \\ \sin\gamma & \sin\alpha \end{vmatrix}}{\{l, m, n\}}, \quad \nu = \frac{\begin{vmatrix} l & m \\ \sin\alpha & \sin\beta \end{vmatrix}}{\{l, m, n\}}.$$

Ex. **15**. Trouver l'angle de deux droites (λ, μ, ν), (λ', μ', ν').

Soit O (A_1, B_1, C_1) leur point d'intersection ; prenons, sur chacune d'elles, à partir du point O, les longueurs $OP = OQ = 1$. En désignant par A_2, B_2, C_2 ; A_3, B_3, C_3 les coordonnées des points P et Q, on aura

$$A_2 = A_1 + \lambda, \quad B_2 = B_1 + \mu, \quad C_2 = C_1 + \nu;$$
$$A_3 = A_1 + \lambda', \quad B_3 = B_1 + \mu', \quad C_3 = C_1 + \nu'.$$

De plus, le triangle OPQ donne

$$2 - 2\cos\varphi = \overline{PQ}^2 = -\frac{(\mu-\mu')(\nu-\nu')\sin\alpha + (\nu-\nu')(\lambda-\lambda')\sin\beta + (\lambda-\lambda')(\mu-\mu')\sin\gamma}{\sin\alpha\sin\beta\sin\gamma}.$$

Eu égard aux relations

$$\mu\nu\sin\alpha + \nu\lambda\sin\beta + \lambda\mu\sin\gamma = -\sin\alpha\sin\beta\sin\gamma,$$
$$\mu'\nu'\sin\alpha + \nu'\lambda'\sin\beta + \lambda'\mu'\sin\gamma = -\sin\alpha\sin\beta\sin\gamma,$$

on trouvera

$$\cos\varphi = -\frac{1}{2\sin\alpha\sin\beta\sin\gamma}[(\mu\nu' + \nu\mu')\sin\alpha + (\nu\lambda' + \lambda\nu')\sin\beta + (\lambda\mu' + \mu\lambda')\sin\gamma].$$

Ex. **16**. Chercher le cosinus et le sinus de l'angle des droites $lA + mB + nC = 0$, $l'A + m'B + n'C = 0$.

R. $$\cos\varphi = \frac{ll' + mm' + nn' - (mn' + nm')\cos\alpha - (nl' + ln')\cos\beta - (lm' + ml')\cos\gamma}{\{l, m, n\}\ \{l', m', n'\}};$$

$$\sin\varphi = \frac{\begin{vmatrix} l & m & n \\ l' & m' & n' \\ \sin\alpha & \sin\beta & \sin\gamma \end{vmatrix}}{\{l, m, n\}\ \{l', m', n'\}}.$$

Ex. **17**. Déterminer l'angle des droites $apA + bqB + crC = 0$, $ap'A + bq'B + cr'C = 0$,

R. $$2S\sin\varphi = \begin{vmatrix} p & q & r \\ p' & q' & r' \\ 1 & 1 & 1 \end{vmatrix}.$$

Ex. 18. La droite $apA + bqB + crC = 0$ est perpendiculaire au côté C, si $p - q = c$.

Ex. 19. Les droites

$$\frac{A - A'}{\lambda} = \frac{B - B'}{\mu} = \frac{C - C'}{\nu}, \text{ et } l'A + m'B + n'C = 0$$

sont perpendiculaires, si on a la relation

$$l'\lambda + m'\mu + n'\nu = \pm \{ l', m', n' \}.$$

Ex. 20. Sur les milieux des côtés d'un triangle, on élève des perpendiculaires proportionnelles aux côtés, et on joint leurs extrémités aux sommets opposés du triangle. Montrer que les trois droites ainsi obtenues se coupent en un point dont les coordonnées vérifient l'équation

$$\frac{\sin(\beta - \gamma)}{A} + \frac{\sin(\gamma - \alpha)}{B} + \frac{\sin(\alpha - \beta)}{C} = 0.$$

Ex. 21. Trouver les hauteurs et les côtés du triangle formé par les droites

(1) $lA + mB + nC = 0$, (2) $l'A + m'B + n'C = 0$, (3) $l''A + m''B + n''C = 0$.

Soit P_1 la hauteur relative au côté (1). On aura

$$P_1 = \frac{lA + mB + nC}{\{ l, m, n \}},$$

où les coordonnées A, B, C satisfont aux équations

$$l'A + m'B + n'C = 0,$$
$$l''A + m''B + n''C = 0,$$
$$aA + bB + cC = -2S.$$

On en déduit

$$\frac{A}{\begin{vmatrix} m' & n' \\ m'' & n'' \end{vmatrix}} = \frac{B}{\begin{vmatrix} n' & l' \\ n'' & l'' \end{vmatrix}} = \frac{C}{\begin{vmatrix} l' & m' \\ l'' & m'' \end{vmatrix}} = \frac{-2S}{\begin{vmatrix} l' & m' & n' \\ l'' & m'' & n'' \\ a & b & c \end{vmatrix}} = \frac{lA + mB + nC}{\begin{vmatrix} l & m & n \\ l' & m' & n' \\ l'' & m'' & n'' \end{vmatrix}};$$

par conséquent,

$$P_1 = -\frac{2S}{\{ l, m, n \}} \cdot \frac{\begin{vmatrix} l & m & n \\ l' & m' & n' \\ l'' & m'' & n'' \end{vmatrix}}{\begin{vmatrix} l' & m' & n' \\ l'' & m'' & n'' \\ a & b & c \end{vmatrix}}.$$

On aura des expressions analogues pour les hauteurs P_2, P_3.

Soit, maintenant, ρ la longueur du côté (1); on a évidemment $\rho = \frac{P_2}{\sin(1, 2)}$. En substituant à P_2 et à sin (1, 2) leurs valeurs, il viendra

$$\rho = -2S\{l, m, n\} \frac{\begin{vmatrix} l & m & n \\ l' & m' & n' \\ l'' & m'' & n'' \end{vmatrix}}{\begin{vmatrix} l'' & m'' & n'' \\ l & m & n \\ a & b & c \end{vmatrix} \cdot \begin{vmatrix} l & m & n \\ l' & m' & n' \\ \sin\alpha & \sin\beta & \sin\gamma \end{vmatrix}}.$$

Ex. 22. Quelle est l'expression de la surface du triangle de l'exemple précédent?

R.
$$\Sigma = abc\,S \frac{\begin{vmatrix} l & m & n \\ l' & m' & n' \\ l'' & m'' & n'' \end{vmatrix}^2}{\begin{vmatrix} l & m & n \\ l' & m' & n' \\ a & b & c \end{vmatrix} \cdot \begin{vmatrix} l' & m' & n' \\ l'' & m'' & n'' \\ a & b & c \end{vmatrix} \cdot \begin{vmatrix} l'' & m'' & n'' \\ l & m & n \\ a & b & c \end{vmatrix}}.$$

Ex. 23. Trouver la surface du triangle dont les côtés sont représentés par

$$apA + bqB + crC = 0, \quad ap'A + bq'B + cr'C = 0, \quad ap''A + bq''B + cr''C = 0.$$

R.
$$\Sigma = S \frac{\begin{vmatrix} p & q & r \\ p' & q' & r' \\ p'' & q'' & r'' \end{vmatrix}^2}{\begin{vmatrix} p & q & r \\ p' & q' & r' \\ 1 & 1 & 1 \end{vmatrix} \cdot \begin{vmatrix} p' & q' & r' \\ p'' & q'' & r'' \\ 1 & 1 & 1 \end{vmatrix} \cdot \begin{vmatrix} p'' & q'' & r'' \\ p & q & r \\ 1 & 1 & 1 \end{vmatrix}}:$$

Ex. 24. Trouver l'aire du triangle formé par les droites

$$bB + cC = 0, \quad cC + aA = 0, \quad aA + bB = 0.$$

R. 4S.

§ 3. COORDONNÉES DE LA DROITE ; ÉQUATION DU POINT ; COORDONNÉES TANGENTIELLES EN GÉNÉRAL.

69. Considérons une droite mobile ayant pour équation

$$(1) \qquad ux + vy + 1 = 0.$$

A chaque système de valeurs attribuées aux paramètres, tel que $u = \alpha$ $v = \beta$, correspond une droite déterminée; on dit que ces quantités sont les coordonnées de la droite, puisqu'elles suffisent pour la construire dans le plan de la figure.

Toutes les droites fournies par l'équation (1), lorsqu'on donne à u et v des valeurs qui satisfont à la relation

$$(2) \qquad au + bv + 1 = 0,$$

passent par un point fixe; car si on élimine v entre (1) et (2), on trouve l'équation

$$(bx - ay)\,u + b - y = 0,$$

qui renferme un coefficient indéterminé u, et représente une infinité de droites issues du point d'intersection des lignes

$$bx - ay = 0 \qquad \text{et} \qquad y - b = 0,$$

c'est-à-dire du point $x = a$, $y = b$. Il en résulte que toute équation de la forme (2) entre les coordonnées d'une droite mobile peut être regardée comme *l'équation d'un point* dont les coordonnées cartésiennes sont les coefficients de u et v.

En général, lorsque les coordonnées u et v satisfont à une relation $f(u, v) = 0$, la droite $ux + vy + 1 = 0$ doit se déplacer dans le plan suivant une loi déterminée; il faut regarder $f(u, v) = 0$, comme représentant une suite continue de droites dont les intersections successives forment une certaine courbe à laquelle elles sont tangentes. De là vient le nom de *coordonnées tangentielles* attribué aux variables u et v, tandis que la relation $f(u, v) = 0$ s'appelle l'*équation tangentielle* de la courbe enveloppe des droites; elle détermine, en effet, les coordonnées d'une tangente quelconque à cette ligne.

70. *Quelle est l'équation du point qui divise la distance de deux points donnés en deux segments dont le rapport est égal à* $\frac{m_2}{m_1}$?

Soient

$$(P)\ a_1u + b_1v + 1 = 0 \qquad \text{et} \qquad (Q)\ a_2u + b_2v + 1 = 0$$

les équations des deux points. Multiplions la première par m_1 et la seconde par m_2; on aura, en ajoutant,

$$(m_1a_1 + m_2a_2)\,u + (m_1b_1 + m_2b_2)\,v + m_1 + m_2 = 0.$$

C'est l'équation demandée; car elle représente un point qui a pour coordonnées $x = \frac{m_1a_1 + m_2a_2}{m_1 + m_2}$, $y = \frac{m_1b_1 + m_2b_2}{m_1 + m_2}$.

Pour le milieu de PQ, on aurait

$$(a_1 + a_2)\,u + (b_1 + b_2)\,v + 2 = 0.$$

71. *Trouver la surface du triangle dont les sommets sont:*

$a_1u + b_1v + c_1 = 0,\ a_2u + b_2v + c_2 = 0$ *et* $a_3u + b_3v + c_3 = 0.$

On sait que la surface du triangle des points (x_1, y_1), (x_2, y_2), (x_3, y_3) a pour expression

$$S = \frac{1}{2}[x_1(y_2 - y_3) + x_2(y_3 - y_1) + x_3(y_1 - y_2)],$$

ou bien,

$$S = \frac{1}{2}\begin{vmatrix} x_1, & x_2, & x_3 \\ y_1, & y_2, & y_3 \\ 1, & 1, & 1 \end{vmatrix}.$$

On trouvera pour l'aire du triangle donné, en remplaçant y_1, x_1 etc. par $\frac{b_1}{c_1}$, $\frac{a_1}{c_1}$ etc.,

$$S = \frac{1}{2c_1c_2c_3}\begin{vmatrix} a_1, & b_1, & c_1 \\ a_2, & b_2, & c_2 \\ a_3, & b_3, & c_3 \end{vmatrix}.$$

72. *Trouver l'équation du point d'intersection de deux droites données.*

Si $(u_1, v_1), (u_2, v_2)$ sont les coordonnées des droites et

$$au + bv + 1 = 0,$$

l'équation de leur point d'intersection, on doit avoir les conditions

$$au_1 + bv_1 + 1 = 0$$
$$au_2 + bv_2 + 1 = 0.$$

D'où

$$\frac{a}{v_1 - v_2} = \frac{b}{u_2 - u_1} = \frac{1}{u_1v_2 - u_2v_1},$$

et l'équation cherchée sera

$$(v_1 - v_2)u + (u_2 - u_1)v + u_1v_2 - u_2v_1 = 0.$$

73. *Quelles sont les coordonnées de la droite qui joint les points* $a_1u + b_1v + 1 = 0,\ a_2u + b_2v + 1 = 0$?

Les coordonnées de la droite qui passe par ces points doivent satisfaire à la fois aux deux équations; il faut résoudre celles-ci, en regardant u et v comme les inconnues. On aura

$$\frac{u}{b_1 - b_2} = \frac{v}{a_2 - a_1} = \frac{1}{a_1b_2 - a_2b_1}.$$

74. *Chercher l'expression de la distance du point $au + bv + 1 = 0$ à la droite (u_1, v_1).*

La droite donnée a pour équation en coordonnées cartésiennes

$$u_1x + v_1y + 1 = 0.$$

La distance P du point (a, b) à cette droite sera représentée par

$$P = \frac{au_1 + bv_1 + 1}{\sqrt{u_1^2 + v_1^2}}.$$

Il importe de remarquer que le numérateur est le premier membre de l'équation du point où u et v sont remplacés par u_1, v_1 ; de là cette règle : *Si on divise le premier membre de l'équation $au + bv + 1 = 0$ par $\sqrt{u^2 + v^2}$, le quotient exprime la distance du point de l'équation à la droite (u, v).*

75. *Trouver la condition pour que trois points donnés soient en ligne droite.*

Soient

$$a_1u + b_1v + c_1 = 0,$$
$$a_2u + b_2v + c_2 = 0,$$
$$a_3u + b_3v + c_3 = 0,$$

les équations des trois points ; s'ils sont en ligne droite, l'aire du triangle qui leur correspond est nulle, et on a la relation

$$\begin{vmatrix} a_1, & b_1, & c_1 \\ a_2, & b_2, & c_2 \\ a_3, & b_3, & c_3 \end{vmatrix} = 0.$$

Ces trois points appartiennent encore à une même droite, si on peut trouver trois constantes k_1, k_2 et k_3 telles que l'on ait l'identité

$$k_1(a_1u + b_1v + c_1) + k_2(a_2u + b_2v + 1) + k_3(a_3u + b_3v + c_3) = 0;$$

car les coordonnées de la droite qui joint les deux premiers points, annulant les deux premiers termes, devront aussi annuler le dernier, et, par conséquent, le troisième point est sur la droite des deux autres.

76. *Trouver l'angle de deux droites données (u_1, v_1), (u_2, v_2).*

Cette question revient à déterminer l'angle des droites représentées, en coordonnées cartésiennes, par les équations

$$u_1x + v_1y + 1 = 0,$$
$$u_2x + v_2y + 1 = 0.$$

D'après une formule connue, on aura

$$\operatorname{tang} \varphi = \frac{u_2v_1 - u_1v_2}{u_1u_2 + v_1v_2}.$$

Il en résulte que la condition de perpendicularité sera

$$u_1u_2 + v_1v_2 = 0,$$

et celle du parallélisme

$$\frac{u_2}{u_1} = \frac{v_2}{v_1},$$

c'est-à-dire que, dans ce dernier cas, les coordonnées des droites sont proportionnelles.

Exercices.

Ex. 1. Interpréter les équations suivantes :

$$au + c = 0, \quad bv + c = 0, \quad au + bv = 0, \quad c = 0.$$

Ex. 2. Chercher l'équation d'un point situé sur une droite donnée (u_1, v_1).

R. $a(u - u_1) + b(v - v_1) = 0.$

Ex. 3. Quelle est la condition pour que trois droites passent par un même point ?

R. $u_1(v_2 - v_3) + u_2(v_3 - v_1) + u_3(v_1 - v_2) = 0.$

Ex. 4. Écrire les équations des sommets d'un triangle dont les côtés sont $(-1, 2)$, $(1, -3)$, $(3, 1)$.

R. $5u + 2v + 1 = 0, \quad u + 4v - 7 = 0, \quad 2u - v - 5 = 0.$

Ex. 5. Déterminer les coordonnées d'une droite qui passe par le point de concours des droites (u_1, v_1), (u_2, v_2).

R. $u = \dfrac{u_1 + \lambda u_2}{1 + \lambda}, \quad v = \dfrac{v_1 + \lambda v_2}{1 + \lambda}.$

Ex. 6. Distance de deux points $a_1u + b_1v + 1 = 0$, $a_2u + b_2v + 1 = 0$.

R. $\delta = \sqrt{(a_2 - a_1)^2 + (b_2 - b_1)^2}.$

Ex. 7. Distance de l'origine à la droite (u_1, v_1).

R. $\dfrac{1}{\sqrt{u_1^2 + v_1^2}}.$

Ex. 8. Dans quel rapport une droite (u_1, v_1) divise-t-elle la distance des points $a_1u + b_1v + 1 = 0$, $a_2u + b_2v + 1 = 0$?

L'équation d'un point qui détermine deux segments dont le rapport est égal à $\frac{m_2}{m_1}$ peut s'écrire

$$m_1(a_1u + b_1v + 1) + m_2(a_2u + b_2v + 1) = 0.$$

En supposant que la droite donnée (u_1, v_1) passe par ce point, il viendra, pour le rapport cherché,

$$\frac{m_2}{m_1} = -\frac{a_1v_1 + b_1v_1 + 1}{a_2v_1 + b_2v_1 + 1}.$$

Ex. 9. Que représente l'équation homogène du degré m

$$u^m + a_1u^{m-1}v + a_2u^{m-2}v^2 + \ldots\ldots + a_mv^m = 0?$$

Si, après avoir divisé par v^m, on résoud l'équation par rapport à $\frac{u}{v}$, on trouvera m racines $a, b, c \ldots\ldots l$ réelles ou imaginaires. Il en résulte que l'équation proposée définit m points

$$u - av = 0, \quad u - bv = 0, \ldots\ldots u - lv = 0$$

situés à l'infini.

77. Considérons maintenant trois points fixes α, β, γ ayant pour coordonnées rectangulaires $(x_0, y_0), (x_1, y_1), (x_2, y_2)$, et représentés par les équations

$$(\alpha)\ \mathrm{U} = 0, \qquad (\beta)\ \mathrm{V} = 0, \qquad (\gamma)\ \mathrm{W} = 0,$$

où

$$\mathrm{U} = x_0u + y_0v + 1, \quad \mathrm{V} = x_1u + y_1v + 1, \quad \mathrm{W} = x_2u + y_2v + 1.$$

Une droite, qui se meut dans le plan suivant une certaine loi, peut être déterminée, à chaque instant, par ses distances aux trois points fixes. Nous les représenterons par A, B, C, comme les coordonnées triangulaires, afin d'avoir plus d'uniformité dans les équations. En vertu du N° 58, les quantités A, B, C sont liées par la relation

$$a^2\mathrm{A}^2 + b^2\mathrm{B}^2 + c^2\mathrm{C}^2 - 2\mathrm{BC}bc\cos\alpha - 2\mathrm{CA}ca\cos\beta - 2\mathrm{AB}ab\cos\gamma = 4\mathrm{S}^2;$$

de sorte que la droite est déterminée de position, si l'on connait seulement les valeurs positives ou négatives des rapports $\frac{\mathrm{A}}{\mathrm{C}}, \frac{\mathrm{B}}{\mathrm{C}}$ de deux de ces distances à la troisième. Dans ce mouvement, la droite mobile reste tangente à une certaine courbe qui sera représentée par une équation entre les rapports $\frac{\mathrm{A}}{\mathrm{C}}, \frac{\mathrm{B}}{\mathrm{C}}$

$$f\left(\frac{\mathrm{A}}{\mathrm{C}}, \frac{\mathrm{B}}{\mathrm{C}}\right) = 0,$$

ou, par une équation homogène entre A, B, C,

$$F(A, B, C) = 0.$$

Les quantités A, B, C sont les *coordonnées tangentielles* de la droite mobile, et l'équation précédente, qui sert à calculer les valeurs des coordonnées d'une tangente quelconque, est l'*équation tangentielle* de la courbe.

D'après la signification des premiers membres des équations des points fixes, les distances A, B, C peuvent s'exprimer en fonction de u et v; car, N° 74, on a

$$A = \frac{U}{\sqrt{u^2 + v^2}}, \quad B = \frac{V}{\sqrt{u^2 + v^2}}, \quad C = \frac{W}{\sqrt{u^2 + v^2}};$$

toute équation homogène en A, B, C se changera en une autre de même nature en U, V, W, puisque le radical disparaît nécessairement.

78. L'équation homogène du premier degré de la forme

$$\text{(P)} \qquad lA + mB + nC = 0,$$

représente un point; car elle revient à

$$lU + mV + nW = 0,$$

qui est du premier degré en u et v. Les coordonnées rectangulaires des points de référence étant (x_0, y_0), (x_1, y_1), (x_2, y_2), celles du point (P) seront

$$x = \frac{lx_0 + mx_1 + nx_2}{l + m + n}, \quad y = \frac{ly_0 + my_1 + ny_2}{l + m + n}.$$

Lorsque l'un des coefficients est nul, par exemple $n = 0$, on a l'équation à deux termes

$$\text{(D)} \qquad lA + mB = 0 \quad \text{ou} \quad lU + mV = 0,$$

qui représente un point D situé sur la droite des points fixes α et β; car les valeurs $u = u_1$, $v = v_1$, qui satisfont à la fois aux équations $U = 0$ et $V = 0$, satisfont aussi à la relation (D), et la droite $u_1x + v_1y + 1 = 0$ doit passer par les points α, β et D. Les coordonnées rectangulaires du point D sont

$$x = \frac{lx_0 + mx_1}{l + m}, \quad y = \frac{ly_0 + my_1}{l + m}.$$

Ce point divise donc la distance $\alpha\beta$ en deux segments tels que $\frac{\alpha D}{D\beta}=\frac{m}{l}$; il se trouve sur $\alpha\beta$, si l et m sont de même signe, et, sur son prolongement, si ces coefficients sont de signe différent.

La construction du point (P) représenté par l'équation à trois termes peut se faire de la manière suivante : on prend d'abord sur $\alpha\beta$ un point z représenté par

$$(z) \qquad lU + mV = 0,$$

c'est-à-dire, tel que $\frac{\alpha z}{z\beta}=\frac{m}{l}$; il aura, pour coordonnées,

$$x=\frac{lx_0+mx_1}{l+m} \quad \text{et} \quad y=\frac{ly_0+my_1}{l+m}.$$

Posons

$$Z=\left(\frac{lx_0+mx_1}{l+m}\right)u+\left(\frac{ly_0+my_1}{l+m}\right)v+1;$$

le point (P) sera donné par l'équation

$$(l+m)Z+nW=0,$$

et, pour le trouver, on divise la distance $z\gamma$ en deux segments tels que $\frac{zP}{P\gamma}=\frac{n}{l+m}$. Le point ainsi obtenu est celui qui répond à l'équation (P); car ses coordonnées sont

$$x=\frac{lx_0+mx_1+nx_2}{l+m+n}, \qquad y=\frac{ly_0+my_1+ny_2}{l+m+n}.$$

79. *Trouver les coordonnées triangulaires du point défini par l'équation* $lA+mB+nC=0$.

Désignons par A_0, B_0, C_0 les coordonnées cherchées par rapport au triangle $\alpha\beta\gamma$. Nous savons qu'une droite, en coordonnées triangulaires, est représentée par l'équation

$$apA+bqB+crC=0.$$

Si elle passe par le point (A_0, B_0, C_0), on a la condition

$$apA_0+bqB_0+crC_0=0.$$

Or, p, q, r sont les perpendiculaires abaissées des sommets du triangle de référence sur la droite, c'est-à-dire les coordonnées tangentielles. Par conséquent, en regardant p, q, r comme variables, l'équation précdente représentera le point (A_0, B_0, C_0). Identifions cette équation avec celle du point donné : on aura les égalités

$$\frac{aA_0}{l}=\frac{bB_0}{m}=\frac{cC_0}{n}=\frac{-2S}{l+m+n};$$

d'où on déduit

$$A_0=\frac{-2lS}{a(l+m+n)}=\frac{-lh_1}{l+m+n};$$

$$B_0=\frac{-2mS}{b(l+m+n)}=\frac{-mh_2}{l+m+n};$$

$$C_0=\frac{-2nS}{c(l+m+n)}=\frac{-nh_3}{l+m+n}.$$

Les quantités h_1, h_2, h_3 sont les hauteurs du triangle de référence. De ces égalités, on tire

$$\frac{l}{\frac{A_0}{h_1}}=\frac{m}{\frac{B_0}{h_2}}=\frac{n}{\frac{C_0}{h_3}}$$

et l'équation homogène du premier degré peut encore s'écrire

$$\frac{A_0}{h_1}A+\frac{B_0}{h_2}B+\frac{C_0}{h_3}C=0.$$

80. *Trouver l'équation du point d'intersection de deux droites données.*

Soient (A_1, B_1, C_1), (A_2, B_2, C_2) les coordonnées tangentielles des droites, et

$$lA+mB+nC=0,$$

l'équation de leur point d'intersection. On a les deux équations

$$lA_1+mB_1+nC_1=0,$$

$$lA_2+mB_2+nC_2=0;$$

si on élimine l, m et n entre ces équations, on trouve, pour le point demandé,

$$\begin{vmatrix} A, & B, & C \\ A_1, & B_1, & C_1 \\ A_2, & B_2, & C_2 \end{vmatrix}=0.$$

81. *Chercher l'expression de la distance du point* $lA + mB + nC = 0$ *à la droite* (A_1, B_1, C_1).

Si P est cette distance, une parallèle à la droite donnée menée par le point de l'équation aura pour coordonnées $A_1 + P$, $B_1 + P$, $C_1 + P$, ou bien, $A_1 - P$, $B_1 - P$, $C_1 - P$; comme elles doivent satisfaire à l'équation du point, on a

$$l(A_1 \pm P) + m(B_1 \pm P) + n(C_1 \pm P) = 0,$$

d'où

$$P = \pm \frac{lA_1 + mB_1 + nC_1}{l + m + n}.$$

Si l'équation du point donné était

$$\frac{A_0}{h_1}A + \frac{B_0}{h_2}B + \frac{C_0}{h_3}C = 0,$$

on trouverait de la même manière

$$P = \pm\left(\frac{A_0}{h_1}A_1 + \frac{B_0}{h_2}B_1 + \frac{C_0}{h_3}C_1\right).$$

Ex. **1**. Montrer que la droite qui joint les milieux de deux côtés d'un triangle est parallèle au troisième côté.

Les équations des milieux de AB et BC sont

$$A + B = 0 \quad \text{et} \quad B + C = 0,$$

et celle du point à l'infini sur AC

$$A - C = 0.$$

Si on multiplie la première par -1 et si on ajoute membre à membre, on trouve $0 = 0$; ces trois points sont en ligne droite.

Ex. **2**. Trouver l'équation du point d'intersection des médianes.

Le milieu I de AB a pour équation $A + B = 0$; donc $A + B + C = 0$ représente un point de la médiane γI; on verra, de même, que ce point appartient aussi aux deux autres médianes; de sorte que $A + B + C = 0$ est l'équation de leur point d'intersection.

Ex. **3**. Que définissent les équations $A = B = C$?

R. Les points d'une ligne à l'infini.

Ex. **4**. Trouver les coordonnées de la ligne qui passe par les points

$$lA + mB + nC = 0 \quad \text{et} \quad l'A + m'B + n'C = 0.$$

R. On a

$$\frac{A}{\begin{vmatrix} m, & n \\ m', & n' \end{vmatrix}} = \frac{B}{\begin{vmatrix} n, & l \\ n', & l' \end{vmatrix}} = \frac{C}{\begin{vmatrix} l, & m \\ l', & m' \end{vmatrix}};$$

on obtiendra les valeurs de A, B, C, en y ajoutant la relation

$$\left\{ aA, \quad bB, \quad cC \right\} = 2S.$$

Ex. 5. Sur les côtés AB, BC et CA d'un triangle, on prend trois points D, E, F en ligne droite; montrer que le produit de trois segments non consécutifs est égal au produit des autres.

Dans l'hypothèse où D et E sont pris sur AB et BC, tandis que le point F est sur le prolongement de AC, les équations de ces points en ligne droite seront

$$\text{(D)}\ lA + mB = 0, \qquad \text{(E)}\ mB + nC = 0, \qquad \text{(F)}\ nC - lA = 0.$$

Or,

$$\frac{m}{l} = \frac{AD}{DB}, \quad \frac{n}{m} = \frac{BE}{EC}, \quad \frac{l}{n} = -\frac{CF}{FA} = \frac{CF}{AF}.$$

D'où

$$\frac{AD \cdot BE \cdot CF}{BD \cdot CE \cdot AF} = 1, \qquad \text{ou} \qquad AD \cdot BE \cdot CF = BD \cdot CE \cdot AF.$$

Ce théorème est dû à Pythagore; il sert de base à la théorie des transversales.

§ 4. RAPPORT ANHARMONIQUE ET HARMONIQUE. HOMOGRAPHIE. INVOLUTION.

82. Considérons un système de quatre points a, b, p, q situés sur une droite et représentés par les équations

$$(1) \qquad \begin{array}{ll} (a)\ A = 0, & (b)\ B = 0, \\ (p)\ A - \lambda B = 0, & (q)\ A - \mu B = 0, \end{array}$$

où A et B sont des fonctions de u et v de la forme $au + bv + 1$.

Le rapport anharmonique de ces points est l'expression

$$\frac{ap}{aq} : \frac{bp}{bq}$$

si l'on regarde a et b, p et q comme conjugués; on aurait deux autres rapports analogues en groupant les points d'une autre manière. Il est d'usage de compter positivement les segments dans le sens de a vers le point q et négativement dans le sens opposé.

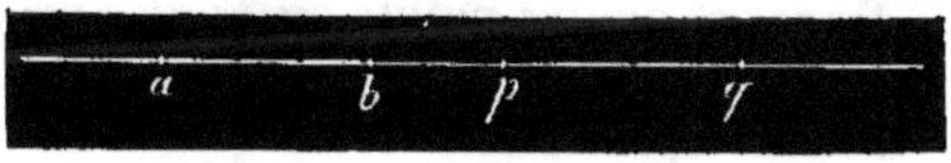

Fig. 31.

On sait que $\lambda = \dfrac{ap}{bp}$, $\mu = \dfrac{aq}{bq}$; d'où

$$\frac{\lambda}{\mu} = \frac{ap}{aq} : \frac{bp}{bq}.$$

Lorsque A et B sont des fonctions du premier degré en x et y de la forme $x \cos \alpha + y \sin \alpha - p$, les équations (1) représentent quatre droites A, B, P, Q qui se coupent en un même point.

Le rapport anharmonique du faisceau est celui des points a, b, p, q où ces droites sont rencontrées par une sécante quelconque S. Or, si on abaisse des points p et q des perpendiculaires sur A et B, on a

$$\lambda = \frac{pd}{pc} = \frac{\sin(\mathrm{A}, \mathrm{P})}{\sin(\mathrm{B}, \mathrm{P})}, \qquad \mu = \frac{qh}{qf} = \frac{\sin(\mathrm{A}, \mathrm{Q})}{\sin(\mathrm{B}, \mathrm{Q})},$$

d'où

$$\frac{\lambda}{\mu} = \frac{pd}{qh} : \frac{pc}{qf} = \frac{\sin(\mathrm{A}, \mathrm{P})}{\sin(\mathrm{A}, \mathrm{Q})} : \frac{\sin(\mathrm{B}, \mathrm{P})}{\sin(\mathrm{B}, \mathrm{Q})};$$

mais, en vertu des triangles semblables, il est visible, qu'au rapport des perpendiculaires, on peut substituer celui des segments interceptés sur la sécante; par conséquent, $\frac{\lambda}{\mu}$ représente le rapport anharmonique du faisceau. On voit, en même temps, que l'expression

$$\frac{ap}{aq} : \frac{bp}{bq}$$

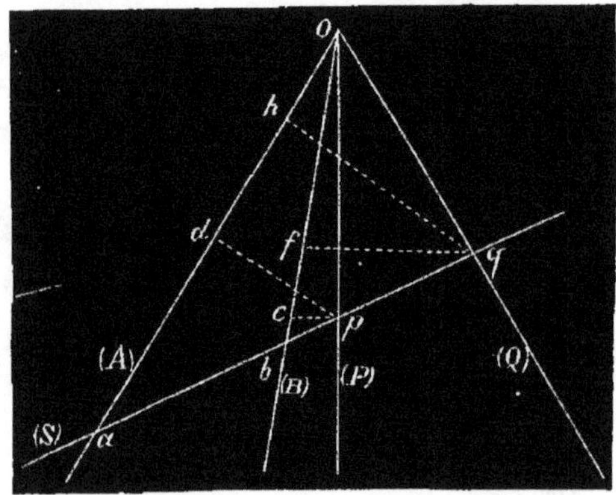

Fig. 32.

est constante quelle que soit la direction de la sécante, car elle est égale au rapport des sinus des angles des droites fixes : c'est pour ce motif qu'elle sert de définition au rapport anharmonique des droites.

Donc, *si quatre points ou quatre droites sont représentés par des équations de la forme* (1), *leur rapport anharmonique est égal à* $\frac{\lambda}{\mu}$.

Lorsque les points ou les droites ont pour équations

$$(a)\ \mathrm{A} - \lambda \mathrm{B} = 0, \qquad (b)\ \mathrm{A} - \mu \mathrm{B} = 0,$$
$$(p)\ \mathrm{A} - \lambda' \mathrm{B} = 0, \qquad (q)\ \mathrm{A} - \mu' \mathrm{B} = 0,$$

on pose $\mathrm{A} - \lambda\mathrm{B} = \mathrm{A}'$, $\mathrm{A} - \mu\mathrm{B} = \mathrm{B}'$; en exprimant A et B en fonction de A′ et B′, les équations précédentes deviennent

$$\mathrm{A}' = 0, \quad \mathrm{B}' = 0, \quad \mathrm{A}' - \frac{\lambda - \lambda'}{\mu - \lambda'}\mathrm{B}' = 0, \quad \mathrm{A}' - \frac{\lambda - \mu'}{\mu - \mu'}\mathrm{B}' = 0;$$

et le rapport anharmonique a pour valeur

$$\frac{\lambda-\lambda'}{\mu-\lambda'}:\frac{\lambda-\mu'}{\mu-\mu'}.$$

83. Le rapport anharmonique se change en *rapport harmonique*, lorsqu'il a pour valeur -1 : ainsi une droite ab est divisée harmoniquement aux points p et q, si

$$\frac{ap}{aq}:\frac{bp}{bq}=-1,$$

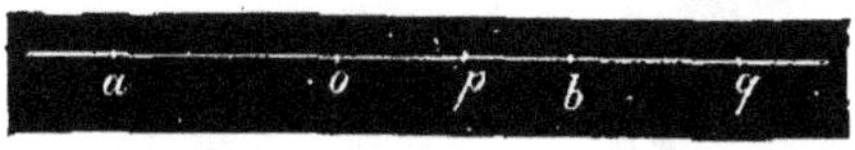

Fig. 33.

et, pour un faisceau de quatre droites harmoniques A,B,P,Q, on doit avoir

$$\frac{\sin(\mathrm{A},\mathrm{P})}{\sin(\mathrm{A},\mathrm{Q})}:\frac{\sin(\mathrm{B},\mathrm{P})}{\sin(\mathrm{B},\mathrm{Q})}=-1.$$

Dans l'hypothèse où les points et les droites sont donnés par les équations (1) et (2), on a les conditions

$$\frac{\lambda}{\mu}=-1,\qquad \frac{\lambda-\lambda'}{\mu-\lambda'}:\frac{\lambda-\mu'}{\mu-\mu'}=-1,$$

ou bien

$$\lambda+\mu=0,\qquad \lambda\mu-\frac{1}{2}(\lambda+\mu)(\lambda'+\mu')+\lambda'\mu'=0.$$

Il en résulte que les points ou les droites

$$\mathrm{A}-k\mathrm{B}=0,\qquad \mathrm{A}+k\mathrm{B}=0,$$

seront harmoniquement conjugués avec les points ou les droites $\mathrm{A}=0$, $\mathrm{B}=0$.

Lorsque quatre points a, b, p, q sont harmoniquement conjugués deux à deux, on a $\lambda+\mu=0$, ou bien

$$\frac{ap}{bp}+\frac{aq}{bq}=0.$$

Pour que cette relation soit satisfaite, il faut que l'un des points p et q se trouve entre a et b; alors un des deux rapports est négatif. Si le point p se rapproche du point b, son conjugué q s'en rapproche aussi ; mais si p s'éloigne pour venir vers le milieu o de ab, le point q s'écarte de plus en plus du point b. Enfin, si le point p est en o, on a $\frac{ap}{bp}=-1$, et son conjugué sera à l'infini, afin que $\frac{aq}{bq}=1$. Un segment ab est toujours divisé harmoniquement par son milieu et le point à l'infini sur sa direction.

Si quatre droites A, B, P, Q conjuguées deux à deux forment un faisceau harmonique, l'une d'elles P se trouve dans l'angle (A, B) et sa conjugée Q dans l'angle adjacent. Toute droite qui coupe le faisceau sera divisée harmoniquement; si on mène une sécante parallèle à l'une des droites, par exemple à Q, le segment compris entre A et B sera divisé en deux parties égales par la droite P, le point d'intersection de la sécante avec Q étant à l'infini.

84. Parmi les figures où se rencontrent des divisions harmoniques, une des plus remarquables est le quadrilatère complet. Considérons, dans un plan, quatre droites A, B, C, D qui se coupent en six points 1, 2, 3, 4, 5, 6; menons les lignes 13, 24, 56. L'ensemble de toutes ces droites constitue le *quadrilatère complet*, dont les sommets sont les points 1, 2, 3, 4, 5, 6, et les diagonales les droites 13, 24, 56. Prenons pour triangle de référence celui qui est formé par A, B, C et soit

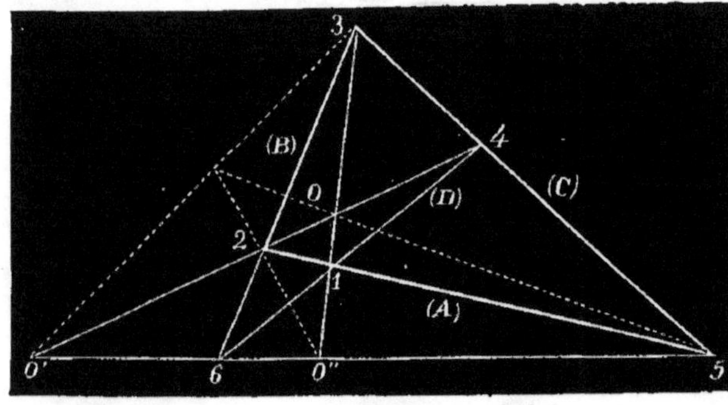

Fig. 34.

$$(D)\quad A + B + C = 0$$

l'équation de la droite D.

La diagonale 13 passe par le point d'intersection de A avec D, et son équation est de la forme $A + B + C - kA = 0$; or, elle passe aussi par le point 3, et la relation précédente doit être satisfaite pour $B = 0$, $C = 0$; il faut que l'on ait $k = 1$. Si on applique un raisonnement analogue aux droites 24, 56, on trouve, pour les équations des diagonales,

$$(13)\qquad B + C = 0,$$

$$(24)\qquad A + B = 0,$$

$$(56)\qquad C + A = 0.$$

Soient O, O', O'' les points d'intersection de ces droites. En retranchant les deux premières équations membre à membre, on a $C - A = 0$ qui représentera la droite O5; de sorte que la soustraction des équations précédentes, prises deux à deux, donnera pour les droites 50, 30′ et 20″,

$$(50) \qquad C - A = 0,$$

$$(30') \qquad B - C = 0,$$

$$(20'') \qquad A - B = 0.$$

Ces équations démontrent l'existence de trois faisceaux de droites harmoniques ayant pour sommets les points 2, 3 et 5. Les droites de chaque faisceau sont

A,	B,	24,	20″,
B,	C,	31,	30′,
C,	A,	56,	50.

Chaque diagonale se trouve ainsi divisée harmoniquement par les deux autres; de plus, les conjuguées harmoniques des diagonales, c'est-à-dire les droites 50, 30′, 20″, se coupent en un même point.

Ces propriétés du quadrilatère fournissent une construction de la quatrième droite d'un faisceau harmonique, lorsqu'on connaît les trois autres. Supposons qu'il s'agisse de trouver la droite conjuguée à 30′ relativement au groupe 36, 35. Par un point quelconque O′ pris sur la droite conjuguée de celle que l'on cherche, on mène deux sécantes quelconques O′ 24, O′65; on tire les droites 46, 25 qui se couperont en un point 1 appartenant à la droite demandée.

De même, étant donnés trois points O′, 6, 5 sur une droite, pour trouver le point O″ conjugué de O′ relativement au groupe 6,5, on joint ces derniers à un point quelconque 3 du plan; par le point O′ on mène une sécante O′24; on tire ensuite les droites 46, 25 qui se rencontrent au point 1. La droite 31 coupe la ligne des points donnés en O″ qui sera le point cherché.

Ex. 1. Les bissectrices des angles adjacents des droites $A = 0$, $B = 0$ sont conjuguées harmoniquement par rapport à ces droites.

Ces bissectrices étant $A + B = 0$ et $A - B = 0$, elles forment un faisceau harmonique avec A et B.

Ex. 2. Trouver l'équation d'une droite qui forme un faisceau harmonique avec les trois lignes

$$A - lB = 0, \qquad A - mB = 0, \qquad A - nB = 0.$$

Soit $A - \lambda B = 0$ la droite cherchée ; on doit avoir

$$\frac{(\lambda - m)(l - n)}{(l - m)(\lambda - n)} = -1 ;$$

d'où

$$\lambda = -\frac{ml - 2mn + nl}{m - 2l + n}.$$

L'équation demandée sera

$$A(m - 2l + n) + B(ml - 2mn + nl) = 0.$$

Ex. 3. Par un point on mène les droites 1, 2, 3 aux sommets d'un triangle ; soient 1', 2', 3' les droites qui complètent les faisceaux aux sommets ; deux d'entre elles concourent en un même point avec l'une des trois premières droites.

Les équations des droites sont de la forme

$$(1)\ lA - mB = 0, \qquad (2)\ mB - nC = 0, \qquad (3)\ nC - lA = 0,$$
$$(1')\ lA + mB = 0, \qquad (2')\ mB + nC = 0, \qquad (3')\ nC + lA = 0.$$

Or, si on retranche membre à membre (1') et (2') on trouve l'équation (3) ; donc les droites 1', 2' et 3 sont concourantes, etc.

Ex. 4. Avec les mêmes données que dans l'exemple précédent, montrer que les droites 1', 2', 3' rencontrent les côtés du triangle en trois points situés en ligne droite.

Ces points d'intersection sont sur la droite $lA + mB + nC = 0$.

Ex. 5. On coupe les côtés d'un triangle par une droite et on construit le quatrième point harmonique sur deux côtés ; montrer que les deux points ainsi obtenus sont en ligne droite avec le point d'intersection de la sécante et du troisième côté.

Les points d'intersection de la sécante avec les côtés ont pour équations

$$lA - mB = 0, \qquad mB - nC = 0, \qquad nC - lA = 0$$

et leurs conjugués harmoniques

$$lA + mB = 0, \qquad mB + nC = 0, \qquad nC + lA = 0.$$

La soustraction des dernières équations, prises deux à deux, reproduit l'une des trois premières, donc etc.

De plus, les droites qui joignent ces derniers points aux sommets du triangle concourent en un point dont l'équation est $lA + mB + nC = 0$.

85. Deux droites sont divisées *homographiquement* aux points $a, b, c\ldots$, $a', b', c'\ldots$, lorsque le rapport anharmonique de quatre points quelconques de la première est égal à celui des quatre points correspondants de la seconde.

Soient les points

$$A = 0, \qquad B = 0, \qquad A - \lambda B = 0, \qquad A - \mu B = 0,$$
$$A' = 0, \qquad B' = 0, \qquad A' - \lambda' B' = 0, \qquad A' - \mu' B' = 0,$$

situés sur les droites ab et $a'b'$; ils sont homographiques, si on a

$$\frac{\lambda}{\mu} = \frac{\lambda'}{\mu'}.$$

Plusieurs droites concourantes en un même point déterminent sur deux sécantes des divisions homographiques ; car le rapport anharmonique des points d'intersection est constant, quelle que soit la direction de la transversale. Si on fait coïncider deux droites divisées homographiquement, on a une même droite portant deux séries de points homographiques.

Deux faisceaux sont homographiques, si les rapports anharmoniques des droites de même ordre sont égaux. Les équations

$$A - \lambda B = 0, \qquad \text{et} \qquad A' - k\lambda B' = 0,$$

donneraient deux faisceaux homographiques ayant pour sommets les points (AB), (A'B') ; elles détermineraient aussi deux divisions homographiques sur les droites ab et $a'b'$, si A, B, A', B' sont des fonctions linéaires des variables u et v.

Ex. 1. Deux droites sont divisées homographiquement aux points $a, b, c, d, a, b', c', d'$ de sorte que leur point d'intersection a se correspond à lui-même dans les deux divisions ; montrer que les droites bb', cc', et dd' se coupent en un même point.

Les équations des points sont de la forme

$$(a)\ A = 0, \quad (b)\ B = 0, \quad (c)\ A - \lambda B = 0, \quad (d)\ A - \mu B = 0;$$

$$(a)\ A = 0, \quad (b')\ B' = 0, \quad (c')\ A - k\lambda B' = 0, \quad (d')\ A - k\mu B' = 0.$$

Si on retranche membre à membre les équations (c) et (c'), (d) et (d'), on trouve

$$-B + kB' = 0$$

qui représente un point situé sur les droites cc', dd' et bb'.

Ex. 2. Deux faisceaux homographiques ont un rayon commun ; montrer que les droites correspondantes se coupent sur une même droite.

Même calcul que dans l'Ex. 1, en regardant les équations comme représentant des droites.

Ex. 3. Si deux droites sont divisées homographiquement en $a, b, c\ldots, a', b', c'\ldots$, les droites ab' et ba', ac' et ca', ad' et da', etc. se coupent sur une droite fixe.

Cette propriété résulte de l'exemple précédent.

86. *Involution.* Six points situés sur une droite et conjugués deux à deux a et a', b et b', c et c', sont dits en *involution*, lorsque le rapport anharmonique de quatre d'entre eux pris dans les trois systèmes est égal à celui de leurs conjugués.

Fig. 35.

Soient

$$(5)\quad \begin{array}{lll} (a)\ A = 0, & (b)\ A - \lambda A' = 0, & (c)\ A - \mu A' = 0, \\ (a')\ A' = 0, & (b')\ A - \lambda' A' = 0, & (c')\ A - \mu' A' = 0, \end{array}$$

les équations de six points appartenant à une même droite.

Considérons le système des quatre points

$$(a)\ A = 0,\quad (a')\ A' = 0,\quad (b')\ A - \lambda' A' = 0,\quad (c')\ A - \mu' A' = 0.$$

Les équations de leurs conjugués peuvent s'écrire

$$(a')\ A' = 0,\quad (a)\ A = 0,\quad (b)\ A' - \frac{1}{\lambda} A = 0,\quad (c)\ A' - \frac{1}{\mu} A = 0,$$

d'où on tire, pour la condition de l'involution,

$$(4)\qquad \frac{\lambda'}{\mu'} = \frac{\mu}{\lambda},\quad \text{ou}\quad \lambda\lambda' - \mu\mu' = 0.$$

Cette équation suffit pour affirmer que les six points sont en involution, c'est-à-dire, qu'avec cette condition, le rapport anharmonique de quatre points, choisis à volonté dans les trois systèmes, sera toujours égal à celui de leurs conjugués. En effet, posons, conformément à cette relation, $\mu = k\lambda$, $\mu' = \frac{\lambda'}{k}$; les équations des six points deviennent

$$\begin{array}{lll} (a)\ A = 0, & (b)\ A - \lambda A' = 0, & (c)\ A - k\lambda A' = 0, \\ (a')\ A' = 0, & (b')\ A - \lambda' A' = 0, & (c')\ A - \frac{\lambda'}{k} A' = 0. \end{array}$$

Prenons la combinaison

$$(a)\ A = 0,\quad (a')\ A' = 0,\quad (b)\ A - \lambda A' = 0,\quad (c)\ A - k\lambda A' = 0;$$

leurs conjugués respectifs sont

$$(a')\ A' = 0,\quad (a)\ A = 0,\quad (b')\ A' - \frac{1}{\lambda'} A = 0,\quad (c')\ A' - \frac{k}{\lambda'} A = 0.$$

On voit que le rapport anharmonique a la même valeur dans les deux systèmes. Il est facile de vérifier qu'on arriverait au même résultat avec toute autre combinaison; donc la relation (4) est suffisante pour établir l'involution des points représentés par les équations (5).

87. *Trois couples de points harmoniquement conjugués à un système de deux points fixes $A = 0$, $A' = 0$ sont en involution.*

Les équations des trois couples de points seront de la forme

$$A - \lambda A' = 0, \qquad A - \mu A' = 0, \qquad A - \nu A' = 0,$$
$$A + \lambda A' = 0, \qquad A + \mu A' = 0, \qquad A + \nu A' = 0.$$

Posons $A - \lambda A' = P$, $A + \lambda A' = P'$. Si on exprime A et A' en fonction de P et P', les équations précédentes deviennent

$$P = 0, \qquad P + \frac{\lambda - \mu}{\lambda + \mu} P' = 0, \qquad P + \frac{\lambda - \nu}{\lambda + \nu} P' = 0,$$

$$P' = 0, \qquad P + \frac{\lambda + \mu}{\lambda - \mu} P' = 0. \qquad P + \frac{\lambda + \nu}{\lambda - \nu} P' = 0,$$

et, sous cette forme, on voit que la condition de l'involution est satisfaite.

Réciproquement, lorsque six points

$$A = 0, \qquad A - \lambda A' = 0, \qquad A - \mu A' = 0,$$
$$A' = 0, \qquad A - \lambda' A' = 0, \qquad A - \mu' A' = 0,$$

sont en involution, il existe toujours un système de deux points,

$$(\alpha) \qquad A - lA' = 0, \qquad A - mA' = 0$$

harmoniquement conjugués par rapport aux points de chaque groupe. En effet, il suffit, pour qu'il en soit ainsi, de trouver des valeurs de l et de m propres à satisfaire aux relations

$$l + m = 0,$$

$$lm - \frac{1}{2}(l + m)(\lambda + \lambda') + \lambda\lambda' = 0,$$

$$lm - \frac{1}{2}(l + m)(\mu + \mu') + \mu\mu' = 0;$$

comme les points donnés sont en involution $\lambda\lambda' = \mu\mu'$, et les équations précédentes se réduisent aux deux suivantes :

$$l + m = 0,$$
$$lm + \mu\mu' = 0.$$

D'où on tire $l = +\sqrt{\mu\mu'}$ et $m = -\sqrt{\mu\mu'}$; donc le système (α) existe toujours et les deux points peuvent être réels ou imaginaires. Cette propriété pourrait servir de définition à l'involution de six points.

88. *Lorsque six points d'une droite représentés par les équations*

$$A = 0, \qquad B = A - \lambda A' = 0, \qquad C = A - \mu A' = 0,$$
$$A' = 0, \qquad B' = A - \lambda' A' = 0, \qquad C' = A - \mu' A' = 0,$$

donnent lieu à l'identité

$$lAA' + mBB' + nCC' = 0,$$

ils forment un système de points en involution.

En effet, remplaçons B et B', C et C', par leurs valeurs; si cette identité existe, on doit avoir les relations

$$m + n = 0,$$
$$l - (\lambda + \lambda')m - (\mu + \mu')n = 0,$$
$$m\lambda\lambda' + n\mu\mu' = 0.$$

Or, la combinaison de la première avec la dernière donne $\lambda\lambda' - \mu\mu' = 0$; donc, il y a involution.

Réciproquement, si les points forment une involution on a $\lambda\lambda' = \mu\mu'$; les trois équations n'en forment plus que deux distinctes : ce qui suffit pour déterminer les rapports $\frac{m}{n}$, $\frac{l}{n}$ qui donneront lieu à l'identité précédente.

Il résulte, de cette règle, que six points d'une droite ayant des équations de la forme

$$A = 0, \qquad B = 0, \qquad C = 0,$$
$$mB - nC = 0, \qquad nC - lA = 0, \qquad lA - mB = 0,$$

sont toujours en involution; car ces équations conduisent à l'identité

$$lA(mB - nC) + mB(nC - lA) + nC(lA - mB) = 0.$$

89. Si, dans la condition (4), on substitue aux coefficients les rapports des segments qu'ils représentent, on a la relation

$$\frac{ab}{a'b} \cdot \frac{ab'}{a'b'} - \frac{ac}{a'c} \cdot \frac{ac'}{a'c'} = 0,$$

ou bien

$$\frac{ab \cdot ab'}{ac \cdot ac'} = \frac{a'b' \cdot a'b}{a'c' \cdot a'c}.$$

On obtient encore une nouvelle équation, pour définir l'involution de six points, en égalant le rapport anharmonique des points a, c, b', c' à celui de leurs conjugués a', c', b, c. On trouve ainsi

$$\frac{ab'}{ac'} : \frac{cb'}{cc'} = \frac{a'b}{a'c} : \frac{c'b}{c'c},$$

ou

$$\frac{ab' \cdot cc'}{ac' \cdot cb'} = \frac{a'b \cdot c'c}{a'c \cdot c'b},$$

et, finalement, en remarquant que $cc' = - c'c$,

$$\frac{ab' \cdot bc' \cdot ca'}{ac' \cdot ba' \cdot cb'} = 1.$$

On dit aussi que six droites représentées par des équations de la forme (5) forment un *faisceau en involution*, si on a la condition

$$\lambda\lambda' - \mu\mu' = 0,$$

ou bien, en désignant par A et A', B et B', C et C' les droites conjuguées deux à deux, et en remplaçant λ, μ, λ', μ' par les rapports des sinus des angles,

$$\frac{\sin(A, B)}{\sin(A', B)} \cdot \frac{\sin(A, B')}{\sin(A', B')} - \frac{\sin(A, C)}{\sin(A', C)} \cdot \frac{\sin(A, C')}{\sin(A', C')} = 0.$$

Cette relation peut s'écrire

$$\frac{\sin(A, B) \cdot \sin(A, B')}{\sin(A, C) \sin(A, C')} = \frac{\sin(A', B') \sin(A', B)}{\sin(A', C') \cdot \sin(A', C)}.$$

Enfin, si on égale le rapport anharmonique des droites A, C, B', C' à celui de leurs conjuguées, on obtient

$$\frac{\sin(A, B')}{\sin(A, C')} : \frac{\sin(C, B')}{\sin(C, C')} = \frac{\sin(A', B)}{\sin(A', C)} : \frac{\sin(C', B)}{\sin(C', C)};$$

et de là on tire cette nouvelle équation

$$\frac{\sin(A, B') \cdot \sin(B, C') \cdot \sin(C, A')}{\sin(A, C') \cdot \sin(B, A') \cdot \sin(C, B')} = 1,$$

pour définir un faisceau en involution.

90. *Une transversale rencontre les côtés d'un quadrilatère et deux diagonales en six points en involution.*

Soient

$$A_1 = 0, \quad A_2 = 0, \quad A_3 = 0, \quad A_4 = 0,$$

les équations des sommets d'un quadrilatère simple, et a_1, a_2, a_3, a_4 les nombres auxquels se réduisent les fonctions A_1, A_2, A_3, A_4, pour les coordonnées d'une sécante quelconque S. On aura, pour les équations des points d'intersection,

$$(a)\quad \frac{A_1}{a_1}-\frac{A_4}{a_4}=0, \qquad (a')\quad \frac{A_2}{a_2}-\frac{A_3}{a_3}=0,$$

$$(b)\quad \frac{A_2}{a_2}-\frac{A_4}{a_4}=0, \qquad (b')\quad \frac{A_3}{a_3}-\frac{A_1}{a_1}=0,$$

$$(c)\quad \frac{A_3}{a_3}-\frac{A_4}{a_4}=0, \qquad (c')\quad \frac{A_1}{a_1}-\frac{A_2}{a_2}=0.$$

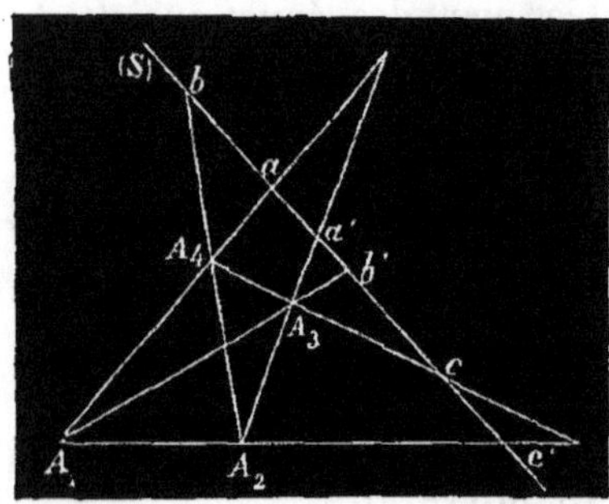

Fig. 36.

Posons

$$\frac{A_1}{a_1}-\frac{A_4}{a_4}=\frac{A}{\lambda},$$

$$\frac{A_2}{a_2}-\frac{A_4}{a_4}=\frac{B}{\mu},$$

$$\frac{A_3}{a_3}-\frac{A_4}{a_4}=\frac{C}{\nu},$$

en désignant par λ, μ, ν les facteurs propres à ramener les équations (a), (b), (c) à la forme $au+bv+1=0$. Les équations des six points deviennent alors

$$(a)\ A=0, \qquad (b)\ B=0, \qquad (c)\ C=0$$

$$(a')\quad \frac{B}{\mu}-\frac{C}{\nu}=0, \qquad (b')\quad \frac{C}{\nu}-\frac{A}{\lambda}=0, \qquad (c')\quad \frac{A}{\lambda}-\frac{B}{\mu}=0;$$

ce qui montre (N° 88) que ces points sont en involution. On peut s'en assurer aussi, en remarquant que

$$\frac{\mu}{\nu}=\frac{ba'}{ca'}, \qquad \frac{\nu}{\lambda}=\frac{cb'}{ab'}, \qquad \frac{\lambda}{\mu}=\frac{ac'}{bc'};$$

d'où on tire l'équation qui caractérise l'involution de six points

$$\frac{ac'\cdot ba'\cdot cb'}{ab'\cdot bc'\cdot ca'}=1.$$

Cette propriété donne la construction du sixième point d'une involution. Supposons qu'il s'agisse de trouver le point c' qui forme une involution avec les cinq points donnés a, a', b, b', c. Par les points a', b, c on mène trois droites qui forment un triangle quelconque $A_2A_3A_4$; on joint b' et a avec les sommets A_3 et A_4; les droites $b'A_3$, aA_4 se coupent quelque part en A_1. La ligne qui passe par A_1 et le troisième sommet A_2 détermine le sixième point c' de l'involution.

Ex. 1. Étant donné un triangle, on joint ses sommets à un point fixe du plan; montrer que toute sécante rencontre les droites de la figure en six points en involution.

Soient $A=0$, $B=0$, $C=0$ les équations des côtés du triangle; celles des trois autres droites seront

$$(A')\ mB - nC = 0, \qquad (B')\ nC - lA = 0, \qquad (C')\ lA - mB = 0;$$

d'où on tire

$$\frac{n}{m} = \frac{\sin(B, A')}{\sin(C, A')}, \quad \frac{l}{n} = \frac{\sin(C, B')}{\sin(A, B')}, \quad \frac{m}{l} = \frac{\sin(A, C')}{\sin(B, C')},$$

et, en multipliant,

$$\frac{\sin(A, C') \cdot \sin(B, A') \cdot \sin(C, B')}{\sin(A, B') \cdot \sin(B, C') \cdot \sin(C, A')} = 1.$$

Donc, les côtés du triangle et les droites qui passent par les sommets ont entre elles la relation de l'involution, de sorte qu'en menant par un point des parallèles à ces droites, on aurait un faisceau en involution. Menons une sécante qui rencontre les côtés du triangle aux points a, b, c et les autres droites en a', b', c'. En exprimant les rapports $\frac{n}{m}$, $\frac{l}{n}$, $\frac{m}{l}$, en fonction des segments déterminés par la sécante, on arrive facilement à la relation de l'involution

$$\frac{ac' \cdot ba' \cdot cb'}{ab' \cdot bc' \cdot ca'} = 1.$$

Ex. 2. Les droites qui joignent un point du plan aux sommets d'un quadrilatère forment un faisceau en involution.

Soient $A_1 = 0$, $A_2 = 0$, $A_3 = 0$, $A_4 = 0$ les équations des côtés, et a_1, a_2, a_3, a_4, les valeurs de A_1, A_2, A_3, A_4 pour les coordonnées du point fixe; les équations des six droites seront

$$(A)\ \frac{A_1}{a_1} - \frac{A_4}{a_4} = 0, \qquad (A')\ \frac{A_2}{a_2} - \frac{A_3}{a_3} = 0,$$

$$(B)\ \frac{A_2}{a_2} - \frac{A_4}{a_4} = 0, \qquad (B')\ \frac{A_3}{a_3} - \frac{A_1}{a_1} = 0,$$

$$(C)\ \frac{A_3}{a_3} - \frac{A_4}{a_4} = 0, \qquad (C')\ \frac{A_1}{a_1} - \frac{A_2}{a_2} = 0.$$

Soient λ, μ et ν les facteurs convenables pour ramener les équations (A), (B), (C) à la forme $x \cos\alpha + y \sin\alpha - p = 0$, et posons

$$\frac{A_1}{a_1} - \frac{A_4}{a_4} = \frac{A}{\lambda}, \quad \frac{A_2}{a_2} - \frac{A_4}{a_4} = \frac{B}{\mu}, \quad \frac{A_3}{a_3} - \frac{A_4}{a_4} = \frac{C}{\nu}.$$

Les équations précédentes deviennent

$$(A)\quad A=0,\qquad (B)\quad B=0,\qquad (C)\quad C=0$$

$$(A')\quad \frac{B}{\mu}-\frac{C}{\nu}=0,\qquad (B')\quad \frac{C}{\nu}-\frac{A}{\lambda}=0,\qquad (C')\quad \frac{A}{\lambda}-\frac{B}{\mu}=0;$$

on en tire

$$\frac{\mu}{\nu}=\frac{\sin(B, A')}{\sin(C, A')},\quad \frac{\nu}{\lambda}=\frac{\sin(C, B')}{\sin(A, B')},\quad \frac{\lambda}{\mu}=\frac{\sin(A, C')}{\sin(B, C')}.$$

En multipliant, il vient la relation de l'involution

$$\frac{\sin(A, C')\cdot\sin(B, A')\cdot\sin(C, B')}{\sin(A, B')\cdot\sin(B, C')\cdot\sin(C, A')}=1.$$

Lorsque le point est à l'infini les droites sont parallèles, et on a cette propriété : les projections parallèles des six sommets d'un quadrilatère complet, sur une droite quelconque, sont six points en involution.

Ouvrages à consulter sur la théorie de l'involution et de l'homographie : *Vorlesungen aus der analytischen Geometrie der geraden Linie, des Punktes und des Kreises.* — *Vier Vorlesungen aus der analytischen Geometrie von* Dr Otto Hesse. — *Traité de géométrie supérieure* par Chasles. — J. Steiner's *Vorlesungen über synthetische Geometrie.* Ces deux derniers ouvrages donnent, par une méthode synthétique, de grands développements sur l'homographie et l'involution avec leur application à l'étude des figures.

CHAPITRE IV.

CERCLE.

SOMMAIRE. — *Du cercle en coordonnées cartésiennes et polaires. — De la tangente et de la polaire. — Équations diverses du cercle en coordonnées triangulaires et tangentielles.*

§ 1. ÉQUATION DU CERCLE EN COORDONNÉES CARTÉSIENNES ET POLAIRES.

91. L'équation d'un cercle rapporté à des axes quelconques s'obtient, en exprimant que le carré de la distance d'un point variable (x, y) de cette ligne au centre est égal au carré du rayon. Soit C (a, b) le centre, r le rayon; on aura, pour des axes rectangulaires,

$$(1) \qquad (x - a)^2 + (y - b)^2 = r^2.$$

En développant, cette équation prend la forme

$$(2) \qquad x^2 + y^2 + 2Mx + 2Ny + P = 0,$$

où $M = -a$, $N = -b$, et $P = a^2 + b^2 - r^2$.

L'équation la plus générale du cercle en coordonnées rectangulaires est donc du second degré; elle ne renferme pas le rectangle xy des variables et les coefficients des termes en x^2 et y^2 sont égaux.

Les relations précédentes servent à calculer les coordonnées du centre et le rayon d'un cercle représenté par une équation de la forme (2); on a

$$a = -M, \qquad b = -M, \qquad r = \sqrt{M^2 + N^2 - P}.$$

Le cercle est réel ou imaginaire suivant la nature du radical; il se réduit à un point lorsque $M^2 + N^2 - P = 0$.

Si l'origine est au centre, $a = 0$, $b = 0$, et l'équation (1) devient

$$(3) \qquad x^2 + y^2 = r^2.$$

Lorsque les axes sont obliques, on a, d'après le même principe, pour l'équation du cercle,

$$(4)\qquad (x-a)^2+(y-b)^2+2(x-a)(y-b)\cos\theta=r^2;$$

ou bien,

$$(5)\qquad x^2+y^2+2xy\cos\theta+2Qx+2Ry+S=0,$$

dans laquelle

$$(\alpha)\qquad \begin{aligned} Q&=-(a+b\cos\theta),\\ R&=-(b+a\cos\theta),\\ S&=a^2+b^2+2ab\cos\theta-r^2. \end{aligned}$$

Ainsi, l'équation du cercle en coordonnées obliques est du second degré; les termes en x^2 et y^2 ont pour coefficients l'unité, et le terme en xy, le double du cosinus de l'angle des axes.

Quand un cercle est donné pour une équation de la forme (5), on détermine le centre et le rayon au moyen des relations (α). Le cercle est réel, imaginaire ou se réduit à son centre, suivant la valeur de r.

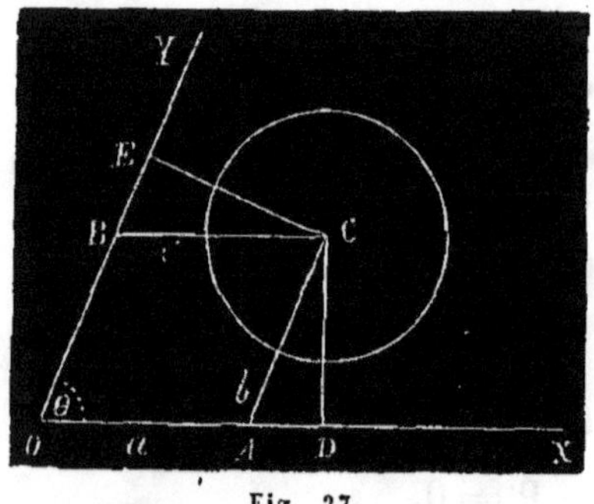

Fig. 37.

La position du centre peut se déterminer par une construction géométrique. Projetons le centre C d'un cercle sur les axes par les perpendiculaires CD et CE; menons ensuite les coordonnées du point C. On a

$$OD=a+b\cos\theta,\qquad OE=b+a\cos\theta,$$

c'est-à-dire $OD=-Q$, $OE=-R$. Il suffit de porter sur les axes les longueurs $-Q$ et $-R$, et d'élever des perpendiculaires par les points D et E; celles-ci se couperont au centre du cercle représenté par l'équation donnée.

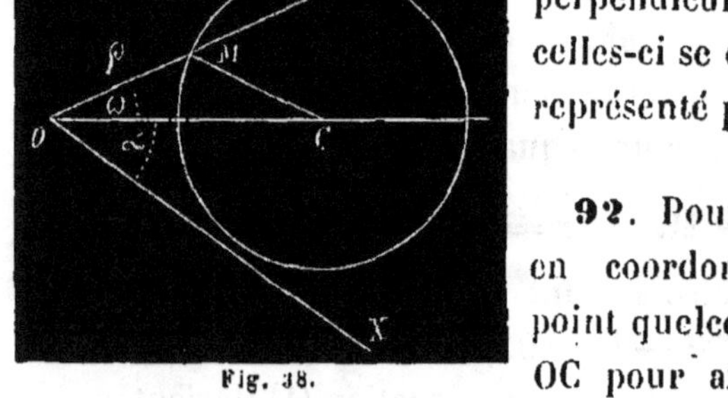

Fig. 38.

92. Pour trouver l'équation du cercle en coordonnées polaires, prenons un point quelconque O pour pôle et la droite OC pour axe polaire. Soit M (ρ, ω) un point variable du cercle et d la distance OC. Le triangle OMC donne

$$r^2=\rho^2+d^2-2d\rho\cos\omega,$$

et l'équation du cercle sera

$$(6) \qquad \rho^2 - 2d\rho \cos \omega + d^2 - r^2 = 0.$$

Si l'axe polaire, au lieu de traverser le centre, était une droite quelconque OX, on aurait, en représentant par α l'angle COX,

$$(7) \qquad \rho^2 - 2d\rho \cos (\omega - \alpha) + d^2 - r^2 = 0.$$

Enfin, lorsque l'origine est un point de la courbe, $d = r$, et l'équation (6) se réduit à

$$(8) \qquad \rho - 2r \cos \omega = 0.$$

Ex. 1. On mène, dans un cercle, deux diamètres perpendiculaires AB et CD; trouver l'équation de cette ligne lorsqu'on place l'origine successivement aux points A, B, C, D.

R. (A) $x^2 + y^2 + 2rx = 0$, (B) $x^2 + y^2 - 2rx = 0$,

(C) $x^2 + y^2 + 2ry = 0$, (D) $x^2 + y^2 - 2ry = 0$.

Fig. 39.

Ex. 2. Que signifient les équations

(1) $(x - 1)^2 + (y + 2)^2 = 0$, (2) $x^2 + y^2 = 0$,

(3) $(x - 1)^2 + (y + 2)^2 + 4 = 0$, (4) $x^2 + y^2 + 2 = 0$?

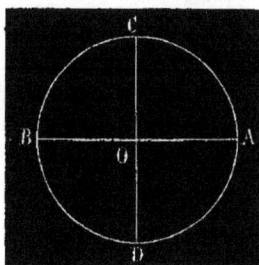

R. Les deux premières représentent respectivement les points $(1, -2)$, $(0, 0)$, et les équations (3) et (4), des cercles imaginaires.

Ex. 3. Ramener les équations qui suivent à la forme $(x - a)^2 + (y - b)^2 - r^2 = 0$.

(1) $x^2+y^2 - 4x+2y+1 = 0$, (2) $2(x^2+y^2) + 5x - 5y + 2 = 0$, (3) $x^2+y^2 - 6y = 7$.

R. (1) $(x - 2)^2 + (y + 1)^2 - 4 = 0$, (2) $\left(x + \frac{5}{4}\right)^2 + \left(y - \frac{5}{4}\right)^2 - \frac{9}{8} = 0$,

(3) $x^2 + (y - 3)^2 - 16 = 0$.

Ex. 4. Que signifie le terme constant P dans l'équation

$$x^2 + y^2 + 2Mx + 2Ny + P = 0?$$

R. Le carré de la tangente OT menée de l'origine au cercle; car $P = a^2 + b^2 - r^2 = \overline{OC}^2 - r^2 = \overline{OT}^2$. On peut dire aussi que P est égal au produit des segments déterminés par le cercle sur une sécante issue de l'origine. Ce produit s'appelle la *puissance* du point O.

Ex. 5. Par un point O d'un cercle on mène un diamètre d qu'on prend pour axe polaire; on tire ensuite trois cordes OA, OB, OC faisant avec ce dernier les angles α, β, γ; trouver les équations des cercles décrits sur les cordes comme diamètres.

On a pour le premier

$$\rho = OA \cos (\omega - \alpha);$$

mais $OA = d \cos \alpha$: les équations demandées seront

$$\rho = d \cos \alpha \cos (\omega - \alpha), \qquad \rho = d \cos \beta \cos (\omega - \beta), \qquad \rho = d \cos \gamma \cos (\omega - \gamma).$$

93. Les équations (2) et (5) renferment trois paramètres; un cercle est donc déterminé par trois conditions géométriques, en admettant que chacune d'elles donne lieu à une relation unique entre les coefficients inconnus; on a alors trois équations pour calculer leurs valeurs. L'équation générale des cercles, qui satisfont à deux conditions données, s'obtiendra en éliminant deux paramètres au moyen des relations qui correspondent à ces conditions.

94. *Trouver l'équation des cercles qui passent par deux points fixes situés sur l'un des axes.*

Les points d'intersection du cercle

$$x^2 + y^2 + 2Mx + 2Ny + P = 0$$

avec les axes, sont déterminés par les équations

$$x^2 + 2Mx + P = 0,$$
$$y^2 + 2Ny + P = 0,$$

obtenues en posant successivement $y = 0$ et $x = 0$. Soient a et a' les abcisses de deux points de l'axe des x; posons

$$x^2 + 2Mx + P = (x - a)(x - a').$$

On en tire $2M = -(a + a')$, $P = aa'$; l'équation des cercles qui passent par ces points sera

$$x^2 + y^2 - (a + a')x + 2Ny + aa' = 0.$$

De même, si b et b' sont les ordonnées de deux points de l'axe des y, les cercles qui passent par ces points seront donnés par l'équation

$$x^2 + y^2 + 2Mx - (b + b')y + bb' = 0.$$

Il reste dans chacune de ces équations un paramètre variable; il y a une infinité de cercles qui satisfont aux conditions données.

Si on suppose que les points d'intersection se confondent en un seul, les cercles sont tangents aux axes en un point donné; les équations précédentes deviennent en posant $a = a'$, $b = b'$,

$$x^2 + y^2 - 2ax + 2Ny + a^2 = 0,$$
$$x^2 + y^2 - 2by + 2Mx + b^2 = 0.$$

95. *Un cercle rencontre deux droites fixes aux points* A *et* A′, B *et* B′; *trouver son équation par rapport à ces droites.*

Soit

$$x^2 + y^2 + 2xy\cos\theta + 2Px + 2Qy + S = 0$$

l'équation du cercle; si on désigne par a et a', b et b' les coordonnées des points d'intersection, on doit avoir

$$x^2 + 2Px + S = x^2 - (a + a')x + aa',$$
$$y^2 + 2Qy + S = y^2 - (b + b')y + bb'.$$

D'où, $S = aa' = bb'$, $2P = -(a + a')$, $2Q = -(b + b')$; l'équation demandée sera

$$x^2 + y^2 + 2xy\cos\theta - (a + a')x - (b + b')y + aa' = 0.$$

96. *Trouver l'équation des cercles tangents à deux droites données.*

Prenons ces droites pour axes, et soit a la distance variable des points de contact à l'origine. Il faut que l'on ait

$$x^2 + 2Px + S = x^2 - 2ax + a^2,$$
$$y^2 + 2Qy + S = y^2 - 2ay + a^2;$$

on en tire $2P = -2a$, $2Q = -2a$ et $S = a^2$. L'équation des cercles qui touchent les deux droites sera

$$x^2 + y^2 + 2xy\cos\theta - 2ax - 2ay + a^2 = 0,$$

où a est un paramètre variable.

97. *Quelle est l'équation du cercle qui passe par les points* (x_1, y_1), (x_2, y_2), (x_3, y_3)?

L'équation du cercle qui passe par les deux premiers points peut s'écrire, en coordonnées rectangulaires,

$$(x-x_1)(x-x_2)+(y-y_1)(y-y_2)+\lambda[(x-x_1)(y-y_2)-(x-x_2)(y-y_1)]=0\,;$$

car, en développant, elle prend la forme (2); de plus, elle est satisfaite pour $x = x_1$ et $y = y_1$, $x = x_2$ et $y = y_2$. Le paramètre λ se détermine par la condition que le cercle doit passer par le troisième point (x_3, y_3), c'est-à-dire au moyen de l'équation

$$(x_3 - x_1)(x_3 - x_2) + (y_3 - y_1)(y_3 - y_2) + \lambda[(x_3 - x_1)(y_3 - y_2) - (y_3 - y_1)(x_3 - x_2)] = 0.$$

Si on élimine λ, on trouve, pour le cercle demandé,

$$-x_1)(x-x_2)+(y-y_1)(y-y_2)]\,[(x_3-x_1)(y_3-y_2)-(y_3-y_1)(x_3-x_2)]$$
$$x-x_1)(y-y_2)-(x-x_2)(y-y_1)]\,[(x_1-x_3)(x_3-x_2)+(y_1-y_3)(y_3-y_2)]=0$$

en développant, cette équation peut se mettre sous la forme,

$$\begin{aligned}&(x^2+y^2)[x_1(y_2-y_3)+x_2(y_3-y_1)+x_3(y_1-y_2)]\\ &-(x_1^2+y_1^2)[x_2(y_2-y)+x_3(y-y_2)+x\,(y_2-y_3)]\\ &+(x_2^2+y_2^2)[x_3(y-y_1)+x(y_1-y_3)+x_1(y_3-y)]\\ &-(x_3^2+y_3^2)[x(y_1-y_2)+x_1(y_2-y)+x_2(y-y_1)]=0.\end{aligned}$$

Exercices.

Ex. 1. Chercher l'équation du cercle qui passe par les points (0, 1), (0, 5) et (3, 2).

R. $x^2+y^2-2x-6y+5=0.$

Ex. 2. Même recherche pour le cercle qui passe par les points (2, 0), (3, 0) et (1, 4).

R. $x^2+y^2-5x-\frac{9}{2}y+6=0.$

Ex. 3. Trouver le lieu géométrique des centres des cercles qui passent par les points (x_1, y_1), (x_2, y_2).

Si on développe la première équation du N° 97, on trouve

$$x^2+y^2-[x_1+x_2+\lambda(y_2-y_1)]x-[y_1+y_2+\lambda(x_1-x_2)]y+x_1x_2+y_1y_2$$
$$-\lambda(x_2y_1-x_1y_2)=0.$$

Le centre d'un cercle donné par cette équation a pour coordonnées

$$x=\frac{x_1+x_2+\lambda(y_2-y_1)}{2},\qquad y=\frac{y_1+y_2+\lambda(x_1-x_2)}{2}.$$

En éliminant le paramètre λ, on obtient pour le lieu des centres

$$y-\frac{y_1+y_2}{2}=-\frac{x_2-x_1}{y_2-y_1}\left(x-\frac{x_1+x_2}{2}\right).$$

C'est une droite perpendiculaire au milieu de la ligne des deux points donnés.

Ex. 4. Le lieu des points, dont le rapport des distances à deux points fixes est égal à $\frac{m}{n}$, est une circonférence qui a son centre sur la ligne des points donnés.

Soit O le point qui divise la distance des points fixes dans le rapport donné; on trouvera pour l'équation du lieu, le point O étant l'origine,

$$x^2+y^2-\frac{2mn}{m-n}x=0.$$

Ex. 5. Le lieu des sommets des triangles de même base, et dont la somme des carrés des autres côtés est constante, est une circonférence.

Si $2m^2$ est la constante, l'origine au milieu de la base $2a$, on obtient, avec des axes rectangulaires,

$$x^2 + y^2 = m^2 - a^2.$$

Ex. 6. Le sommet d'un angle constant, qui se meut de manière à ce que ses côtés tournent autour de deux points fixes, décrit un cercle.

C étant l'angle, A et B les points fixes, et $AB = 2a$, on trouve, avec l'origine au milieu de AB,

$$x^2 + y^2 - \frac{2a}{\operatorname{tg} C} y - a^2 = 0.$$

Ex. 7. Le lieu des points, dont la somme des carrés des distances à n points fixes est égale à m^2, est une circonférence.

Soient (x_1, y_1), (x_2, y_2).... les points fixes; le lieu a pour équation

$$(x - x_1)^2 + (y - y_1)^2 + (x - x_2)^2 + (y - y_2)^2 + \cdots = m^2;$$

ou bien,

$$n(x^2 + y^2) - 2x\Sigma x_1 - 2y\Sigma y_1 + \Sigma x_1{}^2 + \Sigma y_1{}^2 = m^2.$$

C'est un cercle dont le centre est celui des moyennes distances des points donnés $\left[\frac{\Sigma x_1}{n}, \frac{\Sigma y_1}{n}\right]$.

Lorsqu'on multiplie les distances respectivement par des constantes n_1, n_2, n_3 etc., le lieu est le cercle

$$x^2\Sigma n_1 + y^2\Sigma n_1 - 2x\Sigma n_1 x_1 - 2y\Sigma n_1 y_1 + \Sigma n_1 x_1{}^2 + \Sigma n_1 y_1{}^2 = m^2,$$

dont le centre $\left[\frac{\Sigma n_1 x_1}{\Sigma n_1}, \frac{\Sigma n_1 y_1}{\Sigma n_1}\right]$ coïncide avec celui des distances proportionnelles.

Ex. 8. Étant donné le cercle $x^2 + y^2 = r^2$, démontrer les propriétés suivantes :

1° Tout diamètre divise la circonférence en deux parties égales;

2° Tout diamètre perpendiculaire à une corde divise cette corde et l'arc sous-tendu en deux parties égales;

3° L'ordonnée perpendiculaire à un diamètre est moyenne proportionnelle entre les segments du diamètre;

4° Un angle inscrit dans un demi-cercle est droit;

5° Tous les angles inscrits dans un même segment sont égaux;

6° Le produit des segments d'une sécante passant par un point fixe est constant;

7° Si, par un point du plan, on mène deux sécantes perpendiculaires, la somme des carrés des distances de ce point aux quatre points d'intersection des sécantes et du cercle est constant.

Ex. 9. Du centre d'un cercle inscrit à un triangle ABC, on décrit, avec un rayon arbitraire, une seconde circonférence; par un point quelconque M de celle-ci, on tire des droites aux sommets du triangle; montrer que l'expression

$$\overline{MA}^2 \times a + \overline{MB}^2 \times b + \overline{MC}^2 \times c$$

est constante, a, b, c étant les côtés du triangle.

Ex. **10**. Par un point O sur une circonférence, on mène les cordes OA, OB, OC, et, sur chacune d'elles comme diamètre, on décrit un cercle; montrer que les intersections des trois cercles, pris deux à deux, sont en ligne droite.

Ex. **11**. Trouver, sur une circonférence, un point tel, 1° que la somme de ses distances à deux autres points de la même circonférence soit égale à une longueur donnée;

2° Que la somme des carrés des distances soit égale à k^2;

3° Que le rectangle des distances soit égal à m^2.

Ex. **12**. Par deux points donnés A et B, on mène deux droites à un même point P d'une circonférence; soient M et N les deux autres points d'intersection avec la courbe; on demande de mener des sécantes telles que,

1° La corde MN soit parallèle à AB;

2° La corde MN soit perpendiculaire à AB;

3° La corde MN passe par le centre du cercle;

4° La corde MN soit parallèle à une droite donnée;

5° La corde MN passe par un point donné.

Ex. **13**. Par un point fixe O, on mène deux rayons OA, OB, tels que l'angle AOB et le rapport $\frac{OA}{OB}$ restent constants; si le point A décrit un cercle, quelle ligne décrira le point B?

Ex. **14**. Par un point fixe O, on mène des rayons vecteurs, et, sur chacun d'eux, on prend deux points A et B tels que le produit $OA \cdot OB = k^2$. Si le point A, le plus rapproché du point fixe, décrit une droite, que décrira le point B?

Ex. **15**. Dans l'exemple précédent, si le point A décrit un cercle, quelle ligne décrira l'autre point?

Ex. **16**. Étant donnés un point et une droite, trouver le lieu d'un point tel, que le carré de sa distance au point donné soit égal a m fois sa distance à la droite donnée.

Ex. **17**. Étant donnés la base et l'angle au sommet d'un triangle, trouver le lieu du point d'intersection des hauteurs de ce triangle.

Ex. **18**. Par un point O, on mène des droites parallèles aux côtés du triangle ABC; soient $b, c; c', a'; a'', b''$, les points où elles rencontrent les côtés. Trouver le lieu du point O, lorsque la somme

$$bO \cdot Oc + c'O \cdot Oa + a''O \cdot Ob''$$

reste constante et égale à m^2.

Ex. **19**. Trouver le lieu des milieux des cordes passant par un point fixe.

Ex. **20** Etant donnés un point fixe O et une droite, on mène le rayon vecteur d'un point quelconque M de la droite; sur OM, on prend $OP = \frac{1}{OM}$; quand le point M décrit la droite, quelle ligne décrit le point P?

Ex. **21**. Par l'un des points d'intersection de deux cercles, on mène une droite; trouver le lieu du milieu de la partie comprise entre les cercles.

Ex. **22**. Trouver le lieu des points tels que les pieds des perpendiculaires abaissees de chacun d'eux sur les côtés d'un triangle soient en ligne droite.

Ex. 23. Une droite de grandeur constante se meut dans un cercle; trouver le lieu décrit par un point quelconque de cette droite.

Ex. 24. Autour d'un point fixe P, on fait pivoter un angle droit dont les côtés, dans une certaine position, rencontrent une circonférence aux points A et B. Le lieu des projections du point P sur AB est un cercle.

Ex. 25. Les circonférences décrites sur les diagonales d'un quadrilatère complet ont même corde commune.

Ex. 26. Par un point quelconque O de l'hypothénuse d'un triangle ABC, rectangle en C, on mène une sécante qui coupe les côtés CB et CA en B' et A'; on fait passer une circonférence par les points O, A, A', et une autre par les points O, B, B'. Trouver le lieu des points d'intersection de ces circonférences.

Ex. 27. On donne quatre droites A, B, C, D qui, prises trois à trois, forment quatre triangles; la droite A appartiendra à trois de ces triangles. On joint le centre du cercle circonscrit à chacun de ces derniers au sommet non situé sur A : les trois droites ainsi obtenues concourent en un même point I. Montrer que les quatre points analogues à I et les centres des quatre cercles sont sur une même circonférence.

Ex. 28. On prend deux points A et B sur une première droite, et deux points a et b sur une seconde droite; on tire ensuite les droites Aa, Bb qui se rencontrent en un point S. Si l'on fait tourner la droite ab autour de son point d'intersection I avec la première, le point S se déplace, et il se fait que, la droite menée par le point S parallèlement à ab, dans toutes ses positions, rencontre AB en un même point O, et que le point S décrit un cercle qui a pour centre le point O.

Ex. 29. Étant pris quatre points M_1, M_2, M_3, M_4 sur un cercle, on désigne par $d_{12}, d_{13}, d_{14}, d_{23}, d_{24}, d_{34}$ les distances mutuelles de ces points. Montrer qu'elles satisfont à la relation

$$\begin{vmatrix} 0 & d_{12} & d_{13} & d_{14} \\ d_{21} & 0 & d_{23} & d_{24} \\ d_{31} & d_{32} & 0 & d_{34} \\ d_{41} & d_{42} & d_{43} & 0 \end{vmatrix} = 0, \quad d_{rs} = d_{sr}.$$

§ 2. DE LA TANGENTE ET DE LA POLAIRE.

98. La tangente en un point M d'une courbe quelconque est la position limite d'une sécante MM' qui tourne autour du point M, jusqu'à ce que les deux points d'intersection se confondent. D'après cette définition, proposons-nous de trouver l'équation de la tangente en un point $M(x', y')$ du cercle

$$x^2 + y^2 = r^2.$$

Soient (x'', y'') les coordonnées du second point M'; l'équation de la sécante peut se mettre sous la forme

$$(x - x')(x - x'') + (y - y')(y - y'') = x^2 + y^2 - r^2.$$

En effet, si, après la multiplication, on supprime les termes communs, l'équation s'abaisse au premier degré et représente une ligne droite; d'ailleurs, comme les points M et M' sont sur le cercle, on a

$$x'^2 + y'^2 - r^2 = 0, \qquad x''^2 + y''^2 - r^2 = 0;$$

l'équation est satisfaite pour $x = x'$ et $y = y'$, $x = x''$ et $y = y''$: la droite de l'équation renferme les points M et M'. Lorsque la sécante devient tangente, les deux points se confondent, et, pour cette position limite, $x'' = x'$, $y'' = y'$; la tangente a donc pour équation

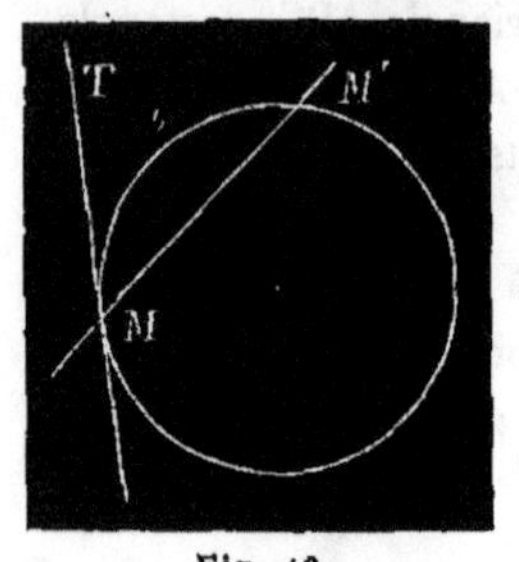

Fig. 40.

$$(1) \qquad (x - x')^2 + (y - y')^2 = x^2 + y^2 - r^2,$$

ou bien, en développant et faisant les réductions,

$$(2) \qquad xx' + yy' = r^2.$$

La *normale* au cercle en un point M est la perpendiculaire élevée en ce point à la tangente. Si on remarque que le coefficient angulaire de la tangente est $-\frac{x'}{y'}$, la normale doit avoir pour équation

$$y - y' = \frac{y'}{x'}(x - x'),$$

ou

$$yx' - y'x = 0.$$

C'est une droite qui passe par le centre du cercle.

Lorsque l'équation du cercle est de la forme

$$(x - a)^2 + (y - b)^2 = r^2,$$

on doit prendre pour l'équation de la sécante MM'

$$[x - a - (x' - a)][x - a - (x'' - a)] + [y - b - (y' - b)][y - b - (y'' - b)]$$
$$= (x - a)^2 + (y - b)^2 - r^2$$

car, en développant, elle sera du premier degré, et il est visible qu'elle est satisfaite par les coordonnées des points M et M' pour lesquels on a

$$(x' - a)^2 + (y' - b)^2 - r^2 = 0, \qquad (x'' - a)^2 + (y'' - b)^2 - r^2 = 0.$$

Si on pose $x'' = x'$ et $y'' = y'$, il vient pour la tangente

$$(3) \quad [x - a - (x' - a)]^2 + [y - b - (y' - b)]^2 = (x - a)^2 + (y - b)^2 - r^2.$$

Après avoir effectué les opérations, l'équation précédente se réduit à

$$(4) \qquad (x - a)(x' - a) + (y - b)(y' - b) - r^2 = 0.$$

En représentant par C les expressions $x^2+y^2-r^2$, $(x-a)^2+(y-b)^2-r^2$, l'équation de la tangente en un point (x', y'), dans les deux cas, peut se mettre sous la forme

$$C-(x-x')^2-(y-y')^2=0,$$

en vertu des équations (1) et (3).

99. *Par un point extérieur (x', y') mener une tangente au cercle $x^2+y^2=r^2$.*

Soient x'', y'' les coordonnées inconnues du point de contact de la tangente cherchée; celle-ci est représentée par l'équation

$$xx''+yy''=r^2.$$

Comme elle passe par le point (x', y'), on a la relation

$$x'x''+y'y''=r^2;$$

en combinant cette équation avec $x''^2+y''^2=r^2$, on trouve, pour les inconnues,

$$x''=\frac{r^2x' \pm ry'\sqrt{x'^2+y'^2-r^2}}{x'^2+y'^2}, \qquad y''=\frac{r^2y' \mp rx'\sqrt{x'^2+y'^2-r^2}}{x'^2+y'^2}.$$

Lorsque le point est extérieur $x'^2+y'^2>r^2$, et il y a deux tangentes réelles; elles sont imaginaires pour un point intérieur et elles coïncident si le point (x', y') appartient au cercle.

100. *Trouver l'équation des tangentes au cercle $x^2+y^2-r^2=0$, menées par un point extérieur (x', y').*

Les coordonnées d'un point variable d'une droite qui passe par deux points du plan (x', y'), (x'', y'') sont données par

$$x=\frac{mx''+nx'}{m+n}, \qquad y=\frac{my''+ny'}{m+n}.$$

Substituons ces expressions dans l'équation du cercle; on aura

$$(mx''+nx')^2+(my''+ny')^2-r^2(m+n)^2=0$$

ou

$$m^2(x''^2+y''^2-r^2)+2mn(x'x''+y'y''-r^2)+n^2(x'^2+y'^2-r^2)=0.$$

Pour simplifier, posons

$$\frac{m}{n}=\lambda, \qquad A=x'x''+y'y''-r^2,$$

$$C''=x''^2+y''^2-r^2, \qquad C'=x'^2+y'^2-r^2;$$

l'équation qui donne les valeurs de λ pour les points d'intersection de la droite et du cercle devient

$$(k) \qquad C''\lambda^2 + 2A\lambda + C' = 0.$$

Or, si la droite des points (x', y'), (x'', y'') est tangente au cercle, cette équation doit avoir des racines égales, et $A^2 - C'C'' = 0$, c'est-à-dire,

$$(x'x'' + y'y'' - r^2)^2 - (x'^2 + y'^2 - r^2)(x''^2 + y''^2 - r^2) = 0.$$

En remplaçant x'', y'' par les coordonnées x et y d'un point variable sur l'une des tangentes issues du point (x', y'), celles-ci seront données par l'équation

$$(5) \quad (xx' + yy' - r^2)^2 - (x'^2 + y'^2 - r^2)(x^2 + y^2 - r^2) = 0.$$

Au moyen d'une transformation de coordonnées, on trouve pour les tangentes menées d'un point (x', y') au cercle

$$(x - a)^2 + (y - b)^2 - r^2 = 0,$$

l'équation

$$(6) \qquad [(x - a)(x' - a) + (y - b)(y' - b) - r^2]^2$$
$$- [(x' - a)^2 + (y' - b)^2 - r^2][(x - a)^2 + (y - b)^2 - r^2] = 0.$$

On peut mettre ces équations sous une autre forme. Posons

$$(x - x')^2 + (y - y')^2 = x^2 + y^2 + x'^2 + y'^2 - 2(xx' + yy')$$
$$= x^2 + y^2 - r^2 + x'^2 + y'^2 - r^2 - 2(xx' + yy' - r^2).$$

En désignant par C le premier membre de l'équation du cercle, et par C' sa valeur pour $x = x'$, $y = y'$, on a

$$2(xx' + yy' - r^2) = C + C' - (x - x')^2 - (y - y')^2.$$

On aurait aussi

$$2[(x - a)(x' - a) + (y - b)(y' - b) - r^2] = C + C' - (x - x')^2 - (y - y')^2,$$

en supposant que C et C' représentent les expressions $(x - a)^2 + (y - b)^2 - r^2$, $(x' - a)^2 + (y' - b)^2 - r^2$; les équations des tangentes (5) et (6) prennent la forme

$$(7) \qquad [C + C' - (x - x')^2 - (y - y')^2]^2 - 4CC' = 0.$$

Ex. 1. Écrire l'équation de la tangente au point (3, 4) du cercle $x^2 + y^2 = 25$.

R. $\quad 3x + 4y - 25 = 0.$

Ex. 2. Quelle est la tangente au point (5,0) du cercle $x^2 + y^2 - 4x + 2y - 5 = 0$?

R. $\quad 3x + y = 15.$

Ex. 3. Trouver l'équation qui représente toutes les tangentes au cercle $x^2+y^2=r^2$.

Soit $y=mx+b$ une droite ; les abcisses des points où elle rencontre le cercle sont déterminées par l'équation

$$x^2+(mx+b)^2=r^2,$$

ou

$$(m^2+1)\,x^2+2mbx+b^2-r^2=0.$$

La droite est tangente au cercle, si les racines sont égales, c'est-à-dire, avec la condition

$$m^2b^2-(m^2+1)\,(b^2-r^2)=0;$$

d'où, $b=r\sqrt{1+m^2}$. L'équation cherchée sera

$$y=mx\pm r\sqrt{1+m^2}.$$

Ex. 4. Trouver l'équation de la normale au point (x', y') du cercle $(x-a)^2+(y-b)^2-r^2=0$.

R. $$(x-a)\,(y'-b)-(y-b)\,(x'-a)=0.$$

Ex. 5. Quelle est l'équation de la tangente en (x', y') au cercle $x^2+y^2+2xy\cos\theta=a^2$.

R. $$xx'+yy'+2\cos\theta\,(xy'+yx')=a^2.$$

Ex. 6. Si on désigne par θ' et θ'' les angles que les rayons menés aux points (x', y'), (x'', y'') d'un cercle font avec l'axe des x, l'équation de la corde peut s'écrire

$$x\cos\frac{1}{2}(\theta'+\theta'')+y\sin\frac{1}{2}(\theta'+\theta'')=r\cos\frac{1}{2}(\theta'-\theta''),$$

et celle de la tangente au point (x', y'),

$$x\cos\theta'+y\sin\theta'=r.$$

Ex. 7. Trouver le lieu du point d'intersection des tangentes menées aux extrémités d'une corde de longueur constante.

Ex. 8. Trouver le lieu des milieux des cordes parallèles à une droite donnée.

Ex. 9. Trouver la condition pour que la corde, interceptée par le cercle sur la droite $ax+by+c=0$, soit vue, d'un point (x', y'), sous un angle droit.

Ex. 10. Même recherche pour le cercle

$$x^2+y^2+2Mx+2Ny+P=0$$

lorsque le point (x', y') est l'origine.

Ex. 11. Trouver le lieu des milieux des cordes vues sous un angle droit d'un point donné.

Ex. 12. Si, par un point fixe, on mène deux cordes rectangulaires, les tangentes aux extrémités de ces cordes forment un quadrilatère qui est toujours inscrit dans un autre cercle fixe.

Ex. 13. Deux tangentes à un cercle étant fixes, si l'on mène d'autres tangentes, les parties comprises entre les tangentes fixes sont vues, du centre, sous des angles égaux ou suppléments l'un de l'autre.

Ex. 14. Dans un quadrilatère circonscrit à un cercle, les diagonales et les droites qui réunisssent les points de contact des côtés opposés se coupent en un même point.

Ex. **15**. Dans un quadrilatère circonscrit à un cercle, les milieux des diagonales et le centre du cercle sont sur une même droite.

Ex. **16**. Quand un quadrilatère circonscrit à un cercle est en même temps inscriptible, les droites qui réunissent les points de contact des côtés opposés sont les bissectrices des angles des diagonales ; le produit des deux tangentes menées par les extrémités d'une même diagonale est égal au carré du rayon du cercle inscrit ; enfin, le centre du cercle circonscrit, celui du cercle inscrit et le point de concours des diagonales sont en ligne droite.

Ex. **17**. Si, de chaque point d'une droite, on mène deux tangentes à un cercle, le produit des tangentes trigonométriques des demi-angles qu'elles font avec la droite est constant.

Ex. **18**. Par un point O pris sur un diamètre AB d'un cercle, on mène une corde, et on joint ensuite ses extrémités avec le point A ; montrer que ces dernières lignes vont déterminer, sur la tangente en B, deux segments dont le rectangle est constant.

Ex. **19**. On joint un point M d'une circonférence à deux points K et H pris à égale distance du centre O sur un diamètre AB. Soient C et D les points de rencontre de MK et MH avec la courbe ; menons la droite CD qu'on prolonge jusqu'à sa rencontre en P avec le diamètre AB ; montrer que la droite qui joint le point P au point N, extrémité du diamètre qui passe par M, est tangente à la circonférence.

Ex. **20**. Mener, entre deux droites, une tangente à un cercle de telle manière qu'elle soit partagée en deux parties égales par le point de contact.

101. L'équation

$$\text{(P)} \qquad xx' + yy' - r^2 = 0,$$

dans laquelle x', y' sont les coordonnées d'un point quelconque p du plan, représente une droite qui, en général, n'est pas tangente au cercle. Or, on sait que, si (x'', y'') est le point de contact d'une tangente issue du point (x', y'), on a la relation

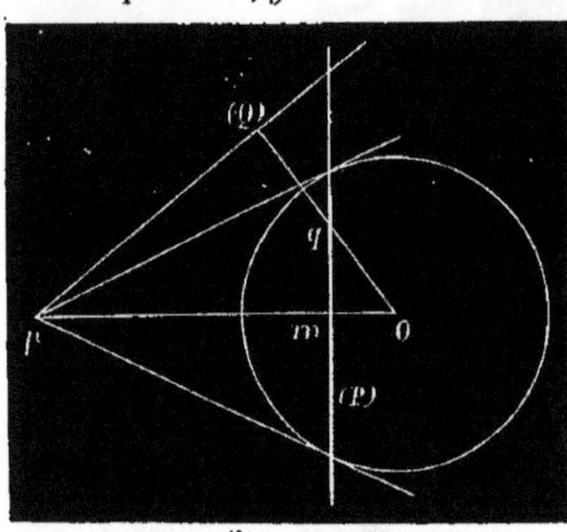

Fig. 41.

$$x'x'' + y'y'' - r^2 = 0,$$

et, par conséquent, le point (x'', y'') appartient à la droite P ; celle-ci est donc la corde des contacts des tangentes au cercle $x^2 + y^2 - r^2 = 0$, menées par le point p (x', y'). Cette droite P s'appelle *la polaire* du point p et ce dernier est le *pôle* de la droite P par rapport au cercle.

En vertu de l'équation (P), la polaire existe toujours, même si le point p est intérieur au cercle et les tangentes imaginaires ; elle est perpendiculaire à la droite Op qui a pour équation $x'y-y'x=0$, et sa distance au centre est $\frac{r^2}{\sqrt{x'^2+y'^2}}=\frac{r^2}{Op}\cdot$ On a donc la relation

$$Om \cdot Op = r^2,$$

qui sert à construire géométriquement la polaire d'un point p : il suffit de mener Op, et de prendre un point m tel que $Om \cdot Op = r^2$; la perpendiculaire élevée en m à Op sera la polaire du point donné.

102. *La polaire d'un point quelconque q situé sur une droite* P *passe par le pôle p de cette droite.*

En effet, x'', y'' étant les coordonnées du point q, la polaire correspondante a pour équation

$$(Q) \qquad xx'' + yy'' - r^2 = 0;$$

mais, comme (x'', y'') se trouve sur la droite

$$(P) \qquad xx' + yy' - r^2 = 0,$$

on a la relation

$$x'x'' + y'y'' - r^2 = 0;$$

elle exprime que le point (x', y') appartient à la droite Q.

On peut dire aussi que *toute droite* P, *qui passe par un point q, a son pôle sur la polaire de ce point.*

Il résulte, de cette propriété, que *la polaire du point d'intersection de deux droites* P *et* Q *est la droite pq qui passe par leurs pôles.*

Ces principes doivent toujours être présents à l'esprit lorsqu'on parle de pôles et de polaires.

103. *La polaire d'un point p est le lieu du point p' harmoniquement conjugué par rapport aux points d'intersection* M *et* M' *du cercle avec une sécante variable issue du point p.*

Reprenons l'équation (k) qui donne les valeurs de λ pour les points d'intersection M et M' du cercle avec la droite passant par les points (x', y'), (x'', y''),

$$(k) \qquad C''\lambda^2 + 2A\lambda + C' = 0.$$

Si on prend, pour (x'', y''), le point p' situé sur la droite

$$(P) \qquad xx' + yy' - r^2 = 0,$$

on a la relation $x'x'' + y'y'' - r^2 = 0$, et, par suite, $A = 0$. L'équation précédente donne pour λ deux valeurs égales et de signes contraires : si

$$A_1 = 0, \qquad A_2 = 0,$$

sont les équations des points p et p', celles des points M et M' seront de la forme

$$A_1 - \lambda A_2 = 0, \qquad A_1 + \lambda A_2 = 0,$$

et, par conséquent, p' est le point conjugué harmonique de p relativement à M et M'. Cette propriété pourrait servir de définition à la polaire d'un point par rapport à un cercle.

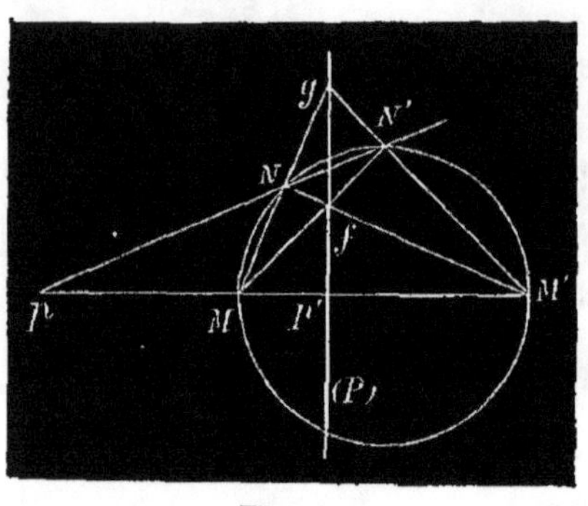

Fig. 42.

De là résulte une construction géométrique de la polaire : on tire, par le point donné p, deux sécantes quelconques pMM', pNN' ; on mène MN et M'N' qui se rencontrent en g, ainsi que M'N et MN' qui se coupent en f ; la droite fg est la polaire du point p. En effet, on sait que dans un quadrilatère MM'NN' la droite fg est la conjuguée harmonique de gp par rapport à gM et gM' ; cette droite détermine, sur chaque sécante issue du point p, le quatrième point harmonique, et doit coïncider avec la polaire de ce point.

104. *Étant donnés deux points p et q avec leurs polaires* P *et* Q *par rapport à un cercle de centre* O, *on mène pr et qs respectivement perpendiculaires à* Q *et* P ; *montrer que* $\dfrac{Op}{pr} = \dfrac{Oq}{qs}$.

Soient (x', y'), (x'', y'') les coordonnées des points p et q ; on a, pour les polaires,

$$(P) \quad xx' + yy' - r^2 = 0, \qquad (Q) \quad xx'' + yy'' - r^2 = 0.$$

La perpendiculaire abaissée du point $q(x'', y'')$ sur la première a pour expression

$$qs = \frac{x''x' + y''y' - r^2}{\sqrt{x'^2 + y'^2}} = \frac{x'x'' + y'y'' - r^2}{Op};$$

d'où on tire la relation

$$Op \cdot qs = x'x'' + y'y'' - r^2.$$

On trouvera aussi facilement

$$Oq \cdot pr = x'x'' + y'y'' = r^2;$$

et, par suite,

$$Op \cdot qs = Oq \cdot pr, \qquad \text{ou} \qquad \frac{Op}{pr} = \frac{Oq}{qs}.$$

105. L'équation de la polaire d'un point (x', y') du plan relativement au cercle

$$(x-a)^2 + (y-b)^2 - r^2 = 0$$

est la même que celle de la tangente, c'est-à-dire,

$$\text{(P)} \quad (x-a)(x'-a) + (y-b)(y'-b) - r^2 = 0.$$

En vertu d'une transformation indiquée précédemment, si on désigne par C le premier membre de l'équation du cercle, et par C′ la valeur de C pour $x = x'$ et $y = y'$, l'équation de la polaire peut s'écrire

$$\text{(P)} \qquad C + C' - (x - x')^2 - (y - y')^2 = 0.$$

Exercices.

Ex. **1**. Chercher l'équation de la polaire du point (3, 2) relativement au cercle $(x-1)^2 + (y+2)^2 - 10 = 0$.

R. $\quad 2y + x = 2.$

Ex. **2**. Trouver le pôle de la droite $Ax + By + C = 0$, par rapport au cercle $x^2 + y^2 = r^2$.

Si on compare l'équation de la droite avec celle de la polaire $xx' + yy' - r^2 = 0$, on en déduit $\frac{A}{C} = -\frac{x'}{r^2}$, $\frac{B}{C} = -\frac{y'}{r^2}$; d'où on tire, pour le pôle de la droite donnée,

$$x' = -\frac{Ar^2}{C}, \qquad y' = -\frac{Br^2}{C}.$$

Si la droite passe par l'origine, $C = 0$, et le pôle est à l'infini. Réciproquement, la droite à l'infini $C = 0$ aura pour pôle le centre du cercle.

Ex. **3**. Étant donné un triangle abc, on construit les polaires A, B, C des sommets : on obtient ainsi un nouveau triangle $a'b'c'$; montrer que les droites aa', bb', cc' se coupent en un même point.

Les polaires des points $a(x', y')$, $b(x'', y'')$, $c(x''', y''')$ ont pour équations

$$A = xx' + yy' - r^2 = 0, \qquad B = xx'' + yy'' - r^2 = 0, \qquad C = xx''' + yy''' - r^2 = 0.$$

Les droites aa', bb', cc' sont représentées par des équations de la forme

$$(aa') \quad B - \lambda C = 0, \qquad (bb') \quad C - \mu A = 0, \qquad (cc') \quad A - \nu B = 0.$$

Désignons par l, m, n les trois valeurs différentes que prennent A, B, C, par la substitution des coordonnées accentuées qui ne s'y trouvent pas, c'est-à-dire, posons :

$$l = x'x'' + y'y'' - r^2, \qquad m = x'x''' + y'y''' - r^2, \qquad n = x''x''' + y''y''' - r^2,$$

les équations précédentes peuvent s'écrire

$$(aa') \qquad \frac{B}{l} - \frac{C}{m} = 0,$$

$$(bb') \qquad \frac{C}{n} - \frac{A}{l} = 0,$$

$$(cc') \qquad \frac{A}{m} - \frac{B}{n} = 0$$

Si on les multiplie respectivement par $\frac{1}{n}$, $\frac{1}{m}$ et $\frac{1}{l}$, et si on ajoute, on obtient $0 = 0$, les droites aa', bb' et cc' sont concourantes.

Dans le cas particulier où abc est inscrit au cercle, les polaires des sommets sont les tangentes en ces points, et les droites aa', bb', cc' sont celles qui joignent les sommets d'un triangle circonscrit avec les points de contact des côtés opposés ; on a donc ce théorème : *Dans tout triangle circonscrit à un cercle, les droites qui relient les sommets aux points de contact des côtés opposés concourent en un même point.*

Ex. **4**. Si on joint un point quelconque du cercle à quatre points fixes A, B, C, D de cette courbe, on obtient un faisceau dont le rapport anharmonique est constant.

Ex. **5**. Quatre tangentes fixes à un cercle sont rencontrées par une tangente variable en quatre points dont le rapport anharmonique est constant.

Ex. **6**. Quand un quadrilatère est inscrit à un cercle, toute transversale rencontre deux couples de côtés opposés et la circonférence en six points en involution.

Ex. **7**. On prend, sur un diamètre, deux points qui divisent harmoniquement cette ligne ; montrer que les distances d'un point quelconque du cercle à ces deux points ont leur rapport constant.

Ex. **8**. Si on fait tourner une corde autour d'un point fixe, les distances de ses extrémités à une droite fixe quelconque, divisées respectivement par leurs distances à la polaire du point fixe, forment une somme constante.

Ex. **9**. Si de chaque point d'une droite on mène deux tangentes à un cercle, les distances de ces tangentes à un point fixe quelconque, divisées par leurs distances au pôle de la droite, donnent une somme constante.

Ex. **10**. Le rapport anharmonique de quatre points en ligne droite est égal à celui du faisceau formé des polaires de ces points.

Ex. **11**. Dans un quadrilatère circonscrit à un cercle, le point de rencontre des diagonales est le pôle de la droite qui réunit les points de concours des côtés opposés ; cette dernière droite et les diagonales forment un triangle dont chaque sommet a pour polaire le côté opposé.

Ex. **12**. Dans un quadrilatère inscrit à un cercle, le point de concours des diagonales et ceux des côtés opposés sont les sommets d'un triangle dont chaque côté a pour pôle le sommet opposé.

Ex. 13. Soient α, β, γ les sommets d'un triangle et α', β', γ' les traces, sur les côtés opposés, des polaires des sommets par rapport à un cercle; montrer que les cercles décrits sur $\alpha\alpha'$, $\beta\beta'$, $\gamma\gamma'$ comme diamètres se coupent aux mêmes points. (H. Faure.)

Ex. 14. Si, du centre O d'un cercle circonscrit à un triangle, on abaisse des perpendiculaires sur les côtés, la somme de ces trois perpendiculaires est égale à la somme des rayons des cercles inscrit et circonscrit au triangle.

§ 3. ÉQUATION DU CERCLE EN COORDONNÉES TRIANGULAIRES.

106. Soient A_1, B_1, C_1 les coordonnées triangulaires du centre d'un cercle de rayon r rapporté à un triangle $\alpha\beta\gamma$, et M (A, B, C) un point variable sur cette ligne; l'équation du cercle sera (N° 67)

$$(1)\quad (A-A_1)^2 \sin 2\alpha + (B-B_1)^2 \sin 2\beta + (C-C_1)^2 \sin 2\gamma = 2r^2 \sin\alpha \sin\beta \sin\gamma.$$

En développant, elle devient

$$\begin{gathered} A^2 \sin 2\alpha + B^2 \sin 2\beta + C^2 \sin 2\gamma \\ -2(AA_1 \sin 2\alpha + BB_1 \sin 2\beta + CC_1 \sin 2\gamma) \\ + A_1^2 \sin 2\alpha + B_1^2 \sin 2\beta + C_1^2 \sin 2\gamma - 2r^2 \sin\alpha \sin\beta \sin\gamma = 0. \end{gathered}$$

Afin de rendre cette relation homogène, multiplions le second terme par

$$-\frac{aA + bB + cC}{2S} = 1,$$

et le dernier, par le carré de cette expression; l'équation précédente peut s'écrire

$$A^2 \sin 2\alpha + B^2 \sin 2\beta + C^2 \sin 2\gamma + \frac{aA + bB + cC}{2S} \cdot f(A, B, C) = 0,$$

où f représente une certaine fonction homogène du premier degré en A, B, C. Posons : $-\frac{1}{2S} f(A, B, C) = l'A + m'B + n'C$; l'équation du cercle sera de la forme

$$(2)\quad A^2 \sin 2\alpha + B^2 \sin 2\beta + C^2 \sin 2\gamma - (aA + bB + cC)(l'A + m'B + n'C) = 0,$$

ou bien,

$$(3)\quad \begin{gathered} A^2 \sin 2\alpha + B^2 \sin 2\beta + C^2 \sin 2\gamma \\ -(A \sin\alpha + B \sin\beta + C \sin\gamma)(lA + mB + nC) = 0. \end{gathered}$$

Dans ces équations, les coefficients l, m, n, l', m', n' sont des fonctions des coordonnées du centre et du rayon; un cercle sera complètement déterminé, si on connaît les valeurs de ces paramètres : car, on aura trois relations entre les inconnues A_1, B_1, C_1, r, qui suffisent pour les calculer, en y ajoutant l'équation $-aA_1 - bB_1 - cC_1 = 2S$.

Les trois premiers termes de l'équation (2) sont indépendants du centre et du rayon ; ils auront la même valeur pour tous les cercles possibles. Puisque l'équation est satisfaite, en posant

$$A^2 \sin 2\alpha + B^2 \sin 2\beta + C^2 \sin 2\gamma = 0$$
$$aA + bB + cC = 0,$$

on doit regarder la droite à l'infini, comme coupant un cercle quelconque en deux points nécessairement imaginaires, et déterminés par ces deux relations. Ces points s'appellent les *points circulaires* de l'infini. Nous verrons plus tard qu'il est souvent avantageux de considérer le cercle, comme une courbe du second ordre passant par les points circulaires à l'infini.

107. *Trouver l'équation du cercle circonscrit au triangle de référence.* Si le cercle (3) passe par le sommet α, l'équation doit être satisfaite pour $B = 0$ et $C = 0$; en introduisant ces valeurs, on a la condition

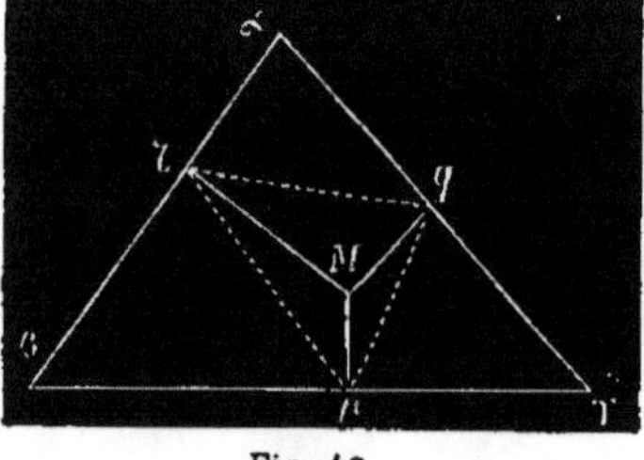

Fig. 43.

$$A^2 \sin 2\alpha = lA^2 \sin \alpha.$$

D'où $l = 2 \cos \alpha$. Comme le cercle doit aussi passer par les autres sommets β et γ, on obtiendra deux nouvelles relations en posant successivement $A = 0$ et $C = 0$, $B = 0$ et $C = 0$. On trouve ainsi

$$m = 2 \cos \beta, \qquad n = 2 \cos \gamma.$$

Si on substitue aux coefficients leurs valeurs, l'équation du cercle circonscrit sera

$$A^2 \sin 2\alpha + B^2 \sin 2\beta + C^2 \sin 2\gamma$$
$$- 2 (A \sin \alpha + B \sin \beta + C \sin \gamma) (A \cos \alpha + B \cos \beta + C \cos \gamma) = 0,$$

ou bien, après la multiplication et les réductions,

$$BC \sin (\beta + \gamma) + CA \sin (\gamma + \alpha) + AB \sin (\alpha + \beta) = 0 ;$$

mais $\sin (\beta + \gamma) = \sin \alpha$, $\sin (\gamma + \alpha) = \sin \beta$, $\sin (\alpha + \beta) = \sin \gamma$; on a donc finalement

$$(4) \qquad BC \sin \alpha + CA \sin \beta + AB \sin \gamma = 0,$$

ou

$$(5) \qquad aBC + bCA + cAB = 0,$$

en remplaçant les sinus par les côtés opposés du triangle de référence.

Au moyen d'une figure, on trouvera facilement pour les coordonnées du centre

$$A_1 = r \cos \alpha, \qquad B_1 = r \cos \beta, \qquad C_1 = r \cos \gamma,$$

r étant le rayon du cercle circonscrit; de sorte que le centre sera le point d'intersection des droites

$$\frac{A}{\cos \alpha} = \frac{B}{\cos \beta} = \frac{C}{\cos \gamma}.$$

L'équation (4) a une signification géométrique remarquable.

Soit $\alpha\beta\gamma$ un triangle, et A', B', C' les perpendiculaires Mp, Mq, Mr abaissées d'un point M sur les côtés ; on a

$$B'C' \sin qMr + C'A' \sin rMp + A'B' \sin pMq = 2 \text{ surf. } pqr,$$

ou

$$B'C' \sin \alpha + C'A' \sin \beta + A'B' \sin \gamma = 2 \text{ surf. } pqr.$$

L'équation (4) exprime donc que la surface du triangle pqr est nulle, et par conséquent, que les pieds des perpendiculaires abaissées d'un point quelconque du cercle circonscrit sur les côtés du triangle sont en ligne droite.

108. *Chercher l'équation du cercle conjugué au triangle de référence.* Un triangle est dit *conjugué* à un cercle, lorsque chaque sommet est le pôle du côté opposé. Si on pose dans (3) $l = m = n = 0$, il vient

$$(6) \qquad A^2 \sin 2\alpha + B^2 \sin 2\beta + C^2 \sin 2\gamma = 0,$$

qui est l'équation demandée. Pour le démontrer, cherchons l'équation de la tangente au cercle (6) en un point (A', B', C'). Une sécante qui passe par les points (A', B', C'), (A'', B'', C'') du cercle est représenté par l'équation

$$(A - A')(A - A'')\sin 2\alpha + (B - B')(B - B'')\sin 2\beta + (C - C')(C - C'')\sin 2\gamma$$
$$= A^2 \sin 2\alpha + B^2 \sin 2\beta + C^2 \sin 2\gamma,$$

qui s'abaisse au premier degré, après la suppression des termes communs; de plus, elle est satisfaite par les coordonnées des deux points : car, on a

$$A'^2 \sin 2\alpha + B'^2 \sin 2\beta + C'^2 \sin 2\gamma = 0,$$
$$A''^2 \sin 2\alpha + B''^2 \sin 2\beta + C''^2 \sin 2\gamma = 0.$$

Lorsque la sécante devient tangente, $A'' = A'$, $B'' = B'$, $C'' = C'$, et on obtient

$$(A - A')^2 \sin 2\alpha + (B - B')^2 \sin 2\beta + (C - C')^2 \sin 2\gamma$$
$$= A^2 \sin 2\alpha + B^2 \sin 2\beta + C^2 \sin 2\gamma,$$

ou bien

$$AA' \sin 2\alpha + BB' \sin 2\beta + CC' \sin 2\gamma = 0,$$

pour l'équation de la tangente au cercle (6); c'est, en même temps, l'équation de la polaire du point (A', B', C') situé d'une manière quelconque dans le plan. Si on suppose que le point (A', B', C') coïncide avec le sommet γ du triangle, on a $A' = 0$, $B' = 0$, et la polaire correspondante est $C = 0$; on verrait de même que les sommets β et α ont pour polaires les droites $B = 0$ et $A = 0$. Le triangle de référence est donc conjugué au cercle de l'équation (6).

On sait que la perpendiculaire abaissée d'un point, sur la polaire correspondante, passe par le centre du cercle; il en résulte que les équations du centre du cercle conjugué seront

$$A \cos \alpha = B \cos \beta = C \cos \gamma,$$

qui représentent les perpendiculaires abaissées des sommets sur les côtés opposés du triangle de référence.

109. *Trouver l'équation du cercle qui passe par les milieux des côtés du triangle de référence.*

Pour le milieu (1) du côté A, on a

$$A = 0, \qquad B \sin \beta = C \sin \gamma;$$

ces valeurs, substituées dans l'équation (5), donnent la condition

$$2B \sin \beta (B \cos \beta + C \cos \gamma) = 2B \sin \beta (mB + nC)$$

ou

$$\sin \gamma \cos \beta + \sin \beta \cos \gamma = m \sin \gamma + n \sin \beta,$$

en remplaçant B par $\dfrac{C \sin \gamma}{\sin \beta}$; il vient donc finalement l'équation

$$\sin \alpha = m \sin \gamma + n \sin \beta.$$

On trouvera de même au moyen des coordonnées des milieux des autres côtés

$$\sin \beta = n \sin \alpha + l \sin \gamma,$$
$$\sin \gamma = l \sin \beta + m \sin \alpha.$$

On satisfait à ces équations en posant :

$$l = \cos \alpha, \qquad m = \cos \beta, \qquad n = \cos \gamma;$$

l'équation du cercle qui traverse les milieux des côtés du triangle de référence sera

$$(7) \qquad A^2 \sin 2\alpha + B^2 \sin 2\beta + C^2 \sin 2\gamma$$
$$- (A \sin \alpha + B \sin \beta + C \sin \gamma)(A \cos \alpha + B \cos \beta + C \cos \gamma) = 0.$$

Ce cercle passe par les points d'intersection du cercle circonscrit avec le cercle conjugué; car on a identiquement

$$2(A \sin \alpha + B \sin \beta + C \sin \gamma)(A \cos \alpha + B \cos \beta + C \cos \gamma)$$

$$= A^2 \sin 2\alpha + B^2 \sin 2\beta + C^2 \sin 2\gamma + 2(BC \sin \alpha + CA \sin \beta + AB \sin \gamma),$$

et l'équation (7) peut se mettre sous la forme

$$(8) \quad A^2 \sin 2\alpha + B^2 \sin 2\beta + C^2 \sin 2\gamma = 2(BC \sin \alpha + CA \sin \beta + AB \sin \gamma);$$

les coordonnées des points communs aux cercles circonscrit et conjugué annulent les deux membres de l'équation.

Pour trouver les seconds points d'intersection du cercle (7) avec les côtés du triangle, posons d'abord $A = 0$, dans l'équation précédente; il vient

$$B^2 \sin 2\beta + C^2 \sin 2\gamma = 2BC \sin \alpha,$$

ou

$$B^2 \sin \beta \cos \beta + C^2 \sin \gamma \cos \gamma - BC(\sin \beta \cos \gamma + \cos \beta \sin \gamma) = 0,$$

c'est-à-dire,

$$(B \sin \beta - C \sin \gamma)(B \cos \beta - C \cos \gamma) = 0.$$

Pour le milieu (1), on a

$$A = 0, \qquad B \sin \beta - C \sin \gamma = 0,$$

et, par conséquent, on aura pour le point (4),

$$A = 0, \qquad B \cos \beta - C \cos \beta = 0;$$

c'est donc le pied de la perpendiculaire abaissée du sommet (α) sur le côté A. Les points (5) et (6) auront la même signification; il en résulte que *le cercle qui coupe en deux parties égales les côtés du triangle, passe par les pieds des perpendiculaires aux côtés, menées par les sommets opposés.*

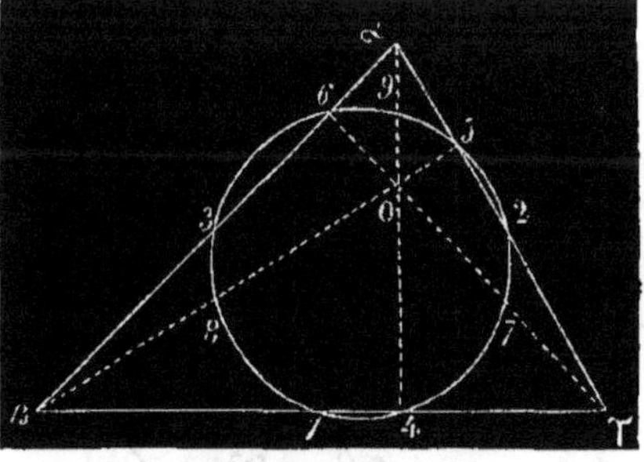

Fig. 44.

De plus, le même cercle renferme aussi les points milieux (7), (8), (9), des longueurs $O\gamma$, $O\beta$ et $O\alpha$; car les pieds des perpendiculaires abaissées des sommets du triangle $O\beta\gamma$ sur les côtés opposés, sont les points (4), (6), (5) qui appartiennent au cercle, et celui-ci devra passer par les milieux (7) et (8) des côtés $O\beta$ et $O\gamma$; on verra de même qu'il passe par le point (9). Le cercle qui jouit de cette propriété s'appelle le cercle *des neuf points* du triangle $\alpha\beta\gamma$.

110. *Trouver les conditions pour que l'équation homogène du second degré*

$$\lambda A^2 + \mu B^2 + \nu C^2 + 2\lambda' BC + 2\mu' CA + 2\nu' AB = 0,$$

représente un cercle.

Dans l'équation (3), les trois premiers termes sont indépendants des coordonnées du centre et du rayon, et ils doivent être les mêmes dans les équations de tous les cercles ; il en résulte que si $S = 0$ est l'équation d'un cercle déterminé,

$$S + (lA + mB + nC)(aA + bB + cC) = 0,$$

représentera un cercle quelconque. Prenons pour S le premier membre de l'équation du cercle circonscrit ; l'équation générale d'un cercle peut s'écrire

$$aBC + bCA + cAB + (lA + mB + nC)(aA + bB + cC) = 0.$$

Cela étant, pour que l'équation proposée représente un cercle, elle doit se ramener à la forme

$$k(aBC + bCA + cAB) + \left(\frac{\lambda A}{a} + \frac{\mu B}{b} + \frac{\nu C}{c}\right)(aA + bB + cC) = 0.$$

En développant et identifiant cette équation avec la proposée, on trouve les relations

$$2\lambda' = ka + \frac{\mu c}{b} + \frac{\nu b}{c},$$

$$2\mu' = kb + \frac{\nu a}{c} + \frac{\lambda c}{a},$$

$$2\nu' = kc + \frac{\lambda b}{a} + \frac{\mu a}{b}.$$

D'où on tire, pour les conditions demandées,

$$-kabc = \mu c^2 + \nu b^2 - 2bc\lambda' = \nu a^2 + \lambda c^2 - 2ac\mu' = \lambda b^2 + \mu a^2 - 2ab\nu';$$

ou bien, en remplaçant les côtés par les sinus des angles opposés,

$$\mu \sin^2\gamma + \nu \sin^2\beta - 2\lambda' \sin\beta \sin\gamma = \nu \sin^2\alpha + \lambda \sin^2\gamma - 2\mu' \sin\alpha \sin\gamma$$
$$= \lambda \sin^2\beta + \mu \sin^2\alpha - 2\nu' \sin\alpha \sin\beta.$$

Exercices.

Ex. 1. Quand un cercle est circonscrit à un triangle, les tangentes aux sommets rencontrent les côtés opposés en trois points en ligne droite.

L'équation du cercle circonscrit est de la forme

$$C(aB + bA) + cAB = 0.$$

La droite $aB + bA = 0$ rencontre le cercle en deux points situés sur $A = 0$ et $B = 0$; comme elle passe par le point d'intersection de ces droites, elle est nécessairement tangente au cercle au point γ. De même

$$cA + aC = 0,$$
$$bC + cB = 0,$$

seront les tangentes aux sommets β et α. Si on écrit les équations des tangentes sous la forme

$$\frac{B}{b} + \frac{A}{a} = 0,$$
$$\frac{A}{a} + \frac{C}{c} = 0,$$
$$\frac{C}{c} + \frac{B}{b} = 0,$$

il est visible qu'elles rencontrent les côtés opposés sur la droite

$$\frac{A}{a} + \frac{B}{b} + \frac{C}{c} = 0.$$

Ex. 2. Trouver l'équation de la tangente au point (A_1, B_1, C_1) du cercle $aBC + bCA + cAB = 0$.

On écrit pour l'équation d'une sécante

$$a(B - B_1)(C - C_2) + b(C - C_1)(A - A_2) + c(A - A_1)(B - B_2) = aBC + bCA + cAB.$$

En posant $A_2 = A_1$, $B_2 = B_1$, $C_2 = C_1$ et simplifiant, on arrive à l'équation

$$A(cB_1 + bC_1) + B(aC_1 + cA_1) + C(bA_1 + aB_1) = 0.$$

Ex. 3. Quelle est l'équation de la sécante commune des cercles circonscrit et conjugué?

En vertu des équations de ces cercles, on a la relation

$$A^2 \sin 2\alpha + B^2 \sin 2\beta + C^2 \sin 2\gamma + 2(BC \sin\alpha + CA \sin\beta + AB \sin\gamma) = 0,$$

ou bien

$$(A \sin\alpha + B \sin\beta + C \sin\gamma)(A \cos\alpha + B \cos\beta + C \cos\gamma) = 0,$$

qui est satisfaite par les points communs; le premier facteur est constant, et, par conséquent, l'équation demandée est

$$A \cos\alpha + B \cos\beta + C \cos\gamma = 0.$$

Ex. 4. Trouver l'équation du cercle inscrit au triangle de référence.

Exprimons que le lieu représenté par l'équation

$$\lambda A^2 + \mu B^2 + \nu C^2 + 2\lambda' BC + 2\mu' CA + 2\nu' AB = 0,$$

est tangent aux côtés du triangle de référence. Posons $A = 0$; il vient

$$\mu B^2 + \nu C^2 + 2\lambda' BC = 0,$$

qui donne deux droites issues du point α et passant par les points de rencontre de A avec le lieu; or si A est une tangente, les droites précédentes coïncident, et on doit avoir $\lambda'^2 = \mu\nu$. On trouvera également $\mu'^2 = \lambda\nu$, $\nu'^2 = \lambda\mu$. En substituant, l'équation du second degré devient

$$\lambda A^2 + \mu B^2 + \nu C^2 \pm 2\sqrt{\mu\nu}\cdot BC \pm 2\sqrt{\lambda\nu}\cdot AC \pm 2\sqrt{\lambda\mu}\cdot AB = 0.$$

Posons $\lambda = f^2$, $\mu = g^2$, $\nu = h^2$; on peut écrire

$$(m) \qquad f^2A^2 + g^2B^2 + h^2C^2 - 2ghBC - 2hfCA - 2fgAB = 0,$$

ou bien,

$$(m') \qquad \sqrt{fA} + \sqrt{gB} + \sqrt{hC} = 0;$$

car, en faisant disparaître les radicaux, on retombe sur l'équation précédente.

En vertu des conditions du N° 110, l'équation (m) représente un cercle, si on a

$$cg + bh = ah + cf = bf + ag.$$

On en déduit

$$\frac{bcf}{b+c-a} = \frac{cag}{c+a-b} = \frac{abh}{a+b-c},$$

ou

$$\frac{f}{\cos^2\frac{1}{2}\alpha} = \frac{g}{\cos^2\frac{1}{2}\beta} = \frac{h}{\cos^2\frac{1}{2}\gamma}.$$

L'équation du cercle inscrit sera

$$\sqrt{A}\cdot\cos\frac{\alpha}{2} + \sqrt{B}\cdot\cos\frac{\beta}{2} + \sqrt{C}\cdot\cos\frac{\gamma}{2} = 0.$$

Ex. 5. Les cercles décrits sur les côtés du triangle de référence comme diamètres sont représentés par les équations

$$BC = A(A\cos\alpha - B\cos\beta - C\cos\gamma),$$
$$CA = B(B\cos\beta - C\cos\gamma - A\cos\alpha),$$
$$AB = C(C\cos\gamma - A\cos\alpha - B\cos\beta).$$

Ex. 6. Trouver le centre du cercle des neuf points, ou le pôle de la droite à l'infini par rapport à ce cercle; montrer qu'il coïncide avec le milieu de la droite qui joint le centre du cercle circonscrit avec le point de concours des hauteurs.

Ex. 7. Le rayon du cercle des neuf points d'un triangle est la moitié du rayon du cercle circonscrit.

Ex. 8. Montrer que l'équation

$$BC - A^2 = 0$$

définit un cercle tangent aux côtés B et C du triangle de référence, A étant la corde des contacts. Quelle est la signification géométrique de cette équation.

Ex. 9. Le lieu des points tels que, si l'on abaisse de chacun d'eux des perpendiculaires sur les côtés d'un triangle, l'aire du triangle formé par les pieds de ces droites soit constante.

Ex. 10. Si l'on représente par

$$A = 0, \qquad B = 0, \qquad C = 0, \qquad D = l_1A + m_1B + n_1C = 0$$

les côtés d'un quadrilatère, l'équation

$$AC - BD = 0$$

représente un cercle circonscrit au quadrilatère. Donner la signification géométrique de l'équation.

§ 4. ÉQUATION DU CERCLE EN COORDONNÉES TANGENTIELLES.

111. Étant donnée l'équation d'une droite mobile

$$ux + vy + 1 = 0,$$

proposons-nous de déterminer la relation qui doit exister entre les paramètres u et v, pour que la droite reste tangente à un cercle de rayon r. Soit

$$au + bv + 1 = 0,$$

l'équation du centre; la droite dans son mouvement doit rester à une distance constante r de ce point, et, par conséquent, on doit avoir (N° 74)

$$\frac{au + bv + 1}{\sqrt{u^2 + v^2}} = r,$$

ou

$$(1) \qquad (au + bv + 1)^2 - r^2(u^2 + v^2) = 0.$$

C'est l'équation du cercle entre les coordonnées tangentielles u et v.

Si on développe l'équation précédente, pour la comparer à l'équation générale du second degré

$$Au^2 + 2Buv + Cv^2 + 2Du + 2Ev + F = 0,$$

on trouve, en égalant les coefficients des mêmes puissances,

$$a^2 - r^2 = \frac{A}{F}, \quad 2ab = \frac{2B}{F}, \quad b^2 - r^2 = \frac{C}{F}, \quad 2a = \frac{2D}{F}, \quad 2b = \frac{2E}{F}.$$

Par l'élimination des quantités a, b, r, il vient

$$DE - BF = 0, \qquad D^2 - AF = E^2 - CF.$$

Avec ces deux conditions, l'équation générale représente un cercle dont les éléments sont :

$$a = \frac{D}{F}, \quad b = \frac{E}{F}, \quad r^2 = \frac{D^2 - AF}{F^2} = \frac{E^2 - CF}{F^2}.$$

Dans le cas particulier où l'origine des coordonnées est placée au centre, $a = b = 0$, et l'équation du cercle se réduit à

$$(2) \qquad r^2(u^2 + v^2) - 1 = 0.$$

112. *Trouver l'équation du point de contact d'une tangente (u',v') au cercle $r^2(u^2+v^2)-1=0$.*

Soit (u'', v'') une seconde tangente du cercle; l'équation du point d'intersection de ces deux droites peut s'écrire

$$r^2(u-v')(u-u'')+r^2(v-v')(v-v'')=r^2(u^2+v^2)-1.$$

En effet, après la suppression des termes communs, la relation précédente est du premier degré en u et v, et représente un point situé sur les tangentes, puisqu'elle est satisfaite pour $u=u'$ et $v=v'$, $u=u''$ et $v=v''$, en tenant compte des relations,

$$r^2(u'^2+v'^2)-1=0, \qquad r^2(u''^2+v''^2)-1=0.$$

Supposons que la tangente (u'', v'') se rapproche de plus en plus de la première qui reste fixe; à la limite, lorsque les tangentes se confondent en une seule, leur point d'intersection devient le point de contact de la tangente (u', v'); de sorte qu'en posant $u''=u'$, $v''=v'$, l'équation demandée sera

$$r^2(u-u')^2+r^2(v-v')^2=r^2(u^2+v^2)-1,$$

ou, après les réductions,

$$(3) \qquad r^2(uu'+vv')-1=0.$$

113. *Chercher l'équation du pôle de la droite (u',v') par rapport au cercle $r^2(u^2+v^2)-1=0$.*

Soient u'', v'' les coordonnées d'une tangente à l'un des points où la droite (u', v') rencontre le cercle; l'équation de son point de contact est

$$r^2(uu''+vv'')-1=0;$$

mais, comme ce point appartient à la droite donnée, la relation précédente est satisfaite pour $u=u'$, $v=v'$, et, par suite,

$$r^2(u'u''+v'v'')-1=0.$$

La droite (u'', v'') passe donc par le point de l'équation

$$r^2(uu'+vv')-1=0,$$

et celle-ci représente, par conséquent, le point de concours des tangentes au cercle, qui ont la droite donnée pour corde des contacts, c'est-à-dire, le pôle de cette droite.

Ainsi, *l'équation*

$$(3) \qquad r^2(uu'+vv')-1=0$$

représente le point de contact, si la droite (u', v') touche le cercle, et le pôle de cette même droite, lorsqu'elle est située d'une manière quelconque dans le plan.

114. Si l'équation du cercle est de la forme

$$(1) \qquad (au + bv + 1)^2 - r^2(u^2 + v^2) = 0,$$

on arrive à l'équation du point de contact d'une tangente (u', v') en posant :

$$(a^2 - r^2)(u - u')(u - u'') + (b^2 - r^2)(v - v')(v - v'') + 2ab(u - u')(v - v'') = (au + bv + 1)^2 - r^2(u^2 + v^2),$$

pour l'équation du point de concours de deux tangentes (u', v'), (u'', v''); si on suppose $u'' = u'$ et $v'' = v'$, il vient, pour le point de contact,

$$(a^2 - r^2)(u - u')^2 + (b^2 - r^2)(v - v')^2 + 2ab(u - u')(v - v') = (au + bv + 1)^2 - r^2(u^2 + v^2).$$

En développant et faisant usage de la relation

$$(a^2 - r^2)u'^2 + (b^2 - r^2)v'^2 + 2abu'v' = -2au' - 2bv' - 1,$$

on obtient

$$(4) \qquad (au + bv + 1)(au' + bv' + 1) - r^2(uu' + vv') = 0.$$

Cette équation sera, en même temps, celle du pôle d'une droite quelconque (u', v') par rapport au cercle de l'équation (1).

115. Supposons, plus généralement, qu'on rapporte un cercle de rayon r à trois points fixes du plan

$$(\alpha)\ U = 0, \qquad (\beta)\ V = 0, \qquad (\gamma)\ W = 0.$$

Soit $lA + mB + nC = 0$ l'équation du centre, et A, B, C les coordonnées d'une tangente quelconque du cercle. On sait (N° 81) que la distance r a pour expression

$$r = \pm \frac{lA + mB + nC}{l + m + n},$$

les coordonnées A, B, C étant liées par la relation (N° 77)

$$\{aA, bB, cC\}^2 = 4S^2;$$

de sorte que, en rendant la première expression homogène, l'équation du cercle en coordonnées tangentielles sera

$$\{aA, bB, cC\}^2 = \frac{4S^2}{r^2}\left(\frac{lA + mB + nC}{l + m + n}\right)^2;$$

ou bien, en posant :

$$\frac{2Sl}{r(l+m+n)}=\lambda, \qquad \frac{2Sm}{r(l+m+n)}=\mu, \qquad \frac{2Sn}{r(l+m+n)}=\nu,$$

$$(5) \qquad \{aA,\ bB,\ cC\}^2 = (\lambda A + \mu B + \nu C)^2.$$

Sous cette forme, l'équation du centre est $\lambda A + \mu B + \nu C = 0$, et le rayon est égal à $\frac{2S}{\lambda+\mu+\nu}$: car des relations précédentes on tire

$$\frac{\lambda r}{2S}=\frac{l}{l+m+n}, \quad \frac{\mu r}{2S}=\frac{m}{l+m+n}, \quad \frac{\nu r}{2S}=\frac{n}{l+m+n};$$

d'où

$$\frac{r(\lambda+\mu+\nu)}{2S}=1, \qquad \text{et} \qquad r=\frac{2S}{\lambda+\mu+\nu}.$$

L'équation (5) est du second degré entre les coordonnées tangentielles ; elle renferme trois paramètres λ, μ, ν qui se déterminent au moyen des conditions géométriques auxquelles le cercle doit satisfaire.

116. *Trouver l'équation du cercle inscrit au triangle de référence.*

Si le cercle (5) est tangent à la droite des points de référence α et β, l'équation doit être satisfaite pour $A = 0$ et $B = 0$; dans cette hypothèse, on doit avoir

$$c^2C^2 = \nu^2C^2, \qquad \text{ou} \qquad \nu = c;$$

on trouvera de même que μ et λ doivent avoir pour valeurs b et a. Si on remplace les paramètres λ, μ et ν par a, b, c, les termes en A^2, B^2, C^2 vont disparaître, et il viendra

$$bc(\cos\alpha + 1)BC + ca(\cos\beta + 1)CA + ab(\cos\gamma + 1)AB = 0,$$

ou

$$BC \cdot bc\cos^2\frac{1}{2}\alpha + CA \cdot ca\cos^2\frac{1}{2}\beta + AB \cdot ab\cos^2\frac{1}{2}\gamma = 0.$$

Si on représente par s le demi-périmètre du triangle de référence, l'équation du cercle inscrit est de la forme

$$(6) \qquad (s-a)BC + (s-b)CA + (s-c)AB = 0;$$

le rayon a pour valeur $\frac{2S}{a+b+c}$ et l'équation du centre est $aA + bB + cC = 0$.

117. *Trouver l'équation du cercle conjugué au triangle de référence.*

Si l'équation (5) ne renferme que des termes en A^2, B^2, C^2, et se ramène à la forme

$$(k) \qquad l_1A^2 + m_1B^2 + n_1C^2 = 0,$$

elle représente un cercle conjugué au triangle $\alpha\beta\gamma$; car si on cherche l'équation du point de contact d'une tangente donnée ou du pôle d'une droite (A', B', C'), par la méthode si souvent employée, on trouve

$$l_1AA' + m_1BB' + n_1CC' = 0.$$

Or, si la droite (A', B', C') coïncide avec le côté $\alpha\beta$, on a $A' = B' = 0$, et, pour le pôle correspondant, $n_1CC' = 0$, c'est-à-dire, $C = 0$ ou $W = 0$; on verra de même que les sommets β et α sont les pôles des côtés opposés et, par conséquent, le triangle est conjugué au cercle de l'équation (k).

Cela étant, si on développe l'équation (5), les rectangles des coordonnées disparaissent de l'équation avec les conditions

$$\mu\nu = -bc\cos\alpha, \qquad \lambda\nu = -ca\cos\beta, \qquad \lambda\mu = -ab\cos\gamma,$$

d'où

$$\lambda^2 = -\frac{a^2\cos\beta\cos\gamma}{\cos\alpha}, \quad \mu^2 = -\frac{b^2\cos\alpha\cos\gamma}{\cos\beta}, \quad \nu^2 = -\frac{c^2\cos\alpha\cos\beta}{\cos\gamma}.$$

En substituant ces valeurs dans (5), le terme en A^2 a pour expression

$$a^2A^2\left(1 + \frac{\cos\beta\cos\gamma}{\cos\alpha}\right) = a^2A^2\left[\frac{\cos\alpha + [\cos(\beta+\gamma) + \sin\beta\sin\gamma]}{\cos\alpha}\right] = \frac{a^2A^2}{\cos\alpha}\sin\beta\sin\gamma$$

et l'équation cherchée sera de la forme

$$\frac{a^2A^2}{\cos\alpha}\sin\beta\sin\gamma + \frac{b^2B^2}{\cos\beta}\sin\alpha\sin\gamma + \frac{c^2C^2}{\cos\gamma}\sin\alpha\sin\beta = 0,$$

ou bien

$$(7) \qquad A^2\tang\alpha + B^2\tang\beta + C^2\tang\gamma = 0.$$

Exercices.

Ex. 1. Dans un triangle circonscrit à un cercle, les droites qui joignent les sommets aux points de contact des côtés opposés se coupent en un même point.

Si on écrit l'équation du cercle inscrit au triangle sous la forme

$$C[(s-a)B + (s-b)A] + (s-c)AB = 0,$$

on voit que l'équation

$$(s-a)B + (s-b)A = 0, \qquad \text{ou} \qquad \frac{B}{s-b} + \frac{A}{s-a} = 0,$$

représente le point de contact du côté $\alpha\beta$; les points analogues pour les autres côtés seront

$$\frac{A}{s-a}+\frac{C}{s-c}=0. \qquad \frac{C}{s-c}+\frac{B}{s-b}=0.$$

Les droites qui joignent ces points aux sommets du triangle ont pour point commun

$$\frac{A}{s-a}+\frac{B}{s-b}+\frac{C}{s-c}=0.$$

Ex. 2. Trouver l'équation du cercle circonscrit au triangle de référence.

Si, dans l'équation générale du second degré en coordonnées tangentielles

$$\lambda A^2+\mu B^2+\nu C^2+2\lambda' BC+2\mu' CA+2\nu' AB=0,$$

on pose $A=0$, il vient

$$\mu B^2+\nu C^2+2\lambda' BC=0.$$

Cette équation représente deux points situés sur $\beta\gamma$ et appartenant aux tangentes du lieu de l'équation issues du point α; mais, si ce dernier est sur la courbe, il n'y a plus qu'une tangente, et l'équation précédente donne deux points qui coïncident; par suite, $\lambda'^2=\mu\nu$. En exprimant que les autres sommets sont sur la courbe, on trouvera aussi $\mu'^2=\lambda\nu$, $\nu'^2=\lambda\mu$. Si l'on pose $\lambda=f^2$, $\mu=g^2$, $\nu=h^2$, l'équation du lieu passant par les sommets du triangle de référence sera de la forme

$$f^2A^2+g^2B^2+h^2C^2-2ghBC-2hfCA-2fgAB=0,$$

ou bien,

$$\sqrt{fA}+\sqrt{gB}+\sqrt{hC}=0.$$

Supposons maintenant que l'équation précédente représente un cercle. Pour $A=0$, on a

$$\sqrt{gB}+\sqrt{hC}=0, \qquad \text{ou} \qquad \frac{g}{h}=\frac{C}{B}$$

qui donne le point commun au côté $\beta\gamma$ et à la tangente en α: au moyen d'une figure, on trouvera facilement, en abaissant des perpendiculaires des points β et γ sur cette tangente,

$$\frac{g}{h}=\frac{C}{B}=\frac{b\sin\beta}{c\sin\gamma};$$

de même $\frac{h}{f}=\frac{c\sin\gamma}{a\sin\alpha}$, et, par conséquent,

$$\frac{f}{a\sin\alpha}=\frac{g}{b\sin\beta}=\frac{h}{c\sin\gamma},$$

ou encore

$$\frac{f}{\sin^2\alpha}=\frac{g}{\sin^2\beta}=\frac{h}{\sin^2\gamma}.$$

On aura donc, pour l'équation du cercle circonscrit en coordonnées tangentielles,

$$\sqrt{A}\cdot\sin\alpha+\sqrt{B}\cdot\sin\beta+\sqrt{C}\cdot\sin\gamma=0.$$

Ex. 3. Soit α le point de concours de deux tangentes à un cercle, et β, γ, leurs points de contact. Si on rapporte le cercle au triangle $\alpha\beta\gamma$, son équation sera de la forme

$$BC=A^2\cdot\sin^2\frac{\alpha}{2}.$$

Quelle est la signification géométrique de cette équation?

CHAPITRE V.

CERCLE (SUITE).

Propriétés d'un système de deux ou de plusieurs cercles.

SOMMAIRE. — *Système de cercles qui ont même sécante commune. De l'axe radical. — Centres de similitude de deux cercles. — Propriétés du système de trois cercles dans un plan. Du cercle tangent à trois cercles donnés.*

§ 1. DE L'AXE RADICAL.

118. Considérons le système de deux cercles représentés par les équations

$$(0) \qquad (x - a_0)^2 + (y - b_0)^2 - r_0^2 = 0,$$
$$(1) \qquad (x - a_1)^2 + (y - b_1)^2 - r_1^2 = 0,$$

que nous écrirons, pour abréger,

$$(0) \quad C_0 = 0, \qquad\qquad (1) \quad C_1 = 0.$$

Les expressions C_0 et C_1 ont une signification géométrique qu'il faut indiquer. Si $M(x, y)$ est un point quelconque du plan, $(x - a_0)^2 + (y - b_0)^2$ est le carré de la distance de ce point au centre du cercle C_0 ; mais cette distance est l'hypothénuse d'un triangle rectangle dont les côtés de l'angle droit sont le rayon et la tangente issue du point M. Donc le premier membre de l'équation $C_0 = 0$, c'est-à-dire $(x - a_0)^2 + (y - b_0)^2 - r^2$, représente le carré de la tangente menée d'un point $M(x, y)$ du plan au cercle de l'équation.

La *puissance* d'un point par rapport à un cercle est le produit des segments déterminés sur une sécante issue de ce point. On sait que ce produit est constant et égal au carré de la tangente menée du même point au cercle ; de sorte qu'on peut dire aussi que C_0 et C_1 représentent la puissance d'un point M (x, y) par rapport aux cercles $C_0 = 0$, $C_1 = 0$.

119. L'équation générale des cercles qui passent par les points d'intersection de C_0 et C_1 est

$$(s) \qquad C_0 - \lambda C_1 = 0,$$

où λ est un coefficient indéterminé ; car elle est du second degré et de la forme de l'équation du cercle en coordonnées rectangulaires ; de plus, les points communs à C_0 et C_1 ont des coordonnées qui annulent ces quantités et qui satisfont à l'équation. On en tire

$$\frac{C_0}{C_1} = \lambda ;$$

et, par conséquent, pour chaque cercle (s), le rapport des puissances d'un point relativement à C_0 et C_1 est constant.

Dans le cas particulier où $\lambda = 1$, l'équation

$$(a) \qquad C_0 - C_1 = 0$$

est du premier degré en x et y, et représente une droite qui jouit de la propriété, d'être le lieu géométrique des points du plan d'égale puissance par rapport aux cercles C_0 et C_1, et de passer par leurs points d'intersection. On l'appelle *axe radical* ou *sécante commune* des deux cercles.

Si on remplace, dans (a), C_0 et C_1 par leurs valeurs, on trouve

$$2(a_1 - a_0)x + 2(b_1 - b_0)y + k = 0,$$

en posant $k = a_0^2 + b_0^2 - a_1^2 - b_1^2 - r_0^2 + r_1^2$; cette équation représente une droite qui a pour coefficient angulaire $-\dfrac{a_1 - a_0}{b_1 - b_0}$; elle est perpendiculaire à la ligne des centres, c'est-à-dire à la droite qui joint les points (a_0, b_0), (a_1, b_1).

L'axe radical de deux cercles existe toujours, soit qu'ils se coupent en deux points réels ou en deux points imaginaires ; dans le premier cas, c'est la droite qui joint les points réels d'intersection, et, dans le second, celle qui passe par les milieux des tangentes communes ; car les tangentes menées de ces points aux deux cercles étant égales, ces milieux ont même puissance et doivent appartenir à l'axe radical.

120. Tous les cercles de l'équation (s) passent par deux points fixes du plan et ont même axe radical, celui des cercles C_0 et C_1. Pour simplifier, prenons la droite des centres (a_0, b_0), (a_1, b_1) pour axe des x, et l'axe radical pour axe des y; un cercle quelconque de la série sera représenté par l'équation

$$(s) \qquad y^2 + (x - \lambda)^2 - r^2 = 0,$$

où λ est l'abcisse de centre et r le rayon. Si on développe, il vient

$$(s) \qquad x^2 + y^2 - 2\lambda x + m^2 = 0,$$

en posant : $m^2 = \lambda^2 - r^2$. La quantité m^2 est la valeur du premier membre de l'équation pour $x = 0$, $y = 0$, et représente le carré de longueur constante de la tangente menée du point O à l'un des cercles, c'est-à-dire la puissance de l'origine. Il faut donner le signe $+$ à m^2 dans l'équation, si les cercles ne se rencontrent pas, et le signe $-$, s'ils se coupent en deux points réels : dans le premier cas, $\lambda^2 - r^2 > 0$, et dans le second, $\lambda^2 - r^2 < 0$. Si $\lambda = \pm m$, on a $r = 0$, et l'équation (s) donne deux points ou cercles infiniment petits situés sur la ligne des centres aux distances $\pm m$ de l'origine. Poncelet a appelé ces deux points les *cercles limites* du système : ils sont réels, si les cercles ne se rencontrent pas, et ils n'existent plus dans le cas contraire.

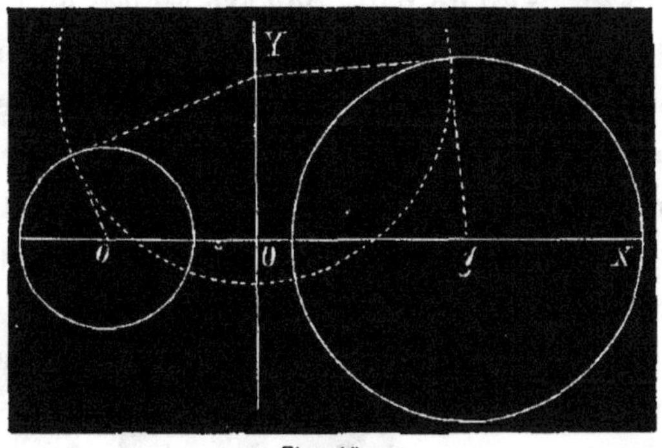

Fig. 45.

121. *Les polaires d'un point du plan par rapport à tous les cercles de même axe radical passent par un point fixe.*

La polaire d'un point (x', y'), par rapport à un cercle quelconque du système, a pour équation

$$yy' + (x - \lambda)(x' - \lambda) - r^2 = 0,$$

ou bien,

$$yy' + xx' - \lambda(x + x') + m^2 = 0;$$

quel que soit λ, la polaire passe par le point d'intersection des droites

$$yy' + xx' + m^2 = 0 \qquad \text{et} \qquad x + x' = 0.$$

Ce point fixe, en vertu d'une propriété de la polaire, est *réciproque* du point donné; de sorte que toutes les polaires qui lui correspondent concourent au point (x', y').

Pour un point de la sécante commune, on a $x' = 0$, et le point réciproque se trouve aussi sur cette droite.

Si on pose $y' = 0$ et $x' = m$, l'équation de la polaire devient

$$x + m = 0.$$

Ainsi, *un point limite a pour polaire, par rapport à tous les cercles du système, une droite fixe perpendiculaire à la ligne des centres et passant par l'autre point limite;* ces deux points divisent harmoniquement les diamètres de tous les cercles.

122. Si d'un point de l'axe radical on mène des tangentes aux cercles du système, leurs points de contact se trouvent sur une circonférence ayant pour rayon la longueur commune des tangentes, et pour centre le point choisi sur la sécante commune. Ce nouveau cercle est orthogonal aux premiers, c'est-à-dire que les tangentes aux points d'intersection sont perpendiculaires; il passe par les points limites, car les distances du centre à ces points sont les tangentes de ces cercles infiniment petits. L'axe radical doit donc être regardé comme la ligne des centres d'une nouvelle série de cercles, orthogonale à la première, et ayant pour sécante commune la ligne des centres des cercles de la première série.

L'équation d'un cercle quelconque du second système sera de la forme

$$x^2 + (y - \mu)^2 - r^2 = 0,$$

ou bien

$$x^2 + y^2 - 2\mu y - m^2 = 0;$$

μ étant l'ordonnée du centre et m la distance d'un point limite à l'origine.

Ex. **1**. Quel est l'axe radical des cercles

$$x^2 + y^2 - 2x - 4y + 9 = 0, \qquad x^2 + y^2 - 5x + 2y - 6 = 0?$$

R. $\quad x - 6y + 15 = 0.$

Ex. **2**. Trouver l'équation du cercle qui passe par le point (2, 5) et qui a même sécante commune avec les cercles de l'exemple 1.

R. $\quad x^2 + y^2 + 4x - 40y + 99 = 0.$

Ex. **3**. Chercher les coordonnées du centre et le rayon d'un cercle de l'équation $C_0 - \lambda C_1 = 0$.

R. $\quad \dfrac{a_0 - \lambda a_1}{1 - \lambda}, \quad \dfrac{b_0 - \lambda b_1}{1 - \lambda}, \quad \dfrac{r_1\lambda^2 + \lambda\left(\overline{01}^2 - r_0^2 - r_1^2\right) r_0^2}{(1 - \lambda)^2}$

$\overline{01}$ est la distance des centres des cercles C_0 et C_1.

Ex. 4. Quel est le lieu géométrique des réciproques des points de la droite des centres?

R. $x \pm m = 0$: deux droites parallèles à la sécante commune et passant par les points limites.

Ex. 5. Trouver le lieu des réciproques de tous les points de la droite $y = px + b$.

Il faut éliminer x' entre les deux équations

$$xx' + y(px' + b) + m^2 = 0, \qquad x + x' = 0.$$

On trouve $x^2 + pxy - by - m^2 = 0$ qui représente une courbe du second degré. Lorsque la droite donnée passe par le point limite (m, o), on a $pm + b = 0$ et la courbe se réduit aux droites

$$x + m = 0, \qquad x + py - m = 0,$$

dont l'une est parallèle à l'axe radical et passe par le second point limite; l'autre est perpendiculaire à la droite donnée.

Ex. 6. Trouver l'équation des cercles orthogonaux aux cercles donnés par les équations

$$(1) \qquad x^2 + y^2 - 2a_0x - 2b_0y + c_0 = 0,$$
$$(2) \qquad x^2 + y^2 - 2b_1x - 2c_1y + c_1 = 0.$$

Soit

$$x^2 + y^2 - 2\alpha x - 2\beta y + \gamma = 0$$

le cercle cherché. En exprimant que la somme des carrés des rayons qui aboutissent à un point d'intersection de deux cercles orthogonaux est égale au carré de la distance des centres, on arrivera aux conditions

$$2a_0\alpha + 2b_0\beta - \gamma - c_0 = 0,$$
$$2a_1\alpha + 2b_1\beta - \gamma - c_1 = 0.$$

Par l'élimination de α, β, l'équation générale demandée sera

$$\begin{vmatrix} x^2 + y^2 + \gamma & x & y \\ \gamma + c_0 & a_0 & b_0 \\ \gamma + c_1 & a_1 & b_1 \end{vmatrix} = 0.$$

Ex. 7. Trouver le cercle orthogonal aux trois cercles suivants :

$$x^2 + y^2 - 2a_0x - 2b_0y + c_0 = 0,$$
$$x^2 + y^2 - 2a_1x - 2b_1y + c_1 = 0,$$
$$x^2 + y^2 - 2a_2x - 2b_2y + c_2 = 0.$$

R. $$\begin{vmatrix} x^2 + y^2 & x & y & 1 \\ c_0 & a_0 & b_0 & 1 \\ c_1 & a_1 & b_1 & 1 \\ c_2 & a_2 & b_2 & 1 \end{vmatrix} = 0.$$

Ex. 8. Étant donnés deux cercles, si par un point de l'un on mène une tangente à l'autre, cette tangente est moyenne proportionnelle entre la distance des centres et le double de la perpendiculaire abaissée de ce point sur l'axe radical.

Ex. 9. D'un point M on mène trois droites passant par les sommets α, β, γ d'un triangle et coupant les côtés opposés aux points α', β', γ'. Le cercle orthogonal aux cercles décrits sur $\alpha\alpha'$, $\beta\beta'$, $\gamma\gamma'$ passe par deux points fixes, quel que soit le point M. (H. Faure.)

Ex. 10. Étant donnés deux cercles qui se coupent orthogonalement, si l'on fait passer un cercle par leurs centres et leurs points d'intersection, la somme des puissances d'un point de ce cercle par rapport aux cercles donnés est nulle.

§ 2. CENTRES DE SIMILITUDE DE DEUX CERCLES.

123. Soient O et 1 les centres de deux cercles. Si on prend pour axes des coordonnées les tangentes communes, les équations des cercles sont de la forme

$$(0) \qquad x^2 + y^2 + 2xy\cos\theta - 2ax - 2ay + a^2 = 0,$$

$$(1) \qquad x^2 + y^2 + 2xy\cos\theta - 2a'x - 2a'y + a'^2 = 0,$$

où $a = \text{SA}$, $a' = \text{SA}'$ et θ est l'angle des axes. Menons par l'origine une

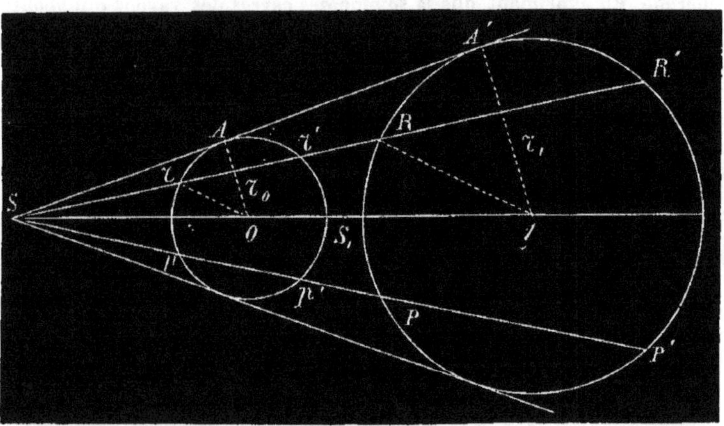

Fig. 46.

sécante $y = px$; elle rencontre les cercles aux points r, r', R, R'. En représentant par x et y, X et Y les coordonnées des points r et R, on a les égalités

$$\frac{y}{x} = \frac{\text{Y}}{\text{X}}, \qquad \text{d'où} \qquad \frac{\text{X}}{x} = \frac{\text{Y}}{y}.$$

Posons

$$\frac{\text{X}}{x} = \frac{\text{Y}}{y} = \lambda.$$

Si, dans l'équation (1), on remplace les variables x et y par λx, λy, on obtient

$$\lambda^2(x^2+y^2+2xy\cos\theta)-2a'\lambda x-2a'\lambda y+a'^2=0,$$

et, en prenant $\lambda=\frac{a'}{a}$, on retrouve l'équation du premier cercle. Pour les points r et R appartenant à la fois aux cercles et à la sécante issue du point S, on a donc les relations

$$\frac{X}{x}=\frac{Y}{y}=\frac{a'}{a};$$

d'où

$$\frac{X}{x}=\frac{Y}{y}=\frac{\sqrt{X^2+Y^2+2XY\cos\theta}}{\sqrt{x^2+y^2+2xy\cos\theta}}=\frac{SR}{Sr}=\frac{a'}{a}=\frac{SA'}{SA}.$$

Le rapport $\frac{SR}{Sr}$ est constant quel que soit la direction de la sécante, et on peut construire le second cercle au moyen du premier, en prenant, sur le prolongement de Sr, un point R tel que $SR=\frac{a'}{a}\cdot Sr$. Cette propriété est celle qui caractérise la similitude de deux figures. Le point de concours des tangentes communes S est appelé *centre de similitude* des deux cercles.

Les points r et R qui appartiennent a des arcs de même sens sont dits *homologues directs*; deux points tels r et R' sont *homologues inverses*. Il faut attribuer la même signification aux *droites homologues directes* et aux *droites homologues inverses*.

124. Les rayons qui aboutissent à deux points homologues directs sont parallèles; car si on mène les rayons aux points de contact des tangentes, on a évidemment

$$\frac{SR}{Sr}=\frac{SA'}{SA}=\frac{r_1}{r_0}=\frac{S1}{SO},$$

et les triangles OrS, 1RS sont semblables. Réciproquement, si on mène deux rayons parallèles Or, 1R, la droite qui joint les points r et R passe par le centre de similitude. Cette propriété permet de construire le point S sans faire usage des tangentes; il suffit de mener par les centres 0 et 1 des cercles deux rayons parallèles; la droite passant par leurs extrémités, rencontre la ligne des centres au point S.

Si on rapportait les deux cercles aux tangentes intérieures, on verrait également que leur point de concours S_1 jouit des mêmes propriétés que le point S. C'est aussi un centre de similitude des deux cercles. Pour le construire, il faudrait tirer deux rayons parallèles et dirigés en sens opposé ; la droite qui réunit leurs extrémités détermine sur la ligne des centres le point S_1.

Cette construction des points S et S_1 nous montre que les centres de similitude de deux cercles existent toujours quelle que soit leur position dans le plan, qu'ils soient intérieurs ou extérieurs l'un à l'autre. Quand deux cercles se touchent, leur point de contact sera évidemment un centre de similitude.

125. *Les droites homologues directes sont parallèles, tandis que les droites homologues inverses concourent sur l'axe radical.*

Prenons pour axes des coordonnées les sécantes SR et SP issues du point S; posons $Sp = p$, $Sp' = p'$, $Sr = r$ et $Sr' = r'$. On a $pp' = rr'$, et l'équation du premier cercle est de la forme (N° 95).

$$(0) \qquad x^2 + y^2 + 2xy\cos\theta - (p + p')x - (r + r')y + rr' = 0.$$

Si on désigne par m le rapport de similitude, $SP = mp$, $SP' = mp'$, $SR = mr$, $SR' = mr'$; et le second cercle aura pour équation

$$(1) \quad x^2 + y^2 + 2xy\cos\theta - m(p + p')x - m(r + r')y + m^2rr' = 0.$$

L'axe radical des deux cercles est représenté par

$$(p + p')x + (r + r')y - rr'(1 + m) = 0.$$

D'ailleurs les différentes droites homolognes de la figure ont pour équations

$$(rp) \quad \frac{x}{p} + \frac{y}{r} = 1, \qquad\qquad (r'p') \quad \frac{x}{p'} + \frac{y}{r'} = 1,$$

$$(\mathrm{RP}) \quad \frac{x}{mp} + \frac{y}{mr} = 1, \qquad\qquad (\mathrm{R'P'}) \quad \frac{x}{mp'} + \frac{y}{mr'} = 1.$$

Il est visible que les droites homologues directes rp et RP ainsi que $r'p'$ et R'P' sont parallèles ; d'un autre côté, si on ajoute membre à membre les équations (rp) et (R'P'), ($r'p'$) et (RP), on trouve

$$x\left(\frac{1}{p} + \frac{1}{p'}\right) + y\left(\frac{1}{r} + \frac{1}{r'}\right) = 1 + m,$$

ou bien

$$(p + p')x + (r + r')y - (1 + m)rr' = 0;$$

et, par conséquent, les points d'intersection des droites homologues inverses se trouvent sur l'axe radical.

126. *Trouver les coordonnées des centres de similitude des cercles* $C_0=0$, $C_1=0$.

Soient

$$A_0 = a_0u + b_0v + 1 = 0, \qquad A_1 = a_1u + b_1v + 1 = 0,$$

les équations des centres des cercles donnés; ceux-ci seront représentés par

$$A_0^2 - r_0^2(u^2+v^2) = 0, \qquad A_1^2 - r_1^2(u^2+v^2) = 0,$$

dans lesquelles u et v sont les coordonnées d'une tangente quelconque. En retranchant ces équations membre à membre après les avoir divisées respectivement par r_0^2 et r_1^2, on obtient

$$\frac{A_0^2}{r_0^2} - \frac{A_1^2}{r_1^2} = 0.$$

Cette relation est satisfaite par les valeurs de u et v qui correspondent aux tangentes communes, et, par suite, les équations

$$(\alpha) \qquad \frac{A_0}{r_0} - \frac{A_1}{r_1} = 0, \qquad \frac{A_0}{r_0} + \frac{A_1}{r_1} = 0,$$

représentent les points de concours de ces tangentes ou les centres de similitude des deux cercles. La première donne le point que nous avons appelé jusqu'ici S, et dont les coordonnées rectangulaires sont

$$x = \frac{\dfrac{a_0}{r_0} - \dfrac{a_1}{r_1}}{\dfrac{1}{r_0} - \dfrac{1}{r_1}}, \qquad y = \frac{\dfrac{b_0}{r_0} - \dfrac{b_1}{r_1}}{\dfrac{1}{r_0} - \dfrac{1}{r_1}},$$

ou bien

$$x = \frac{a_0r_1 - a_1r_0}{r_1 - r_0}, \qquad y = \frac{b_0r_1 - b_1r_0}{r_1 - r_0};$$

la seconde représente le point de concours des tangentes intérieures, et les coordonnées rectangulaires de ce point sont

$$x = \frac{a_0r_1 + a_1r_0}{r_1 + r_0}, \qquad y = \frac{b_0r_1 + b_1r_0}{r_1 + r_0}.$$

La forme des équations (α) met en évidence cette propriété des centres de similitude de diviser harmoniquement la distance des centres des cercles.

127. *Trouver les équations des tangentes communes aux cercles* $C_0 = 0$ *et* $C_1 = 0$.

Les tangentes menées d'un point extérieur (x', y') au cercle C_0 ont pour équation

$$[(x-a_0)(x'-a_0)+(y-b_0)(y'-b_0)-r_0^2]^2$$
$$-[(x-a_0)^2+(y-b_0)^2-r_0^2][(x'-a_0)^2+(y'-b_0)^2-r_0^2]=0.$$

Pour obtenir les tangentes communes extérieures, il suffit de remplacer x' et y' par les coordonnées du point S; après quelques réductions, on trouve

$$[(x-a_0)(a_0-a_1)+(y-b_0)(b_0-b_1)-r_0(r_1-r_0)]^2$$
$$-[(x-a_0)^2+(y-b_0)^2-r_0^2]\left[\overline{01}^2-(r_1-r_0)^2\right]=0,$$

où $\overline{01}$ représente la distance des centres. On peut transformer cette équation, en remarquant que l'expression renfermée dans la première parenthèse est égale à

$$(a_0-a_1)x+(b_0-b_1)y-a_0^2+a_0a_1-b_0^2+b_0b_1-r_0r_1+r_0^2$$
$$=\frac{1}{2}[C_1-C_0-a_1^2-b_1^2+r_1^2-a_0^2-b_0^2+r_0^2+2a_0a_1+2b_0b_1-2r_0r_1]$$
$$=\frac{1}{2}\left\{C_1-C_0-\left[\overline{01}^2-(r_1-r_0)^2\right]\right\}.$$

En substituant, l'équation des tangentes extérieures est de la forme

$$\left\{C_1-C_0-\left[\overline{01}^2-(r_1-r_0)^2\right]\right\}^2-4C_0\left[\overline{01}^2-(r_1-r_0)^2\right]=0.$$

128. *Trouver les équations des polaires des centres de similitude relativement aux cercles* $C_0=0$, $C_1=0$.

La polaire d'un point (x', y') relativement au cercle C_0 a pour équation

$$(x-a_0)(x'-a_0)+(y-b_0)(y'-b_0)-r_0^2=0.$$

Pour obtenir la polaire du point S par rapport au même cercle, il faut poser

$$x'=\frac{a_0r_1-a_1r_0}{r_1-r_0},\qquad y'=\frac{b_0r_1-b_1r_0}{r_1-r_0}.$$

Après la substitution, on obtient

$$(x-a_0)(a_0-a_1)+(y-b_0)(b_0-b_1)-r_0(r_1-r_0)=0,$$

ou, en vertu d'une transformation indiquée au numéro précédent,

$$C_1 - C_0 - \left[\overline{01}^2 - (r_1 - r_0)^2\right] = 0.$$

Pour la polaire du même point relativement au cercle C_1, on aurait

$$(x - a_1)(a_1 - a_0) + (y - b_1)(b_1 - b_0) - r_1(r_0 - r_1) = 0,$$

ou bien,

$$C_1 - C_0 + \left[\overline{01}^2 - (r_1 - r_0)^2\right] = 0.$$

Enfin, en répétant le même calcul pour le centre de similitude S_1, on trouverait pour les polaires de ce point relativement aux cercles C_0 et C_1,

$$C_1 - C_0 - \left[\overline{01}^2 - (r_0 + r_1)^2\right] = 0,$$

$$C_1 - C_0 + \left[\overline{01}^2 - (r_0 + r_1)^2\right] = 0.$$

On déterminerait les coordonnées des points de contact des tangentes extérieures et intérieures, en combinant ces équations avec celles des cercles C_0 et C_1.

§ 5. SYSTÈME DE TROIS CERCLES. — DU CERCLE TANGENT A TROIS CERCLES DONNÉS.

129. Considérons, dans un plan, trois cercles représentés par les équations

$$C_0 = 0, \qquad C_1 = 0, \qquad C_2 = 0,$$

dont les centres sont les points (a_0, b_0), (a_1, b_1), (a_2, b_2), et les rayons r_0, r_1, r_2. Les sécantes communes des cercles pris deux à deux ont pour équations

$$C_0 - C_1 = 0, \qquad C_1 - C_2 = 0, \qquad C_2 - C_0 = 0,$$

et, par conséquent, elles se coupent en un même point appelé *centre radical* des cercles donnés. En vertu de la signification des quantités C_0, C_1, C_2, ce point jouit de la propriété, que les tangentes aux cercles issues de ce point ont même longueur. Le centre radical est ainsi le centre d'un cercle orthogonal aux trois autres et dont le rayon est la longueur commune des tangentes. Deux des trois équations précédentes, par exemple,

$$C_1 - C_2 = 0, \qquad C_2 - C_0 = 0,$$

serviront à calculer le centre du cercle orthogonal; le rayon s'obtiendra en substituant les valeurs trouvées pour x et y, dans l'une des expressions C_0, C_1, C_2.

130. *Les centres de similitude de trois cercles sont situés trois à trois sur quatre droites.*

D'après le N° 126, les points de concours des tangentes extérieures sont représentés par les équations

$$(1)\ \frac{A_0}{r_0}-\frac{A_1}{r_1}=0,\qquad (2)\ \frac{A_1}{r_1}-\frac{A_2}{r_2}=0,\qquad (3)\ \frac{A_2}{r_2}-\frac{A_0}{r_0}=0,$$

et les points d'intersection des tangentes intérieures par

$$(4)\ \frac{A_0}{r_0}+\frac{A_1}{r_1}=0,\qquad (5)\ \frac{A_1}{r_1}+\frac{A_2}{r_2}=0,\qquad (6)\ \frac{A_2}{r_2}+\frac{A_0}{r_0}=0.$$

La forme de ces équations indique que les trois premiers points sont en ligne droite, ainsi que deux des trois autres avec l'un des points (1), (2), (3). Les coordonnées rectangulaires des six centres de similitude se calculent facilement au moyen des relations précédentes. Les droites sur lesquelles se trouvent ces points sont les *axes de similitude* des cercles donnés; celle qui joint les points (1), (2), (3) s'appelle *axe extérieur de similitude*. Ces points et ces droites existent toujours, quelle que soit la position relative des cercles C_0, C_1, C_2.

Il résulte de ce théorème que, si un cercle $S=0$ touche les deux cercles $C_0=0$ et $C_1=0$, les points de contact sont en ligne droite avec un centre de similitude de C_0 et C_1; car ces points de contact sont deux centres de similitude des trois cercles S, C_0 et C_1.

131. *Trouver l'équation de l'axe extérieur de similitude.*

Il suffit de chercher l'équation de la droite qui joint les points (1) et (3) du muméro précédent. Les coordonnées rectangulaires de ces deux centres de similitude sont

$$(1)\qquad x=\frac{a_1r_0-a_0r_1}{r_0-r_1},\qquad y=\frac{b_1r_0-b_0r_1}{r_0-r_1},$$

$$(3)\qquad x=\frac{a_2r_0-a_0r_2}{r_0-r_2},\qquad y=\frac{b_2r_0-b_0r_2}{r_0-r_2};$$

et l'équation de l'axe extérieur de similtude peut se mettre sous la forme

$$(7) \qquad [r_0(b_2 - b_1) + r_1(b_0 - b_2) + r_2(b_1 - b_0)]x$$
$$- [r_0(a_2 - a_1) + r_1(a_0 - a_2) + r_2(a_1 - a_0)]y$$
$$+ r_0(a_1b_2 - a_2b_1) + r_1(a_2b_0 - a_0b_2) + r_2(a_0b_1 - a_1b_0) = 0.$$

On trouverait de la même manière les équations des autres axes de similitude.

132. *Déterminer le pôle de l'axe extérieur de similitude.*

Nous avons trouvé (N° 128) pour la polaire du centre extérieur de similitude des cercles C_0 et C_1 par rapport au premier, l'équation

$$(8) \qquad C_1 - C_0 - \left[\overline{01}^2 - (r_1 - r_0)^2\right] = 0.$$

De même, la polaire du centre extérieur de similitude des cercles C_0 et C_2 relativement à C_0 sera

$$(9) \qquad C_2 - C_0 - \left[\overline{02}^2 - (r_2 - r_0)^2\right] = 0,$$

où $\overline{02}$ est la distance des centres de C_0 et C_2. Les droites (8) et (9) doivent passer par le point demandé; en résolvant les équations par rapport à x et y, on aura les coordonnées rectangulaires du pôle de l'axe extérieur de similitude des trois cercles par rapport à C_0.

133. Nous allons terminer l'étude du cercle par la résolution d'un problème intéressant et qui a déjà reçu plusieurs solutions. Ce problème consiste à déterminer un cercle tangent à trois cercles donnés.

Soient 0, 1, 2 les centres des cercles

$$C_0 = 0, \quad C_1 = 0, \quad C_2 = 0;$$

x et y les coordonnées du centre du cercle inconnu et r son rayon. On exprimera qu'il est tangent inrieurement ou extérieure- à l'un des cercles proposés, en égalant la distance des centres à la somme ou à la différence des rayons. Ce qui conduira aux égalités suivantes :

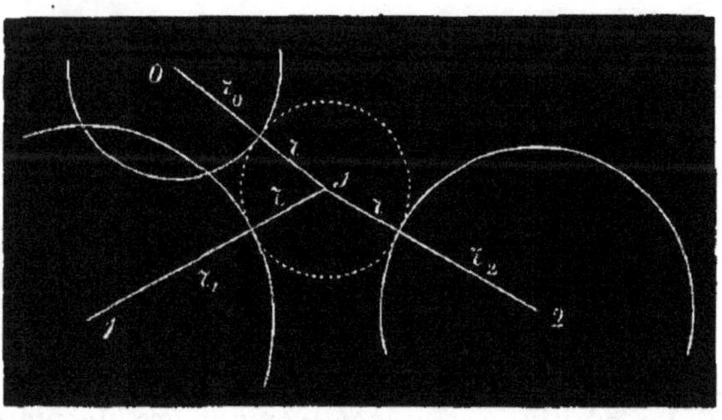

Fig. 47.

$$(x - a_0)^2 + (y - b_0)^2 = (r \pm r_0)^2,$$
$$(x - a_1)^2 + (y - b_1)^2 = (r \pm r_1)^2,$$
$$(x - a_2)^2 + (y - b_2)^2 = (r \pm r_2)^2;$$

ou bien,

$$(\alpha) \qquad \begin{aligned} C_0 + r_0^2 &= (r \pm r_0)^2, \\ C_1 + r_1^2 &= (r \pm r_1)^2, \\ C_2 + r_2^2 &= (r \pm r_2)^2. \end{aligned}$$

La combinaison des signes donne lieu à huit solutions distinctes; mais le nombre des solutions réelles dépendra de la position respective des cercles donnés. Quand ils sont extérieurs l'un à l'autre, on a : 1° Deux cercles dont l'un touche les trois cercles donnés intérieurement et l'autre extérieurement; 2° Trois cercles ayant des contacts extérieurs avec deux des cercles donnés, et un contact intérieur avec le troisième; 3° Trois cercles ayant deux contacts intérieurs et un contact extérieur avec les cercles proposés.

Dans chaque cas, on pourra toujours écrire trois équations de la forme (α), en ayant soin de donner aux rayons r_0, r_1, r_2 des signes convenables. Par exemple, pour les deux cercles qui touchent les autres, l'un intérieurement, l'autre extérieurement, on aurait les égalités

$$(10) \qquad C_0 + r_0^2 = (r + r_0)^2, \quad C_1 + r_1^2 = (r + r_1)^2, \quad C_2 + r_2^2 = (r + r_2)^2;$$

$$(10') \qquad C_0 + r_0^2 = (r - r_0)^2, \quad C_1 + r_1^2 = (r - r_1)^2, \quad C_2 + r_2^2 = (r - r_2)^2.$$

Les relations (α) renferment donc la solution analytique du problème; il faudrait résoudre ces trois équations par rapport aux inconnues x, y et r, pour obtenir tous les éléments d'un cercle qui répond à la question.

134. Nous nous proposons, dans ce qui va suivre, d'indiquer un moyen de décrire un cercle tangent à trois cercles donnés sans résoudre les équations (α). D'abord, si on retranche les équations (10) membre à membre, on obtient

$$(11) \qquad \begin{aligned} C_1 - C_2 &= 2r(r_1 - r_2), \\ C_2 - C_0 &= 2r(r_2 - r_0), \\ C_0 - C_1 &= 2r(r_0 - r_1). \end{aligned}$$

En multipliant respectivement ces dernières par r_0, r_1, r_2, et en ajoutant ensuite, la somme des seconds membres est nulle; on a donc l'équation

$$(12) \qquad r_0(C_1 - C_2) + r_1(C_2 - C_0) + r_2(C_0 - C_1) = 0.$$

Les coordonnées x et y du centre du cercle cherché doivent satisfaire aux relations (11) et (12) qui découlent des équations (10). Mais si on remarque que les différences $C_1 - C_2$, $C_2 - C_0$, $C_0 - C_1$ sont du premier degré en x et y, et qu'elles représentent les premiers membres des équations des sécantes communes, l'équation (12) est celle d'une droite qui passe par le centre radical. De plus, elle ne change pas si on écrit $-r_0$, $-r_1$, $-r_2$ au lieu de r_0, r_1, r_2 : cette droite renferme les centres des cercles tangents extérieurement et intérieurement aux cercles C_0, C_1, C_2.

Le coefficient angulaire de la droite (12) a pour expression

$$-\frac{r_0(a_2-a_1)+r_1(a_0-a_2)+r_2(a_1-a_0)}{r_0(b_2-b_1)+r_1(b_0-b_2)+r_2(b_1-b_0)},$$

tandis que celui de l'axe extérieure de similitude est (N° 131)

$$\frac{r_0(b_2-b_1)+r_1(b_0-b_2)+r_2(b_1-b_0)}{r_0(a_2-a_1)+r_1(a_0-a_2)+r_2(a_1-a_0)}.$$

La droite représentée par l'équation (12) est donc perpendiculaire à l'axe extérieur de similitude. Si on étend cette conclusion aux autres axes, on a la proposition suivante :

Les centres des huit cercles tangents à trois cercles donnés sont situés deux à deux sur les perpendiculaires abaissées du centre radical sur les axes de similitude.

135. Considérons spécialement le cercle qui touche intérieurement les trois autres et dont le centre est $s(x, y)$.

Soient (x', y') les coordonnées de son point de contact avec C_0; ce point divise la distance $s0$ en deux segments égaux à r_0 et r, et, par suite,

$$x'=\frac{r_0x+ra_0}{r_0+r}, \qquad y'=\frac{r_0y+rb_0}{r_0+r},$$

d'où

$$x=\frac{(r+r_0)x'-ra_0}{r_0}, \qquad y=\frac{(r+r_0)y'-rb_0}{r_0}.$$

Ces dernières valeurs doivent satisfaire aux équations (11). Remarquons que la substitution des expressions précédentes, dans une fonction de la forme $ax+by+c$, donne pour résultat

$$\frac{r+r_0}{r_0}(ax'+by'+c)-\frac{r}{r_0}(aa_0+bb_0+c),$$

c'est-à-dire, qu'il faut multiplier par $\frac{r+r_0}{r_0}$ la valeur du polynome pour

$x = x'$, $y = y'$, et retrancher ensuite le produit de $\frac{r}{r_0}$ par la valeur du même polynome pour $x = a_0$, $y = b_0$. Cela étant, la substitution de x et de y dans les deux dernières équations (11) donnera

$$\frac{r + r_0}{r_0}(C'_2 - C'_0) - \frac{r}{r_0}(\overline{02}^2 + r_0^2 - r_2^2) = 2r\,(r_2 - r_0),$$

$$\frac{r + r_0}{r_0}(C'_0 - C'_1) - \frac{r}{r_0}(- r_0^2 - \overline{01}^2 + r_1^2) = 2r\,(r_0 - r_1),$$

où C'_0, C'_1, C'_2 sont les valeurs de C_0, C_1, C_2 quand on remplace x et y par x' et y'. En simplifiant et supprimant les accents, on obtient deux équations de la forme

$$(13) \qquad \frac{C_2 - C_0}{\overline{02}^2 - (r_2 - r_0)^2} - \frac{r}{r + r_0} = 0,$$

$$(14) \qquad \frac{C_1 - C_0}{\overline{01}^2 - (r_1 - r_0)^2} - \frac{r}{r + r_0} = 0,$$

qui représentent deux droites passant par le point de contact (x', y').

Comparons ces équations avec celles qui déterminent le pôle de l'axe extérieur de similitude (N° 132), et qu'on peut écrire

$$\frac{C_2 - C_0}{\overline{02}^2 - (r_2 - r_0)^2} - 1 = 0, \qquad \frac{C_1 - C_0}{\overline{01}^2 - (r_1 - r_0)^2} - 1 = 0.$$

La soustraction de ces deux égalités conduit à une nouvelle équation représentant une droite qui passe par le centre radical et le pôle de l'axe extérieur de similitude; car on a

$$\frac{C_2 - C_0}{\overline{02}^2 - (r_2 - r_0)^2} - \frac{C_1 - C_0}{\overline{01}^2 - (r_1 - r_0)^2} = 0.$$

D'un autre côté, si on retranche (13) et (14) membre à membre, on retrouve la même équation; il en serait encore ainsi, lorsqu'on remplace r_0, r_1, r_2, par $- r_0$, $- r_1$, $- r_2$. Il en résulte que la droite qui joint le centre radical avec le pôle de l'axe extérieur de similitude par rapport à C_0, passe par les points de contact de ce cercle avec ceux qui touchent les trois autres intérieurement et extérieurement.

En généralisant ce résultat, on a que *les droites qui passent par le centre des sécantes communes et les pôles d'un même axe de similitude, par rap-*

port à chacun des cercles donnés, rencontrent ceux-ci en six points qui sont les points de contact de deux cercles tangents à C_0, C_1, C_2.

Ainsi pour décrire le cercle qui touche les trois cercles donnés intérieurement, il faut déterminer les pôles p_1, p_2, p_3 de l'axe extérieur de similitude relativement aux trois cercles. Si O est le centre radical, les droites Op_1, Op_2, Op_3 rencontrent les cercles intérieurement en trois points qui sont les points de contact. On abaisse ensuite une perpendiculaire du point O sur l'axe de similitude; la ligne qui joint le centre d'un cercle avec son point de contact déterminera, par sa rencontre avec la perpendiculaire, le centre du cercle cherché(1).

(1) Cette solution analytique est donnée par O. Hesse dans un opuscule intitulé : *Vorlesungen aus der analytischen Geometrie der geraden Linie des Punktes und des Kreises*, Leipzig, 1865. Le cercle qui touche trois cercles donnés jouit de nombreuses propriétés, voir Poncelet, *Traité des propriétés projectives des figures*, tome I, p. 136.

———

CHAPITRE VI.

COURBES DU SECOND ORDRE.

Équation générale du second degré en coordonnées cartésiennes.

SOMMAIRE. — *Des lignes représentées par l'équation générale du second degré. Identité des courbes du second ordre avec les sections coniques. — Centre, diamètres et axes des lignes du second ordre. — De la tangente et de la polaire. — Simplification de l'équation générale.*

§ 1. DISCUSSION DE L'ÉQUATION GÉNÉRALE DU SECOND DEGRÉ. SECTIONS CONIQUES ASSUJETTIES A CERTAINES CONDITIONS.

136. L'équation la plus générale du second degré en x et y est de la forme

$$(1)\qquad Ay^2 + 2Bxy + Cx^2 + 2Dy + 2Ex + F = 0,$$

dans laquelle A, B, C, D, E, F sont des coefficients positifs ou négatifs; dans les cas particuliers, plusieurs de ces coefficients peuvent être nuls; mais, pour que l'équation soit du second degré, l'un des trois premiers doit toujours être différent de zéro. Résolvons l'équation par rapport à y; il viendra

$$(2)\quad y = -\frac{Bx + D}{A} \pm \frac{1}{A}\sqrt{(B^2 - AC)x^2 + 2(BD - AE)x + D^2 - AF}.$$

Si le coefficient A n'est pas nul, on peut poser :

$$m = -\frac{B}{A},\quad b = -\frac{D}{A},\quad R = \frac{1}{A}\sqrt{(B^2 - AC)x^2 + 2(BD - AE)x + D^2 - AF};$$

et la valeur de l'ordonnée y devient

$$(3)\qquad y = mx + b \pm R.$$

Menons dans le plan deux axes quelconques OX, OY, et construisons la droite D représentée par

$$(D)\qquad y = mx + b.$$

D'après l'équation (3), les points de la courbe s'obtiennent en augmentant et en diminuant l'ordonnée de la droite D, de la valeur de l'expression R pour l'abcisse correspondante ; ils se trouvent donc, deux à deux, sur des parallèles à OY, de chaque côté et à égale distance de la droite D, qui jouira de la propriété de passer par les milieux d'une série de cordes parallèles. Cette ligne D est nommée *diamètre* de la courbe.

La forme du lieu représenté par l'équation (1) dépend de la quantité R ; pour l'obtenir, il faut déterminer les valeurs de x qui rendent le radical réel ; car, pour ces abcisses, les ordonnées fournies par l'équation (3) sont réelles, et les points correspondants du lieu existent. On y parvient par la règle suivante : lorsqu'un polynôme du second degré de la forme $ax^2 + bx + c$, égalé à zéro, donne des racines égales ou imaginaires, il conserve le même signe que le coefficient de x^2, quel que soit x ; il en est encore ainsi, quand les racines sont réelles et différentes, excepté pour les valeurs de x comprises entre les deux racines. Posons $\Delta = B^2 - AC$; il y a lieu, dans la discussion de l'équation (3), de distinguer trois cas, suivant que Δ ou le coefficient de x^2 dans le trinôme sous le radical est négatif, positif ou nul.

137. *Premier cas :* $\Delta < 0$. Soient x' et x'' les racines du trinôme sous le radical égalé à zéro ; en mettant le signe négatif de Δ en évidence, on peut écrire

$$R = \frac{1}{A}\sqrt{-\Delta(x - x')(x - x'')}.$$

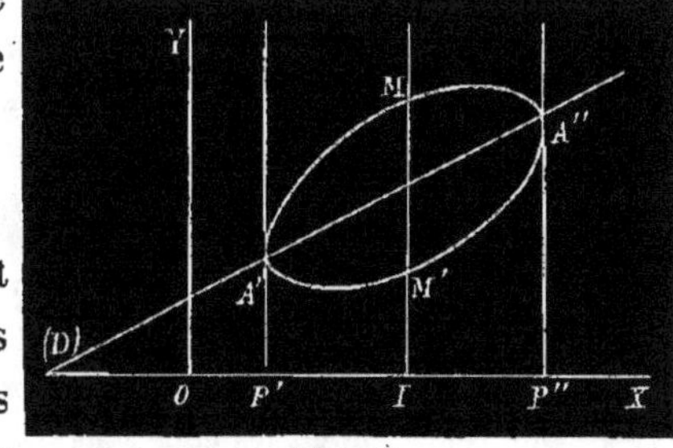

Fig. 48.

Si les racines x' et x'' sont réelles et inégales, il n'y a que les nombres compris entre x' et x'' qui, substitués à x, donneront un radical réel. Prenons $OP' = x'$, et $OP'' = x''$; les points du lieu doivent se trouver dans la portion du plan située entre les parallèles à OY, menées par les points P' et P''. D'ailleurs y ne peut pas devenir infini pour une valeur de x comprise entre x' et x'', et la courbe de l'équation (3) sera nécessairement fermée, comme le montre la figure.

Les deux points du diamètre A' et A'' appartiennent à la courbe; car, pour $x = x'$ et $x = x''$, $R = 0$, et l'ordonnée de la courbe (3) se réduit à l'ordonnée du diamètre. Quand l'abcisse x varie de x' à x'', R, qui est nul au point A', augmente d'abord pour diminuer ensuite et reprendre la valeur 0 au point A''; entre ces limites, il existe une valeur de x qui donne à R sa plus grande valeur, et à laquelle correspondent les points M et M' de la courbe les plus éloignés du diamètre. Pour déterminer cette abcisse, écrivons

$$R = \frac{1}{A}\sqrt{\Delta (x - x')(x'' - x)}.$$

La quantité R est maximum avec le produit $(x - x')(x'' - x)$; mais, dans ce dernier, la somme des facteurs est constante et égale à $x'' - x'$; sa valeur est maximum, lorsque les facteurs sont égaux. Posons $x - x' = x'' - x$; on en tire, $x = \frac{x' + x''}{2}$: c'est l'abscisse du milieu I de P'P''. En substituant ce nombre à x, on a, pour le maximum de R, $\frac{x'' - x'}{2A} \cdot \sqrt{\Delta}$.

Si les racines x' et x'' sont égales, l'équation (3) devient

$$y = mx + b \pm \frac{x - x'}{A}\sqrt{-\Delta};$$

elle représente un point réel situé sur le diamètre, et dont l'abcisse est $x = x'$: seule valeur qui puisse faire disparaître le radical imaginaire de l'équation.

Enfin, si les racines x' et x'' sont imaginaires, il n'existe aucun nombre réel qui puisse rendre la quantité sous le radical positive; l'ordonnée y est imaginaire et la courbe n'existe plus.

La ligne du second ordre qui répond à ce premier cas s'appelle *ellipse*; elle est caractérisée par la relation : $B^2 - AC < 0$.

Ex. 1. Que représentent les équations

(1) $4y^2 - 4xy + 2x^2 - 8y - 2x + 9 = 0,$

(2) $y^2 - 2xy + 4x^2 + 2y - 14x + 15 = 0,$

(3) $y^2 - 2xy + 2x^2 - 2y - 2x + 6 = 0?$

Des ellipses : pour ces équations, $B^2 - AC < 0$. La première représente une ellipse réelle comprise entre les parallèles $x - 1 = 0$, $x - 5 = 0$; le diamètre est $y = \frac{1}{2}x + 1$ et, pour $x = 3$, R prend sa valeur maximum 1. L'équation (2) représente le point (2, 1) du diamètre $y = x - 1$; enfin, l'ellipse de l'équation (3) est imaginaire.

Ex. 2. Indiquer la position des courbes représentées par les équations suivantes :

$$(1) \qquad y^2 - 2xy + 2x^2 - 2y - 3x + 7 = 0,$$

$$(2) \qquad y^2 + 2xy + 10x^2 - 9x = 0,$$

$$(3) \qquad 2x^2 + 3y^2 = 8.$$

La première est une ellipse comprise dans la portion du plan interceptée par les parallèles $x - 3 = 0$, $x - 2 = 0$; l'équation du diamètre est $y = x + 1$; pour $x = \frac{5}{2}$, R est maximum et égal à $\frac{1}{2}$. L'ellipse de l'équation (2) passe par l'origine et se termine à la parallèle $x - 1 = 0$; le diamètre est $y = -x$, et R est maximum pour $x = \frac{1}{2}$. L'équation (3) représente une ellipse symétrique par rapport aux axes coordonnés.

Ex. 3. Que représente l'équation

$$ax^2 + by^2 + px + qy + r = 0,$$

lorsque a et b sont de même signe?

Une ellipse dont le diamètre est parallèle aux x; si $a = b$, l'équation représente un cercle : on doit donc regarder le cercle comme un cas particulier du genre ellipse.

Ex. 4. Quelle est la condition pour que les équations

$$ay^2 + x^2 + px + q = 0,$$
$$ax^2 + y^2 + ry + s = 0$$

représentent des ellipses?

Il faut que le coefficient a soit positif.

138. *Deuxième cas :* $\Delta > 0$. Supposons que les racines x' et x'' du trinôme sous le radical égalé à zéro soient réelles et différentes; on aura

$$R = \frac{1}{A}\sqrt{\Delta(x - x')(x - x'')}.$$

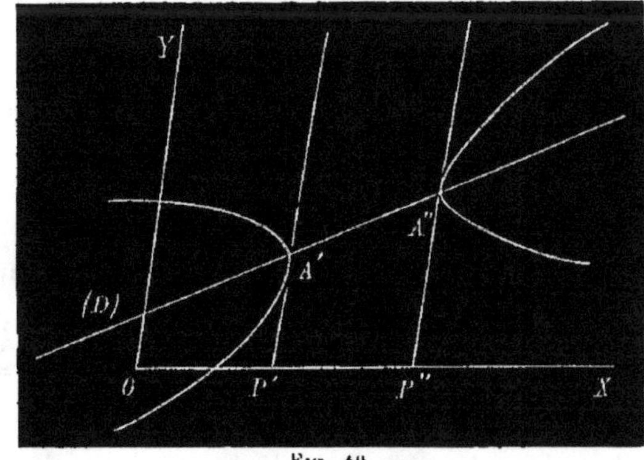

Fig. 49.

Les valeurs de x comprises entre x' et x'' rendent R imaginaire ainsi que l'ordonnée y de l'équation (3). Prenons $OP' = x'$ et $OP'' = x''$; il n'y aura aucun point du lieu dans la partie du plan interceptée par les parallèles $x - x' = 0$, $x - x'' = 0$. Mais, quand x varie depuis x'' jusqu'à $+\infty$, ou depuis x' jusqu'à $-\infty$, R est toujours réel et augmente indéfiniment avec x. La courbe se composera de deux branches distinctes partant des points A et A' et s'éloignant à l'infini dans les deux sens du diamètre.

Si les racines sont égales, on a

$$R = \frac{x - x'}{A} \sqrt{\Delta};$$

l'équation (3) s'abaisse au premier degré, et devient

$$y = mx + b \pm \frac{x - x'}{A} \sqrt{\Delta}.$$

Dans cette hypothèse, on a, pour le lieu de l'équation du second degré, les droites

$$(D_1) \qquad y = mx + b + \frac{x - x'}{A} \sqrt{\Delta},$$

$$(D_2) \qquad y = mx + b - \frac{x - x'}{A} \sqrt{\Delta},$$

qui se coupent sur le diamètre D; car, pour $x = x'$, les ordonnées des droites D, D_1, D_2 sont égales.

Enfin, lorsque les racines sont imaginaires, il n'existe aucun nombre réel qui puisse annuler le radical; mais R est toujours réel quel que soit x, et la courbe embrasse tout le plan de chaque côté du diamètre sans rencontrer cette droite. Si l'on veut déterminer les points les plus rapprochés du diamètre, il faut, dans chaque cas, introduire un carré sous le radical, et mettre R sous la forme

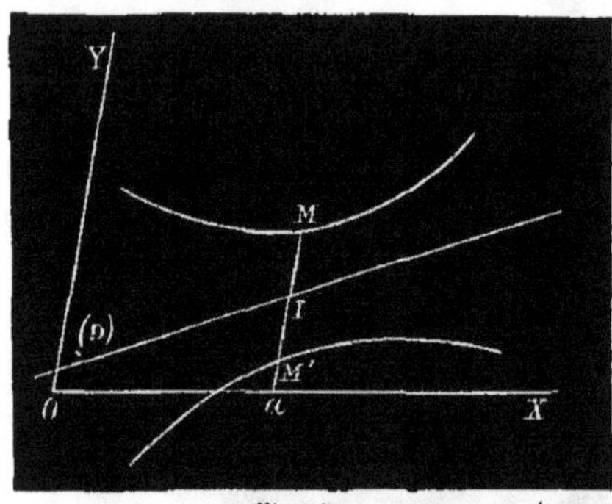

Fig. 50.

$$R = \frac{1}{H} \sqrt{(x - a)^2 + b^2}$$

où b^2 est nécessairement une quantité positive, puisque R est réel quel que soit x; alors, il est visible que la valeur $x = a$ rend R minimum. On obtiendra les points les plus rapprochés du diamètre, en prenant, sur l'ordonnée qui correspond à $x = a$, à partir du diamètre, les longueurs $IM = IM' =$ minimum de R.

La courbe qui répond à ce second cas s'appelle *hyperbole;* elle est caractérisée par la relation : $B^2 - AC > 0$.

Ex. 1. Que représentent les équations

$$(1) \qquad 4y^2 - 8xy + 3x^2 + 4y - x + 5 = 0,$$

$$(2) \qquad y^2 - 2xy + 4y - 2x + 3 = 0,$$

$$(3) \qquad y^2 - 2xy + 2y - 4x - 2 = 0?$$

Des hyperboles : elles donnent $B^2 - AC > 0$. Le diamètre de la première est $y = x - \frac{1}{2}$, et les points où elle rencontre cette droite ont pour abcisses $x = -1$, $x = 4$; la seconde équation représente les deux droites $y = -1$, $y = 2x - 3$ qui se coupent sur le diamètre $y = x - 2$; enfin, l'hyperbole de l'équation (3) ne rencontre pas le diamètre donné par $y = x - 1$; dans cet exemple, R peut se mettre sous la forme $R = \sqrt{(x+1)^2 + 2}$, et, pour $x = -1$, on a $R = \sqrt{2}$ qui est sa valeur minimum.

Ex. 2. Que représente l'équation générale (1), lorsque l'un des coefficients A et C est égal à zéro?

Supposons $A = 0$, on a l'équation

$$2Bxy + Cx^2 + 2Dy + 2Ex + F = 0,$$

qui, résolue par rapport à y, devient

$$y = -\frac{Cx^2 + 2Ex + F}{2(Bx + D)};$$

après avoir effectué la division autant que possible, la valeur de y sera de la forme

$$(\alpha) \qquad y = mx + b + \frac{r}{2(Bx + D)},$$

où r est le reste numérique de la division. Construisons les droites qui ont pour équations

$$(H) \qquad x = -\frac{D}{B}, \qquad\qquad (D) \qquad y = mx + b.$$

Si $x = -\frac{D}{B}$, l'ordonnée y de la courbe est infinie, et quand x varie depuis $-\frac{D}{B}$ jusqu'à $+\infty$, elle diminue d'abord et se rapproche ensuite de l'ordonnée de la droite D en la surpassant toujours; enfin, pour $x = \infty$, la fraction du second membre de (α) est nulle. On a ainsi une branche de courbe située dans l'angle des droites D et H et qui s'étend vers l'infini en se rapprochant de plus en plus de ces droites. Il existe une deuxième branche infinie située dans l'angle opposé, et qui correspond aux valeurs de x comprises entre $-\frac{D}{B}$ et $-\infty$. L'équation proposée représente donc une hyperbole; on a effectivement $B^2 - AC = B^2 > 0$.

Ex. 3. Indiquer la position de la courbe de l'équation

$$2Bxy + 2Dy + 2Ex + F = 0.$$

On a : $A = C = 0$ et $B^2 - AC > 0$. Il est facile de montrer, en suivant la marche de l'exemple précédent, que l'équation représente une hyperbole située dans les angles opposés des droites

$$x = -\frac{D}{B}, \qquad y = -\frac{E}{B}.$$

139. *Troisième cas :* $\Delta = 0$. Si $B^2 - AC = 0$, le trinôme sous le radical égalé à zéro a deux racines dont l'une est infinie, et l'autre est donnée par l'équation

$$2(BD - AE)x + D^2 - AF = 0.$$

Posons $x' = -\dfrac{D^2 - AF}{2(BD - AE)}$; l'ordonnée y de la courbe aura pour expression

$$y = mx + b \pm \frac{1}{A}\sqrt{2(BD - AE)(x - x')}.$$

Soit $OP' = x'$; le point A′ du diamètre appartient à la courbe : car, pour cette valeur de x, le radical disparaît. De plus, la seconde racine étant infinie, la courbe rencontre le diamètre en un second point à l'infini. Si $BD - AE > 0$, toute valeur de x plus grande x' rend le radical réel, et tous les points du lieu se trouvent dans la région du plan située à droite de la parallèle $x - x' = 0$; tout point pris à gauche a une abcisse plus petite que x' et ne peut appartenir au lieu de l'équation, puisque l'ordonnée correspondante est imaginaire. La courbe part du point A′ et s'étend à l'infini dans le sens des x positifs. Lorsque $BD - AE < 0$, l'ordonnée y est réelle pour toutes les valeurs de x comprises entre x' et $-\infty$; on a, dans cette hypothèse, une branche infinie, comme celle de la figure, seulement elle est dirigée en sens opposé, vers les x négatifs.

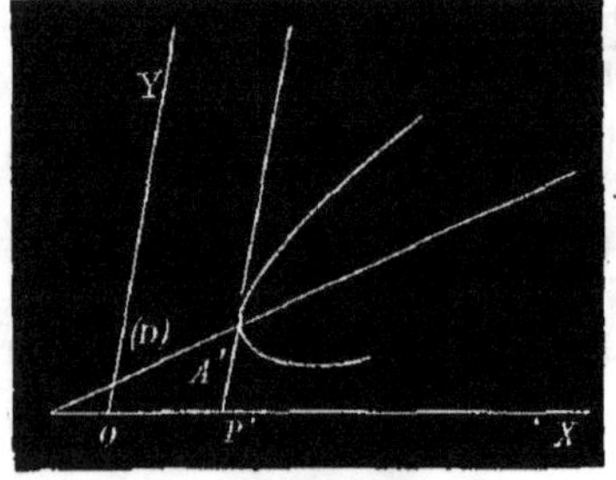

Fig. 51.

Enfin si $BD - AE = 0$, l'équation représente deux lignes droites parallèles, réelles ou imaginaires; car la relation (3) se réduit à

$$y = mx + b \pm \frac{1}{A}\sqrt{D^2 - AF}.$$

La courbe du second ordre, pour laquelle $B^2 - AC = 0$, s'appelle *parabole;* elle se compose d'une seule branche infinie dont les deux parties ont une tendance à se rapprocher à l'infini pour se rencontrer sur le diamètre.

Ex. 1. Que représentent les équations

(1) $$y^2 - 4xy + 4x^2 + 2y - 6x - 2 = 0,$$

(2) $$y^2 + 2xy + x^2 - 2y + x + 1 = 0,$$

(3) $$y^2 - 2xy + x^2 + 3y - 3x + 2 = 0?$$

Des paraboles : $B^2 - AC = 0$. La première a pour diamètre $y = 2x - 1$, et rencontre cette droite au point qui a pour abcisse $x = -\frac{5}{2}$; la seconde touche l'axe des y et s'étend à l'infini vers les x négatifs ; la troisième est une parabole qui se réduit aux deux droites $y - x + 1 = 0$, $y - x + 2 = 0$.

Ex. 2. Indiquer la position de la parabole qui a pour équation

$$Cx^2 + 2Dy + 2Ex + F = 0.$$

Si on résoud l'équation par rapport à y, on a

$$y = -\frac{Cx^2 + 2Ex + F}{2D} = -\frac{C}{2D}(x - x')(x - x''),$$

où x' et x'' sont les racines de l'équation $Cx^2 + 2Ex + F = 0$.

Lorsque les racines sont réelles et inégales, la parabole rencontre l'axe des x en deux points; si elles sont égales, la courbe est tangente à cet axe quand x' et x'' sont imaginaires il n'y a plus de rencontre avec OX.

140. Il résulte de cette discussion, en y comprenant les exemples relatifs à certains cas particuliers, que l'équation générale du second degré ne représente que trois espèces de courbes : des ellipses, des hyperboles et des paraboles, suivant que le binôme caractéristique $B^2 - AC$ est une quantité négative, positive ou nulle. Le genre ellipse comprend les courbes fermées, et, comme cas particuliers, le cercle, le point; le genre hyperbole renferme les courbes à deux branches infinies séparées par un certain intervalle, et, comme variétés, deux droites qui se coupent; le genre parabole comprend les courbes formées d'une branche infinie, qui se distingue d'une branche d'hyperbole, en ce que les deux parties tendent à se rencontrer à l'infini, tandis que dans l'hyperbole elles sont de plus en plus divergentes; la parabole peut se réduire, dans certains cas, à deux droites parallèles. Enfin, lorsque $B^2 - AC < 0$, il arrive quelquefois que l'équation n'a aucune solution réelle et qu'elle représente une ellipse imaginaire; si $B^2 - AC = 0$, elle peut ne donner que deux droites imaginaires.

141. Les trois courbes du second ordre s'obtiennent en coupant un cône droit à base circulaire par un plan. Soit OO′ une ligne fixe, et HI une droite indéfinie qui tourne autour de la première en passant toujours par un point fixe S, et en conservant la même inclinaison α sur OO′. La surface engendrée par la droite mobile est celle d'un cône droit à base circulaire dont OO′ est l'axe, et S le sommet : elle se compose de deux parties semblables situées de chaque côté du point S.

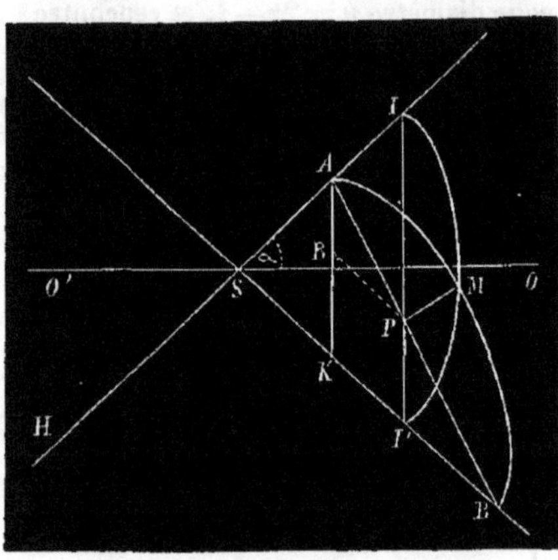

Fig. 52.

Menons, par un point quelconque A de la droite SI, un plan perpendiculaire au plan de la figure qui renferme les arêtes SI et SI′; il coupe la surface du cône suivant une certaine courbe AMB, et le plan ISI′ suivant la droite AB. Cherchons l'équation de la section en prenant pour axe des x la ligne AB, et, pour axe des y, la perpendiculaire à cette droite élevée au point A. Soit M un point quelconque de la courbe; le plan passant par ce point et mené perpendiculairement à OO′ coupe la surface conique suivant un cercle IMI′, et le plan sécant suivant une droite MP perpendiculaire à AB. Les coordonnées du point M sont : $x = \text{AP}$, $y = \text{MP}$.

Dans le cercle IMI′, on a

$$(k) \qquad \overline{\text{MP}}^2 = \text{PI} \cdot \text{PI}'.$$

Désignons par d la distance AS, et par β l'angle SAB ou l'inclinaison du plan sécant sur l'arête SI. Le triangle AIP donne

$$\frac{\text{PI}}{\text{AP}} = \frac{\sin \text{IAP}}{\sin \text{AIP}} = \frac{\sin \beta}{\cos \alpha};$$

d'où

$$(l) \qquad \text{PI} = x \frac{\sin \beta}{\cos \alpha}.$$

Si on mène PR parallèle à l'arête SB, on a : $\text{PI}' = \text{RK} = \text{AK} - \text{RA}$; mais $\text{AK} = 2d \sin \alpha$, et, dans le triangle ARP, on a

$$\frac{\text{AR}}{\text{AP}} = \frac{\sin \text{APR}}{\sin \text{ARP}} = \frac{\sin (\beta + 2\alpha)}{\cos \alpha},$$

et, par suite,

$$(m) \qquad PI' = 2d \sin\alpha - \frac{x \sin(\beta + 2\alpha)}{\cos\alpha}.$$

En substituant les valeurs (l) et (m) dans la relation (k), on obtient pour l'équation de la courbe d'intersection

$$y^2 = \frac{2d \sin\alpha \sin\beta}{\cos\alpha} x - \frac{\sin\beta \sin(\beta + 2\alpha)}{\cos^2\alpha} x^2,$$

ou bien

$$y^2 \cos^2\alpha + x^2 \sin\beta \sin(\beta + 2\alpha) - 2dx \sin\alpha \cos\alpha \sin\beta = 0.$$

Cette équation est du second degré en x et y; en la comparant à l'équation générale, on a

$$A = \cos^2\alpha, \qquad B = 0, \qquad C = \sin\beta \sin(\beta + 2\alpha),$$

et

$$B^2 - AC = -\cos^2\alpha \sin\beta \sin(\beta + 2\alpha).$$

Le binôme caractéristique $B^2 - AC$ est négatif, positif ou nul selon les conditions

$$\begin{array}{lcl} \sin(\beta + 2\alpha) > 0 & \text{ou} & \beta + 2\alpha < 180^\circ, \\ \sin(\beta + 2\alpha) < 0 & \text{ou} & \beta + 2\alpha > 180^\circ, \\ \sin(\beta + 2\alpha) = 0 & \text{ou} & \beta + 2\alpha = 180^\circ. \end{array}$$

Si on remarque que $\beta + 2\alpha$ est le supplément du troisième angle du triangle SAB, les points A et B, dans le premier cas, sont d'un même côté de S; dans le second, ils se trouvent de part et d'autre du sommet; enfin, dans le dernier, AB est parallèle à l'arête SB.

Donc, *la section est une ellipse, si le plan sécant rencontre toutes les arêtes d'une même nappe du cône, une hyperbole s'il coupe les deux nappes, et une parabole s'il est parallèle à une arête du cône.*

Ces trois courbes ont été appelées par les anciens *sections coniques;* c'est ainsi qu'elles se sont présentées à eux et qu'elles sont devenues l'objet de leurs spéculations.

142. Si on divise l'équation générale du second degré

$$(1) \qquad Ay^2 + 2Bxy + Cx^2 + 2Dy + 2Ex + F = 0$$

par l'un des coefficients A, B, C..., elle ne renferme plus que cinq paramètres arbitraires. Une courbe du second ordre est déterminée, si on connaît les valeurs de ces paramètres ou si elle est assujettie à satisfaire à cinq conditions géométriques donnant lieu à cinq relations distinctes entre ces quantités : car ce nombre de relations suffit, en général, pour calculer les valeurs des cinq paramètres inconnus. Ainsi, en admettant qu'une condition géométrique équivaut à une équation entre les coefficients, on peut dire qu'*une courbe du second ordre est en général déterminée par cinq conditions.*

Supposons que les conditions géométriques consistent à assujettir la conique à passer par des points ou à être tangente à des droites données. Chaque fois que la courbe doit passer par un point donné (x', y'), on a une relation de la forme

$$Ay'^2 + 2Bx'y' + Cx'^2 + 2Dy' + 2Ex' + F = 0.$$

Pour exprimer que la courbe doit être tangente à une droite

$$(d) \qquad y = mx + b,$$

on élimine d'abord une variable, par exemple y, entre les équations (d) et (1); on trouve ainsi une équation du second degré en x de la forme

$$Px^2 + 2Qx + R = 0,$$

où P, Q, R sont des fonctions des coefficients A, B, C..., et dont les racines sont les abcisses des points d'intersection de la droite (d) avec la courbe. Mais, pour une tangente, les deux points d'intersection se confondent et l'équation précédente doit avoir des racines égales; on obtient ainsi la condition

$$Q^2 - PR = 0,$$

qui est une relation entre les coefficients de l'équation (1).

Lorsque les cinq relations entre les paramètres correspondant aux conditions géométriques données admettent un seul système de valeurs finies pour les inconnues, il existe une conique et une seule, propre à satisfaire à ces conditions; quand ces relations sont incompatibles, il n'est pas possible de trouver une courbe du second ordre qui puisse satisfaire à ces mêmes conditions géométriques. Enfin, si le nombre des conditions données est inférieur à cinq, il y a toujours au moins un paramètre qui reste indéterminé, et, par suite, il existe une infinité de coniques qui répondent à ces conditions. Cependant, pour la parabole, on a $B^2 - AC = 0$, et il suffit en général de quatre conditions pour déterminer cette courbe.

143. *Trouver l'équation des coniques qui passent par deux points donnés.*

Supposons d'abord que l'on prenne, pour axe des x, la droite qui joint les points donnés. Une conique quelconque est représentée par l'équation

$$Ay^2 + 2Bxy + Cx^2 + 2Dy + 2Ex + F = 0;$$

pour obtenir les abcisses des points où elle rencontre l'axe des x, il faut poser $y = 0$, et résoudre l'équation

$$Cx^2 + 2Ex + F = 0.$$

Soient a et a' les distances à l'origine des points donnés; d'après la question, il faut remplacer le trinôme $Cx^2+2Ex+F$ par $x^2 - (a + a')x + aa'$, ou poser $C = 1$, $2E = -(a + a')$, $F = aa'$. L'équation cherchée sera

$$Ay^2 + 2Bxy + x^2 + 2Dy - (a + a')x + aa' = 0.$$

De même l'équation

$$y^2 + 2Bxy + Cx^2 - (b + b')y + 2Ex + bb' = 0$$

représente toutes les coniques qui passent par deux points de l'axe des y dont les ordonnées sont b et b'.

Enfin, si les points donnés ne se trouvent pas sur les axes, une conique quelconque qui renferme les points (x_1, y_1), (x_2, y_2) a une équation de la forme

$$a(y-y_1)(y-y_2)+b(x-x_1)(x-x_2)+c(x-x_1)(y-y_2)+(x-x_2)(y-y_1)=0;$$

car le premier membre est du second degré, et l'équation est satisfaite lorsqu'on remplace les variables x et y par les coordonnées des points donnés.

Les équations précédentes renferment encore trois coefficients indéterminés, et il en doit être ainsi, puisqu'on peut assujettir les coniques qu'elles représentent à trois conditions nouvelles.

144. *Trouver l'équation générale des coniques qui passent par quatre points donnés.*

Comme une droite ne peut rencontrer une conique en plus de deux points, nous supposerons que trois des points donnés ne se trouvent pas sur une même droite. Cela étant, prenons, pour axes des coordonnées, deux droites renfermant chacune deux de ces points. Si a et a' sont les abcisses des points situés sur l'axe des x, b et b' les ordonnées des points situés sur l'axe des y, l'équation d'une conique qui satisfait aux conditions énoncées devra se réduire à

$$x^2 - (a + a')x + aa' = 0,$$

$$y^2 - (b + b')y + bb' = 0,$$

pour $y = 0$ et $x = 0$; elle sera donc de la forme

$$aa'y^2 + 2\lambda xy + bb'x^2 - aa'(b + b')y - bb'(a + a')x + aa'bb' = 0.$$

Il suffit d'une nouvelle condition pour déterminer le seul paramètre arbitraire λ qui se trouve dans l'équation. Si la conique qui passe par les quatre points est une parabole, on doit avoir $\lambda^2 - aa'bb' = 0$; d'où $\lambda = \pm\sqrt{aa'bb'}$. Il existe donc deux paraboles qui satisfont à la question.

Lorsque $a = a'$, $b = b'$, l'équation précédente devient

$$a^2y^2 + 2\lambda xy + b^2x^2 - 2ba^2y - 2ab^2x + a^2b^2 = 0 :$$

elle représente alors toutes les coniques en nombre infini tangentes aux axes, les points de contact étant situés aux distances a et b de l'origine.

145. *Par cinq points donnés dont trois ne sont pas en ligne droite, on peut faire passer une courbe du second ordre et une seule.*

En effet, avec le même système d'axes que dans le numéro précédent, la conique qui renferme quatre de ces points a une équation de la forme

$$aa'y^2 + 2\lambda xy + bb'x^2 - aa'(b + b')y - bb'(a + a')x + aa'bb' = 0.$$

Soient x_1, y_1 les coordonnées du cinquième point non situé sur les axes ; on aura, pour déterminer le paramètre λ, la relation

$$aa'y_1^2 + 2\lambda x_1y_1 + bb'x_1^2 - aa'(b + b')y_1 - bb'(a + a')x_1 + aa'bb' = 0,$$

qui donne une valeur finie et déterminée pour λ, et, par conséquent, il existe toujours une conique et une seule qui renferme les points donnés.

De même, on peut toujours mener une conique tangente à deux droites en deux points donnés et passant par un autre point (x_1, y_1) du plan ; car, dans ce cas, le paramètre λ est déterminé par la relation

$$a^2y_1^2 + 2\lambda x_1y_1 + b^2x_1^2 - 2ba^2y_1 - 2ab^2x_1 + a^2b^2 = 0.$$

Il résulte du théorème précédent que deux coniques ne peuvent avoir cinq points communs sans se confondre, et six points, pris au hasard dans un plan, n'appartiennent pas en général à une même courbe du second ordre, à moins que leurs coordonnées ne satisfassent à une certaine équation que nous allons déterminer. Soient (x_1, y_1) (x_2, y_2)..., (x_6, y_6), six points donnés ; s'ils se trouvent sur la conique représentée par l'équation

$$Ay^2 + 2Bxy + Cx^2 + 2Dy + 2Ex + F = 0,$$

on doit avoir les six relations

$$\begin{aligned}
Ay_1^2 &+ 2B_1y_1 + Cx_1^2 + 2Dy_1 + 2Ex_1 + F = 0,\\
Ay_2^2 &+ \ldots\ldots\ldots\ldots\ldots\ldots = 0,\\
Ay_3^2 &+ \ldots\ldots\ldots\ldots\ldots\ldots = 0,\\
Ay_4^2 &+ \ldots\ldots\ldots\ldots\ldots\ldots = 0,\\
Ay_5^2 &+ \ldots\ldots\ldots\ldots\ldots\ldots = 0,\\
Ay_6^2 &+ \ldots\ldots\ldots\ldots\ldots\ldots = 0.
\end{aligned}$$

Ces équations divisées par F, renferment cinq inconnues qui sont les rapports $\frac{A}{F}$, $\frac{B}{F}$, $\frac{C}{F}$, $\frac{D}{F}$ et $\frac{E}{F}$; l'élimination de ces inconnues conduira à une relation entre les coordonnées x_1, y_1, x_2...; ce sera la relation qui doit être satisfaite par les points donnés pour qu'ils se trouvent sur une même conique.

Ex. 1. Chercher l'équation d'une conique qui intercepte sur les axes les longueurs 1 et 2, 2 et — 1.

R. $y^2 + 2\lambda xy - x^2 - y + 3x - 2 = 0.$

Ex. 2. Quelle est l'équation de la conique qui passe par les points (1, 0), (2, 0), (0, 2), (0, — 1), (1, — 1) ?

R. $y^2 + 2xy - x^2 - y + 3x - 2 = 0,$

Ex. 3. Trouver l'équation d'une parabole qui passe par les points (1, 0), (2, 0), (0, 2), (0, 3).

R. $y^2 \pm 2\sqrt{3}xy + 3x^2 - 5y - 9x + 6 = 0.$

Ex. 4. Écrire l'équation de la conique qui touche les axes aux points (2, 0), (0, 1).

R. $4y^2 + 2\lambda xy + x^2 - 8y - 4x + 4 = 0.$

Ex. 5. Trouver l'équation d'une conique tangente à la droite $2x - 2y = 1$, et qui touche les axes aux points (1, 0), (0, — 1).

R. $y^2 + 2xy + x^2 - 2x + 2y + 1 = 0.$

Ex. 6. Que représente l'équation

$$(px + qy + r)^2 - \lambda (y - mx - b) = 0 ?$$

Une conique tangente à la droite $y - mx - b = 0$; car pour obtenir les coordonnées des points d'intersection de cette droite avec la courbe, il faut résoudre les équations

$$px + qy + r = 0, \qquad y - mx - b = 0.$$

Comme elles sont du premier degré, on n'aura qu'un seul système de valeurs pour x et y, et la droite $y - mx - b = 0$ doit être tangente à la courbe du second ordre représentée par l'équation donnée.

§ 2. CENTRE, DIAMÈTRES ET AXES DES COURBES DU SECOND ORDRE.

146. Le *centre* d'une ligne est un point fixe par rapport auquel tous les points de cette ligne sont placés symétriquement deux à deux, de sorte que les cordes, qui passent par ce point, y sont divisées en deux parties égales.

Pour trouver les équations qui déterminent le centre d'une conique, nous aurons besoin des deux lemmes qui suivent.

Lemme I. *Lorsque l'origine est au centre d'une courbe du second ordre, l'équation de celle-ci ne renferme pas les termes du premier degré en x et y.*

En effet, soit O l'origine des coordonnées, et le centre d'une conique représentée par l'équation

$$Ay^2 + 2Bxy + Cx^2 + 2Dy + 2Ex + F = 0.$$

Menons, par le centre, une sécante quelconque qui rencontre la courbe en M et M'; MP et M'P' étant les ordonnées de ces points, les triangles OMP et OM'P' sont égaux, et, par conséquent, les points M et M' ont des coordonnées égales et de signes contraires. Si l'équation est satisfaite par les coordonnées $+x$, $+y$ du point M, elle le sera aussi par les coordonnées $-x$, $-y$ du point M' :

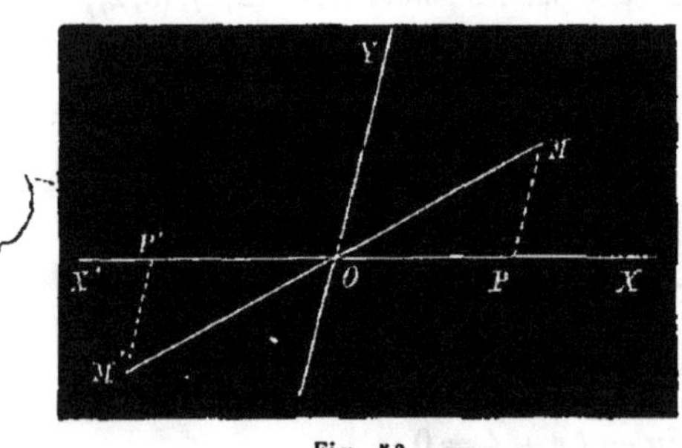

Fig. 53.

ce qui exige que les termes du premier degré ne se trouvent pas dans l'équation, afin que le premier membre reste invariable si, on change x et y en $-x$ et $-y$.

Lemme II. *Si, dans le polynôme*

$$f(x, y) = Ay^2 + 2Bxy + Cx^2 + 2Dy + 2Ex + F,$$

on remplace x et y par $\alpha + x'$, $\beta + y'$, on obtient

$$f(\alpha + x', \beta + y') = Ay'^2 + 2Bx'y' + Cx'^2 + y' \, f'_y(\alpha, \beta) + x' \, f'_x(\alpha, \beta) + f(\alpha, \beta);$$

c'est-à-dire que les coefficients des termes du second degré ne changent pas; ceux des termes du premier degré sont les valeurs des dérivées partielles, par rapport à y et à x du polynôme primitif, pour $x = \alpha$, $y = \beta$; et le terme constant est le résultat de la substitution des mêmes valeurs de x et de y dans le polynôme proposé.

En effet, l'expression

$$A(\beta + y')^2 + 2B(\beta + y')(\alpha + x') + C(\alpha + x')^2 + 2D(\beta + y') + 2E(\alpha + x') + F,$$

étant développée, peut s'écrire

$$(k) \quad Ay'^2 + 2Bx'y' + Cx'^2 + 2(A\beta + B\alpha + D)\,y' + 2(B\beta + C\alpha + E)\,x' \\ + A\beta^2 + 2B\alpha\beta + C\alpha^2 + 2D\beta + 2E\alpha + F.$$

La dérivée partielle de la fonction proposée, prise par rapport à x, est le polynôme formé en multipliant chaque terme par l'exposant de x dans ce terme, et en diminuant ensuite cet exposant d'une unité; nous la représenterons par $f'_x(x, y)$. D'après cette règle, on aura

$$f'_x(x, y) = 2By + 2Cx + 2E = 2(By + Cx + E).$$

La dérivée partielle, par rapport à y, se forme en effectuant les mêmes opérations sur cette variable; on aura

$$f'_y(x, y) = 2Ay + 2Bx + 2D = 2(Ay + Bx + D).$$

Il est visible que, dans la relation (k), les coefficients des termes du premier degré et le terme constant sont les valeurs des fonctions $f'_y(x, y)$, $f'_x(x, y)$, $f(x, y)$ pour $x = \alpha$, $y = \beta$.

147. *Les coordonnées du centre d'une conique représentée par l'équation*

$$(1) \qquad Ay^2 + 2Bxy + Cx^2 + 2Dy + 2Ex + F = 0$$

sont les valeurs de x et de y qui annulent les dérivées partielles du premier membre, prises par rapport à x et à y.

Soient α et β les coordonnées inconnues du centre; supposons qu'on y transporte l'origine sans changer la direction des axes primitifs. L'équation de la conique, pour les nouveaux axes, s'obtient en posant : $x = \alpha + x'$, $y = \beta + y'$, et, en vertu du lemme II, on aura

$$Ay'^2 + 2Bx'y' + Cx'^2 + y'\,f'_y(\alpha, \beta) + x'\,f'_x(\alpha, \beta) + f(\alpha, \beta) = 0.$$

Or, l'origine étant au centre, les termes en x' et y' doivent disparaître de l'équation, et, par suite,

$$f'_y(\alpha, \beta) = 0, \qquad f'_x(\alpha, \beta) = 0,$$

c'est-à-dire que les coordonnées du centre sont les valeurs de x et de y qui satisfont aux équations

$$(c) \qquad f'_y(x, y) = 0, \qquad f'_x(x, y) = 0,$$

ou bien,

$$Ay + Bx + D = 0, \qquad By + Cx + E = 0.$$

148. En résolvant ces équations, on trouve pour α et β

$$\alpha = \frac{AE - BD}{B^2 - AC}, \qquad \beta = \frac{CD - BE}{B^2 - AC}.$$

Dans l'ellipse et l'hyperbole, $B^2 - AC$ est différent de zéro et les valeurs précédentes sont finies et déterminées : ces deux courbes ont un centre unique. Lorsque $B^2 - AC = 0$, les valeurs de α et β sont infinies ; donc la parabole n'a pas de centre visible dans le plan.

Si l'on a, en même temps, $B^2 - AC = 0$ et $AE - BD = 0$, α et β se présentent sous la forme $\frac{0}{0}$, et les deux équations (c) se réduisent à une seule

$$Ay + Bx + D = 0;$$

il y a, dans ce cas particulier, une infinité de centres situés sur la droite représentée par cette équation. Mais, dans cette hypothèse, l'équation de la conique résolue par rapport à y devient

$$y = -\frac{Bx + D}{A} \pm \frac{1}{A}\sqrt{D^2 - AF},$$

ou

$$Ay + Bx + D \mp \sqrt{D^2 - AF} = 0;$$

elle représente deux droites parallèles à la ligne des centres.

149. Dans le cas de l'ellipse et de l'hyperbole, l'équation générale se simplifie, lorsqu'on place l'origine au centre, et elle prend la forme

$$(2) \qquad Ay^2 + 2Bxy + Cx^2 = H$$

dans laquelle $H = -f(\alpha,\beta) = -(A\beta^2 + 2B\alpha\beta + C\alpha^2 + 2D\beta + 2E\alpha + F)$.

Le calcul de H se fait fort simplement au moyen de la remarque suivante : reprenons les équations qui déterminent α et β

$$A\beta + B\alpha + D = 0, \qquad B\beta + C\alpha + E = 0;$$

multiplions la première par β et la seconde par α; on obtient, en ajoutant ensuite les équations membre à membre,

$$A\beta^2 + 2B\alpha\beta + C\alpha^2 + D\beta + E\alpha = 0.$$

Il en résulte que $H = -(D\beta + E\alpha + F)$.

Lorsque $H = 0$, l'équation (2) devient

$$(3) \qquad Ay^2 + 2Bxy + Cx^2 = 0:$$

relation homogène du second degré qui représente deux droites PP′, RR′ passant par l'origine ; ces droites sont réelles, si $B^2 - AC > 0$, et imaginaires, si $B^2 - AC < 0$. Nous allons voir que l'hyperbole représentée par l'équation (2) quand H a une valeur différente de zéro, se rapproche indéfiniment des deux droites de l'équation (3). Pour fixer les idées, supposons que H soit négatif, et résolvons l'équation $Ay^2 + 2Bxy + Cx^2 = -H$ par rapport à y. Il viendra

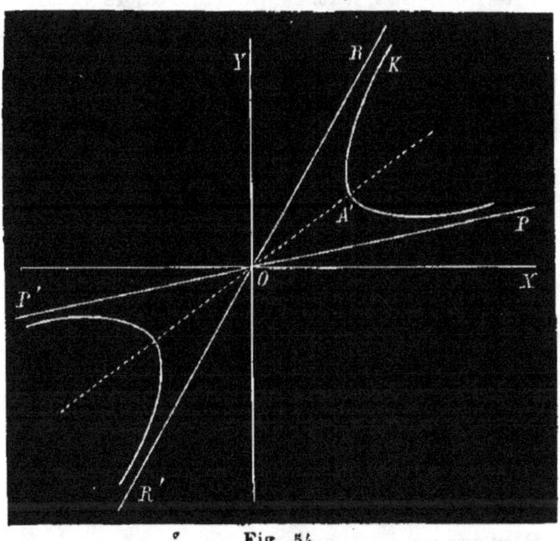

Fig. 54.

$$y = -\frac{B}{A}x \pm \frac{1}{A}\sqrt{(B^2 - AC)\,x^2 - AH}.$$

Le diamètre de la courbe passe par l'origine ; il est facile de vérifier que l'hyperbole se trouve située dans le plan, comme le montre la figure.

De même l'équation (3) donne

$$Y = -\frac{B}{A}x \pm \frac{1}{A}\sqrt{(B^2 - AC)\,x^2},$$

en écrivant Y au lieu de y, afin de distinguer l'ordonnée de la droite de celle de la courbe. Cela étant, l'arc A'K correspond aux valeurs positives du radical; si on retranche les équations, en prenant le signe + pour les deux radicaux, il vient

$$Y - y = \frac{1}{A}\sqrt{(B^2 - AC)x^2} - \sqrt{(B^2 - AC)x^2 - AH},$$

ou bien,

$$Y - y = \frac{H}{\sqrt{(B^2 - AC)x^2} + \sqrt{(B^2 - AC)x^2 - AH}}.$$

La différence des ordonnées de la droite et de la courbe diminue à mesure que x augmente, et, pour $x = \infty$, $Y - y = 0$. La partie d'hyperbole A'K se rapproche donc de plus en plus de la droite OR, et, à l'infini, les deux lignes se touchent. Il serait facile de montrer que cette propriété a lieu pour les autres parties de la courbe relativement aux droites; il suffit de répéter la transformation précédente, en prenant les radicaux avec le signe + ou le signe —, suivant la partie de la courbe et de la droite que l'on considère. On donne le nom d'*asymptotes* aux droites que nous venons de définir; en général, on appelle ainsi toute ligne fixe vers laquelle s'approche indéfiniment une branche de courbe infinie.

Il résulte, de ce qui précède, que *toute hyperbole représentée par l'équation*

$$Ay^2 + 2Bxy + Cx^2 = H,$$

a pour asymptotes les deux droites de l'équation

$$Ay^2 + 2Bxy + Cx^2 = 0,$$

obtenue en posant $H = 0$.

Remarque 1. Assujettir une conique à avoir pour centre un point donné (α, β) équivaut à deux conditions géométriques simples; car, on a, entre les coefficients de l'équation générale, les deux relations

$$A\beta + B\alpha + D = 0, \qquad B\beta + C\alpha + E = 0.$$

La conique serait complétement définie avec trois nouvelles conditions : aussi l'équation de l'ellipse et de l'hyperbole rapportées à leur centre ne renferme plus que trois paramètres.

Remarque 2. Assujettir une hyperbole à avoir pour asymptotes deux droites données équivaut à quatre conditions. En effet, si on prend pour origine leur point d'intersection, ces droites sont représentées par une équation de la forme

$$Ay^2 + 2Bxy + Cx^2 = 0,$$

et l'hyperbole correspondante par

$$Ay^2 + 2Bxy + Cx^2 = H,$$

où il n'y a plus que le paramètre H à déterminer ; on ne peut plus assujettir la courbe qu'à une seule condition.

Ex. 1. Déterminer le centre et les équations simplifiées des coniques suivantes :

(1) $$y^2 - 2xy + 2x^2 - 2y - 5x + 7 = 0,$$

(2) $$x^2 - 2xy + 2y + 2x + 1 = 0,$$

(3) $$y = \frac{1}{x - a}.$$

R. (1) $\left(\frac{5}{2}, \frac{7}{2}\right)$, $y^2 - 2xy + 2x^2 = \frac{1}{4}$;

(2) $(1, 2)$, $x^2 - 2xy = -4$;

(3) $(a, 0)$. $xy = 1$.

Ex. 2. Trouver le lieu géométrique des centres des coniques qui passent par les points A, A′, B, B′.

Prenons pour axes les droites AA′, BB′ (Fig. 55), et posons : $a = OA$, $a' = OA'$, $b = OB$ $b' = OB'$; l'équation générale des coniques est

$$(d) \qquad aa'y^2 + 2\lambda xy + bb'x^2 - aa'(b + b')y - bb'(a + a')x + aa'bb' = 0.$$

Pour obtenir le lieu demandé, il faut éliminer λ entre les équations du centre

$$2aa'y + 2\lambda x - aa'(b + b') = 0, \qquad 2\lambda y + 2bb'x - bb'(a + a') = 0 ;$$

on trouve ainsi l'équation

$$(c) \qquad 2aa'y^2 - 2bb'x^2 - aa'(b + b')y + bb'(a + a')x = 0,$$

qui représente une ellipse ou une hyperbole suivant le signe des quantités a, a', b, b'. La conique (c) passe par l'origine, et rencontre les axes aux distances $\frac{a + a'}{2}$, $\frac{b + b'}{2}$ de ce point, c'est-à-dire au milieu de AA′ et de BB′ ; elle a pour centre le point $\left(\frac{a + a'}{4}, \frac{b + b'}{4}\right)$ qui est le milieu de II′. Si on prenait pour axes les droites AB, A′B′, ou les diagonales AB′, BA′, l'équation des coniques serait encore de la même forme que (d), et on arriverait à cette conclusion, que la courbe des centres passe aussi par les milieux des deux autres côtés opposés et des diagonales ; de plus, son centre devra se trouver au milieu

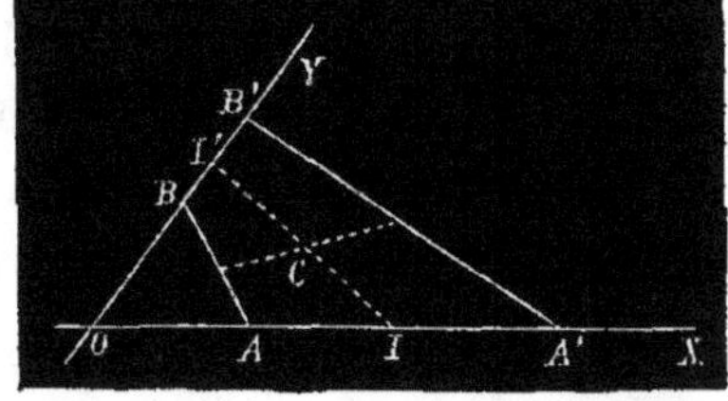

Fig. 55.

de la droite qui joint les milieux des côtés opposés AB, A'B', ainsi qu'au milieu de la ligne qui joint les milieux des diagonales. Comme la courbe n'a qu'un centre, on en déduit ce théorème connu : *dans un quadrilatère plan, les droites qui joignent les milieux des côtés opposés et des diagonales se coupent en leur milieu.*

Ex. **3**. Quel est le lieu des centres des coniques qui touchent les axes aux points $(a, 0)$, $(0, b)$?

R. $\frac{y^2}{b^2}-\frac{x^2}{a^2}-\frac{y}{b}+\frac{x}{a}=0$; c'est une hyperbole qui passe par les points $(a, 0)$, $(0, b)$ et dont le centre est $\left(\frac{a}{2}, \frac{b}{2}\right)$.

Ex. **4**. Écrire l'équation d'une conique qui a pour centre le point (α, β).

R. $Ay^2+2Bxy+Cx^2-2(A\beta+B\alpha)y-2(B\beta+C\alpha)x+F=0$, ou sous la forme : $p(y-\beta)^2+q(x-\alpha)(y-\beta)+r(x-\alpha)^2+s=0$.

Ex. **5**. Trouver l'équation de l'hyperbole qui a pour asymptotes les droites $y-ax=0$, $y-bx=0$, et qui passe par le point $(0, c)$.

R. $$y^2-(a+b)xy+abx^2=c^2.$$

Ex. **6**. Écrire l'équation qui détermine les coefficients angulaires des asymptotes ainsi que l'équation de ces droites pour la conique $Ay^2+2Bxy+Cx^2+2Dy+2Ex+F=0$.

R. $$Am^2+2Bm+C=0;$$

$$y=-\frac{Bx+D}{A}\pm\frac{1}{A}\left(x\sqrt{B^2-AC}+\frac{BD-AE}{\sqrt{B^2-AC}}\right).$$

150. Diamètres. Le diamètre d'une courbe est le lieu des milieux d'une série de cordes parallèles à une direction donnée.

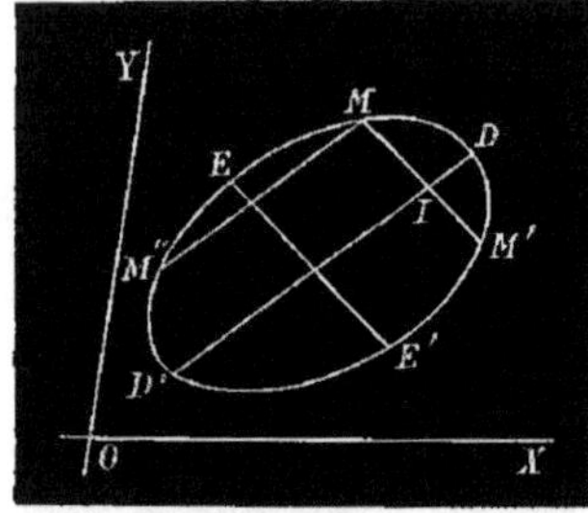

Fig. 56.

Soit $y=mx+b$ l'équation d'une droite donnée; proposons-nous de trouver l'équation du diamètre d'une conique pour les cordes parallèles à cette droite. Représentons par x_1, y_1 les coordonnées du milieu I de l'une de ces cordes MM', et transportons l'origine en ce point, en conservant la même direction des axes. L'équation de la conique rapportée aux axes OX, OY étant

$$f(x, y)=Ay^2+2Bxy+Cx^2+2Dy+2Ex+F=0,$$

celle de la même courbe, pour la nouvelle origine, sera

$$Ay'^2+2Bx'y'+Cx'^2+y'f'_y(x_1, y_1)+x'f'_x(x_1, y_1)+f(x_1, y_1)=0.$$

D'un autre côté, l'équation de la droite MM' est $y' = mx'$. L'élimination de y' entre ces équations donne la relation

(4) $(Am^2 + 2Bm + C)x'^2 + [m\,f'_y(x_1, y_1) + f'_x(x_1, y_1)]\,x' + f(x_1, y_1) = 0,$

dont les racines sont les abcisses des points M et M'. Mais l'origine étant au milieu de MM', l'équation doit donner pour x' des valeurs égales et de signes contraires; d'où la condition

(5) $$m\,f'_y(x_1, y_1) + f'_x(x_1, y_1) = 0.$$

Il en résulte que les coordonnées du milieu d'une corde quelconque parallèle à la direction donnée vérifient la relation

(6) $$m\,f'_y(x, y) + f'_x(x, y) = 0,$$

qui sera l'équation du lieu cherché, ou du diamètre correspondant à la droite $y = mx + b$. En remplaçant les dérivées par leurs valeurs, on aura

$$m(Ay + Bx + D) + (By + Cx + E) = 0:$$

équation du premier degré qui représente une droite passant par le centre de la courbe; car, pour ce point, $f'_y(x, y) = 0$, $f'_x(x, y) = 0$. Si on écrit

$$(Am + B)y + (Bm + C)x + Dm + E = 0,$$

il vient, en désignant par m' le coefficient angulaire du diamètre,

(7) $$m' = -\frac{Bm + C}{Am + B}, \quad \text{ou} \quad Amm' + B(m + m') + C = 0.$$

Lorsque $B^2 - AC = 0$, on a

$$\frac{C}{B} = \frac{B}{A} = \frac{C + Bm}{B + Am},$$

et m' est constant quel que soit m : dans la parabole, tous les diamètres sont parallèles. Mais, dans les coniques à centre, la direction d'un diamètre varie avec celle des cordes.

Ainsi, *dans l'ellipse et l'hyperbole, les diamètres sont des droites qui passent par le centre et dont la direction dépend de celle des cordes; dans la parabole, ce sont des droites parallèles.*

151. Deux diamètres sont dits *conjugués*, si chacun d'eux divise en deux parties égales les cordes parallèles à l'autre. Menons une corde MM'' parallèle à DD', et reprenons la relation (7) sous la forme

(7) $$Amm' + B(m + m') + C = 0.$$

Cette équation ne change pas, si on remplace m par m', et m' par m ; le diamètre EE' correspondant à la direction des cordes de coefficient angulaire m', aura pour coefficient de direction m, et il sera parallèle à MM'. Les deux diamètres DD' et EE' sont conjugués et leurs coefficients angulaires satisfont à la relation (7). Dans l'ellipse et l'hyperbole, à chaque valeur de m' correspond une valeur réelle de m donnée par cette équation : ces deux courbes ont une infinité de systèmes de diamètres conjugués.

On donne le nom d'*axes*, dans une conique, aux diamètres qui sont perpendiculaires aux cordes divisées en deux parties égales. Si les coordonnées sont rectangulaires, on doit avoir, pour un tel diamètre, $mm' = -1$, et, par suite, en vertu de (7), $m + m' = \frac{A - C}{B}$; par conséquent, les quantités m et m' sont les racines de l'équation

$$z^2 - \frac{A - C}{B} z - 1 = 0.$$

Il est facile de vérifier, par la résolution de cette équation, que les racines sont réelles ; il existe donc toujours un diamètre perpendiculaire aux cordes qu'il divise en deux parties égales : dans les coniques à centre, le diamètre conjugué jouit de la même propriété et ces courbes admettent deux axes ; si on désigne par m_1, m_2 les racines de l'équation précédente, et par α, β les coordonnées du centre, les axes seront représentés par

$$y - \beta = m_1 (x - \alpha), \quad y - \beta = m_2 (x - \alpha).$$

Dans la parabole, tous les diamètres étant parallèles, il n'y aura qu'un seul axe.

Remarque 1. Dans la recherche de l'équation d'un diamètre, nous avons supposé que les cordes parallèles à la direction donnée rencontrent la courbe en deux points situés à une distance finie, en admettant que l'équation (4) avait deux racines. Dans le cas particulier où m satisfait à la relation $Am^2 + 2Bm + C = 0$, les cordes ne rencontrent la courbe qu'en un point ; c'est ce qui a lieu, dans l'hyperbole, lorsqu'elles sont parallèles aux asymptotes ; car, si on remplace m par $\frac{y}{x}$, on a $Ay^2 + 2Bxy + Cx^2 = 0$ qui représente les asymptotes, si l'origine est au centre. Dans la parabole, on a : $B = \sqrt{AC}$, et la relation précédente devient $(m\sqrt{A}+\sqrt{C})^2=0$; de sorte que les cordes de coefficients angulaire $-\sqrt{\frac{C}{A}}$ ne rencontrent cette courbe qu'en un point. Dans ces cas particuliers, il n'y a pas de diamètres correspondants, ou plutôt ils sont situés à l'infini.

Remarque 2. A toute droite passant par le centre et de coefficient angulaire m', correspond un diamètre conjugué dont la direction est donnée par la relation (7). Cependant, pour une asymptote, on a $Am'^2+2Bm'+C=0$, et l'équation (7) ne peut être satisfaite qu'en posant $m=m'$; dans ce cas, les deux diamètres conjugués coïncident.

Remarque 3. Un diamètre avec la direction des cordes équivaut à deux conditions; en effet, prenons ce diamètre pour axe des x, et, pour axe des y, une droite quelconque parallèle aux cordes; l'équation de la conique sera de la forme

$$ay^2+cx^2+dx+c=0,$$

afin d'avoir deux valeurs égales et de signes contraires pour y, à chaque valeur de x. Cette équation ne renferme que trois paramètres, et la courbe ne peut plus être assujettie qu'à trois autres conditions. Avec deux diamètres conjugués pris pour axes, l'équation de la courbe sera de la forme

$$py^2+qx^2+r=0;$$

car, à chaque valeur attribuée à l'une des variables, on doit avoir pour l'autre des valeurs égales et de signes contraires. Un système de deux diamètres conjugués équivaut à trois conditions.

Ex. 1. Étant donnée l'équation de l'ellipse

$$y^2-3xy+5x^2+2y-3x-5=0,$$

déterminer le diamètre des cordes parallèles à la droite $y=2x-1$, ainsi que les axes de la courbe.

On trouvera, pour le diamètre, l'équation $y+4x+1=0$, et, pour les axes, $3x-y-1=0$, $3y+x+3=0$.

Ex. 2. Même recherche pour l'hyperbole $y=\dfrac{1}{x-a}$.

R. $2x+y=2a$, $\quad y+x-a=0$, $\quad y-x+a=0$.

Ex. 3. Écrire les équations des diamètres qui divisent en deux parties égales, les cordes parallèles aux axes des coordonnées pour la conique $Ay^2+2Bxy+Cx^2+2Dy+2Ex+F=0$.

R. $Ay+Bx+D=0$, $\quad By+Cx+E=0$.

La première représente le diamètre des cordes parallèles aux y, et la deuxième celui des cordes parallèles aux x.

Ex. 4. Trouver le coefficient angulaire de l'axe d'une parabole représentée par l'équation générale.

Il faut résoudre l'équation $z^2 - \frac{A-C}{B}z - 1 = 0$, et poser $B = \sqrt{AC}$. Les racines sont $+\sqrt{\frac{A}{C}}$, $-\sqrt{\frac{C}{A}}$; le coefficient angulaire des cordes est $+\sqrt{\frac{A}{C}}$, car, pour l'autre valeur, il n'y a pas de diamètre correspondant. Le coefficient angulaire de l'axe est donc : $-\sqrt{\frac{C}{A}}$.

Ex. 5. Écrire l'équation des axes de la conique $Ay^2 + 2Bxy + Cx^2 = H$.

$$\text{R.} \qquad By^2 - (A - C)xy - Bx^2 = 0.$$

Ex. 6. Dans toutes les coniques qui passent par quatre points fixes, les diamètres conjugués à une direction donnée concourent en un même point.

En effet, si l'on reprend l'équation de ces courbes

$$aa'y^2 + 2\lambda xy + bb'x^2 - aa'(b + b')y - bb'(a + a')x + aa'bb' = 0,$$

le diamètre correspondant aux cordes de direction m est représenté par l'équation

$$2\lambda(y + mx) + 2bb'x + 2maa'y - bb'(a + a') - maa'(b + b') = 0;$$

tous les diamètres passent par le point d'intersection des droites

$$y + mx = 0, \qquad 2bb'x + 2maa'y - bb'(a + a') - maa'(b + b') = 0.$$

Pour obtenir le lieu des points de concours des diamètres correspondants à toutes les directions possibles des cordes, il faudrait éliminer m entre ces deux équations; on obtient ainsi

$$2bb'x^2 - 2aa'y^2 - bb'(a + a')x + aa'(b + b')y = 0:$$

cette équation représente une ellipse ou une hyperbole qui coïncide avec le lieu des centres des coniques qui passent par les points donnés.

Ex. 7. Trouver le lieu des milieux des cordes passant par un point fixe.

Soient α, β les coordonnées du point fixe; il faudra éliminer le coefficient angulaire m entre les équations

$$y - \beta = m(x - \alpha),$$

$$m f'_y + f'_x = 0.$$

Il vient ainsi, pour le lieu cherché, l'équation

$$(y - \beta) f'_y + (x - \alpha) f'_x = 0.$$

§ 3. DE LA TANGENTE ET DE LA POLAIRE DANS LES COURBES DU SECOND ORDRE.

152. Soient $M(x', y')$, $M'(x'', y'')$ deux points situés sur la conique

$$(1)\quad f(x, y) = Ay^2 + 2Bxy + Cx^2 + 2Dy + 2Ex + F = 0.$$

La droite qui réunit ces deux points peut être représentée par une équation de la forme

$$(2)\quad A(y-y')(y-y'') + 2B(x-x')(y-y'') + C(x-x')(x-x'') =$$
$$= Ay^2 + 2Bxy + Cx^2 + 2Dy + 2Ex + F,$$

car, après avoir effectué les opérations et supprimé les termes communs, elle s'abaisse au premier degré; de plus, elle est satisfaite par les coordonnées des points M et M', en tenant compte des relations

$$Ay'^2 + 2Bx'y' + Cx'^2 + 2Dy' + 2Ex' + F = 0,$$
$$Ay''^2 + 2Bx''y'' + Cx''^2 + 2Dy'' + 2Ex'' + F = 0$$

qui expriment que ces points appartiennent à la courbe. La sécante en tournant autour du point M devient tangente à la conique, lorsque le second point M' se confond avec le premier; pour cette position limite, $x'' = x'$, $y'' = y'$, et l'équation (2) devient

$$A(y-y')^2 + 2B(x-x')(y-y') + C(x-x')^2$$
$$= Ay^2 + 2Bxy + Cx^2 + 2Dy + 2Ex + F.$$

Développons le premier membre et supprimons les termes du second degré en x et y; on aura

$$-2Ayy' - 2B(xy' + yx') - 2Cxx' + Ay'^2 + 2Bx'y' + Cx'^2 = 2Dy + 2Ex + F,$$

et, au moyen de la relation

$$Ay'^2 + 2Bx'y' + Cx'^2 = -2Dy' - 2Ex' - F,$$

on obtient finalement, pour l'équation de la tangente à une conique en un point $M(x', y')$,

$$Ayy' + B(xy' + yx') + Cxx' + D(y + y') + E(x + x') + F = 0.$$

Si on désigne par V le coefficient angulaire de la tangente, on en déduit

$$V = -\frac{By' + Cx' + E}{Ay' + Bx' + D} = -\frac{f'_x(x', y')}{f'_y(x', y')};$$

de sorte que, la tangente étant une droite qui passe par un point M (x', y'), son équation peut aussi s'écrire sous la forme

$$y - y' = -\frac{f'_x(x', y')}{f'_y(x', y')}(x - x').$$

Remarque. Il est souvent avantageux de rendre l'équation générale du second degré homogène par l'introduction d'une troisième variable; elle se présente alors sous la forme

$$Ay^2 + 2Bxy + Cx^2 + 2Dyz + 2Ezx + Fz^2 = 0.$$

Pour retrouver la première, il suffira de poser $z = 1$. En vertu d'une propriété des fonctions homogènes, on a toujours la relation

$$x\,f'_x + y\,f'_y + z\,f'_z = 2\,f(x, y, z),$$

comme on peut le vérifier facilement; par suite, l'équation de la tangente

$$(x - x')\,f'_{x_{\prime}} + (y - y')\,f'_{y_{\prime}} = 0,$$

ou

$$x\,f'_{x_{\prime}} + y\,f'_{y_{\prime}} - (x'\,f'_{x_{\prime}} + y'\,f'_{y_{\prime}}) = 0,$$

pourra se mettre sous la forme symétrique

$$x\,f'_{x_{\prime}} + y\,f'_{y_{\prime}} + z\,f'_{z_{\prime}} = 0,$$

$f'_{x_{\prime}}$, $f'_{y_{\prime}}$, $f'_{z_{\prime}}$ désignant ce que deviennent les dérivées quand on y substitue x', y', z' à x, y, z. Il est facile de constater qu'on peut encore écrire

$$x'\,f'_x + y'\,f'_y + z'\,f'_z = 0.$$

153. *La tangente à l'extrémité d'un diamètre est parallèle au conjugué de ce diamètre.*

En effet, l'équation d'un diamètre est

$$\text{(D)} \qquad m\,f'_y(x, y) + f'_x(x, y) = 0,$$

m étant le coefficient de direction des cordes; c'est aussi le coefficient angulaire du diamètre conjugué qui est parallèle aux cordes. Soient (x', y') les coordonnées du point où le diamètre D rencontre la courbe; on a pour ce point

$$m\,f'_y(x', y') + f'_x(x', y') = 0, \text{ d'où } m = -\frac{f'_x(x', y')}{f'_y(x', y')}.$$

Cette valeur de m est précisément le coefficient angulaire de la tangente à la conique au point (x', y'); ce qui démontre la proposition.

Remarque. En vertu de cette propriété, si on mène, à l'extrémité d'un diamètre d'une parabole, une tangente à la courbe, elle sera parallèle aux cordes divisées en deux parties égales ; cette circonstance permet de simplifier l'équation générale lorsqu'elle définit une parabole. On prendra le diamètre pour axe des x, et la tangente pour axe des y. L'origine étant sur la courbe, on aura d'abord $F = 0$; ensuite, les cordes parallèles aux y étant divisées en deux parties égales, pour chaque valeur attribuée à l'abcisse, l'équation qui représente la courbe doit donner des valeurs égales et de signes contraires pour l'ordonnée ; donc il faut que les coefficients B et D soient nuls ; enfin, pour que l'on ait $B^2 - AC = 0$, l'un des coefficients A et C doit être égal à zéro ; soit $C = 0$: l'équation de la parabole, rapportée aux axes choisis, sera de la forme

$$Ay^2 + 2Ex = 0,$$

ou

$$y^2 = 2px,$$

en posant $p = -\frac{E}{A}$.

154. *Trouver l'équation des tangentes menées d'un point* (x', y') *à la conique* $Ay^2 + 2Bxy + Cx^2 + 2Dy + 2Ex + F = 0$.

Les coordonnées d'un point quelconque de la droite qui joint le point (x', y') à un autre point (x'', y'') du plan sont données par les formules

$$x = \frac{mx'' + nx'}{m + n}, \qquad y = \frac{my'' + ny'}{m + n}.$$

Si on substitue ces expressions dans l'équation de la conique, on a

$$A(my'' + ny')^2 + 2B(my'' + ny')(mx'' + nx') + C(mx'' + nx')^2$$
$$+ (m + n)[2D(my'' + ny') + 2E(mx'' + nx') + F(m + n)] = 0.$$

Développons et posons, pour abréger, $\frac{m}{n} = \lambda$,

$$Ay''^2 + 2Bx''y'' + Cx''^2 + 2Dy'' + 2Ex'' + F = S'',$$
$$Ay'^2 + 2Bx'y' + Cx'^2 + 2Dy' + 2Ex' + F = S',$$
$$Ay''y' + B(x''y' + x'y'') + Cx''x' + D(y'' + y') + E(x'' + x') + F = P'';$$

il viendra l'équation

$$(5) \qquad S''\lambda^2 + 2P''\lambda + S' = 0,$$

qui détermine les valeurs de λ pour les points d'intersection de la droite et de la conique. Supposons que la droite des points (x', y'), (x'', y'') soit tangente à la courbe ; l'équation (3) doit avoir des racines égales, et, par suite,

$$P''^2 - S'S'' = 0.$$

Si on remplace dans cette relation, x'', y'' par les coordonnées x et y d'un point quelconque de l'une des tangentes issues du point (x', y'), on aura, pour l'équation de ces droites,

$$(4)\quad [Ayy' + B(xy' + yx') + Cxx' + D(y + y') + E(x + x') + F]^2$$
$$Ay^2 + 2Bxy + Cx^2 + 2Dy + 2Ex + F)(Ay'^2 + 2Bx'y' + Cx'^2 + 2Dy' + 2Ex' + F) = 0$$

ou, plus simplement, en désignant par P, S et S' les polynômes des parenthèses,

$$P^2 - SS' = 0.$$

En posant $x' = 0$, $y' = 0$, il vient, pour les tangentes menées de l'origine à la conique,

$$(Dy + Ex + F)^2 - (Ay^2 + 2Bxy + Cx^2 + 2Dy + 2Ex + F)F = 0,$$

ou bien, en développant,

$$(D^2 - AF)y^2 + 2(DE - BF)xy + (E^2 - CF)x^2 = 0.$$

155. *Chercher l'équation de la corde des contacts des tangentes à une conique issues du point $(x'; y')$.*

Appelons $M_1(x_1, y_1)$, $M_2(x_2, y_2)$ les points de contact des deux tangentes ; l'une de ces droites est représentée par l'équation

$$Ayy_1 + B(xy_1 + yx_1) + Cxx_1 + D(y + y_1) + E(x + x_1) + F = 0.$$

Mais, comme elle passe par le point (x', y'), on a la condition

$$Ay_1y' + B(y_1x' + x_1y') + Cx_1x' + D(y_1 + y') + E(x_1 + x') + F = 0;$$

or, cette relation exprime que le point de contact (x_1, y_1) se trouve sur la droite

$$(5)\quad Ayy' + B(xy' + yx') + Cxx' + D(y + y') + E(x + x') + F = 0.$$

On verrait de même que le point (x_2, y_2) se trouve sur cette droite, et, par suite, l'équation (5) est celle de la corde des contacts. Cette ligne est appelée la *polaire* du point (x', y') par rapport à la conique, et ce dernier en est le *pôle*.

L'équation (5) représente toujours une droite réelle ; donc la polaire d'un point existe toujours, même s'il est à l'intérieur de la conique et si les tangentes sont imaginaires. Lorsque le pôle (x', y') est sur la courbe, l'équation (5) représente la tangente en ce point : ainsi la polaire d'un point de la conique coïncide avec la tangente au même point.

156. *La polaire est le lieu du point conjugué harmonique du pôle, par rapport aux points d'intersection de la conique avec une sécante quelconque issue de ce point.*

En effet, reprenons l'équation

$$S''\lambda^2 + 2P''\lambda + S' = 0;$$

la droite des points (x', y'), (x'', y'') rencontre la conique en deux points harmoniquement conjugués par rapport aux premiers, si elle a des racines égales et de signes contraires, c'est-à-dire, si $P'' = 0$, ou bien,

$$Ay'y'' + B(x'y'' + x''y') + Cx'x'' + D(y' + y'') + E(x' + x'') + F = 0.$$

Pour obtenir le lieu du point conjugué (x'', y'') sur toutes les sécantes issues du pôle, il suffit de remplacer dans cette relation x'', y'' par les variables x et y ; on obtient ainsi l'équation

$$Ayy' + B(xy' + yx') + Cxx' + D(y + y') + E(x + x') + F = 0,$$

qui représente la polaire du point (x', y').

On déduit de cette propriété une construction géométrique de la polaire d'un point donné p. On mène deux sécantes quelconques pmm', pnn' ; on tire les droites mn' et nm' qui se coupent en g, ainsi que les droites mn, $m'n'$ qui se rencontrent en f ; la droite fg est la polaire demandée. En effet, dans le quadrilatère $mm'nn'$ les droites qui aboutissent au point f, forment un faisceau harmonique, et, par suite, fg doit diviser harmoniquement les deux sécantes issues du point p et coïncider avec la polaire de ce dernier.

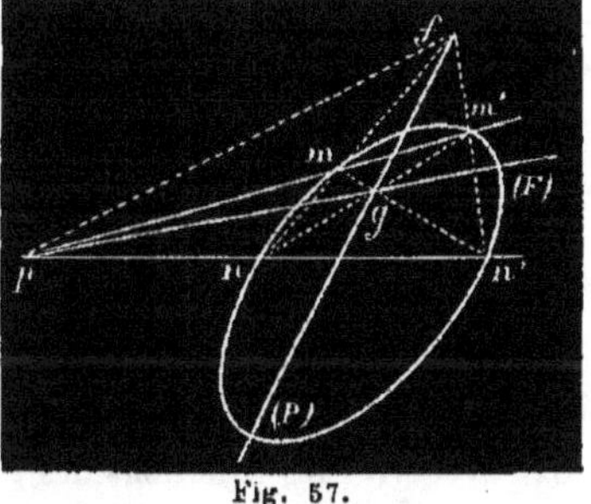

Fig. 57.

157. *La polaire d'un point f situé sur une droite* P *passe par le pôle p de cette droite.*

Soient (x', y'), (x'', y'') les coordonnées des points p et f ; les polaires correspondantes ont pour équations

$$\text{(P)}\quad Ayy' + B(xy' + yx') + Cxx' + D(y + y') + E(x + x') + F = 0,$$

$$\text{(F)}\quad Ayy'' + B(xy'' + yx'') + Cxx'' + D(y + y'') + E(x + x'') + F = 0.$$

Comme le point f se trouve sur la droite P, on a

$$Ay'y'' + B(x''y' + y''x') + Cx'x'' + D(y'' + y') + E(x'' + x') + F = 0,$$

relation qui exprime aussi que la droite F passe par le pôle (x', y') de la première.

D'après la construction indiquée précédemment, la polaire du point f est la droite pg; on peut dire aussi que *toute droite* P, *qui passe par un point f, a son pôle sur la polaire de ce point.*

Il en résulte que *la polaire du point d'intersection de deux droites passe par les pôles de ces droites*, et, réciproquement, *le pôle d'une droite qui joint deux points est l'intersection des polaires correspondantes.*

Lorsque deux points tels que p et g jouissent de cette propriété, que la polaire de l'un passe par l'autre, on dit qu'ils sont *conjugués* par rapport à la conique. Il est visible que deux points conjugués seront les conjugués harmoniques par rapport aux points où la droite qui les réunit rencontre la courbe.

On appelle aussi *droites conjuguées*, par rapport à une conique, deux droites telles que le pôle de l'une se trouve sur l'autre. Deux droites conjuguées forment toujours avec les tangentes, menées de leur point d'intersection à la courbe, un faisceau harmonique.

Ex. **1**. Trouver les équations des tangentes à la conique $4y^2 - 5xy + x^2 - 5y - 2x - 5 = 0$, aux points où elle rencontre l'axe des x.

R. $\quad 7y - 2x + 6 = 0, \qquad y + 2x + 2 = 0.$

Ex. **2**. Quelle est la polaire de l'origine par rapport à la conique $f(x, y) = 0$?

R. $\quad Dy + Ex + F = 0.$

Ex. **3**. Quelle est la polaire du centre de la conique $f(x, y) = 0$?

R. Une droite à l'infini.

Ex. **4**. Écrire les équations des tangentes issues de l'origine et la polaire de ce point pour la conique $y^2 - 2xy + 2y - 4x - 2 = 0$.

R. $\quad 5y^2 - 8xy + 4x^2 = 0, \qquad y - 2x - 2 = 0.$

Ex. **5**. Déterminer le pôle d'une droite $px + qy + r = 0$ par rapport à la conique $f(x, y) = 0$.

L'équation de la polaire du point (x', y') peut se mettre sous la forme

$$x(By' + Cx' + E) + y(Ay' + Bx' + D) + Dy' + Ex' + F = 0;$$

les équations qui déterminent le pôle cherché seront

$$\frac{By' + Cx' + E}{p} = \frac{Ay' + Bx' + D}{q} = \frac{Dy' + Ex' + F}{r}.$$

Ex. 6. Les polaires d'un point fixe par rapport à toutes les coniques qui passent par quatre points donnés concourent en un même point.

En effet, la polaire d'un point (x', y') par rapport à une conique représentée par

$$aa'y^2 + 2\lambda xy + bb'x^2 - aa'(b+b')y - bb'(a+a')x + aa'bb' = 0,$$

a pour équation

$$2aa'yy' + 2\lambda(xy'+yx') + 2bb'xx' - aa'(b+b')(y+y') - bb'(a+a')(x+x') + 2aa'bb' = 0;$$

elle renferme un coefficient indéterminé et représente des droites passant par un point fixe. Lorsque $x' = 0$, $y' = 0$, il vient

$$aa'(b+b')y + bb'(a+a')x - 2aa'bb' = 0.$$

La polaire de l'origine par rapport à une conique quelconque de la série est une droite fixe. Il est facile de vérifier que cette droite passe par le point d'intersection des diagonales et celui de deux côtés opposés du quadrilatère, et que le triangle dont les sommets sont les points de concours des côtés opposés et celui des diagonales jouit de cette propriété, que chaque côté est la polaire du sommet opposé.

Ex. 7. Le lieu des pôles d'une droite fixe par rapport à toutes les coniques circonscrites à un quadrilatère est une section conique.

Soit $px + qy + r = 0$ la droite donnée; pour trouver le lieu du pôle de cette droite, il faut éliminer λ entre les équations

$$\frac{2\lambda y' + 2bb'x' - bb'(a+a')}{p} = \frac{2aa'y' + 2\lambda x' - aa'(b+b')}{q}$$
$$= \frac{-aa'(b+b')y' - bb'(a+a')x' + 2aa'bb'}{r}.$$

Le résultat de l'élimination est l'équation du second degré

$$[q(b+b') + 2r]aa'y'^2 + [qbb'(a+a') - paa'(b+b')]x'y' - [p(a+a') + 2r]bb'x'^2$$
$$- [2bb'q + (b+b')r]aa'y' + [2aa'p + (a+a')r]bb'x' = 0.$$

§ 4. SIMPLIFICATION DE L'ÉQUATION DU SECOND DEGRÉ.

158. Nous avons vu que les propriétés du centre et des diamètres permettent de ramener l'équation générale des coniques à des formes plus simples. Nous nous proposons, dans ce paragraphe, d'indiquer le calcul des coefficients qui entrent dans l'équation finale.

Supposons, en premier lieu, que l'équation générale

$$(1)\quad Ay^2 + 2Bxy + Cx^2 + 2Dy + 2Ex + F = 0$$

représente une courbe à centre. Après avoir déterminé les coordonnées α et β de ce point, on y place l'origine.

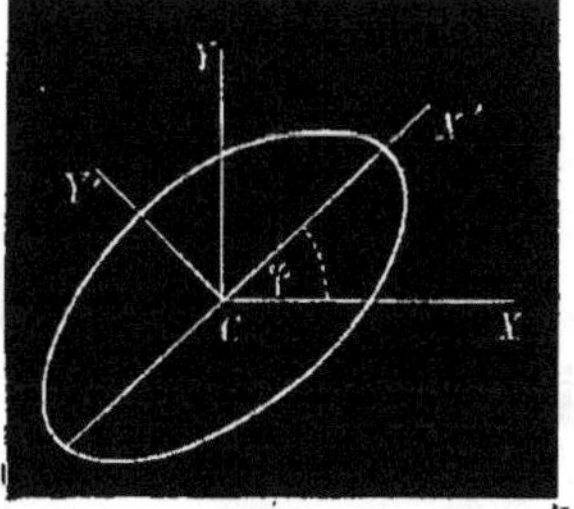

Fig. 58.

L'équation (1) est alors privée des termes du premier degré en x et y, et se réduit à

(2) $$Ay^2 + 2Bxy + Cx^2 = H,$$

où le nouveau coefficient se calcule par la formule $H = -(D\beta + E\alpha + F)$.

Par une transformation des coordonnées, il est toujours possible de faire disparaître de l'équation (2) le terme en xy. Admettons que les axes auxquels la courbe est actuellement rapportée soient rectangulaires; amenons ces axes dans la position CX', CY', en les faisant tourner d'un angle φ autour du point C. L'équation de la conique pour les nouveaux axes s'obtient au moyen des formules

$$x = x' \cos \varphi - y' \sin \varphi, \quad y = x' \sin \varphi + y' \cos \varphi.$$

La substitution de ces valeurs conduit à une équation de la forme

(3) $$My'^2 + 2Rx'y' + Nx'^2 = H,$$

dans laquelle

$$M = A\cos^2\varphi - 2B\sin\varphi\cos\varphi + C\sin^2\varphi, \quad N = A\sin^2\varphi + 2B\sin\varphi\cos\varphi + C\cos^2\varphi$$
$$R = A \sin \varphi \cos \varphi - B \sin^2 \varphi + B \cos^2 \varphi - C \sin \varphi \cos \varphi.$$

Pour déterminer la valeur de φ qui annule R, posons :

$$A \sin \varphi \cos \varphi - B \sin^2 \varphi + B \cos^2 \varphi - C \sin \varphi \cos \varphi = 0,$$

ou bien

(4) $$(A - C) \sin 2\varphi + 2B \cos 2\varphi = 0.$$

On en tire, $\tang 2\varphi = \frac{2B}{C - A}$ · Soit $2\varphi'$ l'angle plus petit que π, dont la tangente répond à cette valeur; les angles

$$2\varphi', \quad 2\varphi' + \pi, \quad 2\varphi' + 2\pi, \quad 2\varphi' + 3\pi, \ldots$$

ont la même tangente, et, par suite, les valeurs

$$\varphi', \quad \varphi' + \frac{\pi}{2}, \quad \varphi' + \pi, \quad \varphi' + 3\frac{\pi}{2}, \ldots$$

satisfont à l'équation $R = 0$; mais elles ne donnent que quatre directions opposées formant un seul système d'axes rectangulaires. Dans l'ellipse et l'hyperbole, on ne peut pas avoir en même temps, $B = 0$, $A = C$; donc, il existe toujours un système d'axes rectangulaires et un seul pour lequel l'équation d'une conique à centre est de la forme

(5) $$My^2 + Nx^2 = H.$$

Dans le cercle, ces conditions étant satisfaites, tang 2φ a une valeur indéterminée : cette courbe conserve la même forme d'équation pour tous les axes rectangulaires dont l'origine est au centre.

159. Il reste à indiquer le calcul des coefficients M et N de l'équation (5). Afin de l'effectuer plus facilement, nous allons montrer que les quantités $A + C$ et $AC - B^2$ conservent les mêmes valeurs pour tous les systèmes d'axes rectangulaires. Si on ajoute membre à membre les équations qui définissent les coefficients M et N, on trouve

$$(\alpha) \qquad M + N = A + C;$$

ce qui démontre la première partie de la proposition.

La soustraction des mêmes équations donne

$$(\beta) \qquad M - N = (A - C)\cos 2\varphi - 2B \sin 2\varphi;$$

de plus, on a aussi

$$(\gamma) \qquad 2R = (A - C)\sin 2\varphi + 2B\cos 2\varphi.$$

Élevons au carré les relations (α), (β), (γ) et retranchons ensuite de la première les deux autres; il viendra

$$4(MN - R^2) = 4(AC - B^2);$$

c'est la relation qu'il fallait établir.

En vertu de cette propriété, les équations qui déterminent M et N seront

$$M + N = A + C, \qquad MN = AC - B^2,$$

en remarquant que $R = 0$, pour le système d'axes particuliers qui correspond à tang $2\varphi = \frac{2B}{C - A}$. Il suffit donc, pour trouver ces coefficients, de résoudre l'équation

$$z^2 - (A + C)z + AC - B^2 = 0.$$

160. Il est visible, d'après la forme de l'équation (5), que les axes des coordonnées sont deux diamètres conjugués, et, par conséquent, ils coïncident en direction avec les axes de la courbe. Le binôme caractéristique $B^2 - AC$ se réduit à $-MN$; l'équation (5) représentera donc une ellipse ou une hyperbole suivant que les coefficients M et N sont de même signe ou de signe différent.

Supposons M, N et H positifs; on a l'équation

$$My^2 + Nx^2 = H.$$

Pour $y=0$, $x=\sqrt{\frac{H}{N}}$; pour $x=0$, $y=\sqrt{\frac{H}{M}}$. Posons :

$$a=\sqrt{\frac{H}{N}},\qquad b=\sqrt{\frac{H}{M}};$$

on en tire, $N=\frac{H}{a^2}$, $M=\frac{H}{b^2}$. En substituant ces valeurs, il vient

$$(6)\qquad \frac{x^2}{a^2}+\frac{y^2}{b^2}=1;$$

c'est l'équation de l'ellipse rapportée à son centre et à ses axes; a et b sont les longueurs des demi-axes de la courbe.

Si M est négatif, N et H positifs, l'équation (5) peut s'écrire

$$Nx^2-My^2=H,$$

En posant $a=\sqrt{\frac{H}{N}}$, $b=\sqrt{\frac{H}{M}}$, il vient $N=\frac{H}{a^2}$, $M=\frac{H}{b^2}$; et, par suite, on a

$$(7)\qquad \frac{x^2}{a^2}-\frac{y^2}{b^2}=1,$$

pour l'équation de l'hyperbole rapportée à son centre et à ses axes; a et b sont les longueurs des demi-axes. Il faut remarquer que l'hyperbole ne rencontre pas l'axe des y; car, pour $x=0$, $y=\pm b\sqrt{-1}$; il y a toujours un des deux axes qui est imaginaire.

161. Supposons que les axes auxquels est rapportée la conique de l'équation

$$Ay^2+2Bxy+Cx^2=H$$

soient obliques, et fassent entre eux un angle θ. Avant d'appliquer la réduction précédente, on doit rendre les axes rectangulaires. Pour plus de facilité, conservons le même axe des x, et prenons, pour axe des y, une droite qui lui est perpendiculaire. Dans ce cas, les formules de transformation sont

$$x=\frac{x'\sin\theta-y'\cos\theta}{\sin\theta},\qquad y=\frac{y'}{\sin\theta}.$$

Après la substitution, l'équation de la conique devient

$$A'y'^2 + 2B'x'y' + C'x'^2 = H,$$

où

$$A' = \frac{A - 2B\cos\theta + C\cos^2\theta}{\sin^2\theta}, \quad B' = \frac{B\sin\theta - C\sin\theta\cos\theta}{\sin^2\theta}, \quad C' = C.$$

On en déduit les relations

$$A' + C' = \frac{A + C - 2B\cos\theta}{\sin^2\theta}, \quad A'C' - B'^2 = \frac{AC - B^2}{\sin^2\theta}.$$

Comme les quantités $A' + C'$ et $A'C' - B'^2$ sont constantes pour tous les axes rectangulaires, les expressions

$$\frac{A + C - 2B\cos\theta}{\sin^2\theta}, \quad \frac{AC - B^2}{\sin^2\theta}$$

conservent les mêmes valeurs pour tous les axes obliques.

Les équations qui déterminent M et N seront

$$M + N = \frac{A + C - 2B\cos\theta}{\sin^2\theta}, \quad MN = \frac{AC - B^2}{\sin^2\theta}.$$

162. Considérons, maintenant, le cas où l'équation générale du second degré

$$Ay^2 + 2Bxy + Cx^2 + 2Dy + 2Ex + F = 0$$

représente une parabole. Dans cette hypothèse, $B^2 - AC = 0$, et les trois premiers termes forment un carré parfait; l'équation de la courbe peut s'écrire, en posant $n = \sqrt{A}$, $m = \sqrt{C}$,

$$(mx + ny)^2 + 2Dy + 2Ex + F = 0.$$

Prenons pour axe des x la droite $mx + ny = 0$, et, pour axe des y, une perpendiculaire à cette droite ayant pour équation $nx - my = 0$. Si les axes primitifs sont rectangulaires, et si α représente l'angle du nouvel axe des x avec l'ancien, on a

$$\tang\alpha = -\frac{m}{n}, \quad \sin\alpha = \frac{-m}{\sqrt{m^2 + n^2}}, \quad \cos\alpha = \frac{n}{\sqrt{m^2 + n^2}}.$$

En posant : $l^2 = m^2 + n^2$, les formules de transformation (N° 8) seront

$$x = \frac{my' + nx'}{l}, \quad y = \frac{ny' - mx'}{l}.$$

La substitution de ces valeurs conduit à une équation de la forme

$$ay'^2 + 2by' + 2cx' + f = 0,$$

dans laquelle

$$a = l^3, \quad b = Dn + Em, \quad c = En - Dm, \quad f = lF.$$

Transportons les axes parallèlement à eux-mêmes au point (x_1, y_1) et posons : $x' = x'' + x_1, y' = y'' + y_1$; l'équation précédente devient

$$ay''^2 + 2(ay_1 + b)\,y'' + 2cx'' + ay_1^2 + 2by_1 + 2cx_1 + f = 0.$$

On peut disposer de x_1 et de y_1, de manière à satisfaire aux relations

$$ay_1 + b = 0, \qquad ay_1^2 + 2by_1 + 2cx_1 + f = 0;$$

on en tire

$$y_1 = -\frac{b}{a}, \quad x_1 = \frac{b^2 - af}{2ac}.$$

Pour cette origine et pour ce système d'axes, l'équation de la parabole est de la forme

$$y^2 = 2px,$$

où $p = -\frac{c}{a}$, c'est-à-dire, en fonction des coefficients de l'équation générale,

$$p = \frac{Dm - En}{(m^2 + n^2)^{\frac{3}{2}}} = \frac{D\sqrt{C} - E\sqrt{A}}{(A + C)^{\frac{3}{2}}}.$$

Quand les axes primitifs sont obliques, la droite $mx + ny = 0$ étant le nouvel axe des x, on a

$$\operatorname{tang} \alpha = \frac{-m \sin \theta}{n - m \cos \theta}, \quad \sin \alpha = \frac{-m \sin \theta}{l}, \quad \cos \alpha = \frac{n - m \cos \theta}{l},$$

et $l^2 = m^2 + n^2 - 2mn \cos \theta$. Si on substitue ces expressions dans les formules de transformation (N° 8) pour passer d'un système d'axes obliques à un système d'axes rectangulaires

$$x = \frac{x' \sin(\theta - \alpha) - y' \cos(\theta - \alpha)}{\sin \theta}, \quad y = \frac{x' \sin \alpha + y' \cos \alpha}{\sin \theta},$$

on trouve

$$x = \frac{nx' \sin \theta + (m - n \cos \theta)\,y'}{l \sin \theta}, \quad y = \frac{-mx' \sin \theta + (n - m \cos \theta)\,y'}{l \sin \theta}$$

et, par suite, l'équation de la courbe pour les nouveaux axes sera

$$l^3 y'^2 + 2 \sin\theta \left[D (n - m\cos\theta) + E (m - n\cos\theta) \right] y'$$
$$+ 2\sin^2\theta (En - Dm) x' + l \sin^2\theta . F = 0.$$

Il reste à faire disparaître le terme en y' et la quantité constante en transportant les axes parallèlement à eux-mêmes; l'équation de la parabole sera finalement

$$y^2 = 2px,$$

dans laquelle

$$p = \frac{(Dm - En)\sin^2\theta}{(m^2 + n^2 - 2mn\cos\theta)^{\frac{3}{2}}}.$$

Remarque. De l'équation de la parabole

$$(mx + ny)^2 + 2Dy + 2Ex + F = 0,$$

on tire

$$\frac{(mx + ny)^2}{2Dy + 2Ex + F} = -1;$$

c'est-à-dire que le carré de la perpendiculaire, abaissée d'un point M (x, y) de la courbe sur la droite $mx + ny = 0$, est dans un rapport constant avec la perpendiculaire abaissée du même point sur la droite $2Dy + 2Ex + F = 0$. Or, si on prend ces droites pour axes, les perpendiculaires sont proportionnelles aux coordonnés x', y' du point correspondant relativement aux axes nouveaux, et, par suite, l'équation de la parabole sera de la forme $\frac{y'^2}{x'} = 2\lambda$, $y'^2 = 2\lambda x'$, λ étant une constante. Il en résulte que le nouvel axe des x ou la droite $mx + ny = 0$ est un diamètre; car, pour une valeur donnée à x', on a deux valeurs égales et de signes contraires pour y'. De plus, la droite $2Dy + 2Ex + F = 0$, qui est l'axe des y', est tangente à la courbe à l'extrémité du diamètre : car, pour trouver les points de rencontre de la droite avec la parabole, il faut résoudre les équations

$$mx + ny = 0, \qquad 2Dy + 2Ex + F = 0$$

qui ne donnent qu'un seul système de valeurs pour x et y; de sorte que la droite représentée par la seconde équation rencontre la courbe en deux points qui coïncident. Ainsi la parabole, rapportée à un diamètre et à la tangente à l'extrémité de ce diamètre, est toujours représentée par une équation de la forme $y^2 = 2px$.

Remarque 2. En désignant par k un coefficient indéterminé, l'équation de la parabole peut s'écrire

$$(mx + ny + k)^2 + 2(D - nk)y + 2(E - mk)x + F - k^2 = 0.$$

La droite $mx + ny + k = 0$ est un diamètre, et la droite $2(D - nk)y + 2(E - mk)x + F - k^2 = 0$ est la tangente à l'extrémité de ce diamètre. Lorsque ces droites sont perpendiculaires, on a la relation

$$m(E - mk) + n(D - nk) = 0, \qquad \text{d'où} \qquad k = \frac{Dn + Em}{m^2 + n^2}.$$

Il en résulte que l'équation de l'axe d'une parabole, représentée par $(mx + ny)^2 + 2Dy + 2Ex + F = 0$, sera de la forme

$$mx + ny + \frac{Dn + Em}{m^2 + n^2} = 0.$$

Si les axes primitifs étaient obliques, on aurait, pour la condition de perpendicularité,

$$m(E - mk) + n(D - nk) - [m(D - nk) + n(E - mk)]\cos\theta = 0;$$

par suite, l'équation de l'axe sera

$$mx + ny + \frac{Dn + Em - (Dm + En)\cos\theta}{m^2 + n^2 - 2mn\cos\theta} = 0.$$

Applications diverses des théories générales.

Ex. 1. Trouver l'équation d'une conique passant par les points $(0, 0)$, $(1, -2)$, $(0, -1)$, et tangente aux droites $y - 2x = 0$, $y - x + 1 = 0$.

R. $\quad y^2 - 3xy - 6x^2 + y - 2x = 0.$

Ex. 2. Trouver les asymptotes de la courbe représentée par l'équation

$$(x - y)(x + 5y) + 4x - y = 6.$$

R. $\quad 4(x - y) + 3 = 0, \qquad 4(x + 5y) + 13 = 0.$

Ex. 3. Chercher la condition pour que la droite $ux + vy + 1 = 0$ touche la conique $f(x, y) = 0$.

R. $\quad (D^2 - AF)u^2 + 2(BF - DE)uv + (E^2 - CF)v^2 + 2(AE - BD)u + 2(CD - BE)v + B^2 - AC = 0.$

Ex. 4. Chercher la condition pour que l'axe des x soit tangent à l'origine à la conique $f(x, y) = 0$.

R. $\quad F = 0, \qquad E = 0, \qquad D \gtrless 0.$

Ex. **5**. Par un point donné, mener une corde qui soit divisée en deux parties égales par ce point. Si on prend ce point pour pôle, l'équation du second degré en coordonnées polaires

$$(A \sin^2 \omega + 2B \sin \omega \cos \omega + C \cos^2 \omega)\, \rho^2 + 2\,(D \sin \omega + E \cos \omega)\, \rho + F = 0$$

aura des racines égales et de signes contraires avec la condition $D \sin \omega + E \cos \omega = 0$; par suite, la droite $Dy + Ex = 0$ est coupée en deux parties égales à l'origine. Si le point donné était le centre, on aurait $D = 0$, $E = 0$ et la condition précédente serait toujours satisfaite.

Ex. **6**. Trouver les équations aux axes des coniques suivantes

(1) $y^2 - 2xy + 2x^2 = 2$, (2) $y^2 - 2xy + 3x^2 = \frac{13}{2}$,

(3) $y^2 - xy + x^2 = 1$, (4) $yx = k^2$.

R. (1) $(3 + \sqrt{5})\, y^2 + (3 - \sqrt{5})\, x^2 = 4$, (2) $(2 + \sqrt{2})\, y^2 + (2 - \sqrt{2})\, x^2 = \frac{13}{2}$,

(3) $3y^2 + x^2 = 2$, (4) $y^2 - x^2 = k^2$.

Ex. **7**. Quelles sont les équations réduites des paraboles

(1) $$y^2 - 2xy + x^2 - 2y + x + 3 = 0,$$

(2) $$16y^2 + 24xy + 9x^2 + 6y + 2x + 5 = 0 ?$$

R. (1) $y^2 = \frac{\sqrt{2}}{4} x$, (2) $y^2 = \frac{2}{25} x$.

Ex. **8**. Que représentent les équations

$$(x + y - 2)^2 = y - 3x,$$

$$(x + y - 5)^2 = y - 2x + 8 ?$$

Ex. **9**. Que représente l'équation $y^2 + mxy + x^2 = 1$ dans laquelle m est une constante arbitraire ?

R. Des coniques dont les axes coïncident.

Ex. **10**. Chercher la condition pour que les coniques

$$Ay^2 + 2Bxy + Cx^2 + 2Dy + 2Ex + F = 0,$$

$$ay^2 + 2bxy + cx^2 + 2dy + 2ex + f = 0$$

aient leurs axes parallèles.

R. $$\frac{A - C}{B} = \frac{a - c}{b}.$$

Ex. **11**. Trouver l'équation des diamètres communs des coniques

$$Ay^2 + 2Bxy + Cx^2 = 1, \qquad \lambda\,(x^2 + y^2) = 1,$$

ainsi que la condition pour que les deux courbes soient tangentes.

R. $(A - \lambda)\, x^2 + 2Bxy + (C - \lambda)\, x^2 = 0$; $(A - \lambda)\,(C - \lambda) = B^2$.

Ex. **12**. Déterminer la condition pour que l'axe des x soit une asymptote de la conique $f(x, y) = 0$.

R. $C = 0$, $E = 0$.

Ex. **13**. Exprimer que les asymptotes de la conique $f(x, y) = 0$ sont rectangulaires.

R. $$1 + \frac{C}{A} - \frac{2B}{A}\cos\theta = 0, \text{ (axes obliques)};$$

$$A + C = 0, \text{ (axes rectangulaires)}.$$

Ex. **14**. Trouver l'équation de l'axe de la parabole

$$\sqrt{\frac{x}{a}} + \sqrt{\frac{y}{b}} = 1.$$

R. $$\frac{x}{a} - \frac{y}{b} = \frac{b^2 - a^2}{a^2 + b^2 + 2ab\cos\theta}.$$

Ex. **15**. Étant donnée l'équation générale d'une conique à centre, on pose

$$\Delta = ACF - CD^2 - AE^2 - FB^2 + 2BDE;$$

$$X = k\left(x + \frac{B}{C}y + \frac{E}{C}\right), \qquad Y = h\left(y + \frac{CD - BE}{AC - B^2}\right);$$

montrer que l'équation générale peut se ramener à la forme

$$\frac{X^2}{k^2} + \frac{AC - B^2}{C^2} \cdot \frac{Y^2}{h^2} + \frac{\Delta}{C(AC - B^2)} = 0.$$

Ex. **16**. Que représentent les équations

$$M^2 + N^2 = 1, \qquad M^2 - N^2 = 1, \qquad M^2 + N = 0,$$

lorsque M, N sont des fonctions linéaires des coordonnées x et y?

Ex. **17**. Interpréter les équations

$$lMN + mNL + nLM = 0,$$

$$LN + lMP = 0,$$

$$LM - lP^2 = 0,$$

lorsque L, M, N, P représentent des polynômes du premier degré en x et y.

Ex. **18**. Si, par un point O, on tire deux sécantes qui rencontrent une conique aux points P_1, P_2; Q_1, Q_2, le rapport $\frac{OP_1 \cdot OP_2}{OQ_1 \cdot OQ_2}$ est constant, quel que soit le point O, pourvu que la direction des sécantes reste la même. (Newton).

Ex. **19**. Déduire du théorème précédent les corollaires suivants :

1° Les produits $OP_1 \cdot OP_2$ et $OQ_1 \cdot OQ_2$ sont entre eux comme les carrés des tangentes parallèles aux sécantes.

2° Les mêmes rectangles sont entre eux comme les carrés des diamètres parallèles aux cordes.

3° Les tangentes menées d'un point quelconque à une conique sont entre elles comme les diamètres parallèles à ces tangentes.

Ex. **20**. Si les côtés d'un triangle AB, BC, CA rencontrent une conique respectivement aux points C_1, C_2 ; A_1, A_2 ; B_1, B_2, on a la relation

$$\frac{AC_1 \cdot AC_2 \cdot BA_1 \cdot BA_2 \cdot CB_1 \cdot CB_2}{AB_1 \cdot AB_2 \cdot BC_1 \cdot BC_2 \cdot CA_1 \cdot CA_2} = 1.$$

Montrer qu'on a une relation analogue pour un polygone quelconque (Carnot).

Ex. **21**. D'un point M on abaisse les perpendiculaires MP et MQ sur deux droites fixes ; trouver le lieu du point M, lorsque PQ passe par un point fixe.

Ex. **22**. Par un point fixe du plan d'un angle donné XOY, on mène une sécante quelconque, et, par les points où elle rencontre les côtés, on tire des droites parallèles à ces côtés ; trouver le lieu du point d'intersection de ces parallèles.

Ex. **23**. Trouver le lieu d'un point dont l'ordonnée est moyenne proportionnelle entre les ordonnées correspondantes de deux droites fixes.

Ex. **24**. Étant donnés la base et la somme des côtés d'un triangle, trouver le lieu du centre du cercle inscrit.

Ex. **25**. Étant donnés la base et la somme des côtés, trouver le lieu du point d'intersection des médianes.

Ex. **26**. Trouver le lieu géométrique des centres de gravité des triangles qui ont même base et même angle au sommet.

Ex. **27**. Quel est le lieu géométrique des centres des cercles tangents à une droite et passant par un point donné.

Ex. **28**. Chercher l'équation du lieu des centres des cercles tangents à la fois à une droite et à un cercle donnés.

Ex. **29**. Trouver le lieu du centre d'un cercle qui intercepte, sur deux lignes fixes, deux longueurs données.

Ex. **30**. Trouver le lieu du centre d'un cercle qui passe par un point et qui intercepte, sur une ligne fixe, une longueur donnée.

Ex. **31**. Trouver le lieu du centre d'un cercle qui coupe deux cercles fixes sous des angles donnés.

Ex. **32**. On donne un cercle tangent à deux droites rectangulaires aux points P et Q ; on mène une tangente quelconque qui rencontre les mêmes droites aux points R et S. Trouver le lieu du point de rencontre des droites PS et QR.

Ex. **33**. Un triangle ABC est circonscrit à un cercle, si l'angle C est constant et si le sommet B décrit une droite, quel sera le lieu du sommet A ?

Ex. **34**. Dans un trapèze ABCD, le côté AB est donné en grandeur et en position ; de plus, on donne la longueur du côté parallèle CD et la somme des deux autres côtés. Trouver le lieu du point d'intersection des diagonales.

Ex. **35**. On donne deux coniques S et *s* ; trouver le lieu du pôle d'une tangente quelconque de *s* par rapport à la courbe S.

Ex. **36**. Si, à partir de chaque point C d'une droite terminée aux points A et B, on porte, dans une direction constante, une longueur proportionnelle à la moyenne géométrique des segments CA et CB, l'extrémité de cette longueur a pour lieu une conique à centre.

Ex. **37**. Trouver la courbe telle, que si l'on mène une tangente quelconque terminée aux axes, cette tangente soit divisée en deux parties égales par le point de contact.

Ex. **38**. On donne une droite et un segment fixe AB; si l'on joint un point P quelconque du plan aux points A et B, les lignes PA et PB vont déterminer, sur la droite donnée, la perspective A'B' du segment. Quelle courbe doit décrire le point P pour que cette perspective conserve toujours la même longueur?

Ex. **39**. AB et CD sont perpendiculaires à une même droite AC. On prend, sur CD, un point Q quelconque, et, sur AQ, un point M dont la distance à AB soit égale à CQ; trouver le lieu du point M.

Ex. **40**. Par deux points fixes A et B pris sur une ellipse donnée, on fait passer des cercles variables; trouver le lieu du point M où concourent les tangentes communes au cercle et à l'ellipse.

Ex. **41**. Trouver le lieu d'un point M dont le rapport des distances à un point fixe et à une droite donnée est constant et égal à $\frac{m}{n}$. Indiquer la nature de la courbe, si ce rapport est plus petit, plus grand ou égal à 1.

Ex. **42**. On donne deux angles de grandeur déterminée; supposons qu'on les fasse tourner autour de leurs sommets respectifs, de manière que deux de leurs côtés se coupent sur une droite fixe; montrer que le point d'intersection des deux autres côtés décrira une section conique. (Newton.)

CHAPITRE VII.

COURBES DU SECOND ORDRE (SUITE).

Équation générale du second degré en coordonnées triangulaires et tangentielles.

SOMMAIRE. — *Détermination du genre de la courbe représentée par l'équation du second degré en coordonnées triangulaires. Centre, diamètre, tangente, pôle et polaire dans les courbes du second ordre. — Formes de l'équation d'une conique rapportée à un triangle circonscrit, inscrit et conjugué; à un quadrilatère inscrit et circonscrit.*

§ 1. ÉQUATIONS, EN COORDONNÉES TRIANGULAIRES, DU CENTRE, DU DIAMÈTRE, DE LA TANGENTE ET DE LA POLAIRE DANS LES COURBES DU SECOND ORDRE.

163. L'équation générale du second degré en coordonnées triangulaires est de la forme

$$(1)\qquad f(A, B, C) = lA^2 + mB^2 + nC^2 + 2l'BC + 2m'CA + 2n'AB = 0.$$

Comme les lettres A, B, C représentent des fonctions du premier degré en x et y, l'équation (1) est aussi du second degré par rapport à ces dernières variables et représente une section conique; elle renferme cinq paramètres arbitraires, dont on peut disposer pour faire coïncider la courbe de l'équation (1) avec une section conique quelconque.

Afin de déterminer l'espèce de courbe représentée par une équation de la forme (1), cherchons les points du lieu situés à l'infini. Nous savons que la droite de l'équation

$$(D)\qquad aA + bB + cC = 0$$

est située dans le plan à l'infini; éliminons C entre (D) et (1); on trouvera

$$c^2(lA^2 + mB^2 + 2n'AB) - 2c(aA + bB)(l'B + m'A) + n(aA + bB)^2 = 0,$$

ou bien,

$$+ na^2 - 2m'ac)A^2 + 2(n'c^2 - l'ac - m'bc + nab)AB + (mc^2 + nb^2 - 2l'bc)B^2 =$$

Cette équation représente deux droites issues du point de référence γ, et passant par les points d'intersection de la conique avec la droite à l'infini; elle donne deux droites réelles et différentes, deux droites qui coïncident où deux droites imaginaires, suivant que

$$(n'c^2 - l'ac - m'bc + nab)^2 \gtreqless (lc^2 + na^2 - 2m'ac)(mc^2 + nb^2 + 2l'bc).$$

Dans le premier cas, l'équation représente une hyperbole, dans le deuxième une parabole, et dans le troisième une ellipse.

164. *Trouver les équations du centre de la conique représentée par* $f(A, B, C) = 0$.

Soient A_1, B_1, C_1 les coordonnées inconnues du centre; les équations d'une droite qui passe par ce point sont de la forme

$$\frac{A - A_1}{\lambda} = \frac{B - B_1}{\mu} = \frac{C - C_1}{\nu} = \rho.$$

On en tire : $A = A_1 + \lambda\rho$, $B = B_1 + \mu\rho$, $C = C_1 + \nu\rho$; en substiuant ces valeurs dans l'équation de la conique, il vient

$$l(A_1 + \lambda\rho)^2 + m(B_1 + \mu\rho)^2 + n(C_1 + \nu\rho)^2$$
$$+ 2l'(B_1 + \mu\rho)(C_1 + \nu\rho) + 2m'(C_1 + \nu\rho)(A_1 + \lambda\rho) + 2n'(A_1 + \lambda\rho)(B_1 + \mu\rho) = 0.$$

Développons le premier membre, et représentons par $f'_A(A, B, C)$, $f'_B(A, B, C)$, $f'_C(A, B, C)$, les dérivées partielles de $f(A, B, C)$, prises par rapport à A, B, C; l'équation précédente peut se mettre sous la forme

$$(\alpha)\ \rho^2 f(\lambda, \mu, \nu) + \rho[\lambda f'_A(A_1, B_1, C_1) + \mu f'_B + \nu f'_C] + f(A_1, B_1, C_1) = 0:$$

elle donne les valeurs de ρ pour les points d'intersection de la droite et de la courbe; comme le centre est au milieu de la corde, les racines doivent être égales et de signes contraires, et, par suite, on doit avoir

$$\lambda f'_A(A_1, B_1, C_1) + \mu f'_B + \nu f'_C = 0$$

quelle que soit la direction de la corde, c'est-à-dire, pour toutes les valeurs de λ, μ et ν qui satisfont à la relation (N° 59)

$$a\lambda + b\mu + c\nu = 0.$$

Pour qu'il en soit ainsi, il faut que l'on ait les égalités

$$\frac{f'_A(A_1, B_1, C_1)}{a} = \frac{f'_B}{b} = \frac{f'_C}{c}.$$

En désignant par $2k$ la valeur commune de ces rapports, et en substituant aux dérivées leurs valeurs, on obtiendra les coordonnées du centre par la résolution des équations suivantes :

$$\begin{aligned} lA_1 + n'B_1 + m'C_1 - ka &= 0, \\ n'A_1 + mB_1 + l'C_1 - kb &= 0, \\ m'A_1 + l'B_1 + nC_1 - kc &= 0, \\ aA_1 + bB_1 + cC_1 + 2S &= 0. \end{aligned}$$

Afin d'abréger, posons

$$P = \frac{1}{2S}\begin{vmatrix} n' & m & l' \\ m' & l' & n \\ a & b & c \end{vmatrix}, \quad Q = \frac{1}{2S}\begin{vmatrix} m' & l' & n \\ l & n' & m' \\ a & b & c \end{vmatrix}, \quad R = \frac{1}{2S}\begin{vmatrix} l & n' & m' \\ n' & m & l' \\ a & b & c \end{vmatrix};$$

$$H = \begin{vmatrix} l & n' & m' \\ n' & m & l' \\ m' & l' & n \end{vmatrix}, \quad K = \frac{1}{4S^2}\begin{vmatrix} l & n' & m' & a \\ n' & m & l' & b \\ m' & l' & n & c \\ a & b & c & 0 \end{vmatrix}.$$

Les équations précédentes donneront

$$\frac{A_1}{P} = \frac{B_1}{Q} = \frac{C_1}{R} = \frac{2Sk}{H}$$

$$= \frac{A_1a + B_1b + C_1c}{aP + bQ + cR} = \frac{1}{K};$$

par suite,

$$A_1 = \frac{P}{K}, \quad B_1 = \frac{Q}{K}, \quad C_1 = \frac{R}{K}.$$

Le centre sera à l'infini, et, par conséquent, l'équation générale représentera une parabole, si $K = 0$.

165. *Trouver la longueur d'un diamètre.*

Si on mène par le centre (A_1, B_1, C_1) une droite, l'équation (α) ne renferme plus la première puissance de ρ, et elle donne

$$\rho^2 = -\frac{f(A_1, B_1, C_1)}{f(\lambda, \mu, \nu)};$$

c'est le carré du demi-diamètre de direction (λ, μ, ν). On peut exprimer le numérateur en fonction de H et de K. En effet, d'après les équations du centre et une propriété des fonctions homogènes, on aura les relations

$$2f(A_1, B_1, C_1) = A_1 f'_A + B_1 f'_B + C_1 f'_C = 2k(A_1 a + B_1 b + C_1 c)$$

et, en remplaçant k par sa valeur $\frac{H}{2KS}$, il viendra

$$f(A_1, B_1, C_1) = -\frac{H}{K};$$

par suite,

$$\rho^2 = \frac{H}{K \cdot f(\lambda, \mu, \nu)}.$$

166. *Chercher l'équation du diamètre qui divise en deux parties égales les cordes parallèles à une direction* (λ, μ, ν).

Menons une droite de direction (λ, μ, ν) qui rencontre la conique en deux points M et M'. Soit I (A', B', C') le milieu de la corde MM'; celle-ci sera représentée par les équations

$$\frac{A - A'}{\lambda} = \frac{B - B'}{\mu} = \frac{C - C'}{\nu} = \rho.$$

Substituons, dans l'équation de la conique, aux coordonnées A, B, C les valeurs $A' + \lambda\rho$, $B' + \mu\rho$, $C' + \nu\rho$ tirées de ces équations; on aura, pour les points M et M',

$$\rho^2 f(\lambda, \mu, \nu) + \rho\,[\lambda f'_A(A', B', C') + \mu f'_B + \nu f'_C] + f(A', B', C') = 0.$$

Cette équation doit avoir des racines égales et de signes contraires, puisque le point (A', B', C'), à partir duquel se compte la distance ρ, se trouve au milieu de la corde, et, par conséquent,

$$\lambda f'_A(A', B', C') + \mu f'_B + \nu f'_C = 0.$$

La corde MM' étant quelconque, les coordonnées du milieu de toute corde de même direction satisfont à l'équation

$$\lambda f'_A(A, B, C) + \mu f'_B(A, B, C) + \nu f'_C(A, B, C) = 0,$$

qui sera celle du diamètre; elle est du premier degré en A, B, C et représente une droite qui passe par le centre : car, pour ce point, les valeurs des dérivées étant proportionelles à a, b, c, on a

$$a\lambda + b\mu + c\nu = 0 :$$

relation qui est satisfaite par les quantités λ, μ, et ν.

Les coordonnées du centre étant proportionnelles à P, Q, R, l'équation d'un diamètre qui passe par un point (A', B', C') de la conique peut aussi s'écrire

$$\begin{vmatrix} A & B & C \\ A' & B' & C' \\ P & Q & R \end{vmatrix} = 0.$$

167. *Trouver l'équation de la tangente à la conique* f (A, B, C) = 0 *au point* (A', B', C').

L'équation d'une corde qui joint deux points (A', B', C'), (A'', B'', C'') de la courbe est de la forme

$$\begin{gathered} l(A-A')(A-A'') + m(B-B')(B-B'') + n(C-C')(C-C'') \\ + 2l'(B-B')(C-C'') + 2m'(C-C')(A-A'') + 2n'(A-A')(B-B'') \\ = lA^2 + mB^2 + nC^2 + 2l'BC + 2m'CA + 2n'AB; \end{gathered}$$

car, après la multiplication et la suppression des termes communs aux deux membres, elle s'abaisse au premier degré; de plus, elle est satisfaite par les coordonnées des deux points, eu égard aux relations

$$(a')\quad lA'^2 + mB'^2 + nC'^2 + 2l'B'C' + 2m'C'A' + 2n'A'B' = 0,$$
$$(a'')\quad lA''^2 + mB''^2 + nC''^2 + 2l'B''C'' + 2m'C''A'' + 2n'A''B'' = 0.$$

Supposons que le point (A'', B'', C'') vienne se confondre avec le point (A', B', C'); la sécante devient tangente à la conique et son équation est alors

$$\begin{gathered} l(A-A')^2 + m(B-B')^2 + n(C-C')^2 + 2l'(B-B')(C-C') \\ + 2m'(C-C')(A-A') + 2n'(A-A')(B-B') = lA^2 + mB^2 + nC^2 + 2l'BC \\ + 2m'CA + 2n'AB. \end{gathered}$$

En développant et faisant usage de la relation (a'), l'équation de la tangente au point (A', B', C') est de la forme

$$lAA' + mBB' + nCC' + l'(CB' + BC') + m'(AC' + CA') + n'(AB' + BA') = 0,$$

ou bien, en groupant les termes qui multiplient A, B, C,

$$A f'_A (A', B', C') + B f'_B + C f'_C = 0.$$

168. *Trouver l'équation de la corde des contacts des tangentes issues du point* (A', B', C') *à la conique* f(A, B, C) = 0.

Soient (A_1, B_1, C_1), (A_2, B_2, C_2) les points de contact de ces tangentes; l'une d'elle a pour équation

$$lAA_1 + mBB_1 + nCC_1 + l'(BC_1 + CB_1) + m'(AC_1 + CA_1) + n'(AB_1 + BA_1) = 0;$$

mais elle passe par le point (A', B', C'), et, par suite, on doit avoir

$$lA'A_1 + mB'B_1 + nC'C_1 + l'(B'C_1 + C'B_1) + m'(A'C_1 + C'A_1) + n'(A'B_1 + B'A_1) = 0:$$

relation qui exprime aussi que le point (A_1, B_1, C_1) se trouve sur la droite représentée par

$$\text{(P)} \quad lAA' + mBB' + nCC' + l'(BC' + CB') + m'(AC' + CA') + n'(AB' + BA') = 0.$$

On verrait de même que le second point de contact (A_2, B_2, C_2) se trouve sur la même droite. L'équation (P) est donc celle de la corde des contacts ou de la polaire du point (A', B', C'); elle peut se mettre sous la forme

$$A f'_A (A', B', C') + B f'_B + C f'_C = 0.$$

169. *Trouver les tangentes menées d'un point extérieur* (A', B', C') *à la conique* f(A, B, C) = 0.

Les coordonnées d'un point quelconque de la droite qui joint (A', B', C') à un autre point (A'', B'', C'') sont données par les formules

$$A = \frac{\mu A'' + \nu A'}{\mu + \nu}, \quad B = \frac{\mu B'' + \nu B'}{\mu + \nu}, \quad C = \frac{\mu C'' + \nu C'}{\mu + \nu},$$

ou bien, en posant $\frac{\mu}{\nu} = \lambda$,

$$A = \frac{A' + \lambda A''}{1 + \lambda}, \quad B = \frac{B' + \lambda B''}{1 + \lambda}, \quad C = \frac{C' + \lambda C''}{1 + \lambda}.$$

Pour les points d'intersection de la droite avec la conique, ces valeurs satisfont à l'équation f(A, B, C) = 0; en substituant, on trouve

$$(k) \qquad S''\lambda^2 + P''\lambda + S' = 0,$$

dans laquelle

$$S''=f(A'',B'',C''), P''=A''f'_A(A',B',C')+B''f'_B+C''f'_C, S'=f(A',B',C').$$

Si la droite des points (A', B', C'), (A'', B'', C'') est tangente à la conique, l'équation (k) doit avoir des racines égales, et, par suite,

$$P''^2-4S'S''=0.$$

En remplaçant A'', B'', C'' par A, B, C, on aura, pour les tangentes menées du point (A', B', C') à la conique,

$$[A f'_A(A',B',C')+B f'_B+C f'_C]^2-4f(A,B,C)f(A',B',C')=0.$$

Lorsque le point (A'', B'', C'') est pris sur la polaire du point (A', B', C'), $P''=0$, et l'équation (k) a des racines égales et de signes contraires; on retrouve ainsi cette propriété de la polaire, de diviser harmoniquement toute sécante issue du pôle et rencontrant la courbe en deux points.

170. *Trouver l'équation des tangentes aux points où la droite* $\lambda A+\mu B+\nu C=0$ *rencontre la conique* $f(A,B,C)=0$; *en déduire celle des asymptotes.*

Désignons par A', B', C' les coordonnées du pôle de la droite donnée; les tangentes cherchées doivent se couper en ce point; par suite, l'équation, qui les définit, s'obtiendra en déterminant ces coordonnées pour les substituer dans l'équation du numéro précédent. Identifions l'équation de la polaire avec celle de la droite donnée. On aura

$$(\beta)\qquad \frac{f'_A(A',B',C')}{\lambda}=\frac{f'_B}{\mu}=\frac{f'_C}{\nu}=2k;$$

d'où on tire

$$k=\frac{A f'_A(A',B',C')+B f'_B+C f'_C}{\lambda A+\mu B+\nu C}=\frac{A'f'_A+B'f'_B+C'f'_C}{\lambda A'+\mu B'+\nu C'}=\frac{2f(A',B',C')}{\lambda A'+\mu B'+\nu C'}$$

et l'équation du numéro précédent peut s'écrire

$$(\gamma)\qquad k(\lambda A+\mu B+\nu C)^2=(\lambda A'+\mu B'+\nu C')f(A,B,C).$$

D'un autre côté, les égalités (β) donnent

$$lA'+n'B'+m'C'-k\lambda=0,$$
$$n'A'+mB'+l'C'-k\mu=0,$$
$$m'A'+l'B'+nC'-k\nu=0.$$

On en déduit

$$\frac{A'}{\begin{vmatrix} n' & m & l' \\ m' & l' & n \\ \lambda & \mu & \nu \end{vmatrix}} = \frac{B'}{\begin{vmatrix} m' & l' & n \\ l & n' & m' \\ \lambda & \mu & \nu \end{vmatrix}} = \frac{C'}{\begin{vmatrix} l & n' & m' \\ n' & m & l' \\ \lambda & \mu & \nu \end{vmatrix}}$$

$$= \frac{k}{\begin{vmatrix} l & n' & m' \\ n' & m & l' \\ m' & l' & n \end{vmatrix}} = -\frac{\lambda A' + \mu B' + \nu C'}{\begin{vmatrix} l & n' & m' & \lambda \\ n' & m & l' & \mu \\ m' & l' & n & \nu \\ \lambda & \mu & \nu & 0 \end{vmatrix}}.$$

En substituant à $\lambda A' + \mu B' + \nu C'$ sa valeur dans l'équation (γ), il viendra, pour les droites cherchées,

$$\begin{vmatrix} l & n' & m' & \lambda \\ n' & m & l' & \mu \\ m' & l' & n & \nu \\ \lambda & \mu & \nu & 0 \end{vmatrix} f(A, B, C) + \begin{vmatrix} l & n' & m' \\ n' & m & l' \\ m' & l' & n \end{vmatrix} (\lambda A + \mu B + \nu C)^2 = 0.$$

On arrive immédiatement à l'équation des asymptotes, en supposant que la droite soit à l'infini, c'est-à-dire, en remplaçant λ, μ, ν par a, b, c. On aura ainsi, pour ces droites,

$$f(A, B, C) + \frac{H}{K} = 0.$$

§ 2. ÉQUATION DU SECOND DEGRÉ EN COORDONNÉES TANGENTIELLES.

171. Lorsque les coordonnées u et v d'une droite $ux + vy + 1 = 0$, qui se meut dans un plan, satisfont à une équation du second degré de la forme

$$(1) \qquad f(u, v) = au^2 + 2buv + cv^2 + 2du + 2ev + f = 0,$$

l'enveloppe de la droite mobile est une section conique.

En effet, éliminons v entre les deux équations; on trouvera

$$(ay^2 - 2bxy + cx^2)\, u^2 + 2\,(cx - by + dy^2 - exy)\, u + c - 2ey + fy^2 = 0.$$

Pour chaque point du plan (x, y), cette équation donne deux valeurs pour u, et, par suite, il y a deux tangentes à la courbe enveloppe qui aboutissent en ce point; mais, si ce dernier appartient à la courbe, les deux tangentes coïncident et l'équation doit avoir des racines égales; on a donc la condition

$$(cx - by + dy^2 - exy)^2 = (ay^2 - 2bxy + cx^2)(c - 2ey + fy^2).$$

En développant, on obtient, pour l'équation de la courbe enveloppe en x et y,

$$(2)\ (d^2-af)y^2 + 2(bf-de)xy + (e^2-cf)x^2 + 2(ae-bd)y + 2(cd-be)x + b^2 - ac = 0;$$

elle est du second degré et représente une section conique.

Réciproquement, si la droite $ux + vy + 1 = 0$ se meut en restant tangente à la section conique

$$(3)\ Ay^2 + 2Bxy + Cx^2 + 2Dy + 2Ex + F = 0,$$

les coordonnées u et v satisfont à une relation du second degré de la forme (1). Pour le démontrer, éliminons y entre (3) et l'équation de la droite; il vient

$$(Au^2 - 2Buv + Cv^2)x^2 + 2(Au - Bv - Duv + Ev^2)x + A - 2Dv + Fv^2 = 0.$$

Lorsqu'on attribue à u et v les valeurs u_1, v_1, l'équation précédente donne les abcisses des points de rencontre de la courbe avec la droite $u_1x + v_1y + 1 = 0$; mais, si cette droite est tangente à la conique, on doit avoir pour x des racines égales, et les paramètres u et v satisfont à la relation

$$(Au - Bv - Duv + Ev^2)^2 = (Au^2 - 2Buv + Cv^2)(A - 2Dv + Fv^2),$$

ou bien, après les réductions,

$$(4)\ (D^2 - AF)u^2 + 2(BF - DE)uv + (E^2 - CF)v^2 + 2(AE - BD)u + 2(CD - BE)v + B^2 - AC = 0.$$

Cette équation est du second degré et de la forme (1).

Ces différentes équations nous montrent comment on passe, de l'équation d'une conique en coordonnées tangentielles u et v, à son équation en coordonnées cartésiennes, et réciproquement. Il est utile de remarquer qu'avec l'équation entre les coordonnées u et v, on détermine le centre de la conique, en égalant à zéro les trois derniers termes, après avoir divisé par 2 les coefficients de u et de v; car on a l'équation

$$(AE - BD)u + (CD - BE)v + B^2 - AC = 0$$

qui représente un point dont les coordonnées sont $x = \frac{AE - BD}{B^2 - AC}$, $y = \frac{CD - BE}{B^2 - AC}$, c'est-à-dire le centre de la courbe de l'équation (5).

172. *Trouver l'équation du point du contact d'une tangente* (u', v') *à la conique* $f(u, v) = 0$.

Soient (u', v'), (u'', v'') les coordonnées de deux tangentes ; l'équation de leur point d'intersection peut s'écrire

$$a(u - u')(u - u'') + 2b(u - u')(v - v'') + c(v - v')(v - v'')$$
$$= au^2 + 2buv + cv^2 + 2du + 2ev + f;$$

car, après la suppression des termes communs, elle est du premier degré en u et v ; de plus, elle est satisfaite par les coordonnées des deux droites, eu égard aux équations

$$au'^2 + 2bu'v' + cv'^2 + 2du' + 2ev' + f = 0,$$
$$au''^2 + 2bu''v'' + cv''^2 + 2du'' + 2ev'' + f = 0.$$

Lorsque les tangentes se confondent, leur point d'intersection coïncide avec le point de contact, et ce dernier sera représenté par

$$a(u - u')^2 + 2b(u - u')(v - v') + c(v - v')^2$$
$$= au^2 + 2buv + cv^2 + 2du + 2ev + f$$

ou bien, en simplifiant,

$$(5)\quad auu' + b(uv' + vu') + cvv' + d(u + u') + e(v + v') + f = 0.$$

173. *Chercher l'équation du pôle d'une droite* (u', v') *relativement à la conique* $f(u, v) = 0$.

Représentons par u_1, v_1 et u_2, v_2 les coordonnées des tangentes à la conique, aux points où elle est rencontrée par la droite donnée ; le point de contact de la première a pour équation

$$auu_1 + b(uv_1 + vu_1) + cvv_1 + d(u + u_1) + e(v + v_1) + f = 0;$$

comme ce point se trouve sur la droite donnée, on a la relation

$$au'u_1 + b(u'v_1 + v'u_1) + cv'v_1 + d(u' + u_1) + e(v' + v_1) + f = 0$$

qui exprime aussi que la droite (u_1, v_1) passe par le point représenté par

$$(6)\quad auu' + b(uv' + vu') + cvv' + d(u + u') + e(v + v') + f = 0.$$

On verrait également que la droite (u_2, v_2) passe par ce même point; donc l'équation (6) est celle de leur point d'intersection ou du pôle de la droite donnée $(u' v')$.

Pour la droite à l'infini, on a $u' = 0$, $v' = 0$, et le pôle de cette droite, c'est-à-dire le centre de la conique aura pour équation

$$du + ev + f = 0 ;$$

ce qui confirme la règle donnée précédemment.

174. *Déterminer l'espèce de la conique définie par l'équation* $f(u, v) = 0$.

Afin de résoudre cette question, nous allons chercher les points de la courbe situés à l'infini. On sait qu'un point à l'infini a une équation de la forme $u + mv = 0$. Pour qu'il appartienne à la conique, il faut et il suffit que les tangentes qui passent par ce point coïncident, c'est-à-dire que l'équation obtenue en éliminant u ait des racines égales. Or, cette équation est

$$v^2 (am^2 - 2bm + c) - 2v (dm - e) + f = 0 ;$$

par suite, la condition énoncée sera exprimée par

$$(dm - e)^2 - f(am^2 - 2bm + c) = 0,$$

ou bien,

$$(d^2 - af) m^2 - 2m (de - bf) + e^2 - cf = 0.$$

Les valeurs de m données par cette équation correspondent aux points à l'infini de la courbe; elles sont réelles, égales ou imaginaires suivant que

$$(de - bf)^2 - (e^2 - cf)(d^2 - af) \gtreqless 0,$$

ou

$$f(ae^2 + cd^2 + fb^2 - acf - 2bde) \gtreqless 0.$$

Donc, en supposant f positif et en désignant par D la quantité entre crochets, la conique sera une ellipse, une parabole ou une hyperbole, suivant que D sera plus petit, égal ou plus grand que zéro; car, dans le premier cas les points à l'infini sont imaginaires, dans le second ils coïncident, et dans le troisième ils sont réels.

Ex. 1. Trouver l'équation des coniques tangentes aux axes des coordonnées.

Si, dans l'équation

$$au^2 + 2buv + cv^2 + 2du + 2ev + f = 0,$$

on fait $v = 0$, il vient $au^2 + 2du + f = 0$. Cette équation donne les tangentes parallèles à l'axe des y; car u_1 et u_2 étant les racines, les tangentes correspondantes sont $u_1x + 1 = 0$, $ux_2 + 1 = 0$. Comme la conique doit toucher l'axe des y, l'équation précédente ne doit avoir qu'une racine finie, et $a = 0$. On verrait de même que $c = 0$, si la courbe touche l'axe des x. L'équation cherchée est de la forme

$$2buv + 2du + 2ev + f = 0.$$

Ex. 2. Trouver l'équation générale des coniques tangentes à deux droites données (u_1, v_1), (u_2, v_2).

R. $p(u - u_1)(u - u_2) + q(v - v_1)(v - v_2) + r(u - u_1)(v - v_2) + s(u - u_2)(v - v_1) = 0.$

Ex. 3. Équation des coniques inscrites dans le quadrilatère AA'BB'.

Prenons pour axes les côtés AA', BB' et soient $OA = a$, $OA' = a'$, $OB = b$, $OB' = b'$; les équations des côtés du quadrilatère sont

$$y = 0, \quad x = 0, \quad \frac{x}{a} + \frac{y}{b} - 1 = 0, \quad \frac{x}{a'} + \frac{y}{b'} - 1 = 0.$$

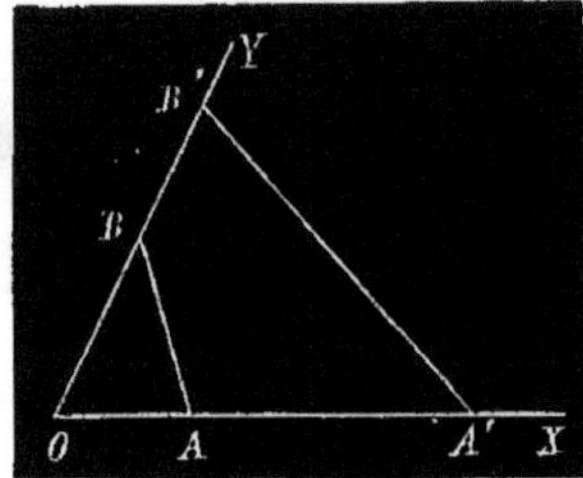

Fig. 50.

La conique étant tangente aux axes, son équation est de la forme

$$(u - u_1)(v - v_2) + \lambda(u - u_2)(v - v_1) = 0,$$

où u_1, v_1, u_2, v_2 sont les coordonnées des autres côtés du quadrilatère; elle ne renferme pas les termes en u^2 et en v^2, et elle est satisfaite pour $u = u_1$ et $v = v_1$, $u = u_2$ et $v = v_2$. Si on remplace ces coordonnées par leurs valeurs, on trouve, pour l'équation des coniques inscrites au quadrilatère,

$$\left(u + \frac{1}{a}\right)\left(v + \frac{1}{b'}\right) + \lambda\left(u + \frac{1}{a'}\right)\left(v + \frac{1}{b}\right) = 0,$$

ou bien,

$$(h) \qquad (1 + \lambda)uv + \left(\frac{1}{b'} + \frac{\lambda}{b}\right)u + \left(\frac{1}{a} + \frac{\lambda}{a'}\right)v + \frac{1}{ab'} + \frac{\lambda}{a'b} = 0.$$

La courbe serait complètement définie avec une nouvelle condition.

Ex. 4. Le lieu des centres des coniques inscrites dans un quadrilatère est une droite qui passe par les milieux des diagonales. (Newton.)

Le centre d'une conique représentée par (h) est le point de l'équation

$$\frac{1}{2}\left(\frac{1}{b'} + \frac{\lambda}{b}\right)u + \frac{1}{2}\left(\frac{1}{a} + \frac{\lambda}{a'}\right)v + \frac{1}{ab'} + \frac{\lambda}{a'b} = 0,$$

qui renferme un coefficient indéterminé λ et représente une infinité de points situés sur une même droite; les coordonnées de celle-ci s'obtiennent en résolvant les équations

$$\frac{u}{2b'} + \frac{v}{2a} + \frac{1}{ab'} = 0, \qquad \frac{u}{2b} + \frac{v}{2a'} + \frac{1}{a'b} = 0.$$

On trouve

$$u = \frac{2(b-b')}{a'b'-ab}, \quad v = \frac{2(a-a')}{a'b'-ab};$$

l'équation de la droite des centres en x et y est

$$2(b-b')x + 2(a-a')y + a'b' - ab = 0.$$

Il est facile de vérifier qu'elle passe par les milieux des trois diagonales du quadrilatère.

Ex. 5. Trouver la condition pour que l'équation générale représente deux points.

R. $\quad (bd - ae)^2 = (b^2 - ac)(d^2 - af).$

Ex. 6. Lieu des pôles d'une droite fixe par rapport aux coniques inscrites dans un quadrilatère.

Le pôle d'une droite fixe (u', v') par rapport à une conique (h) a pour équation

$$\left(\frac{1+\lambda}{2}\right)(uv' + vu') + \frac{1}{2}\left(\frac{1}{b'} + \frac{\lambda}{b}\right)(u + u') + \frac{1}{2}\left(\frac{1}{a} + \frac{\lambda}{a'}\right)(v + v') + \frac{1}{ab'} + \frac{\lambda}{a'b} = 0;$$

à cause de la présence de λ, elle représente une infinité de points situés sur la droite dont les coordonnées satisfont aux equations

$$uv' + vu' + \frac{u+u'}{b'} + \frac{v+v'}{a} + \frac{2}{ab'} = 0.$$

$$uv' + vu' + \frac{u+u'}{b} + \frac{v+v'}{a'} + \frac{2}{a'b} = 0.$$

175. L'équation générale du second degré

$$(7)\quad f(A, B, C) = lA^2 + mB^2 + nC^2 + 2l'BC + 2m'CA + 2n'AB = 0,$$

où A, B, C sont les coordonnées tangentielles d'une droite mobile, c'est-à-dire les distances de cette droite à trois points fixes

$$(\alpha)\ U = 0, \qquad (\beta)\ V = 0, \qquad (\gamma)\ W = 0,$$

représente une section conique; car, si on substitue à A, B, C les expressions équivalentes, $\dfrac{U}{\sqrt{u^2+v^2}}$, $\dfrac{V}{\sqrt{u^2+v^2}}$, $\dfrac{W}{\sqrt{u^2+v^2}}$, elle est du second degré en u et v; comme elle renferme cinq paramètres arbitraires, la courbe enveloppe peut être une section conique quelconque.

Afin de déterminer l'équation du centre de la conique (7), désignons par A', B', C' les coordonnées tangentielles d'un diamètre quelconque de la courbe, et par h la distance du centre aux tangentes parallèles à cette droite. Les coordonnées $A' + h$, $B' + h$, $C' + h$ de l'une de ces tangentes doivent satisfaire à l'équation; on a donc

$$l(A'+h)^2 + m(B'+h)^2 + n(C'+h)^2 + 2l'(C'+h)(B'+h) + 2m'(C'+h)$$
$$(A'+h) + 2n'(A'+h)(B'+h) = 0,$$

ou bien

$$f(A',B',C') + h[f'_A(A',B',C') + f'_B + f'_C] + h^2(l+m+n+2l'+2m'+2n') = 0$$

Cette équation doit avoir des racines égales et de signe différent, puisque les tangentes parallèles sont à égale distance du centre, et les coordonnées (A', B', C') d'un diamètre quelconque satisfont à la relation

$$f'_A(A, B, C) + f'_B + f'_C = 0,$$

qui sera l'équation du centre de la conique représentée par l'équation (7).

Par la méthode employée précédemment, on trouverait facilement, pour l'équation du point de contact d'une tangente (A', B', C') à la conique (7),

$$lAA' + mBB' + nCC' + l'(CB' + BC') + m'(AC' + CA') + n'(AB' + BA') = 0;$$

c'est aussi l'équation du pôle, lorsque la droite (A', B', C') occupe une position quelconque dans le plan de la conique.

§ 3. ÉQUATIONS D'UNE CONIQUE CIRCONSCRITE, INSCRITE ET CONJUGUÉE A UN TRIANGLE, CIRCONSCRITE ET INSCRITE A UN QUADRILATÈRE.

176. *Trouver l'équation d'une courbe du second ordre rapportée à un triangle inscrit.*

Si le sommet α du triangle de référence appartient à la conique, l'équation

$$lA^2 + mB^2 + nC^2 + 2l'BC + 2m'CA + 2n'AB = 0$$

doit être satisfaite en posant : $B = 0$, $C = 0$, et, par suite, $l = 0$. Si les points β et γ appartiennent aussi à la courbe, l'équation devant être satisfaite pour $C = 0$ et $A = 0$, $A = 0$ et $B = 0$, il faut que l'on ait $m = n = 0$. L'équation d'une conique circonscrite au triangle de référence ne peut contenir que les rectangles des coordonnées, et elle est de la forme

$$(1) \qquad pBC + qCA + rAB = 0;$$

elle renferme encore deux paramètres indéterminés : il en doit être ainsi, puisqu'on peut assujettir la courbe à satisfaire à deux autres conditions.

177. L'équation (1) peut s'écrire

$$pBC + A(qC + rB) = 0.$$

Les points où la droite $qC + rB = 0$ rencontre la courbe doivent se trouver sur les côtés B et C du triangle inscrit; mais, comme elle passe par le point d'intersection des ces côtés, elle doit rencontrer la conique en deux points qui coïncident avec le sommet α. Ainsi, l'équation

$$qC + rB = 0, \quad \text{ou} \quad \frac{C}{r} + \frac{B}{q} = 0,$$

représente la tangente au point α. De même,

$$\frac{C}{r} + \frac{A}{p} = 0, \qquad \frac{A}{p} + \frac{B}{q} = 0,$$

seront les tangentes à la conique aux sommets β et γ du triangle de référence. D'ailleurs elles se déduisent de l'équation

$$A(qC' + rB') + B(pC' + rA') + C(pB' + qA') = 0,$$

qui représente la tangente à la conique (1) au point (A', B', C') : si ce dernier coïncide avec le point α, $B' = 0$, $C' = 0$, et l'égalité se réduit à $rB + qC = 0$. On retrouverait les deux autres tangentes, en faisant coïncider le point (A', B', C') avec les sommets β et γ.

Remarque. L'équation (1) peut se mettre sous la forme

$$(1') \qquad \frac{p}{A} + \frac{q}{B} + \frac{r}{C} = 0.$$

En supposant que A, B, C soient des polynômes du premier degré en x et y qui, égalés à zéro, définissent les côtés d'un triangle, il existera une relation de la forme (1') entre ces fonctions pour tout triangle inscrit dans la conique. Cette propriété est vraie pour un polygone de n côtés inscrit dans une courbe du second ordre. Soit, en effet, un quadrilatère dont les côtés sont : $A = 0$, $B = 0$, $C = 0$, $D = 0$. Menons une diagonale K; la conique sera à la fois circonscrite aux deux triangles ABK et CDK; par suite, elle sera définie par deux équations de la forme

$$\frac{p}{A} + \frac{q}{B} + \frac{k}{K} = 0, \qquad \frac{r}{C} + \frac{s}{D} - \frac{k}{K} = 0;$$

en ajoutant membre à membre, il viendra

$$\frac{p}{A} + \frac{q}{B} + \frac{r}{C} + \frac{s}{D} = 0.$$

D'un quadrilatère on passera de la même manière au pentagone, à l'hexagone, etc.; on en conclut que la relation sera vraie pour un polygone d'un nombre quelconque de côtés.

178. *Chercher l'équation d'une conique inscrite au triangle de référence.*

Quand on pose $A = 0$ dans $f(A, B, C) = 0$, il vient l'équation homogène

$$mB^2 + nC^2 + 2l'BC = 0$$

entre les coordonnées B et C; elle représente deux lignes droites issues du sommet α et passant par les points d'intersection du côté A avec la conique. Or, si ce côté est tangent à la courbe, ces droites doivent coïncider, et il faut que $l'^2 = mn$. En exprimant que les côtés B et C touchent la conique, on trouverait également $m'^2 = ln$, $n'^2 = lm$. Posons $l = f^2$, $m = g^2$, $n = h^2$: il viendra $l' = \pm gh$, $m' = \pm hf$, $n' = \pm fg$, et l'équation de la conique inscrite au triangle sera

$$(2) \qquad f^2A^2 + g^2B^2 + h^2C^2 \pm 2ghBC \pm 2hfCA \pm 2fgAB = 0.$$

Cette équation peut aussi s'écrire

$$(3) \qquad \sqrt{fA} + \sqrt{gB} + \sqrt{hC} = 0,$$

car, après avoir fait disparaître les radicaux, on retrouve la première.

179. *Trouver l'équation d'une courbe du second ordre rapportée à un triangle conjugué.*

Un triangle est dit *conjugué* à une conique, lorsque chaque côté est la polaire du sommet opposé par rapport à la courbe.

La polaire d'un point (A', B', C') relativement à la conique $f(A, B, C) = 0$ étant représentée par l'équation

$$lAA' + mBB' + nCC' + l'(BC' + CB') + m'(AC' + CA') + n'(AB' + BA') = 0,$$

elle se réduit à

$$lAA' + m'CA' + n'BA' = 0, \quad \text{ou} \quad lA + m'C + n'B = 0,$$

pour le sommet α où $B' = 0$, $C' = 0$. Si le côté A est la polaire du point α, il faut que l'on ait $m' = n' = 0$. En faisant coïncider le point (A', B', C') avec le sommet β, on trouvera aussi $l' = 0$, puisque le côté B est la polaire du point β. L'équation de la conique conjuguée au triangle de référence ne renferme donc que les carrés des coordonnées, et elle est de la forme

$$(4) \qquad lA^2 + mB^2 + nC^2 = 0.$$

Deux conditions nouvelles suffisent pour déterminer la conique. Pour que l'équation (4) représente une courbe réelle, il faut au moins que l'un des coefficients l, m ou n soit négatif. Supposons que n soit affecté du signe —; on aura

$$lA^2 + mB^2 - nC^2 = 0, \quad \text{ou} \quad \lambda^2A^2 + \mu^2B^2 - \nu^2C^2 = 0,$$

en posant $l = \lambda^2$, $m = \mu^2$, $n = \nu^2$. Il en résulte que les points où le côté $A = 0$ rencontre la conique se trouvent sur les droites $\mu B + \nu C = 0$, $\mu B - \nu C = 0$; celles-ci sont les tangentes menées du point α à la courbe; car chacune d'elles coupe la conique en deux points coïncidents sur le côté A du triangle. De même, $\lambda A - \nu C = 0$, $\lambda A + \nu C = 0$ représentent les tangentes à la conique issues du point β et ayant pour corde des contacts le côté B. Les tangentes menées du point γ sont imaginaires, et elles ont pour équation $\lambda^2A^2 + \mu^2B^2 = 0$. Ainsi, quand une conique est conjuguée à un triangle, il y a toujours un des côtés qui ne rencontre pas la courbe, car on peut appliquer une décomposition analogue à la précédente, si deux coefficients sont négatifs.

180. *Trouver l'équation d'une conique circonscrite à un quadrilatère.*

Soient $A = 0$ et $C = 0$, $B = 0$ et $D = lA + mB + nC = 0$, les équations des côtés opposés du quadrilatère. L'équation demandée sera

$$(5) \qquad AC + kBD = 0,$$

car elle est satisfaite en posant :

$$A = 0 \text{ et } B = 0, \qquad A = 0 \text{ et } D = 0;$$
$$C = 0 \text{ et } B = 0, \qquad C = 0 \text{ et } D = 0;$$

elle passe donc par les points d'intersection de ces droites ou les sommets du quadrilatère. Comme elle renferme un paramètre variable, elle représente une conique quelconque circonscrite au polygone $ABCD = 0$.

Dans le cas particulier où deux côtés opposés B et D se confondent, la conique est tangente aux côtés A et C, et elle a pour équation

$$AC - kB^2 = 0,$$

$B = 0$ étant la corde des contacts ou la polaire du point de concours des droites A et C.

Remarque. Considérons un quadrilatère 1234 inscrit dans une conique, et rapportons la courbe au triangle qui a pour sommet les points de concours des côtés opposés et le point d'intersection des diagonales. En vertu de la construction de la polaire d'un point, ce triangle est conjugué à une conique quelconque circonscrite au quadrilatère. Cela étant, soient

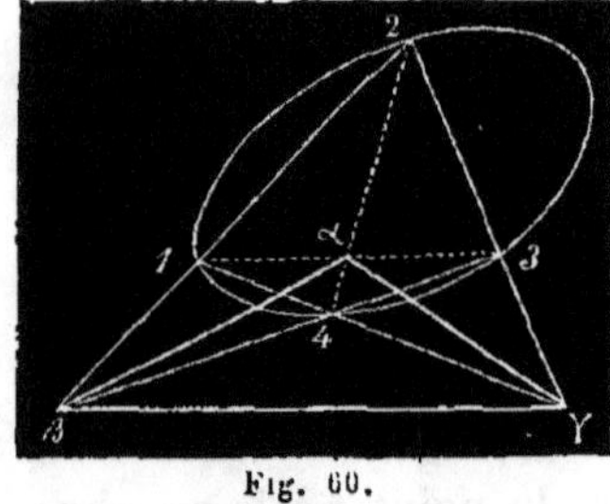
Fig. 60.

$$(14)\ lA - mB = 0 \text{ et } (34)\ lA - nC = 0,$$

les équations des côtés 14, 34; celles des deux autres côtés seront

$$(23)\ lA + mB = 0, \quad (12)\ lA + nC = 0,$$

et l'équation d'une conique circonscrite au quadrilatère prendra la forme

$$(lA + mB)(lA - mB) + k(lA + nC)(lA - nC) = 0,$$

ou bien,

$$(1 - k)\, l^2A^2 - m^2B^2 - kn^2C^2 = 0.$$

C'est l'équation générale des coniques circonscrites au quadrilatère et rapportées au triangle conjugué commun.

181. Si, dans l'équation

$$pBC + qCA + rAB = 0,$$

A, B et C sont les coordonnées tangentielles d'une droite mobile, la conique qu'elle représente est inscrite au triangle des points de référence

$$(\alpha)\ U = 0, \qquad (\beta)\ V = 0, \qquad (\gamma)\ W = 0,$$

car elle est satisfaite en posant

$$B = 0 \text{ et } C = 0, \qquad C = 0 \text{ et } A = 0, \qquad A = 0 \text{ et } B = 0;$$

les côtés $\beta\gamma$, $\gamma\alpha$ et $\alpha\beta$ sont tangents à la courbe.

On vérifiera facilement que les équations en coordonnées tangentielles

$$f^2A^2 + g^2B^2 + h^2C^2 \pm 2ghBC \pm 2hfCA \pm 2fgAB = 0,$$

$$lA^2 + mB^2 + nC^2 = 0,$$

$$AC + kBD = 0,$$

représentent, la première une conique rapportée à un triangle inscrit, la seconde à un triangle conjugué, la troisième à un quadrilatère circonscrit.

182. Si on prenait, pour figure de référence, un quadrilatère dont les côtés sont représentés par $A = 0$, $B = 0$, $C = 0$, $D = 0$, l'équation générale du second degré serait alors

$$\lambda A^2 + \mu B^2 + \nu C^2 + \pi D^2 + 2lAB + 2mAC + 2nAD + 2pBC + 2qBD + 2rCD = 0.$$

Elle représenterait encore une section conique; car, en rapportant le lieu au triangle $ABC = 0$, le quatrième côté D aurait une équation de la forme $l_1 A + m_1 B + n_1 C = 0$; de sorte qu'en remplaçant D par le polynome $l_1 A + m_1 B + n_1 C = 0$, on aurait une équation du second degré entre les coordonnées triangulaires A, B, C, qui définit toujours une courbe du second ordre. Mais il faut remarquer que l'équation précédente renferme plus de cinq paramètres arbitraires; par conséquent, une conique quelconque peut être représentée d'une infinité de manières par une équation du second degré entre les coordonnées A, B, C, D. Il est évident que cette circonstance se présentera encore, si le polygone fondamental est un pentagone, un hexagone, etc.; on pourra toujours y introduire les coordonnées triangulaires, en prenant, pour triangle de référence, celui qui est formé par trois côtés quelconques du polygone.

CHAPITRE VIII.

COURBES DU SECOND ORDRE (SUITE).

Propriétés principales de l'ellipse, de l'hyperbole et de la parabole.

SOMMAIRE. — *Ellipse rapportée à ses axes. Foyers, directrices. Description de la courbe. Tangente, normale, diamètres et cordes supplémentaires.* — *Hyperbole. Propriétés analogues à celles de l'ellipse. Hyperbole rapportée à ses asymptotes.* — *Parabole. Construction et théorèmes divers sur cette courbe.*

§ 1. DE L'ELLIPSE.

183. Quand on rapporte l'ellipse à deux diamètres conjugués, elle est définie analytiquement par une équation de la forme

$$My^2 + Nx^2 = H,$$

où les coefficients M et N sont de même signe. On peut toujours faire en sorte que M et N soient positifs dans le premier membre en changeant les signes, si c'est nécessaire. L'équation précédente ne pourra donner lieu qu'à trois cas distincts savoir :

$$My^2 + Nx^2 = H, \quad My^2 + Nx^2 = -H, \quad My^2 + Nx^2 = 0.$$

Dans le second cas, il n'est pas possible de satisfaire à l'équation par des valeurs réelles de x et de y, et l'ellipse est imaginaire; dans le troisième, l'équation ne peut être vérifiée que par les coordonnées de l'origine : $x = 0$, $y = 0$; l'ellipse se réduit à son centre; il ne reste donc qu'à considérer le premier cas qui correspond à une courbe réelle.

C'est ce que nous allons faire, dans ce paragraphe, en développant l'idée que l'équation exprime, afin d'arriver à une notion exacte de la courbe et de ses propriétés.

Supposons les axes rectangulaires, et posons :

$$a=\sqrt{\frac{\mathrm{H}}{\mathrm{N}}}, \qquad b=\sqrt{\frac{\mathrm{H}}{\mathrm{M}}};$$

on aura à considérer l'équation

$$\frac{x^2}{a^2}+\frac{y^2}{b^2}=1.$$

La longueur $AA'=2a$ (*fig.* 61), interceptée par la courbe sur l'axe des x, s'appelle l'*axe majeur* ou le *grand axe*, et la longueur $BB'=2b$, interceptée sur l'axe des y, l'*axe mineur* ou le *petit axe* de l'ellipse. Les points A, A', B, B' sont les sommets de la courbe.

En chassant les dénominateurs, l'équation (1) devient

$$(2) \qquad a^2y^2+b^2x^2=a^2b^2;$$

d'où on tire

$$(3) \qquad y=\pm\frac{b}{a}\sqrt{a^2-x^2},$$

en la résolvant par rapport à y. Comme l'équation (2) ne renferme que les carrés de x^2 et de y^2, la courbe est symétrique par rapport aux axes des coordonnées ; car à chaque valeur attribuée à l'une des variables, elle donnera deux valeurs égales et de signes contraires pour l'autre. En vertu de l'équation (3), l'ordonnée y est réelle pour toutes les valeurs de x comprises entre $-a$ et $+a$; elle est nulle pour $x=\pm a$, et elle prend sa valeur maximum b, quand $x=0$.

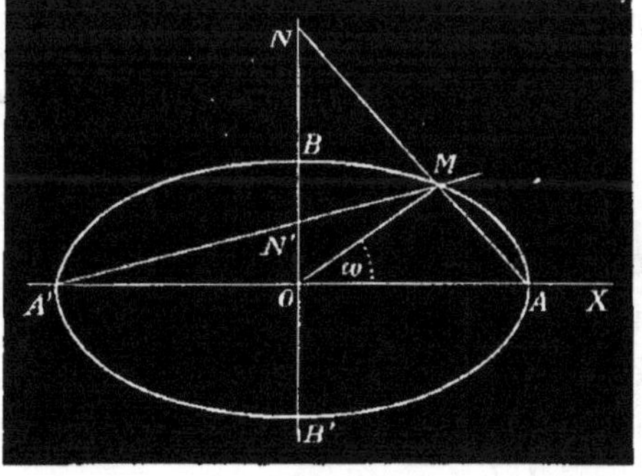

Fig. 61.

Afin de déterminer comment varie le rayon OM, quand le point M décrit la courbe, prenons pour pôle le centre de l'ellipse, et pour axe polaire le grand axe : l'équation de la courbe en coordonnées polaires sera

$$\frac{\rho^2\cos^2\omega}{a^2}+\frac{\rho^2\sin^2\omega}{b^2}=1,$$

ou

$$(4)\qquad \rho^2 = \frac{a^2b^2}{a^2\sin^2\omega + b^2\cos^2\omega} = \frac{a^2b^2}{a^2 - (a^2 - b^2)\cos^2\omega}.$$

La valeur maximum de ρ correspond au minimum du dénominateur, c'est-à-dire à $\cos\omega = 1$, ou $\omega = 0$; dans ce cas, on a $\rho = \pm a$. Lorsque ω augmente de 0 à 90°, le rayon diminue jusqu'à sa valeur minimum b qui répond à $\omega = 90°$. Les sommets A et A′ sont les points de la courbe les plus éloignés du centre, tandis que B et B′ sont les points les plus rapprochés. La courbe doit donc nécessairement affecter la forme indiquée dans la figure.

Il est bon de remarquer que la valeur de ρ ne change pas, si on remplace ω par $180° - \omega$; les diamètres également inclinés sur les axes sont égaux. Si on décrit du centre de l'ellipse un cercle avec un rayon plus petit que a, les axes seront les bissectrices des angles adjacents des diamètres qui passent par les points d'intersection de l'ellipse et du cercle.

Si on voulait obtenir l'équation de l'ellipse rapportée à l'un de ses sommets, par exemple A′, il suffirait de changer x en $x - a$ dans l'équation (1), et il viendrait ainsi :

$$\frac{(x-a)^2}{a^2} + \frac{y^2}{b^2} = 1, \quad \text{ou} \quad \frac{x^2}{a^2} + \frac{y^2}{b^2} - \frac{2x}{a} = 0.$$

En résolvant cette équation par rapport à y^2, et en posant $p = \frac{b^2}{a}$, on trouve

$$y^2 = 2px - \frac{p}{a}x^2.$$

La quantité $2p$ s'appelle le paramètre de l'ellipse; on voit que, pour cette courbe, le carré y^2 est inférieur au rectangle construit sur le paramètre et la longueur x : de là dérive son nom *ellipse* (ἐλλείπειν). Nous verrons plus tard que, dans l'hyperbole, y^2 est plus grand que $2px$, et que, dans la parabole, y^2 est égal à $2px$: de là les noms *hyperbole* (ὑπερβάλλειν) et *parabole* (παραβάλλειν).

Après avoir déduit la forme de la courbe de son équation, nous allons démontrer quelques propriétés qui en donnent une construction géométrique.

184. *Les ordonnées perpendiculaires au grand axe, dans l'ellipse et le* *cercle décrit sur cet axe comme diamètre; sont dans le rapport constant du petit axe au grand axe.*

En effet, l'ordonnée y de l'ellipse, pour une abscisse $x = x_1$, a pour expression

$$y = \frac{b}{a}\sqrt{a^2 - x_1^2},$$

tandis que la valeur de l'ordonnée Y dans le cercle de rayon a pour la même abcisse est

$$Y = \sqrt{a^2 - x_1^2}.$$

On en déduit la relation

$$\frac{Y}{y} = \frac{b}{a},$$

qui exprime la propriété énoncée.

On prouverait aussi facilement que les abscisses perpendiculaires au petit axe, dans l'ellipse et le cercle décrit sur cet axe, sont entre elles dans le rapport du grand axe au petit axe.

185. *Quand une longueur constante* RS *glisse sur deux axes rectangulaires, un point* M *de la droite, situé aux distances a et b des extrémités, décrit une ellipse ayant pour axes 2a, 2b.*

Soit RS une position de la droite mobile; menons les coordonnées du point M et appelons α l'angle MRO. On a, en posant MS $= a$, MR $= b$,

$x =$ OP $=$ MQ $= a \cos \alpha$, $y =$ MP $= b \sin \alpha$;

d'où

$$\frac{x}{a} = \cos \alpha, \qquad \frac{y}{b} = \sin \alpha.$$

En élevant au carré et en ajoutant, il vient pour l'équation du lieu

$$\frac{x^2}{a^2} + \frac{y^2}{b^2} = 1;$$

ce qui démontre le théorème.

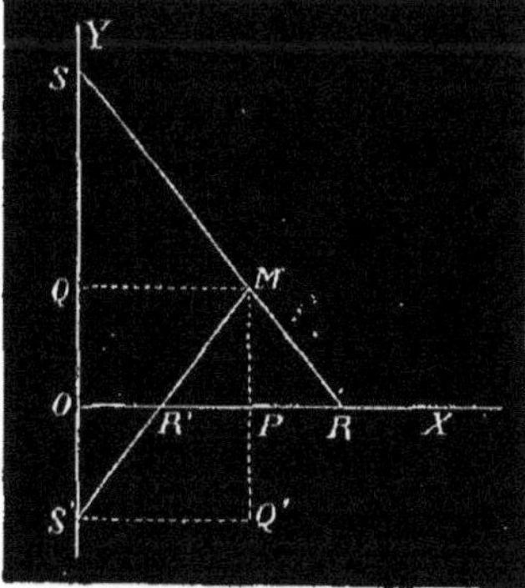

Fig. 62.

Il est facile de vérifier que le point M jouit de la même propriété, s'il se trouve sur le prolongement de la droite mobile. Soit S'R' une ligne de longueur constante qui glisse sur les deux axes rectangulaires, et M un point tel que $MS' = a$, $MR' = b$; on a encore

$$x = OP = S'Q' = a\cos\beta, \qquad y = MP = b\sin\beta,$$

β étant l'angle d'inclinaison de la droite sur l'axe des x. On en tire

$$\frac{x^2}{a^2} + \frac{y^2}{b^2} = 1.$$

Ainsi, dans les deux cas, le point M décrit une ellipse qui a pour demi-axes ses distances aux extrémités de la droite mobile.

186. *Deux droites, issues des extrémités du grand axe et se coupant sur l'ellipse, déterminent sur la direction du petit axe, à partir de l'origine, deux segments dont le produit est constant et égal à b^2.*

L'équation de l'ellipse peut s'écrire

$$\frac{y^2}{b^2} = 1 - \frac{x^2}{a^2}.$$

Soit λ un coefficient indéterminé; les droites représentées par les équations

$$\frac{y}{b} = \lambda\left(1 - \frac{x}{a}\right), \quad \frac{y}{b} = \frac{1}{\lambda}\left(1 + \frac{x}{a}\right),$$

se rencontrent sur l'ellipse; car, en multipliant membre à membre, on retrouve l'équation de cette courbe; de plus, quel que soit λ, la première passe par le point $(a, 0)$, et la seconde par l'autre extrémité du grand axe $(-a, 0)$. Or, si on pose $x = 0$, il vient (*fig.* 64),

$$y = ON = b\lambda, \qquad y = ON' = \frac{b}{\lambda};$$

par suite, $ON \cdot ON' = b^2$.

On verrait de même que l'ellipse est le lieu du point d'intersection des droites

$$\frac{x}{a} = \mu\left(1 - \frac{y}{b}\right), \quad \frac{x}{a} = \frac{1}{\mu}\left(1 + \frac{y}{b}\right),$$

issues des extrémités du petit axe, et qui déterminent des segments sur le grand axe dont le produit est égal à a^2.

FOYERS ET DIRECTRICES.

187. *Deux points F et F', situés sur le grand axe d'une ellipse à une distance du centre $c = \pm\sqrt{a^2 - b^2}$, jouissent de cette propriété : que la somme des distances de chacun d'eux à un même point de la courbe est constante et égale au grand axe.*

Considérons une ellipse ayant pour axes $2a$, $2b$, et représentée par

$$y^2 = \frac{b^2}{a^2}(a^2 - x^2).$$

Soit M un point de la courbe ; menons les rayons FM et F'M ainsi que l'ordonnée MP.

On a

$$\overline{FM}^2 = y^2 + (x - c)^2 = \frac{b^2}{a^2}(a^2 - x^2) + x^2 - 2cx + c^2 = b^2 + c^2 - 2cx + \left(\frac{a^2 - b^2}{a^2}\right)x^2;$$

au moyen de la relation $c^2 = a^2 - b^2$, on trouve

$$\overline{FM}^2 = a^2 - 2cx + \frac{c^2x^2}{a^2} = \left(a - \frac{cx}{a}\right)^2,$$

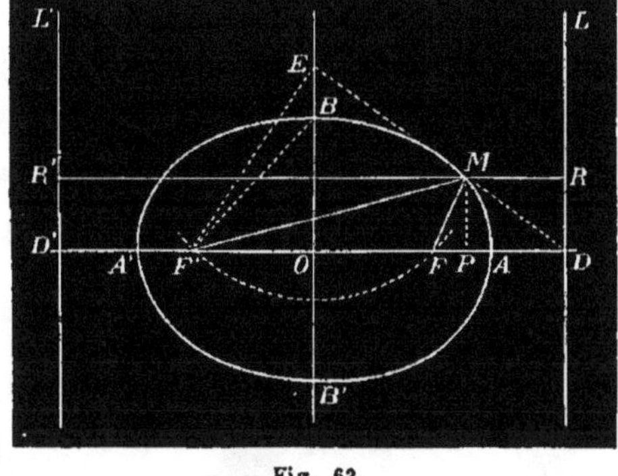

Fig. 63.

et, par suite,

$$(5) \qquad FM = a - \frac{cx}{a}.$$

Comme le rapport $\frac{c}{a}$ est plus petit que l'unité, et que l'abcisse x du point M est toujours inférieure à a, la différence $a - \frac{cx}{a}$ est positive. On néglige la racine négative $-\left(a - \frac{cx}{a}\right)$ qui ne peut être d'aucune utilité.

Dans la figure, on a aussi

$$\overline{F'M}^2 = y^2 + (x + c)^2 = \frac{b^2}{a^2}(a^2 - x^2) + (x + c)^2 = a^2 + 2cx + \frac{c^2x^2}{a^2};$$

d'où

$$(6) \qquad F'M = a + \frac{cx}{a}.$$

En ajoutant les relations (5) et (6), on obtient

$$FM + F'M = 2a.$$

Les deux points remarquables F et F′ s'appellent *foyers* de l'ellipse; les distances FM et F′M sont les *rayons vecteurs* du point M. Les équations (5) et (6) nous montrent que les distances des foyers à un point de l'ellipse s'expriment par une fonction rationnelle de l'abcisse de ce point.

Si $x = 0$, on a, pour les rayons vecteurs, $FM = F'M = a$; mais alors le point M coïncide avec le point B, et, par suite, les rayons vecteurs qui aboutissent à l'extrémité du petit axe sont égaux et ont pour longueur la moitié du grand axe. Il suffit donc, pour déterminer les foyers lorsqu'on connaît les axes, de décrire du point B comme centre avec un rayon égal à a une circonférence; celle-ci rencontrera le grand axe en deux points qui seront les foyers de l'ellipse.

La quantité $\frac{c}{a}$ ou $\frac{\sqrt{a^2 - b^2}}{a}$ s'appelle *excentricité* de l'ellipse : on la désigne par e. Une ellipse est d'autant plus arrondie et plus semblable à un cercle, que la valeur de e est plus rapprochée de zéro; dans le cercle $a = b$ et, par suite, $e = 0$.

188. *A chaque foyer de l'ellipse correspond une droite telle, que le rapport des distances d'un point de la courbe au foyer et à cette droite est constant et égal à e.*

En effet, portons sur l'axe $2a$ les longueurs $OD = OD' = \frac{a^2}{c}$, et élevons les perpendiculaires DL, D′L′. Après avoir mené par le point M une parallèle à l'axe des x, on aura

$$MR = PD = \frac{a^2}{c} - x;$$

mais

$$MF = a - \frac{cx}{a} = \frac{c}{a}\left(\frac{a^2}{c} - x\right).$$

En divisant, on trouve

$$\frac{MF}{MR} = \frac{c}{a} = e.$$

On verrait de même que $\frac{MF'}{MR'} = e$.

Les droites DL et D′L′ se nomment les *directrices* de l'ellipse. La distance $OD = \frac{a^2}{c}$ étant plus grande que a, les directrices sont extérieures à la courbe. Pour les construire, on prend sur l'axe $2b$ une longueur $OE = a$, on mène EF' et, par le point E, on élève une perpendiculaire à cette droite : elle rencontrera le grand axe en un point D qui sera le pied de la directrice correspondante au foyer F, car le triangle rectangle F'ED donne

$$\overline{OE}^2 = OF' \cdot OD; \quad \text{d'où} \quad OD = \frac{a^2}{c}.$$

Dans le cercle $c = 0$, et les directrices sont situées à l'infini.

189. *Trouver l'équation en coordonnées polaires de l'ellipse, le pôle étant un des foyers de la courbe.*

Soit F le pôle (*fig.* 63); l'axe polaire étant dirigé suivant l'axe majeur, on a, pour un point quelconque $M(\rho, \omega)$ de l'ellipse,

$$\rho = a - \frac{cx}{a}.$$

Mais, $x = c + \rho\cos\omega$; il vient, en substituant et en résolvant l'équation par rapport à ρ,

$$\rho = \frac{\frac{b^2}{a}}{1 + \frac{c}{a}\cos\omega},$$

ou bien,

$$\rho = \frac{p}{1 + e\cos\omega}.$$

En vertu de la relation $\frac{c^2}{a^2} = \frac{a^2 - b^2}{a^2} = e^2$, on a $b^2 = a^2(1 - e^2)$, et on peut encore écrire

$$\rho = \frac{a(1 - e^2)}{1 + e\cos\omega}.$$

Exercices.

Ex. 1. Déterminer l'excentricité, les foyers et les directrices des ellipses :

$$(1) \quad 2x^2 + 3y^2 = 6, \qquad (2) \quad 2x^2 + 4y^2 = 8.$$

R. (1) $a = \sqrt{3}$, $b = \sqrt{2}$, $e = \frac{1}{\sqrt{3}}$; les directrices sont : $x \mp 3 = 0$.

R. (2) $a = 2$, $b = \sqrt{2}$, $e = \frac{1}{\sqrt{2}}$; on a ensuite pour les directrices : $x \mp 2\sqrt{2} = 0$.

Ex. 2. Existe-t-il dans le plan un autre point que les foyers F et F′, tel que sa distance à un point de la courbe est exprimée par une fonction rationnelle de l'abcisse de ce point?

Soit P (x', y') un point du plan, et M (x, y) un point de l'ellipse représentée par $y^2 = \frac{b^2}{a^2}(a^2 - x^2)$. On a

$$\overline{PM}^2 = (x - x')^2 + (y - y')^2 = x^2 + x'^2 - 2xx' + y^2 + y'^2 - 2yy',$$

et, en remplaçant y par sa valeur tirée de l'équation de l'ellipse,

$$\overline{PM}^2 = \left(1 - \frac{b^2}{a^2}\right)x^2 + x'^2 - 2xx' + y'^2 + b^2 - \frac{2by'}{a}\sqrt{a^2 - x^2}.$$

Pour que le second membre soit rationnel, il faut que le radical disparaisse, et, par suite, $y' = 0$: ce qui montre que, si le point P existe, il est situé sur le grand axe ; de plus, il faut déterminer x' de manière à ce que l'expression

$$\left(1 - \frac{b^2}{a^2}\right)x^2 + x'^2 - 2xx' + b^2$$

soit un carré parfait, et poser

$$\sqrt{1 - \frac{b^4}{a^2}} \cdot \sqrt{b^2 + x'^2} = x'.$$

On en tire $x' = \sqrt{a^2 - b^2}$; ainsi le point P doit coïncider avec l'un des foyers.

Ex. 3. Trouver le lieu des points dont le rapport des distances à un point et à une droite fixe soit constant et égal à e, e étant plus petit que l'unité.

Abaissons du point fixe F une perpendiculaire sur la droite, et prenons cette perpendiculaire pour axe des x. Soit α l'abcisse du point F, la droite donnée étant l'axe des y ; on aura

$$y^2 + (x - \alpha)^2 = e^2x^2, \quad \text{ou} \quad y^2 + (1 - e^2)x^2 - 2\alpha x + \alpha^2 = 0\,;$$

cette équation représente une ellipse si e est plus petit que l'unité.

Ex. 4. L'ellipse est le lieu des points à égale distance d'un foyer F et du cercle décrit de l'autre foyer F′ avec un rayon égal à $2a$.

En effet, si on mène un rayon quelconque du cercle, la partie comprise entre les deux courbes est ce qu'il faut ajouter au rayon vecteur dans l'ellipse pour obtenir $2a$, c'est-à-dire le second rayon vecteur.

Ex. 5. Que représente l'équation

$$\frac{x^2}{a^2} + \frac{y^2}{a^2 - c^2} = 1,$$

a étant un paramètre variable et c une constante ?

Des ellipses qui ont les mêmes foyers ; on les appelle ellipses *homofocales*.

Ex. 6. Que définissent les équations

$$(x - \lambda)^2 + (y - \mu)^2 = e^2(x \cos \alpha + y \sin \alpha - q)^2,$$

$$x^2 + y^2 = e^2(x \cos \alpha + y \sin \alpha - q)^2\ ?$$

Ex. 7. Le paramètre $2p$ de l'ellipse représente la longueur de la corde perpendiculaire au grand axe et passant par le foyer.

En effet, quand $\omega = \frac{\pi}{2}$ dans l'équation $\rho = \frac{p}{1 + e \cos \omega}$, on a $\rho = p$.

Ex. 8. Si on mène une corde quelconque MM′ par le foyer, la somme des réciproques des rayons vecteurs FM et FM′ est constante.

On a

$$\frac{1}{FM} = \frac{1 + e \cos \omega}{p}, \quad \frac{1}{FM'} = \frac{1 + e \cos (180^\circ + \omega)}{p};$$

d'où

$$\frac{1}{FM} + \frac{1}{FM'} = \frac{2}{p}.$$

DESCRIPTION DE L'ELLIPSE AU MOYEN DES AXES.

190. 1re *construction*. Soient $2a$ et $2b$ les axes donnés. La circonférence décrite de l'extrémité du petit axe avec un rayon a, détermine sur l'axe majeur les foyers F et F′. Cela étant, on trace deux circonférences ayant pour centres les points F et F′ et dont les rayons sont choisis de manière à ce que leur somme soit égale au grand axe : en vertu du N° 187, leurs points d'intersection appartiennent à l'ellipse qui a pour axes $2a$, $2b$.

Quand on veut tracer une ellipse sur un terrain ou sur une feuille de carton, on fixe aux foyers les extrémités d'un fil d'une longueur égale à $2a$. On trace ensuite l'ellipse d'un mouvement continu au moyen d'un style qu'on fait mouvoir en tenant le fil constamment tendu ; car, dans chaque position, la somme des rayons vecteurs est toujours égale à la longueur du fil, c'est-à-dire au grand axe.

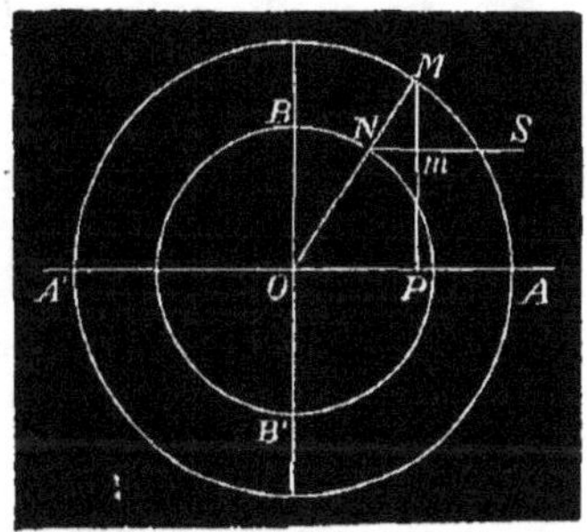

Fig. 64.

2e *construction*. Après avoir décrit deux circonférences sur les axes $2b$ et $2a$ pris comme diamètres, on mène par le centre une droite quelconque qui les rencontre respectivement en N et M. On abaisse ensuite sur le grand axe la perpendiculaire MP, et, par le point N, on mène une parallèle NS à l'axe $2a$; le point d'intersection m de ces droites appartient à l'ellipse : car on a, par les triangles semblables,

$$\frac{mP}{MP} = \frac{NO}{MO} = \frac{b}{a}.$$

3e *construction*. On tire (*fig.* 64), par une extrémité de l'axe majeur, une droite quelconque qui rencontre le petit axe ou son prolongement en un point N; on mène ensuite, par l'autre extrémité, une seconde droite qui détermine sur le petit axe un segment ON′ tel que l'on ait : ON · ON′ $= b^2$; d'après le N° 186, ces droites se coupent en un point de l'ellipse.

4° *construction.* D'un point S (*fig.* 62), pris sur l'un des axes, par exemple sur l'axe $2b$, on décrit une circonférence avec un rayon SR $= a + b$; on prend SM $= a$: le point M appartient à l'ellipse.

On pourrait aussi, en vertu du même théorème, décrire d'un point S′ pris sur l'axe $2b$ une circonférence avec un rayon égal à $a - b$, et prendre sur S′R′ une longueur SM $= a$; le point ainsi construit appartient à l'ellipse.

Le *compas elliptique* qui sert à tracer l'ellipse d'un mouvement continu est basé sur la même propriété. Les deux pointes placées en S′ et R′ glissent dans des rainures rectangulaires tracées sur une plaque de bois; pendant ce mouvement, le crayon fixé en M décrit la courbe.

TANGENTE ET NORMALE.

191. Le coefficient angulaire d'une tangente au point (x', y') d'une courbe du second ordre a pour expression

$$V = -\frac{f_x'(x', y')}{f_y'(x', y')}.$$

Pour l'ellipse rapportée à ses axes, on a

$$f(x, y) = \frac{x^2}{a^2} + \frac{y^2}{b^2} - 1,$$

et, par suite,

$$f_x'(x', y') = \frac{2x'}{a^2}, \quad f_y'(x', y') = \frac{2y'}{b^2};$$

d'où

$$V = -\frac{b^2x'}{a^2y'}.$$

L'équation de la tangente sera donc

$$y - y' = -\frac{b^2x'}{a^2y'}(x - x');$$

en multipliant et faisant usage de la relation $\frac{x'^2}{a^2} + \frac{y'^2}{b^2} = 1$, elle peut se ramener à la forme

$$(7) \qquad \frac{xx'}{a^2} + \frac{yy'}{b^2} = 1.$$

La normale à l'ellipse au point M (x', y') est la perpendiculaire élevée en ce point sur la tangente. Cette droite aura donc pour équation

$$(8) \quad y - y' = \frac{a^2y'}{b^2x'}(x - x').$$

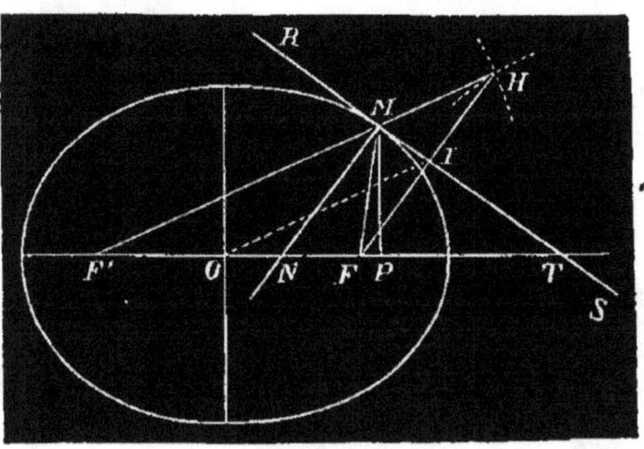

Fig. 65.

Soient T et N les points où la tangente et la normale rencontrent le grand axe. Les distances ON et OT se déterminent en posant $y = 0$ dans les équations (7) et (8); on trouve ainsi

$$\text{OT} = \frac{a^2}{x'}, \qquad \text{ON} = \frac{a^2 - b^2}{a^2}x' = \frac{c^2x'}{a^2}.$$

On appelle *sous-tangente* et *sous-normale*, les distances comprises entre le pied de l'ordonnée du point de contact et les points où la tangente et la normale rencontrent l'axe $2a$; ces longueurs sont prises positivement ou négativement suivant leur direction. Si on les désigne par S_t et S_n, on a, d'après la figure,

$$S_t = + \text{PT}, \quad S_n = - \text{PN};$$

mais

$$\text{PT} = \text{OT} - x' = \frac{a^2 - x'^2}{x'}, \qquad \text{PN} = x' - \text{ON} = \frac{b^2x'}{a^2};$$

d'où il suit que

$$S_t = \frac{a^2 - x'^2}{x'}, \qquad S_n = - \frac{b^2x'}{a^2}.$$

192. *Mener une tangente à l'ellipse par un point extérieur* (x', y').

Soient (x'', y'') les coordonnées inconnues du point de contact d'une tangente issue du point donné; celle-ci a pour équation

$$\frac{xx''}{a^2} + \frac{yy''}{b^2} = 1;$$

mais, comme elle passe par le point (x', y'), on doit avoir

$$\frac{x'x''}{a^2} + \frac{y'y''}{b^2} = 1.$$

Si on combine cette dernière équation avec l'égalité

$$\frac{x''^2}{a^2} + \frac{y''^2}{b^2} = 1$$

qui exprime que le point de contact est sur la courbe, on trouve deux systèmes de valeurs pour x'' et y''; ce sont les coordonnées des points de contact des tangentes à l'ellipse menées par le point donné.

D'ailleurs, l'équation de ces mêmes droites se trouve immédiatement au moyen de l'équation générale du N° 154 ; ce sera

$$\left(\frac{xx'}{a^2} + \frac{yy'}{b^2} - 1\right)^2 - \left(\frac{x'^2}{a^2} + \frac{y'^2}{b^2} - 1\right)\left(\frac{x^2}{a^2} + \frac{y^2}{b^2} - 1\right) = 0.$$

193. *Trouver l'équation de la polaire d'un point* (x', y').

Cette équation est la même que celle de la tangente trouvée précédemment, c'est-à-dire

$$\frac{xx'}{a^2} + \frac{yy'}{b^2} = 1.$$

Lorsque le pôle est sur l'axe $2a$, $y' = 0$, et l'équation se réduit à

$$\frac{xx'}{a^2} = 1, \quad \text{d'où} \quad xx' = a^2;$$

la polaire est parallèle au petit axe, et située à une distance x du centre telle, que le rectangle construit sur x et l'abcisse du pôle est égale au carré de la moitié du grand axe. Si $x' = c$, on a : $x = \frac{a^2}{c}$; ainsi la polaire d'un foyer est la directrice correspondante.

Ex. 1. Les tangentes aux extrémités d'un diamètre sont parallèles.
Les équations de ces tangentes sont de la forme

$$\frac{xx'}{a^2} + \frac{yy'}{b^2} = 1. \qquad \frac{xx'}{a^2} + \frac{yy'}{b^2} = -1.$$

Ex. 2. Déterminer le point d'intersection des tangentes aux points (x', y'), (x'', y'').

$$x = \frac{a^2(y' - y'')}{y'x'' - y''x'}, \qquad y = \frac{b^2(x' - x'')}{x'y'' - y'x''}.$$

Ex. **3**. Quelle est la condition pour que la droite $y = mx + k$ soit tangente à l'ellipse $\frac{x^2}{a^2} + \frac{y^2}{b^2} = 1$?

Par la combinaison des deux équations, on trouve

$$k = \sqrt{a^2m^2 + b^2};$$

de sorte que l'équation

$$y = mx \pm \sqrt{a^2m^2 + b^2}$$

représente toutes les tangentes à l'ellipse.

Ex. **4**. Trouver le lieu du sommet d'un angle droit circonscrit à l'ellipse.

Soit P (x', y') le sommet de l'angle ; les valeurs de m pour les tangentes à l'ellipse issues de ce point sont données par l'équation

$$(y' - mx')^2 = a^2m^2 + b^2.$$

En exprimant que le produit des racines est égal à -1, on trouve, pour le lieu demandé, en supprimant les accents,

$$x^2 + y^2 = a^2 + b^2;$$

c'est un cercle circonscrit au rectangle des axes.

Ex. **5**. Déterminer le pôle d'une droite $mx + ny + p = 0$, par rapport à l'ellipse

$$\frac{x^2}{a^2} + \frac{y^2}{b^2} = 1.$$

En identifiant les équations

$$mx + ny + p = 0 \quad \text{et} \quad \frac{xx'}{a^2} + \frac{yy'}{b^2} - 1 = 0,$$

on trouve

$$x' = -\frac{a^2m}{p}, \quad y' = -\frac{b^2n}{p}.$$

Ex. **6**. Lieu des pôles d'une droite fixe $\frac{x}{m} + \frac{y}{n} - 1 = 0$ par rapport aux ellipses homofocales $\frac{x^2}{a^2} + \frac{y^2}{a^2 - c^2} = 1$.

On a, pour le pôle (x', y') de la droite,

$$x' = \frac{a^2}{m}, \quad y' = \frac{a^2 - c^2}{n}.$$

L'élimination de a^2 conduit à l'équation

$$mx' - ny' - c^2 = 0 \quad \text{ou} \quad mx - ny - c^2 = 0,$$

qui représente une droite perpendiculaire à la droite donnée.

194. *Trouver l'expression de la perpendiculaire abaissée du centre sur la tangente.*

La perpendiculaire abaissée du centre sur la droite

$$\frac{xx'}{a^2} + \frac{yy'}{b^2} = 1$$

est donnée par la formule (N° 41)

$$(9) \qquad P = \frac{1}{\sqrt{\frac{x'^2}{a^4} + \frac{y'^2}{b^4}}}.$$

On peut transformer cette expression. Désignons par α et β les angles de la normale ou de la perpendiculaire P avec les axes; l'équation de la tangente peut s'écrire sous la forme

$$x \cos \alpha + y \cos \beta - P = 0.$$

En identifiant les deux équations, il viendra les égalités

$$\frac{\cos \alpha}{P} = \frac{x'}{a^2}, \quad \frac{\cos \beta}{P} = \frac{y'}{b^2};$$

d'où on tire

$$\frac{a^2 \cos^2 \alpha}{P^2} + \frac{b^2 \cos^2 \beta}{P^2} = \frac{x'^2}{a^2} + \frac{y'^2}{b^2} = 1,$$

et, par conséquent,

$$P^2 = a^2 \cos^2 \alpha + b^2 \cos^2 \beta.$$

Puisque les axes sont rectangulaires, $\cos \beta = \sin \alpha$, et on peut encore écrire

$$(10) \qquad P^2 = a^2 \cos^2 \alpha + b^2 \sin^2 \alpha.$$

195. *Le rectangle des perpendiculaires abaissées des foyers sur une tangente est constant et égal au carré de la moitié du petit axe.*

Les perpendiculaires abaissées des points $(c, 0)$ et $(-c, 0)$ sur la droite

$$\frac{xx'}{a^2} + \frac{yy'}{b^2} - 1 = 0,$$

sont représentées par

$$p = \frac{1 - \frac{cx'}{a^2}}{\sqrt{\frac{x'^2}{a^4} + \frac{y'^2}{b^4}}}, \qquad p' = \frac{1 + \frac{cx'}{a^2}}{\sqrt{\frac{x'^2}{a^4} + \frac{y'^2}{b^4}}};$$

ou bien,

$$p = P\left(1 - \frac{c\cos\alpha}{P}\right), \quad p' = P\left(1 + \frac{c\cos\alpha}{P}\right).$$

On en déduit, en multipliant membre à membre,

$$pp' = P^2 - c^2\cos^2\alpha = a^2\cos^2\alpha + b^2\sin^2\alpha - (a^2 - b^2)\cos^2\alpha,$$

ou

$$pp' = b^2.$$

Ex. 1. Le rectangle des perpendiculaires abaissées des foyers sur la polaire d'un point (x', y') est constant et égal à b^2.

Même calcul que pour la tangente (N° 195).

Ex. 2. Trouver le lieu du point d'intersection de la perpendiculaire abaissée du centre sur la tangente avec le rayon vecteur du point de contact.

Il faut éliminer x' et y' entre les équations

$$y = \frac{a^2y'}{b^2x'}x, \quad y = \frac{y'}{x' - c}(x - c) \quad \text{et} \quad \frac{x'^2}{a^2} + \frac{y'^2}{b^2} = 1.$$

On trouve, pour résultat, l'équation

$$x^2 + y^2 - 2cx - b^2 = 0,$$

qui représente un cercle.

Ex. 3. Trouver le lieu du point d'intersection de la perpendiculaire abaissée du foyer sur la tangente avec le rayon qui va du centre au point de contact.

Ce problème revient à éliminer x' et y' entre les équations

$$y = \frac{a^2y'}{b^2x'}(x - c) \quad \text{et} \quad y = \frac{y'}{x'}x.$$

Le résultat final est $x = \dfrac{a^2}{c}$: le lieu cherché est la directrice.

196. *La normale en un point de l'ellipse divise en deux parties égales l'angle des rayons vecteurs.*

Soit MN (*fig.* 65) la normale et FM, F'M les rayons vecteurs d'un point (x',y') ; la normale sera la bissectrice de l'angle FMF', si on a la proportion

$$\frac{NF}{NF'} = \frac{MF}{MF'}.$$

Mais on sait que

$$FM = a - \frac{cx'}{a}, \quad F'M = a + \frac{cx'}{a};$$

par suite,

$$(\alpha) \qquad \frac{MF}{MF'} = \frac{a^2 - cx'}{a^2 + cx'}.$$

De plus

$$\mathrm{NF} = \mathrm{OF} - \mathrm{ON} = c - \frac{c^2x'}{a^2}, \quad \mathrm{NF'} = c + \frac{c^2x'}{a^2};$$

donc

$$(\beta) \qquad \frac{\mathrm{NF}}{\mathrm{NF'}} = \frac{a^2 - cx'}{a^2 + cx'}.$$

En comparant (α) et (β), on voit qu'il y a égalité entre les premiers membres, et, par suite, la normale est bissectrice de l'angle des rayons vecteurs.

Corollaire. La tangente est bissectrice de l'angle supplémentaire FMH : car les angles TMF et TMH ou RMF′ sont les compléments de deux angles égaux.

197. *Le lieu des projections d'un foyer sur les tangentes à l'ellipse est la circonférence décrite sur le grand axe.*

Prolongeons le rayon vecteur F′M (*fig.* 65) d'une longueur MH = MF. Dans le triangle isocèle FMH, la tangente, qui divise en deux parties égales l'angle au sommet, est perpendiculaire à la base FH et passe par le milieu I de cette droite : le point I sera la projection du foyer sur la tangente. Mais, dans le triangle FHF′, les points O et I sont les milieux des côtées FF′ et FH ; la droite OI est donc parallèle à FH et vaut la moitié de ce côté. On a donc

$$\mathrm{OI} = \frac{\mathrm{FH}}{2} = \frac{\mathrm{F'M} + \mathrm{FM}}{2} = a.$$

La tangente MT étant quelconque, le lieu du point I sera une circonférence de rayon a.

198. *Les tangentes issues d'un point* P *sont également inclinées sur les droites qui joignent ce point aux foyers.*

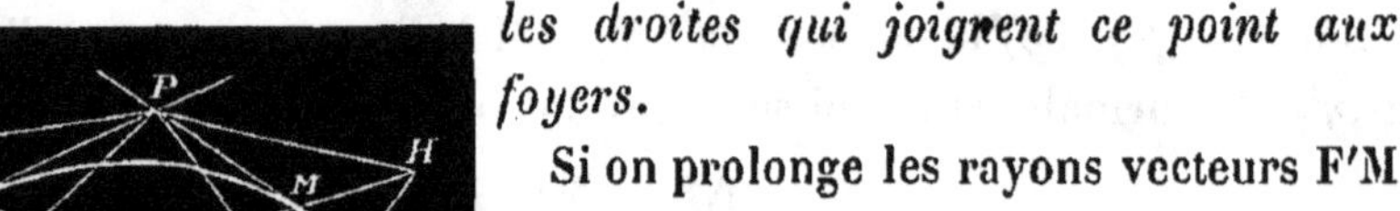

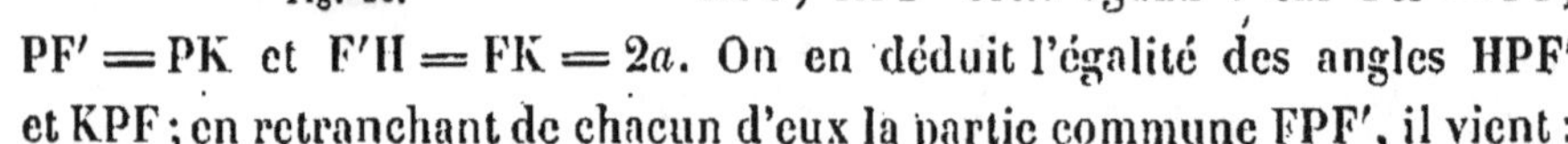
Fig. 66.

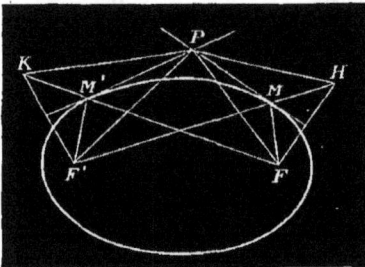

Si on prolonge les rayons vecteurs F′M et FM respectivement des longueurs MH = MF, M′K = M′F′, on sait que les tangentes en M et M′ sont perpendiculaires à FH et F′K. Mais les triangles KPF, HPF′ sont égaux : car PH = PF, PF′ = PK et F′H = FK = $2a$. On en déduit l'égalité des angles HPF′ et KPF ; en retranchant de chacun d'eux la partie commune FPF′, il vient :

FPH = F'PK, ou, en divisant les deux membres par 2, FPM = F'PM' : ce qui démontre le théorème.

Corollaire. De l'égalité des triangles FPK et HPF', on tire : angle KFP = angle PHF'; mais, comme les angles PHF' et PFM sont égaux, on a angle KFP = angle PFM. Ainsi, *la droite qui joint un foyer au point de concours de deux tangentes est bissectrice de l'angle des rayons vecteurs qui joignent ce foyer aux points de contact.*

Dans le cas particulier où le point P est sur la directrice, la corde des contacts passe par le foyer qui est le pôle de la directrice; l'angle des rayons vecteurs est égal à 180° : donc, *la ligne qui joint le foyer au pôle d'une droite passant par ce point est perpendiculaire à cette droite.*

199. *Construction de la tangente.* Pour trouver la direction de la tangente à l'ellipse en un point M de cette courbe, on mène d'abord les rayons vecteurs de ce point (*fig.* 65); on prolonge l'un d'eux, par exemple F'M, d'une longueur MH = MF : la perpendiculaire abaissée du point M sur la droite HF sera la tangente demandée.

Lorsqu'il s'agit de construire la tangente à l'ellipse menée par un point extérieur S, il faut décrire de ce point comme centre une circonférence avec un rayon égal à SF; puis du foyer F' comme centre, on trace une autre circonférence avec un rayon égal à $2a$, qui rencontrera la première en deux points dont l'un sera le point H de la figure; on joint FH et on abaisse du point S une perpendiculaire sur cette droite : ce sera une tangente à l'ellipse issue du point S. Si on désigne par H' le second point d'intersection des circonférences, l'autre tangente sera la perpendiculaire abaissée du point S sur FH'.

Ces constructions découlent des propriétés de la tangente à l'ellipse démontrées précédemment.

DIAMÈTRES.

200. Nous avons trouvé (N° 150), pour l'équation générale du diamètre conjugué à une corde de coefficient angulaire m,

$$f_x' + m\,f_y' = 0.$$

Si $f(x, y) = \frac{x^2}{a^2} + \frac{y^2}{b^2} - 1$, elle devient

$$(11) \qquad \frac{x}{a^2} + m\frac{y}{b^2} = 0.$$

Désignons par m' le coefficient angulaire du diamètre DD′ qui divise en deux parties égales les cordes parallèles à MM′; on aura, d'après l'équation précédente,

$$m' = -\frac{b^2}{a^2 m},$$

où m est le coefficient angulaire de MM′. On en tire

$$(12) \qquad mm' = -\frac{b^2}{a^2}.$$

Le diamètre conjugué de DD′ est la droite EE′ menée par le centre parallèlement à la corde MM′. La relation (12) exprime que le produit des coefficients angulaires de deux diamètres conjugués de l'ellipse est constant et négatif : l'un fait un angle aigu avec l'axe $2a$, l'autre un angle obtus; ils ne sont donc jamais situés d'un même côté du petit axe. Si $m' = \frac{b}{a}$, on a : $m = -\frac{b}{a}$; les diamètres conjugués qui correspondent à ces valeurs sont également inclinés sur l'axe $2a$; ils forment un système de deux diamètres conjugués égaux.

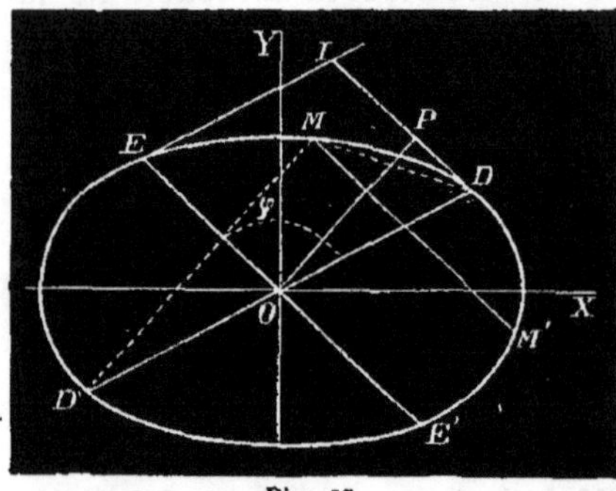

Fig. 67.

Soient x', y' les coordonnées du point D; les cordes parallèles à DD′ ont pour coefficient angulaire $m' = \frac{y'}{x'}$, et l'équation du diamètre correspondant EE′ sera de la forme

$$\frac{x}{a^2} + \frac{y'}{x'} \cdot \frac{y}{b^2} = 0, \quad \text{ou} \quad \frac{xx'}{a^2} + \frac{yy'}{b^2} = 0 :$$

ce diamètre est donc parallèle à la tangente à l'ellipse à l'extrémité D du conjugué de ce diamètre.

En désignant par x'', y'' les coordonnées du point E, on a la relation

$$\frac{x'x''}{a^2} + \frac{y'y''}{b^2} = 0;$$

on en déduit

$$\frac{\frac{x''}{a}}{\frac{a}{x'}} = -\frac{\frac{y''}{b}}{\frac{b}{y'}} = \frac{\sqrt{\frac{x''^2}{a^2}+\frac{y''^2}{b^2}}}{\sqrt{\frac{a^2}{x'^2}+\frac{b^2}{y'^2}}} = \pm\frac{x'y'}{ab};$$

d'où

$$(13)\qquad x'' = \pm\frac{ay'}{b},\quad y'' = \mp\frac{bx'}{a}\cdot$$

Ces formules permettent de calculer les coordonnées de l'extrémité d'un diamètre, connaissant les coordonnées de l'extrémité du conjugué de ce diamètre.

201. *La somme des carrés de deux diamètres conjugués est constante et égale à la somme des carrés des axes.*

Soient a' et b' les demi-diamètres conjugués OD et OE ; on a

$$a'^2 = x'^2 + y'^2,\qquad b'^2 = x''^2 + y''^2 = \frac{a^2y'^2}{b^2} + \frac{b^2x'^2}{a^2},$$

et, par suite,

$$a'^2 + b'^2 = x'^2\left(1+\frac{b^2}{a^2}\right) + y'^2\left(1+\frac{a^2}{b^2}\right) = (a^2+b^2)\left(\frac{x'^2}{a^2}+\frac{y'^2}{b^2}\right),$$

c'est-à-dire

$$(14)\qquad a'^2 + b'^2 = a^2 + b^2.$$

202. *L'aire du parallélogramme construit sur deux diamètres conjugués est constante et égale au rectangle des axes.*

Menons les tangentes en D et en E à l'ellipse pour former le parallélogramme ODIE construit sur les demi-diamètres. On aura, en abaissant du centre une perpendiculaire sur DI,

$$\text{aire ODIE} = \text{ID}\cdot\text{OP} = a'b'\sin\varphi,$$

φ étant l'angle des diamètres conjugués, car $\text{DI} = \text{OE} = b'$, et $\text{OP} = a'\sin\varphi$.

Mais on a aussi

$$\text{OP} = \frac{1}{\sqrt{\frac{x'^2}{a^4}+\frac{y'^2}{b^4}}} = \frac{ab}{\sqrt{\frac{b^2x'^2}{a^2}+\frac{a^2y'^2}{b^2}}} = \frac{ab}{\sqrt{x''^2+y''^2}},$$

ou bien;

$$\text{OP} = \frac{ab}{b'}\cdot$$

En vertu des deux expressions de OP, on a la relation

$$ab = a'b' \sin \varphi,$$

qui démontre le théorème énoncé.

203. *Ellipse rapportée à deux diamètres conjugués.* Lorsque les axes des coordonnées sont deux diamètres conjugués, l'équation de l'ellipse est de la forme

$$My^2 + Nx^2 = H.$$

Posons :

$$a' = \sqrt{\frac{H}{N}}, \quad b' = \sqrt{\frac{H}{M}};$$

en indroduisant les quantités a' et b' dans l'équation précédente, il viendra

$$(15) \qquad \frac{x^2}{a'^2} + \frac{y^2}{b'^2} = 1$$

pour l'équation de l'ellipse rapportée à deux diamètres conjugués, $2a'$ et $2b'$ étant les longueurs de ces diamètres. Comme il y a une infinité de diamètres conjugués, il y a une infinité d'axes coordonnés obliques pour lesquels l'ellipse a une équation de la forme (15).

Il est évident qu'avec ces nouveaux axes, la tangente, le diamètre conjugué à une direction donnée auront des équations analogues à celles que nous avons trouvées pour l'ellipse rapportée à ses axes ; m et m' étant les coefficients angulaires de deux diamètres conjugués, on aura aussi la relation : $mm' = -\frac{b'^2}{a'^2}$.

204. *Les droites menées par les extrémités d'un diamètre et se coupant sur l'ellipse sont-parallèles à deux diamètres conjugués de la courbe.*

En effet, on peut regarder l'ellipse comme le lieu du point d'intersection des droites représentées par les équations

$$\frac{y}{b'} = \lambda\left(1 - \frac{x}{a'}\right), \quad \frac{y}{b'} = \frac{1}{\lambda}\left(1 + \frac{x}{a'}\right),$$

où λ est un paramètre arbitraire ; car, en multipliant membre à membre, on reproduit l'équation de l'ellipse. Ces droites (*fig.* 67) passent par les extrémités du diamètre $2a'$ dont les coordonnées satisfont aux équations. Mais, si on désigne par μ et μ' leurs coefficients angulaires, on a

$$\mu\mu' = -\frac{b'^2}{a'^2},$$

de sorte que deux diamètres parallèles à ces droites forment un système de diamètres conjugués de l'ellipse.

On donne le nom de *cordes supplémentaires* aux droites que nous venons de considérer.

205. *Déterminer les limites entre lesquelles varie l'angle de deux diamètres conjugués et construire deux diamètres conjugués faisant entre eux un angle donné.*

Supposons que l'on mène, par les extrémités du grand axe, les cordes supplémentaires représentées par les équations

$$\frac{y}{b} = \lambda\left(1 - \frac{x}{a}\right), \qquad \frac{y}{b} = \frac{1}{\lambda}\left(1 + \frac{x}{a}\right).$$

Soit φ l'angle de ces droites ou celui des diamètres conjugués parallèles aux cordes. On a

$$\text{tang}\,\varphi = \frac{-\dfrac{b\lambda}{a} - \dfrac{b}{\lambda a}}{1 - \dfrac{b^2}{a^2}} = -\frac{ab}{a^2 - b^2}\left(\lambda + \frac{1}{\lambda}\right);$$

mais

$$\lambda + \frac{1}{\lambda} = \frac{\dfrac{y}{b}}{1 - \dfrac{x}{a}} + \frac{\dfrac{y}{b}}{1 + \dfrac{x}{a}} = \frac{\dfrac{2y}{b}}{1 - \dfrac{x^2}{a^2}} = \frac{2b}{y},$$

et, par suite,

$$\text{tang}\,\varphi = -\frac{2ab^2}{(a^2 - b^2)\,y}.$$

Lorsque y varie depuis 0 jusqu'à $+b$, la valeur absolue du second membre diminue et l'angle obtus φ augmente; il acquiert sa valeur maximum pour $y = b$; à cette limite, on a

$$\text{tang}\,\varphi = -\frac{2ab}{a^2 - b^2},$$

et les diamètres correspondants sont parallèles aux cordes supplémentaires qui aboutissent à l'extrémité du petit axe.

La valeur minimum de φ, qui répond à $y=0$, est un angle droit, c'est-à-dire l'angle des axes.

Pour déterminer les diamètres conjugués qui font entre eux un angle donné compris entre les limites précédentes, on mène par le centre un diamètre quelconque, et on décrit sur ce diamètre un segment capable de l'angle donné; la circonférence rencontrera l'ellipse en un certain point M : les diamètres parallèles aux cordes supplémentaires qui aboutissent en ce point seront conjugués et feront entre eux l'angle donné. On trouverait, de même, la direction des axes en décrivant un demi-cercle sur un diamètre quelconque; les cordes supplémentaires relatives au point d'intersection du cercle et l'ellipse seront perpendiculaires et parallèles aux axes de la courbe.

206. *Deux diamètres conjugués déterminent sur une tangente fixe, à partir du point de contact, deux segments dont le rectangle est constant et égal au carré du demi-diamètre parallèle à la tangente.*

Prenons pour axe des y le diamètre $2b'$ parallèle à une tangente de l'ellipse, et pour axe des x le diamètre conjugué $2a'$ qui passe par le point de contact. L'équation de la courbe sera

$$\frac{x^2}{a'^2}+\frac{y^2}{b'^2}=1,$$

et celle de la tangente, $x=a'$. Soit

$$y=\frac{y'}{x'}x$$

l'équation du diamètre qui passe par le point (x', y') de l'ellipse; celle du diamètre qui lui est conjugué peut s'écrire sous la forme

$$\frac{xx'}{a'^2}+\frac{yy'}{b'^2}=0, \quad \text{ou} \quad y=-\frac{b'^2x'}{a'^2y'}x.$$

Cela étant, pour déterminer les segments que ces diamètres déterminent sur la tangente, il faut poser $x=a'$ dans les équations précédentes; on trouve ainsi les quantités

$$\frac{y'}{x'}a', \qquad -\frac{b'^2x'}{a'y'};$$

la valeur absolue du produit est b'^2.

207. Le théorème précédent permet de déterminer la direction des axes, quand on connaît deux demi-diamètres conjugués OD et OE de la courbe. On mène, par l'extrémité D de l'un d'eux, une parallèle à l'autre : ce sera une tangente à l'ellipse. On prend ensuite, sur OD, un point M tel que $OD \cdot DM = \overline{OE}^2$, et on trace une circonférence passant par les points O et M, et dont le centre se trouve sur la tangente; celle-ci sera rencontrée par la circonférence en deux point R et Q : les droites OR et OQ seront les directions des axes de l'ellipse; car on a : $OD \cdot DM = DQ \cdot DR = \overline{OE}^2$, et les droites OR et OQ forment un système de diamètres conjugués perpendiculaires.

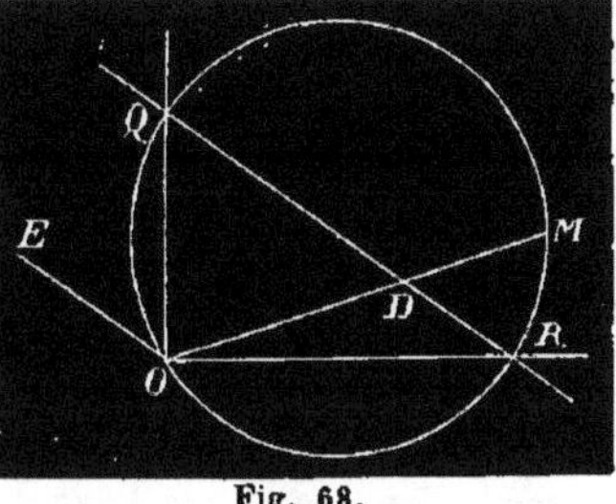

Fig. 68.

Pour calculer les longueurs des axes, il faut prendre les relations

$$ab = a'b' \sin \varphi, \qquad a^2 + b^2 = a'^2 + b'^2,$$

où a' et b' sont les longueurs des demi-diamètres donnés. On en tire

$$(a + b)^2 = a'^2 + b'^2 + 2a'b' \sin \varphi$$

$$(a - b)^2 = a'^2 + b'^2 - 2a'b' \sin \varphi$$

d'où

$$a + b = \sqrt{a'^2 + b'^2 + 2a'b' \sin \varphi},$$

$$a - b = \sqrt{a'^2 + b'^2 - 2a'b' \sin \varphi}.$$

Ces dernières équations conduisent facilement aux valeurs de a et b.

Théorèmes et exercices sur l'ellipse.

Ex. **1**. La moyenne géométrique des rayons vecteurs d'un point M (x', y') de l'ellipse est le diamètre conjugué de celui qui passe par ce point.

On a

$$FM \cdot F'M = a^2 - \frac{c^2 x'^2}{a^2} = a^2 - x'^2 + \frac{b^2}{a^2} x'^2 = \frac{a^2 y'^2}{b^2} + \frac{b^2 x'^2}{a^2}.$$

Soit (x'', y'') les coordonnées de l'extrémité du diamètre conjugué de celui qui passe par le point M, et $2b'$ la longueur de ce diamètre. On tire, de l'équation précédente,

$$FM \cdot F'M = x''^2 + y''^2 = b'^2.$$

Ex. **2**. La somme des carrés des projections de deux diamètres conjugués sur un axe est égale au carré de cet axe.

En effet, x', y' et x'', y'' étant les coordonnées des extrémités des diamètres, il vient

$$x'^2 + x''^2 = x'^2 + \frac{a^2y'^2}{b^2} = x'^2 + a^2 - x'^2 = a^2,$$

$$y'^2 + y''^2 = y'^2 + \frac{b^2x'^2}{a^2} = \frac{b^2}{a^2}(a^2 - x'^2) + \frac{b^2x'^2}{a^2} = b^2.$$

Ex. 3. D'un point pris sur le grand axe on mène des tangentes aux ellipses homofocales

$$\frac{x^2}{a^2} + \frac{y^2}{a^2 - c^2} = 1;$$

trouver le lieu des points de contact.

Il faut éliminer a^2 entre les équations

$$\frac{xx'}{a^2} - 1 = 0, \quad \text{et} \quad \frac{x^2}{a^2} + \frac{y^2}{a^2 - c^2} = 1,$$

x' est l'abcisse du point donné. On trouve l'équation

$$x'(x^2 + y^2) - x(c^2 + x'^2) + c^2x' = 0$$

qui représente un cercle.

Ex. 4. Le rectangle construit sur la normale et la perpendiculaire abaissée du centre sur la tangente est constant et égal à b^2.

La longueur de la normale est la partie de cette ligne (*fig.* 63) comprise entre le point de contact et celui où elle rencontre le grand axe. On a

$$\overline{MN}^2 = \overline{PN}^2 + y'^2 = \frac{b^4}{a^4}x'^2 + y'^2 = b^4\left(\frac{x'^2}{a^4} + \frac{y'^2}{b^4}\right);$$

d'où

$$\overline{MN}^2 = \frac{b^4}{P^2}, \quad \text{et} \quad MN \cdot P = b^2.$$

Ex. 5. Lieu du point d'intersection des tangentes aux extrémités de deux diamètres conjugués.

Si on élève au carré les équations

$$\frac{xx'}{a^2} + \frac{yy'}{b^2} - 1 = 0, \quad \frac{xx''}{a^2} + \frac{yy''}{b^2} - 1 = 0,$$

et si on ajoute membre à membre, il vient

$$\frac{x^2}{a^4}(x'^2 + x''^2) + \frac{y^2}{b^4}(y'^2 + y''^2) = 2,$$

car les doubles produits disparaissent, eu égard à la relation $x''y'' = -x'y'$; mais $x'^2 + x''^2 = a^2$, $y'^2 + y''^2 = b^2$; donc on a pour l'équation du lieu

$$\frac{x^2}{a^2} + \frac{y^2}{b^2} = 2.$$

Ex. 6. Connaissant les axes de la courbe, calculer les longueurs des demi-diamètres conjugués qui font entre eux un angle φ_1.

En appelant ces diamètres $2a'$ et $2b'$, on a les relations

$$a' + b' = \sqrt{a^2 + b^2 + \frac{2ab}{\sin \varphi_1}}, \qquad a' - b' = \sqrt{a^2 + b^2 - \frac{2ab}{\sin \varphi_1}}.$$

Ex. 7. Trouver le lieu des points dont la somme des carrés des distances à deux droites fixes est constante et égale à m^2.

Avec les droites fixes pour axes, on trouve

$$x^2 + y^2 = \frac{m^2}{\sin^2 \theta},$$

θ étant l'angle des axes ; le lieu est une ellipse dont les droites données forment un système de diamètres conjugués égaux.

Ex. 8. On donne la base $2a$ d'un triangle et le produit des tangentes des angles α et α' adjacents à cette base ; trouver le lieu des sommets.

Plaçons l'origine au milieu de la base ; avec des axes rectangulaires dont l'axe des x coïncide avec le côté donné, on a

$$y = \text{tang}\, \alpha\, (x + a), \qquad y = -\text{tang}\, \alpha'\, (x - a)$$

pour les équations des côtés qui aboutissent au sommet variable. Soit $\text{tang}\, \alpha \cdot \text{tang}\, \alpha' = m^2$; il vient, après la substition,

$$y^2 + m^2 x^2 = m^2 a^2.$$

Ex. 9. Une droite AB de longueur constante glisse sur deux droites fixes OX, OY faisant entre elles un angle φ ; trouver le lieu décrit par un point quelconque M de cette droite.

Posons $AB = m$, $MA = a$, $MB = b$; avec les droites données pour axes, on a

$$x = \frac{\lambda a}{m}, \qquad y = \frac{\mu b}{m},$$

où λ et μ représentent les distances des points A et B à l'origine. Mais le triangle ABO donne

$$\lambda^2 + \mu^2 - 2\lambda\mu \cos \varphi = m^2 ;$$

en éliminant λ et μ, il vient pour l'équation du lieu décrit par un point M

$$\frac{x^2}{a^2} + \frac{y^2}{b^2} - \frac{2xy \cos \varphi}{ab} = 1 ;$$

c'est une ellipse qui a pour centre le point d'intersection des droites fixes.

Ex. 10. Étant donnés une ellipse ayant pour axes $2a$, $2b$ et le cercle décrit sur le grand axe, on mène une ordonnée MP qu'on prolonge jusqu'à sa rencontre en N avec le cercle ; soit F le foyer ainsi que u et v les angles NOA, MFA. Démontrer les formules

$$(1) \quad \rho = a(1 - e \cos u), \qquad (2) \quad \text{tang}\, \frac{v}{2} = \left(\frac{1 + e}{1 - e}\right)^{\frac{1}{2}} \text{tang}\, \frac{u}{2}.$$

Dans le triangle NOP, on a $x = a \cos u$, et, en vertu de l'équation $\frac{x^2}{a^2} + \frac{y^2}{b^2} = 1$, il vient $y = b \sin u$: à chaque point de l'ellipse correspond une valeur de u déterminée par ces relations. Cela étant, on sait que $\rho = \mathrm{FM} = a - ex$; on trouve la formule (1) en remplaçant x par $a \cos u$.

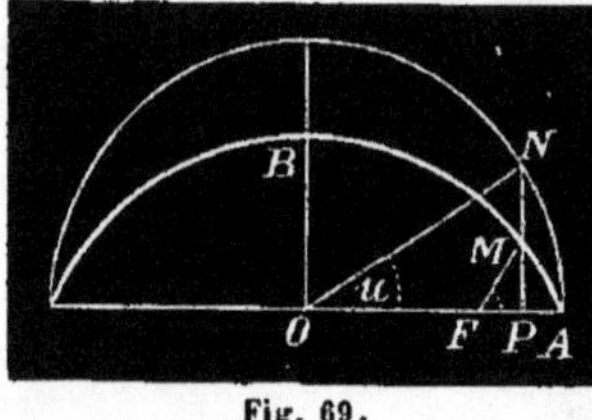

Fig. 69.

On a aussi (N° 189),

$$\rho = \frac{a(1-e^2)}{1 + e\cos v};$$

égalons les deux valeurs de ρ et résolvons l'équation par rapport à $\cos v$; on obtient ainsi

$$\cos v = \frac{\cos u - e}{1 - e\cos u}.$$

On en déduit facilement

$$\operatorname{tang}\frac{v}{2} = \sqrt{\frac{1-\cos v}{1+\cos v}} = \sqrt{\frac{(1+e)(1-\cos u)}{(1-e)(1+\cos u)}},$$

ou bien,

$$\operatorname{tg}\frac{v}{2} = \left(\frac{1+e}{1-e}\right)^{\frac{1}{2}} \operatorname{tg}\frac{u}{2}.$$

Ex. **11.** A deux diamètres conjugués de l'ellipse correspondent deux diamètres perpendiculaires dans le cercle.

Si m et m' sont les coefficients angulaires de deux diamètres conjugués, on a $mm' = -\frac{b^2}{a^2}$. Soient (x', y'), (x'', y'') les extrémités des diamètres, et u', u'' les valeurs de l'angle u qui leur correspondent ; il vient

$$m = \frac{y'}{x'} = \frac{b}{a}\operatorname{tang} u', \qquad m' = \frac{y''}{x''} = \frac{b}{a}\operatorname{tang} u'';$$

et, par suite,

$$\operatorname{tang} u' \operatorname{tang} u'' = -1.$$

On en déduit $u'' - u' = 90°$.

Ex. **12.** Trouver l'équation de la tangente et les longueurs des demi-diamètres conjugués en fonction de l'angle u. On trouve pour la tangente

$$\frac{x}{a}\cos u' + \frac{y}{b}\sin u' = 1,$$

et pour les diamètres

$$a'^2 = a^2\cos^2 u' + b^2 \sin^2 u'$$
$$b'^2 = a^2 \sin^2 u' + b^2\cos^2 u'.$$

Ex. **13.** Trouver l'aire de l'ellipse.

Inscrivons, dans la moitié de l'ellipse et le demi-cercle décrit sur le grand axe, deux polygones dont les sommets se trouvent sur les mêmes ordonnées. Deux trapèzes correspondants t et T inscrits dans l'ellipse et dans le cercle ont même base, et on a la relation

$$\frac{t}{T}=\frac{y}{Y}=\frac{b}{a}.$$

Ainsi, en représentant par $t, t', t''...,$ T, T', T''..., les surfaces des trapèzes inscrits dans l'ellipse et dans le cercle, on a

$$\frac{t}{T}=\frac{t'}{T'}=\frac{t''}{T''}=\cdots=\frac{b}{a};$$

d'où

$$\frac{T+T'+T''+\cdots}{t+t'+t''+\cdots}=\frac{a}{b}.$$

Cette équation est vraie quel que soit le nombre des côtés des polygones ; à la limite, en supposant que ce nombre augmente indéfiniment, on aura

$$\frac{\frac{\text{surf. ellip.}}{2}}{\frac{\text{surf. cerc.}}{2}}=\frac{b}{a};$$

on en tire

$$\text{surf. ellip.}=\frac{b}{a}\,\text{surf. cerc.}=\pi ab.$$

Si on désigne par a', b' les demi-diamètres conjugués qui font entre eux un angle φ, on aura aussi

$$\text{surf. ellip.}=\pi a'b'\sin\varphi.$$

Ex. **14.** Du centre O de l'ellipse, on mène la perpendiculaire OR sur la normale au point M; si H et H' sont les points de rencontre de la normale avec les axes, on a :

$$MH\cdot MR=b^2,\quad MH'\cdot MR=a^2.$$

Ex. **15.** Si le diamètre OP rencontre la polaire du point P en R et la courbe en S, on aura :

$$OP\cdot OR=\overline{OS}^2.$$

Ex. **16.** Si on joint un foyer F aux extrémités d'une corde parallèle au grand axe, la somme des deux rayons vecteurs est égale au grand axe.

Ex. **17.** Déterminer le nombre de normales que l'on peut mener à l'ellipse : 1° Par un point du grand axe ; 2° par un point du petit axe ; 3° par un point quelconque.

Ex. **18.** La somme des carrés des réciproques de deux diamètres perpendiculaires est constante.

Ex. **19.** On mène les demi-diamètres conjugés OD, OE ainsi que les normales en D et E qui se recontrent en S ; montrer que OS est perpendiculaire à DE.

Ex. **20.** Parmi les parallélogrammes inscrits à une même ellipse, ceux dont les diagonales forment deux diamètres conjugués sont maximum.

Ex. **21.** Dans tout parallélogramme circonscrit à une ellipse, les diagonales sont deux diamètres conjugués.

Ex. **22**. Par un point fixe, on mène des tangentes à une série d'ellipses ayant même centre, leurs axes proportionnels et dirigés suivant les mêmes droites ; trouver le lieu géométrique des points de contact.

Ex. **23**. Trouver le lieu du milieu de la corde qui réunit les extrémités de deux diamètres conjugués.

Ex. **24**. Trouver le lieu du milieu du rayon qui va du centre de l'ellipse au point de contact d'une tangente.

Ex. **25**. Une ellipse se meut en restant tangente à deux droites rectangulaires ; trouver le lieu du centre.

Ex. **26**. Par un point fixe P pris sur l'ellipse, on mène une corde quelconque PM. Trouver le lieu du point d'intersection de la tangente en M avec le diamètre parallèle à la corde.

Nous renvoyons les élèves studieux au CHAP. X, où se trouvent de nombreuses propriétés des coniques à démontrer ainsi que des lieux géométriques à déterminer.

§ 2. DE L'HYPERBOLE.

208. L'hyperbole est la courbe définie par

$$My^2 + Nx^2 = H,$$

lorsque les coefficients M et N sont de signe différent ; par suite, son équation se présentera sous l'une des formes

$$My^2 - Nx^2 = H, \quad Nx^2 - My^2 = H, \quad My^2 - Nx^2 = 0.$$

La dernière, qui correspond à $H = 0$, définit deux lignes droites : c'est un cas particulier du genre hyperbole ; les deux autres représentent une courbe réelle, et il suffit, pour étudier l'hyperbole, de prendre l'une des deux premières équations, par exemple

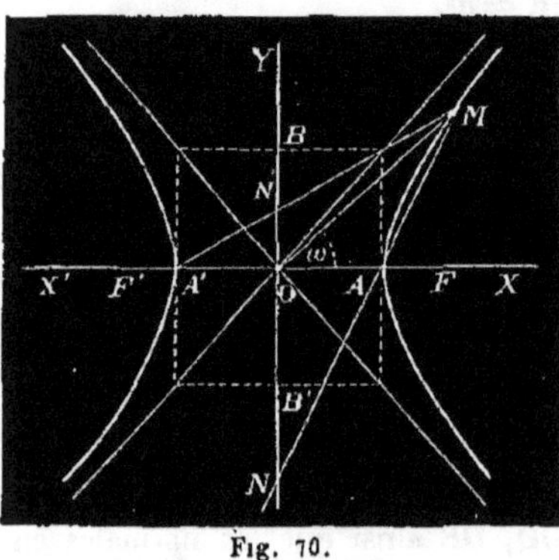

Fig. 70.

$$Nx^2 - My^2 = H.$$

Posons : $a = \sqrt{\frac{H}{N}}, \quad b = \sqrt{\frac{H}{M}}$; on aura à considérer l'équation

$$(1) \qquad \frac{x^2}{a^2} - \frac{y^2}{b^2} = 1.$$

En supposant les axes rectangulaires, ce sera l'équation de l'hyperbole rapportée à son centre et à ses axes. La courbe rencontre l'axe des x en deux points réels A et A', à une distance $\pm a$ de l'origine ; la longueur $AA' = 2a$ se nomme l'*axe réel* ou l'*axe transverse* de l'hyperbole. Les points d'intersection de la courbe avec l'axe des y sont imaginaires; cependant, on porte sur cet axe, de chaque côté du centre, une longueur égale à b, et on regarde la distance $BB' = 2b$ comme étant la longueur de l'axe imaginaire de la courbe. Les points A et A' sont les *sommets* de l'hyperbole.

On tire de l'équation (1)

$$b^2x^2 - a^2y^2 = a^2b^2,$$

et

$$y = \pm \frac{b}{a}\sqrt{x^2 - a^2}.$$

L'ordonnée y est toujours réelle et augmente indéfiniment, lorsque l'abcisse varie d'une manière continue depuis $\pm a$ jusqu'à $\pm \infty$; elle est imaginaire pour toute valeur de x comprise entre $\pm a$: la courbe se compose de deux branches distinctes issues des points A et A', et qui s'éloignent à l'infini dans les deux sens de l'axe réel en s'écartant de plus en plus de cet axe. Pour mieux préciser la direction des branches de l'hyperbole, désignons par ρ la longueur du rayon OM, et par ω l'angle de ce rayon avec l'axe tranverse; on a : $x = \rho \cos \omega$, $y = \rho \sin \omega$, et, par suite,

$$\frac{\rho^2 \cos^2 \omega}{a^2} - \frac{\rho^2 \sin^2 \omega}{b^2} = 1.$$

En résolvant l'équation par rapport à ρ^2, on trouve

$$(2) \qquad \rho^2 = \frac{a^2b^2}{b^2 \cos^2 \omega - a^2 \sin^2 \omega} = \frac{a^2b^2}{(a^2 + b^2) \cos^2 \omega - a^2}.$$

La plus petite valeur de ρ correspond à $\cos \omega = 1$, c'est-à-dire à $\omega = 0$.

Le rayon devient infini, si $\cos \omega = \pm \dfrac{a}{\sqrt{a^2 + b^2}}$; on en déduit

$$\sin \omega = \pm \frac{b}{\sqrt{a^2 + b^2}}, \qquad \text{tang}\, \omega = \pm \frac{b}{a}.$$

Or, si on construit le rectangle des axes $2a$ et $2b$, les diagonales sont également inclinées sur l'axe des x et ont pour équations

$$(h)\ y = \frac{b}{a}x, \qquad (h')\ y = -\frac{b}{a}x.$$

Il en résulte que le rayon OM coïncide avec les droites (h) et (h'), lorsqu'il devient infini, et celles-ci sont les asymptotes de l'hyperbole. Les deux branches de la courbe sont situées dans les angles opposés des diagonales, et s'éloignent indéfiniment en se rapprochant de plus en plus de ces droites.

Dans le cas particulier où $a=b$, l'équation de l'hyperbole devient

$$x^2-y^2=a^2,$$

et on dit alors que l'hyperbole est *équilatère*; elle a pour asymptotes deux droites perpendiculaires, $y=x$ et $y=-x$. L'hyperbole équilatère est dans le genre hyperbole, ce qu'est le cercle dans le genre ellipse.

Si on applique la discussion précédente à l'équation

$$My^2-Nx^2=H \quad \text{ou} \quad \frac{y^2}{b^2}-\frac{x^2}{a^2}=1,$$

on verra qu'elle représente une hyperbole ayant pour axe réel $2b$, et pour axe imaginaire $2a$; elle a le même centre, les mêmes axes que la première, seulement son axe réel est imaginaire dans l'autre. Deux hyperboles, qui jouissent de cette propriété, s'appellent *hyperboles conjuguées*. Il est visible que les asymptotes sont les mêmes pour les deux courbes.

209. L'équation de l'hyperbole peut s'écrire

$$\frac{y^2}{b^2}=\frac{x^2}{a^2}-1 \quad \text{ou} \quad \frac{y^2}{b^2}=\left(\frac{x}{a}-1\right)\left(\frac{x}{a}+1\right).$$

Posons :

$$\frac{y}{b}=\lambda\left(\frac{x}{a}-1\right), \qquad \frac{y}{b}=\frac{1}{\lambda}\left(\frac{x}{a}+1\right),$$

λ étant un coefficient indéterminé. Ces équations représentent deux droites AM et A'M, issues des sommets A et A', et qui se coupent sur la courbe; car, en multipliant membre à membre, on retrouve l'équation (1). Pour $x=0$, on obtient

$$y=\mathrm{ON}=-b\lambda, \qquad y=\mathrm{ON}'=\frac{b}{\lambda};$$

d'où

$$\mathrm{ON}\cdot\mathrm{ON}'=-b^2.$$

Ainsi, *l'hyperbole ayant pour axe transverse 2a est le lieu du point d'intersection de deux droites issues des extrémités de cet axe, et qui interceptent sur l'axe imaginaire deux segments dont le produit est constant et égal à* $-b^2$.

210. *Trouver l'équation de l'hyperbole rapportée à son sommet A.*

Il suffit de remplacer x par $x + a$ dans l'équation

$$\frac{x^2}{a^2} - \frac{y^2}{b^2} = 1 ;$$

on trouve, par ce changement,

$$\frac{(x+a)^2}{a^2} - \frac{y^2}{b^2} = 1, \quad \text{ou} \quad \frac{x^2}{a^2} - \frac{y^2}{b^2} + \frac{2x}{a} = 0.$$

Posons $p = \frac{b^2}{a}$; il viendra, en résolvant l'équation par rapport à y^2,

$$(5) \qquad y^2 = 2px + \frac{p}{a} x^2.$$

Dans l'hyperbole, le carré de l'ordonnée est donc plus grand que le rectangle construit sur le paramètre $2p$ et l'abcisse.

FOYERS, ET DIRECTRICES.

211. *Dans toute hyperbole, les points F et F' de l'axe transverse, situés à une distance du centre $c = \sqrt{a^2 + b^2}$, jouissent de cette propriété : que la différence de leurs distances à un point de la courbe est constante et égale à l'axe transverse.*

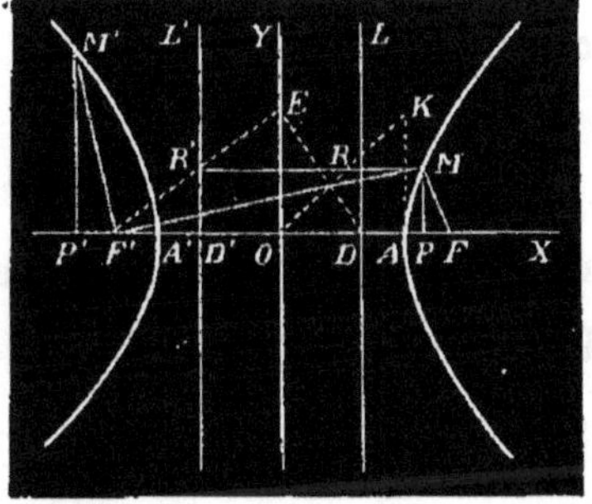

Fig. 71.

Soit M (x, y) un point de l'hyperbole; menons FM, F'M et MP perpendiculaire à l'axe transverse. Le triangle MPF donne

$$\overline{MF}^2 = MP^2 + \overline{PF}^2 = y^2 + (c - x)^2.$$

Mais $y^2 = \frac{b^2}{a^2}(x^2 - a^2)$; en substituant, il vient

$$\overline{MF}^2 = \frac{b^2}{a^2}(x^2 - a^2) + (c - x)^2 = \left(\frac{cx}{a} - a\right)^2,$$

et, par suite,

$$(4) \qquad MF = \frac{cx}{a} - a.$$

Dans l'hyperbole, l'abcisse x est au moins égale à a, et comme c est plus grand que a, le second membre de (4) est positif.

On trouverait, par un calcul analogue,

$$(5) \qquad MF' = \frac{cx}{a} + a.$$

Si on retranche membre à membre les équations (5) et (4), on obtient

$$MF' - MF = 2a;$$

ce qui démontre la propriété énoncée.

Les points remarquables F et F' s'appellent *foyers* de l'hyperbole; les distances MF et MF' sont les rayons vecteurs du point M. Les relations (4) et (5) donnent les expressions de ces rayons vecteurs en fonction de l'abcisse du point de la courbe.

Pour construire les foyers, il faut élever au point A de l'axe transverse une perpendiculaire $AK = b$, et décrire du point O comme centre une circonférence avec un rayon égal à OK; elle rencontrera l'axe $2a$ en deux points qui seront les foyers; car $OF = OK = \sqrt{a^2 + b^2}$.

212. *A chaque foyer de l'hyperbole correspond une droite telle, que le rapport des distances d'un point de la courbe au foyer et à cette droite est constant et égal à* $\frac{c}{a}$.

Portons, de chaque côté du centre, une longueur $OD = OD' = \frac{a^2}{c}$, et élevons en D et D' des perpendiculaires à l'axe transverse ; si on mène par le point M une parallèle à ce dernier, on a

$$MR = OP - OD = x - \frac{a^2}{c}.$$

D'un autre côté, on sait que

$$MF = \frac{cx}{a} - a = \frac{c}{a}\left(x - \frac{a^2}{c}\right);$$

en divisant, on trouve

$$\frac{MF}{MR} = \frac{c}{a}.$$

On verrait de la même manière que $\frac{MF'}{MR'} = \frac{c}{a}$.

Les droites DL, D'L' se nomment les *directrices* de l'hyperbole. La distance $OD = \frac{a^2}{c}$ est plus petite que OA, puisque $c > a$: les directrices sont situées entre les sommets de la courbe et le centre. Pour les construire, on prend sur l'axe imaginaire une longueur $OE = a$, et l'on joint F'E : la perpendiculaire élevée en E à F'E rencontre l'axe transverse en un point D qui appartient à la directrice. En effet, dans le triangle rectangle DEF', on a la relation

$$\overline{OE}^2 = OD \cdot OF';$$

d'où $OD = \frac{a^2}{c}$. La perpendiculaire à l'axe transverse élevée au point D sera la directrice qui correspond au foyer F.

213. *Trouver l'équation en coordonnées polaires de l'hyperbole, le foyer F' étant pris pour pôle.*

L'axe polaire coïncidant avec l'axe transverse, on a, pour un point quelconque M' (ρ, ω) de la branche située à gauche de l'origine,

$$\rho = F'M' = \frac{cx}{a} - a,$$

où x représente la distance absolue OP'; mais $OP' = OF' + F'P' = c - \rho \cos \omega$; en substituant, il vient

$$\rho = \frac{c}{a}(c - \rho \cos \omega) - a = \frac{c^2 - a^2}{a} - \frac{c}{a} \cdot \rho \cos \omega,$$

et, par suite,

$$\rho = \frac{\frac{b^2}{a}}{1 + \frac{c}{a} \cos \omega}.$$

Posons $p = \frac{b^2}{a}$, et $e = \frac{c}{a}$; l'équation cherchée sera de la forme

$$(6) \qquad \rho = \frac{p}{1 + e \cos \omega}.$$

On trouverait, pour l'équation analogue de la seconde branche,

$$\rho = \frac{-p}{1 - e \cos \omega}.$$

214. Les propriétés des foyers permettent de décrire l'hyperbole au moyen des axes. Soient AA', BB' les axes donnés (*fig.* 71). On décrit du point O comme centre une circonférence avec un rayon égal à $a^2 + b^2$ pour déterminer les foyers F et F'; on trace ensuite de ces points comme centres deux circonférences avec des rayons tels que leur différence soit égale à $2a$: en vertu du N° 211, les points d'intersection des circonférences appartiennent à l'hyperbole.

Pour tracer l'hyperbole d'un mouvement continu, on fixe (*fig.* 71) au foyer F' une règle F'M qui puisse tourner autour de ce point. On attache ensuite les extrémités d'un fil, d'une part au foyer F, et de l'autre à l'extrémité M de la règle, la longueur du fil étant telle que F'M — FM soit égale à $2a$. La pointe d'un crayon, qui glisse le long de la règle pendant le mouvement de rotation autour du point F', décrit une portion de l'hyperbole; car, par ce procédé, les rayons vecteurs diminuent ou augmentent de la même quantité et leur différence est toujours égale à l'axe transverse.

Ex. 1. Trouver l'équation de l'hyperbole, l'origine étant au foyer F.

Si on change x en $x + c$, dans l'équation de l'hyperbole rapportée à ses axes, on aura successivement

$$\frac{y^2}{b^2} = \frac{(x+c)^2}{a^2} - 1 = \frac{c^2}{a^2} - 1 + \frac{2cx}{a^2} + \frac{x^2}{a^2} = \frac{b^2}{a^2} + \frac{2ex}{a} + \frac{x^2}{a^2};$$

par suite, il viendra

$$(\alpha) \qquad y^2 = p^2 + 2pex - (1 - e^2)\,x^2,$$

en remarquant que $b^2 = a^2(e^2 - 1)$. Cette équation serait aussi celle de l'ellipse rapportée à l'un de ses foyers avec $e < 1$. On verra bientôt que, dans la parabole, le rapport des distances d'un point de la courbe au foyer et à la directrice est égal à 1. L'équation (α) peut donc être considérée comme celle des coniques rapportées à un foyer, l'axe focal étant pris pour axe des x; la nature de la courbe dépend de la valeur de e.

TANGENTE ET NORMALE.

215. Si on applique l'équation générale de la tangente (N° 152), lorsque $f(x, y) = \frac{x^2}{a^2} - \frac{y^2}{b^2} - 1$, on obtient, pour l'équation de la tangente au point (x', y') de l'hyperbole rapportée à ses axes,

$$y - y' = \frac{b^2x'}{a^2y'}(x - x');$$

en multipliant et faisant usage de la relation $\frac{x'^2}{a^2} - \frac{y'^2}{b^2} = 1$, elle prend la forme

(7) $$\frac{xx'}{a^2} - \frac{yy'}{b^2} = 1.$$

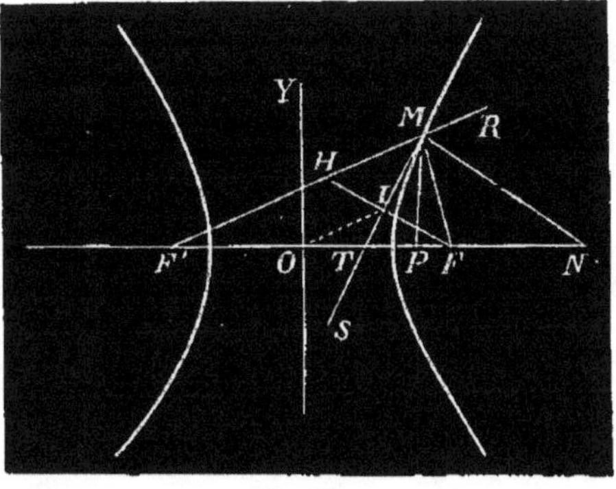

Fig. 72.

L'équation de la normale MN à la courbe au même point sera

(8) $$y - y' = -\frac{a^2y'}{b^2x'}(x - x').$$

Si on pose $y = 0$ dans les équations précédentes, on trouve

$$x = \text{OT} = \frac{a^2}{x'}, \qquad x = \text{ON} = \frac{a^2 + b^2}{a^2}x' = \frac{c^2x'}{a^2}.$$

Enfin, on a aussi pour la sous-tangente et la sous-normale

$$S_t = -\text{PT} = -(\text{OP} - \text{OT}) = -\frac{x'^2 - a^2}{x'},$$

$$S_n = \text{PN} = \text{ON} - \text{OP} = \frac{b^2}{a^2}x'.$$

216. *Mener une tangente à l'hyperbole par un point extérieur* (x', y').

Pour trouver le point de contact (x'', y'') d'une tangente issue du point donné, il faut résoudre les équations

$$\frac{x'x''}{a^2} - \frac{y'y''}{b^2} = 1, \qquad \frac{x''^2}{a^2} - \frac{y''^2}{b^2} = 1,$$

par rapport à x'' et à y'' ; il est facile de vérifier que les racines sont réelles ou imaginaires suivant que le point est à l'extérieur ou à l'intérieur de la courbe; elles sont égales lorsque le point appartient à l'hyperbole.

D'après l'équation générale (N° 154), les tangentes menées par le point (x', y') à l'hyperbole rapportée aux axes sont représentées par

$$\left(\frac{xx'}{a^2} - \frac{yy'}{b^2} - 1\right)^2 - \left(\frac{x^2}{a^2} - \frac{y^2}{b^2} - 1\right)\left(\frac{x'^2}{a^2} - \frac{y'^2}{b^2} - 1\right) = 0.$$

217. *Dans l'hyperbole, la tangente est bissectrice de l'angle des rayons vecteurs du point de contact.*

Menons les rayons vecteurs du point M (*fig.* 72); la droite MT est bissectrice de l'angle FMF', si on a la proportion

$$\frac{\mathrm{TF}}{\mathrm{TF'}}=\frac{\mathrm{MF}}{\mathrm{MF'}}.$$

Or, en vertu des équations (4) et (5), il vient

$$\frac{\mathrm{MF}}{\mathrm{MF'}}=\frac{\dfrac{cx'}{a}-a}{\dfrac{cx'}{a}+a}=\frac{cx'-a^2}{cx'+a^2};$$

d'un autre côté, on a aussi

$$\frac{\mathrm{TF}}{\mathrm{TF'}}=\frac{c-\dfrac{a^2}{x'}}{c+\dfrac{a^2}{x'}}=\frac{cx'-a^2}{cx'+a^2};$$

par conséquent, la proportion indiquée existe et la tangente est bissectrice de l'angle en M du triangle FMF'.

Corollaire. La normale est bissectrice de l'angle supplémentaire FMR : car les angles NMF et NMR ont pour compléments des angles égaux.

218. *Le lieu des projections d'un foyer sur les tangentes à l'hyperbole est la circonférence décrite sur l'axe transverse comme diamètre.*

En effet, prenons (*fig.* 72) MH = MF ; dans le triangle isocèle MHF, la tangente MT est perpendiculaire à HF et passe par le milieu de cette ligne. Le point I est la projection du foyer sur la tangente ; mais on a, dans le triangle FHF', $\mathrm{OI}=\frac{\mathrm{F'H}}{2}=\frac{\mathrm{MF'}-\mathrm{MF}}{2}=a$. Comme la tangente MT est quelconque, il en résulte que le lieu du point I sera la circonférence décrite du centre avec un rayon égal à a.

219. *Construction de la tangente.* Supposons, en premier lieu, qu'il s'agisse de trouver la direction de la tangente en un point M (*fig.* 72) de l'hyperbole. On mène d'abord les rayons vecteurs du point donné; on prend ensuite sur F'M une longueur MH = MF, et on abaisse du point M une perpendiculaire sur la droite qui joint les points F et H; ce sera la tangente demandée, car elle divise l'angle en M en deux parties égales.

Si la tangente à l'hyperbole doit être menée par un point extérieur S, il faut décrire de ce point comme centre une circonférence avec un rayon SF; une deuxième circonférence ayant pour centre le foyer F′ et pour rayon $2a$ rencontrera la première en deux points H et H′; on joint ces points au foyer F : les perpendiculaires abaissées du point S sur les droites FH et FH′ seront les tangentes demandées. Les points de contact se trouvent sur les droites F′H et F′H′.

Exercices.

Ex. 1. Chercher l'expression de la perpendiculaire abaissée du centre sur la tangente à l'hyperbole.

On trouvera

$$P = \pm \frac{1}{\sqrt{\frac{x'^2}{a^4} + \frac{y'^2}{b^4}}}.$$

Si on désigne par α l'angle de la normale avec l'axe transverse, on obtient, par la comparaison des équations

$$\frac{xx'}{a^2} - \frac{yy'}{b^2} - 1 = 0, \quad \text{et} \quad x\cos\alpha + y\sin\alpha - P = 0,$$

$$\frac{\cos\alpha}{P} = \frac{x'}{a^2}, \quad \frac{\sin\alpha}{P} = -\frac{y'}{b^2}.$$

On en déduit une seconde expression de la perpendiculaire

$$P^2 = a^2\cos^2\alpha - b^2\sin^2\alpha.$$

Ex. 2. Le produit des perpendiculaires abaissées des foyers sur la tangente à l'hyperbole est constant et égal à $-b^2$.

Soient p et p' ces perpendiculaires, on a

$$p = \frac{1 - \frac{cx'}{a^2}}{\sqrt{\frac{x'^2}{a^4} + \frac{y'^2}{b^4}}}, \quad p' = \frac{1 + \frac{cx'}{a^2}}{\sqrt{\frac{x'^2}{a^4} + \frac{y'^2}{b^4}}},$$

ou bien,

$$p = P - c\cos\alpha, \quad p' = P + c\cos\alpha.$$

En multipliant, il vient

$$p \cdot p' = P^2 - c^2\cos^2\alpha = -b^2.$$

Ex. 3. Une ellipse et une hyperbole homofocales se coupent à angle droit.

Les deux courbes

$$\frac{x^2}{a^2} + \frac{y^2}{b^2} = 1, \quad \frac{x^2}{a'^2} - \frac{y^2}{b'^2} = 1,$$

ont les mêmes foyers avec la condition $a^2 - b^2 = a'^2 + b'^2$, ou $a^2 - a'^2 = b^2 + b'^2$.

Si on appelle x', y' les coordonnées de l'un des points d'intersection des courbes, les tangentes en ce point ont pour équations

$$\frac{xx'}{a^2}+\frac{yy'}{b^2}=1, \qquad \frac{xx'}{a'^2}-\frac{yy'}{b'^2}=1;$$

mais, en retranchant membre à membre les égalités

$$\frac{x'^2}{a^2}+\frac{y'^2}{b^2}=1, \qquad \frac{x'^2}{a'^2}-\frac{y'^2}{b'^2}=1,$$

il vient

$$\frac{(a'^2-a^2)x'^2}{a^2a'^2}+\frac{(b^2+b'^2)y'^2}{b^2b'^2}=0, \quad \text{ou} \quad \frac{x'^2}{a^2a'^2}-\frac{y'^2}{b^2b'^2}=0:$$

relation qui exprime que les tangentes sont perpendiculaires.

Ex. 4. Lieu du point d'intersection de la perpendiculaire abaissée du foyer sur la tangente avec le rayon qui joint le centre au point de contact.

R. La directrice.

Ex. 5. Lieu du point d'intersection de la perpendiculaire abaissée du centre sur la tangente avec le rayon vecteur du point de contact.

R. Un cercle.

DIAMÈTRES.

220. Soit m le coefficient angulaire d'une corde MM'; le diamètre correspondant, pour l'hyperbole rapportée aux axes, est représenté par

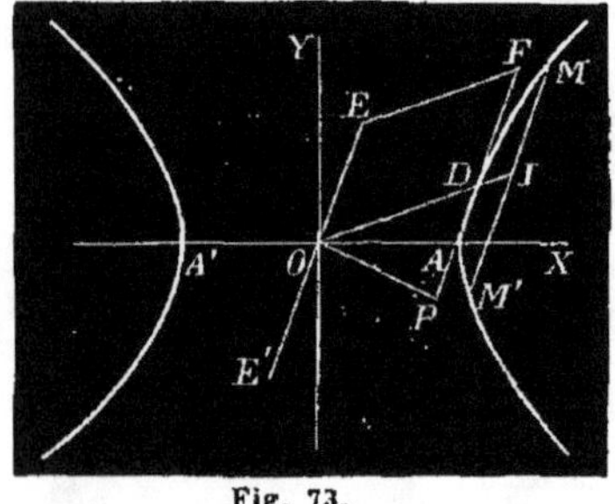

Fig. 73.

l'équation

$$\frac{x}{a^2}-m\frac{y}{b^2}=0, \quad \text{ou} \quad y=\frac{b^2}{a^2m}x.$$

En désignant par m' le coefficient angulaire du diamètre, on a la relation

$$mm'=\frac{b^2}{a^2}.$$

Menons par le centre la droite EE' parallèle à MM'; ce sera le diamètre conjugué du premier, et la relation précédente exprime que, dans l'hyperbole, le produit des coefficients angulaires de deux diamètres conjugués est constant et positif : il en résulte que ces diamètres sont toujours d'un même côté de l'axe imaginaire. Lorsque m' augmente depuis zéro jusqu'à la valeur $\frac{b}{a}$, la quantité m diminue en restant plus grande que $\frac{b}{a}$: l'angle DOE des diamètres devient de plus en plus petit. Enfin, quand $m'=\frac{b}{a}$, on a aussi $m=\frac{b}{a}$ et, à cette limite, les diamètres se confondent sur la direction de l'asymptote.

Soient (x', y'), (x'', y'') les points où les diamètres conjugués rencontrent l'hyperbole; l'équation du diamètre EE' peut s'écrire

$$\frac{x}{a^2} - \frac{y}{b^2} \cdot \frac{y'}{x'} = 0, \quad \text{ou} \quad \frac{xx'}{a^2} - \frac{yy'}{b^2} = 0;$$

mais, comme il doit renfermer le point x'', y'', on a la relation

$$\frac{x'x''}{a^2} - \frac{y'y''}{b^2} = 0.$$

On en déduit

$$\frac{\frac{x''}{a}}{\frac{a}{x'}} = \frac{\frac{y''}{b}}{\frac{b}{y'}} = \frac{\sqrt{\frac{x''^2}{a^2} - \frac{y''^2}{b^2}}}{\sqrt{\frac{a^2}{x'^2} - \frac{b^2}{y'^2}}} = \pm \frac{x'y'}{ab\sqrt{-1}},$$

et, par suite,

$$x'' = \frac{ay'}{b\sqrt{-1}}, \quad y'' = \frac{bx'}{a\sqrt{-1}}.$$

Il y a donc toujours un des deux diamètres qui ne rencontre pas la courbe. Prenons, sur le diamètre EE', une longueur OE, telle que les coordonnées de l'extrémité E soient $\frac{ay'}{b}$, $\frac{bx'}{a}$: on regarde OE comme étant la longueur du demi-diamètre imaginaire.

221. *La différence des carrés de deux diamètres conjugués est constante et égale à la différence des carrés des axes.*

Posons $a' = \text{OD}$, $b' = \text{OE}$; il vient, en vertu du numéro précédent,

$$a'^2 = x'^2 + y'^2, \quad b'^2 = \frac{a^2}{b^2}y'^2 + \frac{b^2}{a^2}x'^2;$$

d'où

$$a'^2 - b'^2 = x'^2\left(1 - \frac{b^2}{a^2}\right) + y'^2\left(1 - \frac{a^2}{b^2}\right) = (a^2 - b^2)\left(\frac{x'^2}{a^2} - \frac{y'^2}{b^2}\right),$$

c'est-à-dire,

$$a'^2 - b'^2 = a^2 - b^2.$$

222. *L'aire du parallélogramme construit sur deux diamètres conjugués est égale au rectangle des axes.*

En effet, OP étant la perpendiculaire abaissée du centre sur la tangente en D, et φ l'angle des diamètres conjugués, on a

$$\sin\varphi = \frac{OP}{a'} = \frac{1}{a'\sqrt{\frac{x'^2}{a^4}+\frac{y'^2}{b^4}}} = \frac{ab}{a'}\,\frac{1}{\sqrt{\frac{b^2x'^2}{a^2}+\frac{a^2y'^2}{b^2}}} = \frac{ab}{a'b'};$$

par suite,

$$ab = a'b'\sin\varphi;$$

ce qui démontre la proposition.

223. *Hyperbole rapportée à deux diamètres conjugués.* Prenons, pour axes des coordonnées, les deux diamètres DD' et EE'; l'équation de l'hyperbole sera de la forme

$$Nx^2 - My^2 = H,$$

car, pour chaque valeur attribuée à l'une des variables x et y, on doit trouver pour l'autre des valeurs égales et de signes contraires. Posons

$$a' = \sqrt{\frac{H}{N}}, \qquad b' = \sqrt{\frac{H}{M}}.$$

On en tire $N = \frac{H}{a'^2}$, $M = \frac{H}{b'^2}$, et l'équation de la courbe devient

$$\frac{x^2}{a'^2} - \frac{y^2}{b'^2} = 1;$$

$2a'$ est la longueur du diamètre qui rencontre la courbe, et $2b'$ est celle du diamètre imaginaire. Cette équation est de la même forme que l'équation de l'hyperbole rapportée aux axes; il en sera de même pour les équations de la tangente, de la normale, du diamètre avec ces nouveaux axes; m et m' étant les coefficients angulaires de deux diamètres conjugués, on aura aussi la relation $mm' = \frac{b'^2}{a'^2}$, etc.

224. *Cordes supplémentaires.* On peut satisfaire à l'équation de l'hyperbole

$$\frac{x^2}{a'^2} - \frac{y^2}{b'^2} = 1$$

en posant

$$\frac{y}{b'} = \lambda\left(\frac{x}{a'} - 1\right), \qquad \frac{y}{b'} = \frac{1}{\lambda}\left(\frac{x}{a'} + 1\right):$$

équations qui représentent deux droites issues des extrémités du diamètre $2a'$, et qui se coupent sur la courbe, c'est-à-dire deux cordes supplémentaires. Soient μ et μ' leurs coefficients angulaires, on a

$$\mu\mu' = \frac{b'^2}{a'^2}.$$

Ainsi, les diamètres parallèles à deux cordes supplémentaires sont conjugués.

L'angle de deux cordes supplémentaires est égal à celui de deux diamètres conjugués, et peut prendre une valeur quelconque entre zéro et un angle droit. En effet, considérons, pour plus de facilité, deux cordes supplémentaires menées par les extrémités de l'axe transverse; elles sont représentées par les équations

$$\frac{y}{b} = \lambda\left(\frac{x}{a} - 1\right), \qquad \frac{y}{b} = \frac{1}{\lambda}\left(\frac{x}{a} + 1\right);$$

en désignant par φ l'angle de ces droites, on trouvera

$$\text{tang}\, \varphi = \frac{2ab^2}{(a^2 + b^2)\, y}.$$

Lorsque y augmente depuis 0 jusqu'à ∞, l'angle φ diminue depuis 90° jusqu'à 0. Il en résulte qu'étant donné un angle aigu quelconque, il est toujours possible, par la construction indiquée pour l'ellipse, de trouver deux diamètres conjugués qui font entre eux l'angle donné.

225. *Deux diamètres conjugués déterminent, sur une tangente fixe à l'hyperbole, deux segments dont le produit est constant et égal au carré du demi-diamètre parallèle à la tangente.*

On le démontrerait de la même manière que pour l'ellipse N° 206, en changeant dans la suite des équations b'^2 en $-b'^2$. La construction indiquée pour déterminer la direction des axes de l'ellipse s'applique également à l'hyperbole.

ASYMPTOTES.

226. Nous avons vu (N° 208) que l'hyperbole rapportée à ses axes a pour asymptotes les droites représentées par les équations

$$y = \frac{b}{a}x, \qquad y = -\frac{b}{a}x;$$

ce sont les diagonales du rectangle des axes.

De même, si la courbe a pour équation

$$\frac{x^2}{a'^2} - \frac{y^2}{b'^2} = 1$$

où a' et b' sont deux demi-diamètres conjugués, les asymptotes seront aussi les diagonales du parallélogramme construit sur $2a'$, $2b'$ et dont les équations sont

$$y = \frac{b'}{a'}x, \qquad y = -\frac{b'}{a'}x.$$

En effet, désignons par Y l'ordonnée de la première droite pour la distinguer de l'ordonnée de la courbe; on trouve facilement

$$\mathrm{Y} - y = \frac{b'}{a'}x - \frac{b'}{a'}\sqrt{x^2 - a'^2} = \frac{a'b'}{x + \sqrt{x^2 - a'^2}}.$$

Or, si x augmente indéfiniment, la différence $\mathrm{Y} - y$ diminue de plus en plus, et elle s'évanouit lorsque x est infini : donc la droite est asymptote à la courbe. On verrait semblablement que la seconde droite jouit de la même propriété.

227. *La perpendiculaire abaissée du foyer sur l'asymptote est égale à b; la distance comptée parallèlement à l'asymptote d'un point de la courbe à la directrice est égale au rayon vecteur de ce point.*

Soit DL la directrice correspondante au foyer F d'une branche d'hyperbole. La perpendiculaire abaissée du point $(c, 0)$ sur la droite

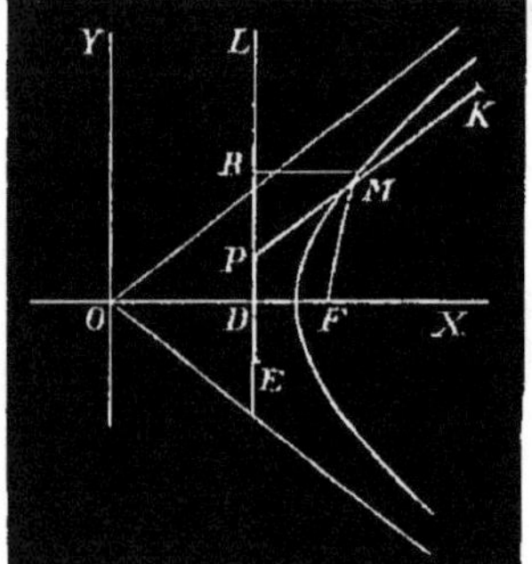

Fig. 74.

$$y = \frac{b}{a}x, \quad \text{ou} \quad ay - bx = 0$$

a pour expression

$$\frac{bc}{\sqrt{a^2 + b^2}}, \quad \text{ou} \quad b.$$

Soit M un point de la courbe; menons, par ce point, une parallèle à l'asymptote; la droite MR étant perpendiculaire à la directrice, on a

$$\frac{\mathrm{MF}}{\mathrm{MR}} = \frac{c}{a};$$

mais MR = MP cos θ, θ étant l'angle de l'asymptote avec l'axe 2a ; on a donc

$$\frac{\mathrm{MF}}{\mathrm{MP}} = \frac{c}{a}\cos\theta = \frac{c}{a}\cdot\frac{a}{\sqrt{a^2+b^2}} = 1 ;$$

d'où

$$\mathrm{MF} = \mathrm{MP}.$$

Cette dernière propriété permet de décrire l'hyperbole d'un mouvement continu. On prend une règle telle que EPK dont la partie EP est couchée sur DL et la partie PK parallèle à l'asymptote ; on attache au point K et au foyer F les extrémités d'un fil d'une longueur égale à KP ; en faisant glisser la pointe d'un crayon le long de la règle, tandis que celle-ci glisse sur la directrice, on décrira une partie d'hyperbole : car, dans une position quelconque M du crayon, on a toujours MF = MP.

228. *Les parties d'une sécante comprise entre l'hyperbole et les asymptotes sont égales.*

Menons une sécante quelconque MM' (*fig.* 75), et rapportons la courbe à deux diamètres conjugués dont l'un OD passe par le milieu de MM'. L'hyperbole aura une équation de la forme

$$\frac{x^2}{a'^2} - \frac{y^2}{b'^2} = 1.$$

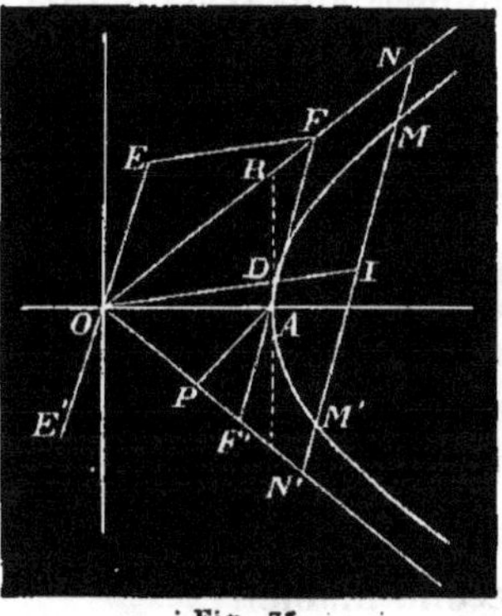

Fig. 75.

Mais, d'après les équations des asymptotes, on peut écrire

$$\mathrm{IN} = \frac{b'}{a'}x, \qquad \mathrm{IN}' = -\frac{b'}{a'}x,$$

de sorte qu'abstraction faite du signe, IN = IN'. Si on retranche de part et d'autre les longueurs égales IM, IM', il vient

$$\mathrm{MN} = \mathrm{M'N'}.$$

En supposant que la sécante devienne tangente à la courbe, on a cette propriété : que *le point de contact divise en deux parties égales la portion de la tangente comprise entre les asymptotes.*

229. *Le rectangle des segments d'une sécante compris entre un point de la courbe et les asymptotes est constant et égal au carré du demi-diamètre parallèle à la sécante.*

En effet, on a, d'après la figure,

$$MN = IN - IM = \frac{b'}{a'}x - \frac{b'}{a'}\sqrt{x^2 - a'^2} = \frac{b'}{a'}\left(x - \sqrt{x^2 - a'^2}\right),$$

et IN' étant égal à IN, on a aussi

$$MN' = IN + MI = \frac{b'}{a'}x + \frac{b'}{a'}\sqrt{x^2 - a'^2} = \frac{b'}{a'}\left(x + \sqrt{x^2 - a'^2}\right).$$

D'où on tire, par la muliplication,

$$MN \cdot MN' = b'^2;$$

ce qui démontre la proposition.

230. Ces différentes propriétés permettent de construire l'hyperbole lorsqu'on connaît les asymptotes et un point de la courbe. On tire, par le point M donné, une sécante quelconque qui rencontre les asymptotes en N et N'; on prend N'M' = NM; le point M' appartient à l'hyperbole. Cette construction répétée sur différentes sécantes menées par le point M donnera autant de points que l'on voudra de la courbe.

Les mêmes données suffisent pour déterminer les longueurs de deux diamètres conjugués, lorsqu'on connaît la direction de l'un de ces diamètres. Soit EE' la direction d'un diamètre; menons par le point M une sécante parallèle à EE'; la longueur du demi-diamètre OE sera la moyenne proportionnelle entre MN et MN'. Ce diamètre étant ainsi déterminé, on tire par le point E une parallèle EF au second diamètre qui est connu en direction, puisqu'il doit passer par le milieu de NN'; la droite menée par le point F parallèlement à OE déterminera la longueur OD du second diamètre.

Enfin, connaissant deux diamètres conjugués, on peut déterminer les axes; car on sait que les asymptotes sont les diagonales du parallélogramme construit sur les diamètres; de plus, on a un point de la courbe. Les axes sont dirigés suivant les bissectrices des angles des asymptotes et leurs longueurs s'obtiennent par le procédé qu'on vient d'indiquer.

231. *Trouver l'équation de l'hyperbole rapportée à ses asymptotes.*

Comme l'origine des axes est au centre de l'hyperbole, l'équation de cette courbe est de la forme

$$Ay^2 + 2Bxy + Cx^2 = H.$$

L'axe des x touche la courbe à l'infini ; il en résulte que pour $y = 0$, l'équation doit donner pour x une valeur infinie, et, par suite, le coefficient C doit être nul. Il en sera de même du coefficient A, puisque l'axe des y est tangent à la courbe à l'infini. L'équation de l'hyperbole, pour ce système d'axes, se réduit à

$$2Bxy = H, \quad \text{ou} \quad xy = \frac{H}{2B}.$$

Le second membre est nécessairement positif ; car les coordonnées sont toujours de même signe. Posons $k^2 = \frac{H}{2B}$; l'équation de l'hyperbole rapportée à ses asymptotes prendra la forme

$$xy = k^2.$$

La quantité k^2 s'exprime facilement en fonction des axes de la courbe. Considérons (*fig.* 75) le sommet A de l'hyperbole situé sur la bissectrice des asymptotes ; pour ce point, on a $y = x = AP$. Mais, si on élève en A une perpendiculaire à OA, et si on la prolonge jusqu'à sa rencontre en B avec l'asymptote ON, on a évidemment

$$AP = \frac{OB}{2} = \frac{\sqrt{a^2 + b^2}}{2}.$$

Ainsi il vient, pour les coordonnées du sommet,

$$y = x = \frac{\sqrt{a^2 + b^2}}{2}.$$

En substituant dans l'équation, on trouve

$$k^2 = \frac{a^2 + b^2}{4}.$$

Théorèmes et exercices sur l'hyperbole.

Ex. 1. Trouver l'équation de la tangente à l'hyperbole $xy = k^2$.

Cette équation peut se mettre sous la forme

$$\frac{x}{2x'} + \frac{y}{2y'} = 1.$$

Ex. 2. Des parallèles menées d'un point de l'hyperbole aux asymptotes forment avec ces droites un parallélogramme dont l'aire est constante.

La courbe étant rapportée aux asymptotes, l'aire de ce parallélogramme a pour expression $xy \sin 2\theta$, 2θ étant l'angle des asymptotes ; mais

$$xy \sin 2\theta = k^2 \sin 2\theta, \quad \text{et} \quad \sin 2\theta = 2 \sin\theta \cos\theta = \frac{2ab}{a^2+b^2}.$$

On en déduit

$$xy \sin 2\theta = k^2 \frac{2ab}{a^2+b^2} = \frac{a^2+b^2}{4} \frac{2ab}{a^2+b^2} = \frac{ab}{2}.$$

Ex. 3. Lieu des points de contact des tangentes menées d'un point fixe aux hyperboles ayant pour asymptotes deux droites fixes.

La tangente au point (x', y') de l'hyperbole $xy = k^2$ a pour équation

$$\frac{x}{2x'} + \frac{y}{2y'} = 1.$$

Soient p, q les coordonnées du point fixe ; l'équation du lieu sera

$$\frac{p}{2x'} + \frac{q}{2y'} = 1,$$

ou bien, en multipliant et supprimant les accents,

$$2xy - py - qx = 0.$$

C'est l'équation d'une hyperbole.

Ex. 4. Le rectangle construit sur la normale et la perpendiculaire abaissée du centre sur la tangente est constant et égal à b^2.

Même démonstration que pour l'ellipse (Ex. 4).

Ex. 5. La différence des carrés des projections de deux diamètres conjugués sur un axe est constante.

En effet (x', y'), (x'', y'') étant les extrémités de ces diamètres, on a

$$x'^2 - x''^2 = x'^2 - \frac{a^2y'^2}{b^2} = x'^2 - (x'^2 - a^2) = a^2$$

$$y'^2 - y''^2 = y'^2 - \frac{b^2x'^2}{a^2} = \frac{b^2}{a^2}(x'^2 - a^2) - \frac{b^2}{a^2}x'^2 = -b^2.$$

Ex. 6. Trouver la condition pour que l'équation

$$Ay^2 + 2Bxy + Cx^2 + 2Dy + 2Ex + F = 0$$

représente un hyperbole équilatère.

Les asymptotes de l'hyperbole représentée par l'équation sont parallèles aux droites $Ay^2 + 2Bxy + Cx^2 = 0$. Si on exprime que ces dernières sont perpendiculaires, on trouve pour la condition demandée $A + C = 0$ avec des axes rectangulaires, et $A + C = 2B \cos\theta$ pour des axes obliques.

Ex. 7. Le point de concours des hauteurs d'un triangle inscrit à l'hyperbole équilatère est sur cette courbe.

Soit AA′B le triangle inscrit ; abaissons du sommet B une perpendiculaire sur AA′ prenons cette droite pour axe des y et AA′ pour axe des x. L'équation

$$aa'y^2 + 2\lambda xy + bb'x^2 - aa'(b+b')y - bb'(a+a')x + aa'bb' = 0$$

représente une conique qui passe par les sommets du triangle en supposant que a et a'

soient les abcisses des points A et A′, et b l'ordonnée du point B. La quantité b' est l'ordonnée du second point d'intersection de la courbe avec l'axe des y. Mais, pour l'hyperbole équilatère, $aa' = -bb'$; d'où $b' = -\frac{aa'}{b}$ · Il est facile de vérifier que le point $\left(0, -\frac{aa'}{b}\right)$ est précisément le point de concours des hauteurs du triangle AA′B.

Ex. 8. Lieu des centres des hyperboles équilatères qui passent par trois points donnés.

C'est un cercle qui a pour équation

$$2b(x^2 + y^2) - (b^2 - aa')y - b(a + a')x = 0,$$

où a, a' et b ont la même signification que dans l'exemple précédent.

Ex. 9. Le cercle circonscrit à un triangle conjugué à l'hyperbole équilatère passe par le centre de la courbe.

Soient P_1, P_2, P_3, les sommets du triangle; prenons P_1P_2 pour axe des x et P_1P_3 pour axe des y. Si on exprime que la polaire du point P_3 coincide avec l'axe des x, et celle du point P_2 avec l'axe des y, on trouve pour les coordonnées des points P_2 et P_3, $\left(-\frac{D}{B}, 0\right)$, $\left(0, -\frac{E}{B}\right)$. Le cercle qui passe par les sommets du triangle aura pour équation

$$B(x^2 + y^2 + 2xy\cos\theta) + Dx + Ey = 0;$$

ou bien, en remplaçant $\cos\theta$ par $\frac{A + C}{2B}$,

$$B(x^2 + y^2) + xy(A + C) + Dx + Ey = 0.$$

Cette équation peut s'écrire

$$x(Bx + Ay + D) + y(By + Cx + E) = 0,$$

et on sait que les coordonnées du centre annulent les polynômes des parenthèses.

Ex. 10. Le cercle circonscrit au triangle formé par les diagonales d'un quadrilatère inscrit à l'hyperbole équilatère passe par le centre de la courbe.

Ce triangle est conjugué à l'hyperbole, et, en vertu de l'exemple précédent, le cercle circonscrit renferme le centre.

Ex. 11. Lieu des points tels que la différence des carrés de leurs distances à deux droites fixes est constante et égale à m^2. Avec les droites fixes pour axes, on trouve l'hyperbole équilatère

$$x^2 - y^2 = \frac{m^2}{\sin^2\theta}\cdot$$

Ex. 12. Lieu des centres des cercles tangents extérieurement à deux cercles donnés.

Soient C_1, C_2, r_1, r_2 les centres et les rayons de deux cercles fixes ; C et r le centre et le rayon du cercle variable qui touche extérieurement les deux autres. On a

$$CC_1 = r + r_1, \qquad CC_2 = r + r_2\,;$$

d'où

$$CC_1 - CC_2 = r_1 - r_2 = \text{constante}.$$

Le lieu des centres C est une hyperbole qui a pour foyers C_1, C_2 et pour axe transverse $r_1 - r_2$.

Ex. **13**. Lieu des sommets d'un triangle, connaissant la base $2a$ et la différence $\alpha' - \alpha$ des angles à la base.

Si on place l'origine au milieu de la base, on trouvera, avec des axes rectangulaires,

$$x^2 - y^2 + 2xy \cot(\alpha' - \alpha) = a^2.$$

Ex. **14**. Lieu des sommets du même triangle, quand l'un des angles à la base est double de l'autre.

$$3x^2 - y^2 + 3ax = a^2.$$

Ex. **15**. Etant données deux droites OX, OY, on mène une sécante qui les rencontre en B et C ; trouver le lieu des centres de gravité du triangle BCO dont la surface reste constante et égale à m^2.

On a

$$\text{surf. BCO} = \frac{\text{OB} \cdot \text{OC} \cdot \sin\theta}{2} = m^2.$$

Or, le centre de gravité se trouve sur la médiane du côté BC, et ses coordonnées sont :

$x = \frac{1}{3}\text{OB}$, $y = \frac{1}{3}\text{OC}$. En substituant à OB et OC leurs valeurs $3x$, $3y$, l'équation précédente devient

$$xy = \frac{2m^2}{9\sin\theta};$$

elle représente une hyperbole ayant pour asymptotes les droites données.

Ex. **16**. Partager un triangle ABC par une sécante DE, de manière que les deux parties du triangle soient entre elles dans un rapport donné, et qu'elles aient leurs centres de gravité sur une même perpendiculaire à la sécante.

Ex. **17**. On donne deux droites et un point fixes ; par le point fixe P, on mène une sécante quelconque qui rencontre les droites aux points C et D ; trouver le lieu d'un point M de la sécante qui divise CD dans un rapport donné.

Ex. **18**. Avec les données de l'exemple précédent, trouver le lieu d'un point N de la sécante qui la divise en moyenne et extrême raison.

Ex. **19**. Quel est le lieu géométrique des centres des cercles tangents à un cercle donné et passant par un point fixe ?

Ex. **20**. Si l'extrémité D d'un diamètre décrit l'hyperbole, quel sera le lieu décrit par l'extrémité E du conjugué de ce diamètre ?

Ex. **21**. Etant données la base et la différence des deux autres côtés d'un triangle, trouver, sous sa forme la plus simple, l'équation du lieu du sommet.

Ex. **22**. Dans un cercle, on mène une corde quelconque MN perpendiculaire à un diamètre fixe AB ; trouver le lieu du point d'intersection des droites AM, BN.

Ex. **23**. Étant données les hyperboles

$$\frac{x^2}{a^2} - \frac{y^2}{b^2} = 1, \quad \frac{x^2}{a^2} - \frac{y^2}{b^2} = -1,$$

trouver le lieu du pôle d'une tangente quelconque de l'une par rapport à l'autre.

Ex. 24. Trouver le lieu du point d'intersection des normales à l'hyperbole menées aux extrémités d'une corde focale.

Ex. 25. Étant données deux droites fixes, on mène des sécantes parallèles telles que AB qui les rencontre en A et B; on prend, sur chacune d'elles, un point M tel que $AM \cdot MB = k^2$. Trouver le lieu du point M.

Ex 26. Trouver le lieu des intersections des perpendiculaires abaissées des foyers d'une hyperbole sur deux diamètres conjugués.

Ex. 27. On mène une série de cercles qui passent par deux points fixes, et, dans chacun d'eux, un diamètre parallèle à une direction donnée; trouver le lieu des extrémités de ces diamètres.

Ex. 28. Etant donnés un point et une droite fixes, on fait tourner un angle de grandeur constante autour du point fixe; trouver le lieu du centre du cercle circonscrit au triangle variable formé par les côtés de l'angle et la droite donnée.

Ex. 29. Étant donnée une ellipse, on mène deux diamètres conjugués quelconques; trouver le lieu de l'intersection de l'un de ces diamètres avec une perpendiculaire abaissée d'un point fixe sur l'autre.

Consulter ensuite le CHAP. X où se trouvent de nombreux exercices.

§ 5. DE LA PARABOLE.

X 232. La parabole rapportée à son axe et à la tangente au sommet est représentée par l'équation

$$(1) \qquad y^2 = 2px,$$

dans laquelle la quantité $2p$ est le *paramètre* de la courbe.

Lorsque $2p$ est positif, l'ordonnée y donnée par l'équation (1) est réelle et augmente indéfiniment, si l'abcisse x varie d'une manière continue depuis 0 jusqu'à ∞; d'ailleurs, elle est imaginaire pour toute valeur négative de x : la courbe passe par l'origine et s'éloigne à l'infini dans le sens des x positifs.

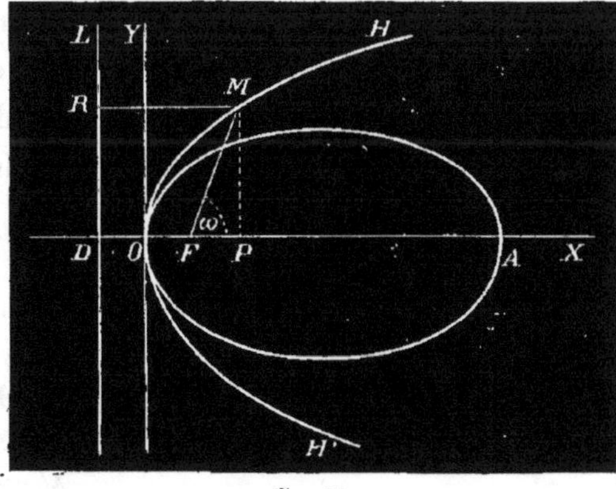

Fig. 76.

Quand le paramètre $2p$ est négatif, l'ordonnée y de la parabole est seulement réelle pour les valeurs négatives de x comprises entre 0 et $-\infty$: la courbe s'étend alors du côté des x négatifs.

Afin de mieux définir la forme de la parabole, nous allons voir qu'on peut considérer cette courbe comme étant la limite vers laquelle tend une ellipse dont le grand axe croît indéfiniment. Soient $2a$ et $2b$ les axes d'une ellipse, et F le foyer voisin du sommet O ; si on prend ce dernier pour l'origine des coordonnées rectangulaires, cette ellipse est représentée par l'équation

$$y^2 = \frac{2b^2}{a}x - \frac{b^2}{a^2}x^2.$$

Nous supposons que OF reste constant, lorsque le grand axe augmente. Posons $OF = \frac{q}{2}$; on sait que $OF = a - c$, et, par suite,

$$c = a - \frac{q}{2}.$$

On en tire

$$b^2 = a^2 - c^2 = aq - \frac{q^2}{4}, \quad \frac{b^2}{a} = q - \frac{q^2}{4a}, \quad \frac{b^2}{a^2} = \frac{q}{a} - \frac{q^2}{4a^2}.$$

Si on fait la substitution de ces valeurs dans l'équation de l'ellipse, on trouve

$$y^2 = 2\left(q - \frac{q^2}{4a}\right)x - \left(\frac{q}{a} - \frac{q^2}{4a^2}\right)x^2.$$

Lorsque a devient infini, cette équation se réduit à

$$y^2 = 2qx;$$

ainsi, à la limite, l'ellipse se change en parabole.

Il existe donc une différence sensible entre cette dernière courbe et une branche d'hyperbole ; dans celle-ci, les deux parties symétriques sont divergentes et s'éloignent de plus en plus de l'axe ; dans la parabole, au contraire, elles ont une tendance à se rejoindre à l'infini sur l'axe de la courbe.

Ex. 1. Quelle est la valeur de l'ordonnée du point de la parabole qui se trouve sur la bissectrice des axes ? R. $2p$.

Ex. 2. Calculer les coordonnées du sommet de la parabole

$$y = x \tan \alpha - \frac{x^2}{4h \cos^2 \alpha}.$$

Les points où la courbe rencontre les axes sont l'origine et le point ($x = 2h \sin 2\alpha$, 0). Les coordonnées du sommet seront $x = h \sin 2\alpha$, $y = h \sin^2 \alpha$. La courbe rapportée à son sommet a pour équation $x^2 = 4h \cos^2 \alpha \cdot y$: c'est une parabole dont l'axe est dirigé suivant les y.

Ex. 3. On mène dans une parabole deux cordes perpendiculaires AB, A'B'; les distances de leurs milieux à l'axe ont pour moyenne géométrique la moitié du paramètre.

Soient (x', y'), (x'', y'') les coordonnées des extrémités de la corde AB, m son coefficient angulaire, et δ l'ordonnée du milieu de cette corde. On a

$$\delta = \frac{1}{2}(y' + y''), \qquad m = \frac{y' - y''}{x' - x''};$$

d'où

$$m\delta = \frac{1}{2}\frac{y'^2 - y''^2}{x' - x''} = \frac{2p(x' - x'')}{2(x' - x'')} = p.$$

On trouverait également pour la corde A'B', $m'\delta' = p$. En multipliant, il vient $mm'\delta\delta' = p^2$ ou $-\delta\delta' = p^2$; car les cordes étant perpendiculaires, on a $mm' = -1$.

Ex. 4. Par le sommet d'une parabole, on mène une corde quelconque OM, et, par le point M, une perpendiculaire à cette corde; la distance comprise entre le pied de l'ordonnée du point M et le point d'intersection A de la perpendiculaire avec l'axe est égale au paramètre.

Soient (x', y') les coordonnées du point M; la perpendiculaire MA a pour équation

$$y - y' = -\frac{x'}{y'}(x - x'),$$

et, si $y = 0$, on a : $x - x' = \dfrac{y'^2}{x'} = \dfrac{2px'}{x'} = 2p.$

Ex. 5. Trouver l'expression de l'aire d'un triangle inscrit à la parabole.

En représentant par (x', y'), (x'', y''), (x''', y''') les sommets du triangle, on sait que la surface a pour expression

$$\frac{1}{2}[y'(x'' - x''') + y''(x''' - x') + y'''(x' - x'')];$$

mais $y'^2 = 2px'$, $y''^2 = 2px''$, $y'''^2 = 2px'''$; l'expression précédente peut se mettre sous la forme

$$\frac{1}{4p}[y'(y''^2 - y'''^2) + y''(y'''^2 - y'^2) + y'''(y'^2 - y''^2)] = \frac{1}{4p}(y' - y'')(y'' - y''')(y''' - y').$$

233. *Foyer et directrice.* Prenons (*fig.* 76), sur l'axe de la parabole et à partir du sommet, une longueur $OF = \frac{p}{2}$; joignons ce point à un point quelconque M de la parabole et abaissons MP perpendiculaire à l'axe. Le triangle FMP donne

$$\overline{MF}^2 = \overline{MP}^2 + \overline{PF}^2 = y^2 + \left(x - \frac{p}{2}\right)^2 = 2px + x^2 - px + \frac{p^2}{4};$$

d'où

$$MF = x + \frac{p}{2}.$$

La distance d'un point de la parabole au point F s'exprime par une fonction rationnelle de l'abcisse comme dans l'ellipse. Le point F se nomme le *foyer* de la parabole; il est situé sur l'axe à une distance du sommet égale au quart du paramètre.

Prenons, à gauche de l'origine, une longueur OD égale à $\frac{p}{2}$ et menons la droite DL perpendiculaire à l'axe. Il vient, pour la distance du point M à cette droite,

$$MR = PD = x + \frac{p}{2},$$

et, par conséquent, MR = MF. La droite DL se nomme la *directrice* de la parabole; on a donc cette propriété : *que chaque point de la parabole est à égale distance du foyer et de la directrice.*

234. *Trouver l'équation en coordonnées polaires de la parabole, le foyer étant pris pour pôle.*

Soient ρ, ω les coordonnées d'un point quelconque M (*fig.* 76) de la courbe. On a

$$\rho = x + \frac{p}{2};$$

mais $x = OF + FP = \frac{p}{2} + \rho \cos \omega$. En substituant et résolvant l'équation par rapport à ρ, on obtient

$$\rho = \frac{p}{1 - \cos \omega}.$$

L'angle ω se compte à partir de FX en allant vers OY; si on comptait cet angle en sens opposé, c'est-à-dire, à partir de FO en allant vers le point M, il faudrait changer le signe de $\cos \omega$, et, dans ce cas, l'équation de la parabole en coordonnées polaires serait

$$\rho = \frac{p}{1 + \cos \omega}.$$

Si $\omega = 90°$, on a : $\rho = p$; par suite, le paramètre $2p$ représente la longueur de la corde focale perpendiculaire à l'axe de la courbe.

235. *Construire une parabole connaissant le paramètre $2p$.*

L'équation $y^2 = 2px$ exprime que l'ordonnée est moyenne proportionnelle entre le paramètre et l'abcisse; de là découle une première construction de la parabole. On porte sur une droite à partir d'un point O une longueur $OQ = 2p$; on décrit ensuite des circonférences passant par le point Q et dont les centres se trouvent sur la droite OQ; elles déterminent, sur une perpendiculaire élevée en O, les longueurs ON, ON'..., moyennes proportionnelles entre OQ et OP, OQ et OP'....; ce sont les longueurs des ordonnées des points de la parabole qui ont pour abcisses OP, OP'.... Il suffit d'élever en P, P'.... les perpendiculaires PM, PM'..... égales à ON, ON'.... pour obtenir les points correspondants de la courbe.

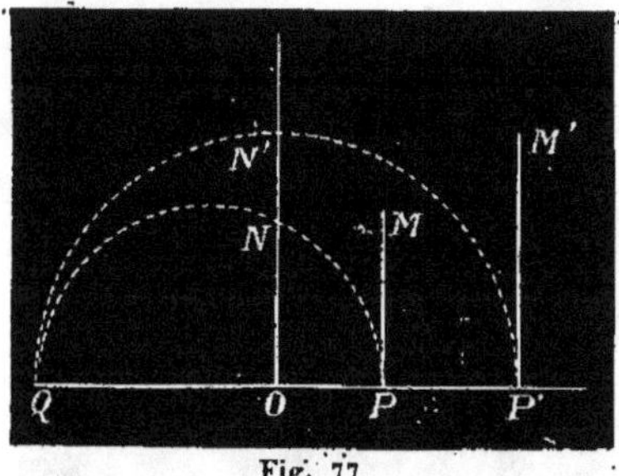

Fig. 77.

La propriété du foyer et de la directrice donne une construction facile de la parabole. On prend (*fig.* 78), sur une droite, $OF = OD = \frac{p}{2}$, et on élève la perpendiculaire DL; le point F sera le foyer, DL la directrice, et le milieu O de la distance FD le sommet de la courbe; on mène ensuite, par un point quelconque P, une parallèle à DL; la circonférence décrite du foyer comme centre avec un rayon égal à PD rencontre cette droite en deux points M et M' qui appartiennent à la parabole; car ces points sont également distants du foyer et de la directrice.

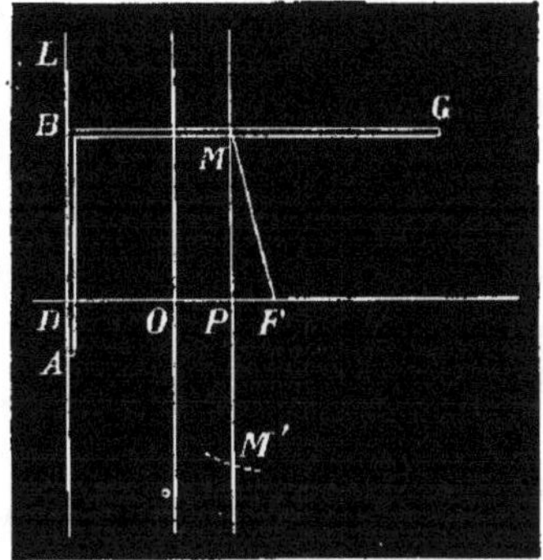

Fig. 78.

On peut aussi décrire la parabole d'un mouvement continu, au moyen d'une règle ABG à angle droit et dont la partie AB est couchée sur la directrice. On fixe, au foyer F et en G, les extrémités d'un fil d'une longueur égale à BG. Le crayon qui glisse le long de BG en tenant le fil tendu, tandis que la règle monte ou descend sur la directrice, décrit une partie de la parabole; car on a toujours $MF = MB$.

TANGENTE ET NORMALE.

236. La tangente en un point $M(x', y')$ de la courbe $y^2 - 2px = 0$ a pour équation (N° 152)

$$y - y' = \frac{p}{y'}(x - x'),$$

ou bien, en multipliant et en remarquant que $y'^2 = 2px'$,

$$yy' = p(x + x').$$

Pour $y = 0$, on trouve $x = \text{OT} = -x'$, et, par suite, $\text{PT} = -2x'$: *la sous-tangente, dans la parabole, vaut le double de l'abcisse du point de contact.* On trouve immédiatement la direction de la tangente au point M d'une parabole, en portant sur l'axe et à gauche du sommet une longueur OT égale à l'abcisse du point donné; en joignant MT, on a la tangente au point M.

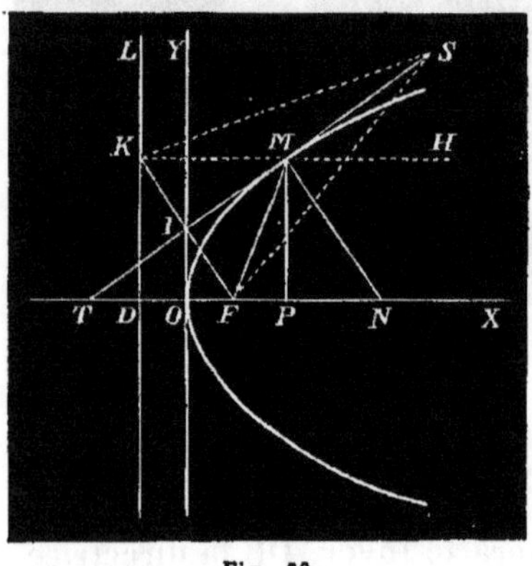

Fig. 79.

Lorsque x', y' sont les coordonnées d'un point quelconque du plan, l'équation précédente représente la polaire de ce point; il en résulte cette propriété : *que les polaires de deux points quelconques* M' (x', y'), M'' (x'', y'') *déterminent, sur l'axe de la parabole, un segment égal à* $x' - x''$, *c'est-à-dire égal à la distance entre les pieds des perpendiculaires abaissées de ces points sur cet axe.* Si le point (x', y') appartient à l'axe, $y' = 0$, et la polaire correspondante est $x = -x'$, c'est-à-dire une droite perpendiculaire à l'axe; quand $x' = \frac{p}{2}$, $x = -\frac{p}{2}$: la directrice est donc la polaire du foyer.

Pour trouver les coordonnées des points de contact des tangentes issues d'un point extérieur (x', y'), il faut combiner l'équation de la polaire de ce point avec l'équation de la courbe. On obtient ainsi pour x et y des valeurs qui sont réelles ou imaginaires suivant que le point est en dehors ou à l'intérieur de la parabole.

L'équation de la normale au point M (x', y') sera

$$y - y' = -\frac{y'}{p}(x - x').$$

Si on pose $y = 0$, on aura, pour l'abcisse ON du point où la normale rencontre l'axe, $x = x' + p$; on en déduit $\text{PN} = p$: *dans la parabole, la sous-normale est constante et égale à la moitié du paramètre.*

La distance du point N au foyer est égale au rayon vecteur du point de contact; car,

$$\text{NF} = \text{NP} + \text{PF} = p + x' - \frac{p}{2} = x' + \frac{p}{2}:$$

le foyer est le centre du cercle qui passe par les points N, T, M.

Ex. 1. Quelle est l'inclinaison de la tangente à l'extrémité de l'ordonnée qui passe par le foyer ? R. 45°.

Ex. 2. Trouver les coordonnées du point de concours des tangentes aux points (x', y'), (x'', y''). R. $y = \frac{p(x'-x'')}{y'-y''} = \frac{y'+y''}{2}$, $x = \frac{y'y''}{2p}$.

Ex. 3. Chercher la condition pour qu'une droite $y = mx + b$ touche la parabole $y^2 = 2px$. R. $b = \frac{p}{2m}$.

Ex. 4. La perpendiculaire abaissée du foyer sur la tangente est la moyenne géométrique entre les rayons vecteurs du point de contact et du sommet de la courbe.

Soit P la perpendiculaire abaissée du foyer F sur la tangente en M, on a

$$P = \frac{p(p+2x')}{2\sqrt{y'^2+p^2}} = \frac{p(p+2x')}{2\sqrt{p(2x'+p)}} = \sqrt{\frac{p}{2}\left(\frac{p}{2}+x'\right)};$$

d'où

$$P = \sqrt{\text{OF}\cdot\text{MF}}.$$

Ex. 5. Lieu du point d'intersection de la perpendiculaire abaissée du foyer sur la tangente avec le rayon qui joint le sommet au point de contact.

$$\text{R.} \quad y^2 + 2x^2 - px = 0.$$

Ex. 6. Lieu du pied de la perpendiculaire abaissée du foyer sur la normale.

La perpendiculaire abaissée du foyer sur la normale a pour longueur $\frac{1}{2}\sqrt{2x'(2x'+p)}$. Soit ω l'angle de la perpendiculaire avec l'axe de la parabole ; on a

$$\operatorname{tang}\omega = \frac{p}{y'};$$

on en déduit

$$\sin\omega = \sqrt{\frac{p}{2x'+p}}, \qquad \cos\omega = \sqrt{\frac{2x'}{2x'+p}}.$$

En prenant le foyer pour pôle, et en désignant par ρ la perpendiculaire abaissée sur la normale, on peut écrire

$$\rho = \frac{1}{2}(2x'+p)\sqrt{\frac{2x'}{2x'+p}};$$

l'équation du lieu, en coordonnées polaires, sera

$$\rho = \frac{p\cdot\cos\omega}{2\sin^2\omega},$$

et, en coordonnées cartésiennes,

$$y^2 = \frac{p}{2}x.$$

237. *La tangente fait des angles égaux avec l'axe et le rayon vecteur du point de contact.*

Dans le triangle TMF (*fig.* 79), on a

$$TF = OT + OF = x' + \frac{p}{2} = FM;$$

d'où résulte l'égalité des angles FTM et TMF.

Corollaire. La normale est bissectrice de l'angle formé par le rayon vecteur et une parallèle à l'axe passant par le point de contact; car l'angle SMH est égal à l'angle MTX ou TMF, et les angles de la normale avec FM et MH sont les compléments de deux angles égaux.

238. *Le lieu des projections du foyer sur les tangentes à la parabole est la tangente au sommet de cette courbe.*

Soit DL la directrice (*fig.* 79); prolongeons HM jusqu'à sa rencontre en K avec cette droite. Le triangle FMK est isocèle et la tangente est perpendiculaire au milieu I de la base FK. Le point I est la projection du foyer sur la tangente; il se trouve nécessairement sur la tangente OY qui passe par le milieu de FD, et qui est parallèle à la directrice.

239. Les propriétés qui précèdent permettent de construire la tangente à la parabole. Si on donne le point de contact M (*fig.* 79) sur la courbe, on tire par ce point une parallèle à l'axe. Soit K le point où elle rencontre la directrice; si on joint K et F, la perpendiculaire abaissée du point M sur FK sera la tangente à la courbe au point M.

Pour trouver les tangentes issues d'un point extérieur S, on décrit de ce point comme centre avec un rayon SF une circonférence qui rencontrera la directrice en deux points K et K'; les tangentes cherchées seront les perpendiculaires abaissées du point S sur les droites FK et FK'.

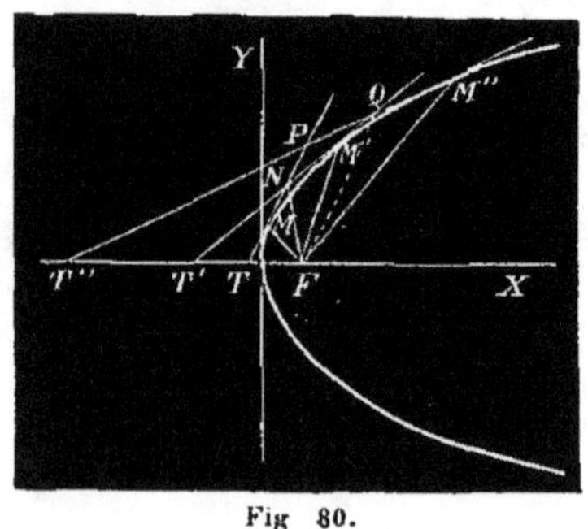

Fig 80.

240. *L'angle de deux tangentes est égal à la moitié de l'angle des rayons vecteurs des points de contact.*

En effet, soit (*fig.* 80) MT et M''T'' deux tangentes; puisque chacune d'elles est également inclinée sur le rayon vecteur et sur l'axe, on a

$$MFX = 2MTX, \quad M''FX = 2M''T''X;$$

en retranchant membre à membre, il vient

$$MFM'' = 2(MTX - M''T''X) = 2TPT''.$$

Corollaire. Les tangentes menées d'un point de la directrice à la parabole sont perpendiculaires; car si le point de concours P des tangentes est sur la directrice, la corde des contacts M''M passe par le foyer qui est le pôle de cette droite; les rayons vecteurs FM et FM'' font entre eux un angle égal à 180°, et, par suite, les tangentes sont perpendiculaires.

241. *La droite qui joint le foyer au point de concours de deux tangentes est bissectrice des rayons vecteurs des points de contact.*

Nous avons vu (N° 198) que cette propriété existe dans l'ellipse; elle ne cessera pas d'avoir lieu à la limite, lorsque le grand axe de cette courbe devient infini, c'est-à-dire lorsque l'ellipse se change en une parabole.

Corollaire 1. L'angle formé par les rayons vecteurs des points de rencontre d'une tangente variable avec deux tangentes fixes est égal à l'angle de ces tangentes.

Soit M'T' (*fig.* 80) une tangente variable qui rencontre les deux tangentes fixes en N et Q; l'angle NFQ se compose de deux angles dont l'un NFM' est égal à $\frac{1}{2}$ MFM', et l'autre M'FQ est la moitié de l'angle M'FM''; il en résulte que

$$NFQ = \frac{1}{2}(MFM' + M'FM'') = \frac{1}{2} MFM'';$$

or, la moitié de l'angle MFM'' est égal à l'angle des tangentes fixes; donc la proposition est démontrée.

Corollaire 2. Le cercle qui passe par les sommets d'un triangle circonscrit à une parabole renferme le foyer de la courbe; car, dans le quadrilatatère NPQF, les angles opposés en P et en F sont supplémentaires, et le cercle qui passe par les sommets N, P, Q, passera nécessairement par le foyer.

DIAMÈTRES.

242. L'équation d'un diamètre, dans la parabole $y^2 - 2px = 0$, est de la forme

$$my - p = 0, \quad \text{ou} \quad y = \frac{p}{m},$$

m étant le coefficient angulaire des cordes correspondantes : tous les diamètres sont donc parallèles à l'axe de la courbe.

Soit y' l'ordonnée du point d'intersection du diamètre avec la parabole; on a la relation

$$y' = \frac{p}{m}, \quad \text{et, par suite, } m = \frac{p}{y'};$$

c'est le coeficient angulaire de la tangente, et, par conséquent, les cordes qu'un diamètre divise en deux parties égales sont parallèles à la tangente à l'extrémité de ce diamètre.

243. Nous avons vu (N° 162) que la parabole, rapportée à deux axes dont l'un est un diamètre et l'autre la tangente à l'extrémité de ce diamètre, est représentée par une équation de la forme $y^2 = 2p'x$; $2p'$ est le paramètre de la courbe pour les axes nouveaux. On peut exprimer le paramètre $2p'$ en fonction de la quantité $2p$, appelée *paramètre principal.* Soient a et b les coordonnées de la nouvelle origine O' ; ce dernier appartenant à la parabole, on a la relation $b^2 = 2pa$. Menons, par le sommet, une corde parallèle à la tangente $O'y$; elle sera divisée au point P par le diamètre en deux parties égales. Les coordonnées du point M pour les axes $O'x$, $O'y$ sont

$$x = O'P = OT = OQ = a, \quad y = MP = PO = O'T = \sqrt{b^2 + 4a^2};$$

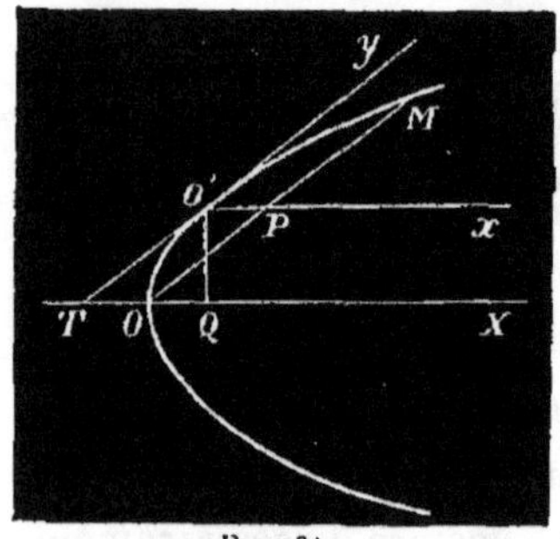

Fig. 81.

en substituant ces valeurs dans l'équation $y^2 = 2p'x$, on trouve, en remplaçant b^2 par $2pa$,

$$2pa + 4a^2 = 2p'a;$$

d'où

$$\frac{p'}{2} = a + \frac{p}{2},$$

c'est-à-dire, *que le quart du nouveau paramètre est égal au rayon vecteur de l'origine.* Mais, si θ est l'angle des axes, d'après l'équation de la tangente, on a $\tang \theta = \frac{p}{b}$; par suite,

$$\sin^2 \theta = \frac{p^2}{b^2 + p^2} = \frac{p}{2a + p} = \frac{p}{p'},$$

d'où

$$p' = \frac{p}{\sin^2 \theta};$$

et l'équation de la parabole pour les nouveaux axes peut s'écrire

$$y^2 = \frac{2p}{\sin^2\theta}x.$$

Remarque. L'équation de la polaire d'un point (x', y'), relativement à la parabole rapportée à l'un de ses diamètres $y^2 = 2p'x$, sera de la forme

$$yy' = p'(x + x').$$

Lorsque le point se trouve sur le diamètre, on a $y' = 0$, et, par conséquent, $x = -x'$: ainsi, *la polaire est parallèle à la tangente à l'extrémité du diamètre qui passe par le pôle, et rencontre ce diamètre à la même distance du point de contact que le pôle.*

Théorèmes et exercices sur la parabole.

Ex. 1. Par un point fixe (a, b) on mène des tangentes à une série de paraboles de même axe; trouver le lieu des points de contact.

Par l'élimination du paramètre p entre les équations

$$by = p(a + x) \quad \text{et} \quad y^2 = 2px,$$

on trouve

$$xy + ay - 2bx = 0.$$

Ex. 2. Par un point fixe (a, b), on mène des normales aux paraboles de même axe; quel est le lieu des points où ces droites rencontrent normalement la courbe?

Si on élimine p entre les équations

$$p(b - y') = -y'(a - x') \quad \text{et} \quad y'^2 = 2px',$$

il vient, pour le lieu demandé,

$$y^2 + 2x^2 - by - 2ax = 0.$$

Ex. 3. Lieu des milieux des sécantes à la parabole passant par un point fixe (a, b).

Il faut éliminer λ entre l'équation de la séquante

$$y - b = \lambda(x - a)$$

et celle du diamètre correspondant : $y = \frac{p}{\lambda}$. On trouve ainsi

$$y^2 - by - px + ap = 0.$$

Ex. 4. Trouver le lieu des sommets et des foyers de la parabole

$$y = x \operatorname{tang}\alpha - \frac{x^2}{4h\cos^2\alpha},$$

où h est une constante et α un angle variable.

Les coordonnées du sommet sont : $x = h\sin 2\alpha$, $y = h\sin^2\alpha$; on en déduit, pour le lieu des sommets,

$$x^2 + 4y^2 - 4hy = 0.$$

L'équation de la courbe rapportée à son sommet étant

$$x^2 = 4h\cos^2\alpha \cdot y,$$

la distance du foyer au sommet sera $h\cos^2\alpha$, c'est-à-dire le quart du paramètre. Pour obtenir l'ordonnée du foyer, il faut retrancher $h\cos^2\alpha$ de l'ordonnée du sommet; ce qui donne

$$y = h\sin^2\alpha - h\cos^2\alpha = -h\cos 2\alpha;$$

d'ailleurs l'abcisse du foyer est la même que celle du sommet, c'est-à-dire $x = h\sin 2\alpha$. Le lieu des foyers aura pour équation

$$x^2 + y^2 = h^2.$$

Ex. 5. Lieu du sommet d'un angle constant dont les côtés touchent la parabole.

Soient m, m' les coefficients angulaires des côtés de l'angle; on a la condition

$$\frac{m - m'}{1 + mm'} = k \text{ (const.)};$$

mais, $m = \frac{p}{y'}$, $m' = \frac{y''}{p}$, y', y'' étant les coordonnées des points de contact des côtés, et la relation précédente devient

$$p(y'' - y') = k(y'y'' + p^2).$$

Or, si x et y sont les coordonnées d'un point du lieu, on sait que $y = \frac{y' + y''}{2}$, $x = \frac{y'y''}{2p}$; on en tire

$$y - y' = \frac{y'' - y'}{2}, \quad y''y' = 2px,$$

et l'équation précédente peut s'écrire

$$2(y - y') = k(2x + p).$$

De plus, en vertu de l'équation de la tangente $yy' = p\left(x + \frac{y'^2}{2p}\right)$, on a $y' = y \pm \sqrt{y^2 - 2px}$, et $y - y' = \sqrt{y^2 - 2px}$; en substituant, il vient pour l'équation du lieu,

$$y^2 - k^2x^2 - p(2 + k^2)x - \frac{k^2p^2}{4} = 0.$$

C'est une hyperbole dont l'axe transverse est dirigé suivant l'axe de la parabole. Lorsque l'angle des tangentes est droit, $k = \infty$, et le lieu se réduit à

$$x^2 + px + \frac{p^2}{4} = 0, \quad \text{ou} \quad x = -\frac{p}{2}:$$

équation qui représente la directrice.

Ex. 6. Lieu des points d'où l'on peut mener à la parabole des normales perpendiculaires.

Ce problème revient à éliminer x', y', x'', y'' entre les équations

$$(1)\quad y - y' = -\frac{y'}{p}(x - x'),\qquad (2)\quad y - y'' = -\frac{y''}{p}(x - x''),$$

$$(3)\quad \frac{y'y''}{p^2} = -1,\qquad (4)\quad y'^2 = 2px',\qquad (5)\quad y''^2 = 2px''.$$

L'élimination de x' entre (1) et (4) donne

$$(6)\quad y'^3 - 2p(p - x)y'^2 - 2p^2y = 0.$$

L'élimination de x'' entre (2) et (5) conduit à la même équation où y' est remplacé par y''; les quantités y', y'' sont donc deux racines de l'équation du troisième degré

$$Y^3 - 2p(p - x)Y^2 - 2p^2y = 0.$$

Or, si y''' est la troisième racine, on a $y'y''y''' = 2p^2y$, et, en vertu de l'équation (3), cette relation devient $y''' = -2y$.

En substituant cette valeur dans l'équation (6) on trouve, après quelques simplifications,

$$y^2 = \frac{p}{2}\left(x - \frac{5p}{2}\right).$$

Ex. 7. Les perpendiculaires abaissées des sommets d'un triangle circonscrit à la parabole sur les côtés opposés se coupent sur la directrice.

Soient (x', y'), (x'', y''), (x''', y''') les points de contact des côtés ; le point de concours des tangentes en (x'', y''), (x''', y''') a pour coordonnées : $y = \frac{y'' + y'''}{2}$, $x = \frac{y''y'''}{2p}$. L'une des trois perpendiculaires est représentée par l'équation

$$y - \frac{y'' + y'''}{2} = -\frac{y'}{p}\left(x - \frac{y''y'''}{2p}\right);$$

mais, si on pose $x = -\frac{p}{2}$, il vient

$$y = \frac{y' + y'' + y'''}{2} - \frac{y'y''y'''}{2p^2};$$

cette expression est symétrique et aura la même valeur pour les trois perpendiculaires.

Ex. 8. L'aire du triangle des points de contact de trois tangentes à la parabole est double de l'aire du triangle formé par ces tangentes.

On sait que la surface du triangle inscrit dans la parabole N° 232 (Ex. 5) a pour expression

$$\frac{1}{4p}\left[y'(y''^2 - y'''^2) + y''(y'''^2 - y'^2) + y'''(y'^2 - y''^2)\right] = \frac{1}{4p}(y' - y'')(y'' - y''')(y''' - y').$$

Si on cherche l'aire du triangle dont les sommets sont les points $\left(\frac{y' + y''}{2}, \frac{y'y''}{2p}\right)$, $\left(\frac{y'' + y'''}{2}, \frac{y''y'''}{2p}\right)$, $\left(\frac{y''' + y'}{2}, \frac{y'y'''}{2p}\right)$, on retrouve la même expression divisée par 2.

Ex. 9. Les côtés d'un triangle inscrit à la parabole étant a, b, c, et θ, θ', θ'' les angles de ces côtés avec l'axe, montrer que la surface du triangle est exprimée par

$$\frac{abc}{4p}\cdot\sin\theta\cdot\sin\theta'\cdot\sin\theta''.$$

Il faut remarquer que $y'-y''=c\sin\theta$ etc., et substituer dans l'expression

$$\frac{1}{4p}(y'-y'')(y''-y''')(y'''-y').$$

Ex. 10. Trouver le rayon du cercle circonscrit au triangle inscrit dans une parabole.

On sait que le rayon du cercle circonscrit à un triangle dont les côtés sont a, b, c, a pour valeur $\frac{abc}{4\,\text{surf}\cdot abc}$. Le rayon demandé sera

$$r=\frac{p}{\sin\theta\sin\theta'\sin\theta''}.$$

Ex. 11. Trouver le rayon du cercle qui passe par les sommets d'un triangle circonscrit à la parabole.

$$r=\frac{p}{4\sin\theta\sin\theta'\sin\theta''}.$$

θ, θ', θ'' sont les angles des côtés avec l'axe.

Ex. 12. Trouver l'expression de l'aire comprise entre l'arc OB d'une parabole, l'ordonnée BA et un diamètre OX.

Inscrivons un polygone dans la courbe; soient $T=MM'PP'$ et $t=MM'QQ'$ deux trapèzes correspondants à un côté du polygone, l'un formé par les parallèles MP, M'P' à OY, l'autre, par les droites MQ, M'Q' parallèles à l'axe. On a

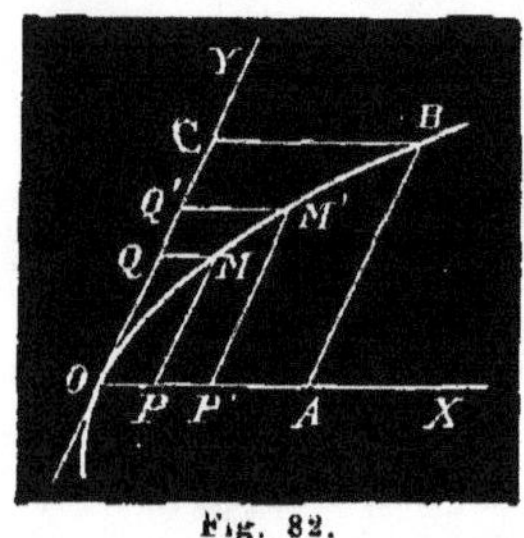

Fig. 82.

$$T=\frac{1}{2}(y+y')(x-x')\sin\theta,$$

$$t=\frac{1}{2}(x+x')(y-y')\sin\theta;$$

(x, y), (x', y') sont les coordonnées des points M et M' et θ l'angle des axes. On en déduit

$$\frac{T}{t}=\frac{y+y'}{x+x'}\cdot\frac{x-x'}{y-y'};$$

mais, de l'équation de la parabole $y^2=2p'x$, on tire $y^2-y'^2=2p'(x-x')$; d'où $\frac{y+y'}{2p'}=\frac{x-x'}{y-y'}$. En substituant et prenant la limite des deux membres, il vient

$$\text{lim.}\frac{T}{t}=\text{lim.}\frac{y+y'}{x+x'}\cdot\frac{y+y'}{2p'}=2,$$

car, lorsque les points M et M' se confondent $x=x'$, $y=y'$.

Cette relation est vraie pour deux trapèzes quelconques, l'un intérieur et l'autre extérieur et, à la limite, en faisant la somme des trapèzes, on arrive à ce résultat que l'aire OAB est double de l'aire extérieure OBC. Donc, l'aire parabolique OAB vaut les deux tiers du parallélogramme OABC construit sur l'ordonnée et l'abcisse du point B.

Ex. **13**. Trouver le lieu du milieu d'une corde focale dans la parabole.

Ex. **14**. Trouver le lieu d'un point qui se meut de manière à ce que sa distance à une droite donnée soit dans un rapport constant avec le carré de sa distance à une autre droite fixe.

Ex. **15**. Par un point fixe de l'axe d'une parabole, on mène une parallèle à une tangente quelconque ; quel est le lieu du point de rencontre de cette droite avec le rayon vecteur du point de contact ?

Ex. **16**. On mène, par le foyer d'une parabole, des droites faisant un angle constant avec les tangentes à cette courbe ; déterminer le lieu du point d'intersection de chaque droite avec la tangente correspondante.

Ex. **17**. Déterminer le lieu du point de rencontre des tangentes à une parabole dont la différence des cotangentes des angles qu'elles font avec l'axe est constante.

Ex. **18**. Trouver le lieu du point d'intersection des normales menées aux extrémités d'une corde qui passe par un point fixe.

Ex. **19**. Trouver le lieu des foyers des paraboles inscrites dans un triangle.

Ex. **20**. Sur les côtés AB, BC, CD, DA d'un quadrilatère, on prend des points P, Q, R, S tels que l'on ait

$$\frac{BP}{BA}=\frac{BQ}{BC}=\frac{AS}{AD}=\frac{CR}{CD};$$

on demande le lieu du point d'intersection des droites PR et QS.

Ex. **21**. On a deux droites déterminées AB et AC, divisées en un même nombre de parties égales ; l'une AC, dans l'ordre A, 1, 2, 3, 4, 5, 6 ; l'autre AB, dans l'ordre B, 1', 2', 3', 4', 5', A ; trouver le lieu des points de rencontre des droites (2'3), (3'4) ; (3'4), (4'5) ; etc.

Ex. **22**. Etant donné un trapèze ABCD, on fait varier la direction du côté CD de manière que la surface du trapèze reste constante ; quel sera le lieu du point de rencontre des diagonales ?

Ex. **23**. D'un point P, on mène une sécante PBA à une parabole, et on prend une longueur PM moyenne proportionnelle entre PA et PB ; trouver le lieu du point M.

Ex. **24**. Quel est le lieu des centres des cercles tangents à une droite et orthogonaux à un cercle fixe ?

Ex. **25**. Chercher le lieu du sommet d'un angle circonscrit à la parabole et tel que le triangle formé par les côtés de l'angle et l'arc de la parabole ait une aire constante.

Ex. **26**. Trouver le lieu du centre d'un triangle équilatéral formé par trois tangentes ou par trois normales à une parabole.

CHAPITRE IX.

FORME DES COURBES.

Construction des courbes algébriques et transcendantes. Courbes semblables.

SOMMAIRE. — *Du centre et des diamètres dans les courbes algébriques. Construction du lieu des pieds des perpendiculaires abaissées d'un point sur les tangentes à une conique, ce point étant le sommet pour la parabole, le centre pour l'ellipse et l'hyperbole. Ovale de Cassini, Folium de Descartes. — Courbes transcendantes : logarithmiques, chaînette, sinussoïde et cosinussoïde; courbe de l'équation* $y = \tang x$; *cycloïde, épicycloïde, développante du cercle. — Courbes semblables. Conditions de similitude de deux coniques. Propriétés des courbes représentées par l'équation* $f(x, y, p) = 0$, *lorsque le paramètre p varie.*

244. Nous nous proposons, dans ce chapitre, de donner quelques exemples de discussion de courbes algébriques d'un ordre supérieur au second, d'indiquer la nature des courbes trancendantes les plus utiles et de faire connaître les caractères des courbes semblables. Nous choisirons, de préférence, dans le nombre si considérable de courbes algébriques, celles qui se rattachent aux courbes du second ordre. Notre but n'est pas de donner ici une théorie complète des courbes planes avec toutes les particularités qu'elles peuvent présenter; car le calcul algébrique, bien que suffisant à la rigueur dans tous les cas pour étudier une ligne, devient très-pénible si l'équation est transcendante ou d'un degré un peu élevé; il est préférable et plus expéditif de se servir de l'analyse infinitésimale. C'est par cette analyse que les lecteurs doivent compléter les notions qui suivent sur les courbes planes.

§ 1. COURBES ALGÉBRIQUES.

245. Étant donnée une équation algébrique en x et y, il est utile de reconnaître à première vue, si la courbe qu'elle représente a un centre ou si elle est symétrique par rapport à un axe. Pour y arriver, nous allons donner quelques notions générales sur le centre et les diamètres des courbes.

Le *centre* d'une courbe *est un point tel, que toute droite qui passe par ce point rencontre la courbe en des points situés deux à deux à égale distance de ce point.*

Il résulte de cette définition que, *si l'origine est placée au centre d'une courbe algébrique, l'équation de cette ligne ne doit renfermer que des termes de même parité, c'est-à-dire, tous de degré pair ou tous de degré impair.* En effet, soit O l'origine et le centre d'une courbe algébrique ; M et M' deux points de celle-ci situés sur une droite passant par l'origine et à égale distance de ce point. Menons MP et M'P' parallèles à OY ; il est visible que les coordonnées des points M et M' sont égales et de signe différent; si x' et y' sont les coordonnées du point M, l'équation doit être satisfaite à la fois par $+x'$, $+y'$ et par $-x'$, $-y'$; ce qui exige qu'elle ne renferme que des termes de degré pair ou de degré impair : dans le premier cas, tous les termes conservent le même signe, et, dans le second, tous les termes ne font que changer de signe, lorsqu'on remplace x et y par $-x$ et $-y$.

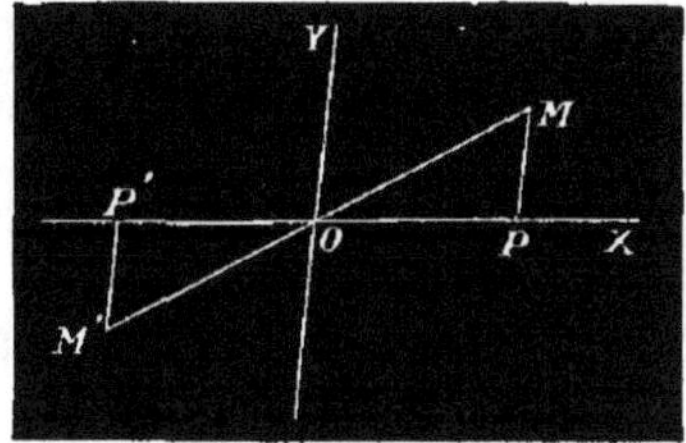

Fig. 83.

Corollaire 1. *Le centre d'une courbe algébrique d'un ordre impair se trouve sur la courbe*; car si on remplace dans une équation de degré impair x et y par $-x$ et $-y$, tous les termes changent de signe excepté le terme indépendant des variables, et pour que l'équation reste la même, il faut qu'elle ne renferme pas de terme constant; elle sera donc vérifiée par les coordonnées $x=0$, $y=0$ de l'origine qu'on suppose au centre de la courbe.

Corollaire 2. *Une courbe algébrique ne peut avoir qu'un centre unique* à moins qu'elle ne se réduise à un système de plusieurs droites parallèles.

Admettons, pour fixer les idées, qu'une courbe du quatrième ordre ait deux centres O et O′. Prenons la droite OO′ pour axe des x. L'origine étant au point O, l'équation de la courbe ne renferme que des termes de degré pair en x et y. Soit ax^3y le terme qui renferme x à la plus haute puissance; en transportant l'origine en O′, ce terme deviendra $a(x+d)^3y$ ou $ax^3 + 3ax^2dy + \ldots$, d représentant la distance des centres OO′. Mais le terme $3ax^2dy$ ne peut se réduire avec aucun autre provenant du changement de x en $x + d$ dans les termes de l'équation qui sont d'un degré moins élevé en x; par conséquent, il est impossible que l'équation ne renferme que des termes de même parité et que le point O′ soit un centre de la courbe, à moins que la variable x ne se trouve pas dans l'équation de la courbe rapportée à la première origine O; dans ce cas, cette équation représente un système de droites parallèles.

246. Nous avons défini le diamètre d'une courbe, *le lieu des milieux des cordes parallèles à une direction donnée.* Dans les courbes du second ordre, les diamètres sont des lignes droites; mais il n'en est plus ainsi pour les courbes d'un ordre plus élevé. En effet, une droite donnée peut rencontrer une courbe de l'ordre m en m points; la combinaison de ces points deux à deux donne un nombre de cordes égal à $\frac{m(m-1)}{2}$ dont les milieux appartiennent au diamètre correspondant à cette direction. Il en résulte que ce diamètre sera une courbe qui peut être rencontrée par une droite en $\frac{m(m-1)}{2}$ points, c'est-à-dire une courbe de l'ordre $\frac{m(m-1)}{2}$: ainsi, pour une courbe du troisième ordre, $m=3$, et le diamètre est aussi, en général, une courbe du même ordre; dans les courbes du quatrième ordre, le diamètre est, en général, une courbe du sixième ordre, et ainsi de suite. La détermination de ces lignes diamétrales ne peut donc faciliter la construction d'une courbe algébrique.

Il arrive quelquefois qu'une courbe admette des diamètres rectilignes. Dans cette hypothèse, si on prend un diamètre rectiligne pour axe des x et une parallèle aux cordes divisées en deux parties égales pour axe des y, l'équation de la courbe doit rester invariable lorsqu'on remplace y par $-y$. Pour trouver les diamètres rectilignes, il faut donc chercher les axes des coordonnées pour lesquels l'équation ne renferme que des puissances paires de y.

En supposant que les axes primitifs soient rectangulaires, on substitue dans l'équation de la courbe à x et à y les valeurs

$$x = a + x' \cos\alpha + y' \cos\beta, \qquad y = b + x' \sin\alpha + y' \sin\beta,$$

et on détermine α, β, a, b de manière à ce que la transformée reste la même par le changement de y en $-y$.

Lorsqu'un diamètre rectiligne est perpendiculaire aux cordes, il se nomme *axe* de la courbe; une telle droite divise la courbe en deux parties parfaitement égales et symétriques.

Si l'équation d'une courbe ne change pas en remplaçant y par x, et x par y, la bissectrice des axes est un axe de la courbe ; car, si le système de valeurs $x = \alpha$ et $y = \beta$ satisfait à l'équation, il en sera de même du système $x = \beta$, $y = \alpha$, et il est évident que les points qui correspondent à ces coordonnées se trouvent sur une perpendiculaire à la bissectrice et à égale distance de cette droite.

Nous allons appliquer ces principes généraux à quelques exemples de courbes.

Exemples de courbes algébriques.

Ex. 1. *Construire le lieu géométrique des pieds des perpendiculaires, abaissées du sommet de la parabole $y^2 = -2px$, sur les tangentes à cette courbe.*

L'équation de la tangente en un point (x', y') de la parabole $y^2 = -2px$ est de la forme

$$yy' = -p(x + x'),$$

et la perpendiculaire abaissée du sommet sur cette droite est représentée par

$$y = \frac{y'}{p} x.$$

On en déduit

$$y' = \frac{py}{x}, \qquad x' = -\frac{y^2 + x^2}{x};$$

en substituant dans la relation $y'^2 = -2px'$, il vient

$$py^2 = 2x(x^2 + y^2).$$

Posons $a = \frac{p}{2}$: la quantité a représente la distance du sommet de la parabole à la directrice; en résolvant l'équation par rapport à y^2, on obtient, pour le lieu cherché,

$$(1) \qquad y^2 = \frac{x^3}{a - x}.$$

La coordonnée y entre seulement au carré dans l'équation, de sorte que, pour une valeur attribuée à x, correspondent deux valeurs égales et de signes contraires pour l'ordonnée : l'axe des x est un axe de la courbe. Lorsque x varie depuis 0 jusqu'à a, l'ordonnée y qui est nulle d'abord augmente d'une manière continue jusqu'à l'infini. D'ailleurs pour toute valeur de x non comprise entre les limites 0 et a, y est imaginaire. La courbe est donc située dans la partie du plan comprise entre la tangente au sommet de la parabole et la directrice : elle se compose de deux branches symétriques qui s'écartent de plus en plus de l'axe des x en se rapprochant indéfiniment de la directrice; cette dernière droite sera une asymptote de la courbe.

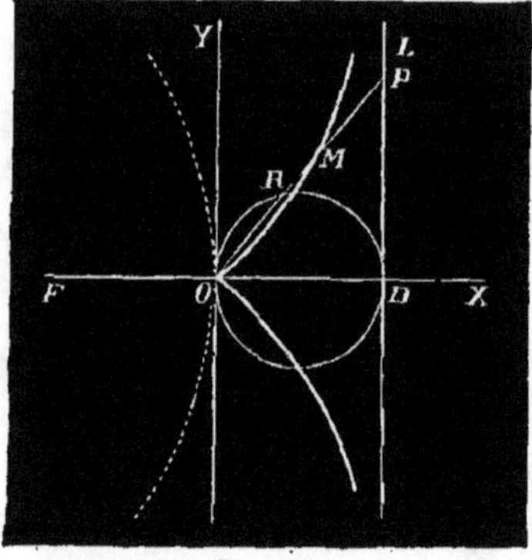

Fig. 84.

Si on compare l'équation (1) avec celle du N° 15, on voit que la courbe précédente n'est autre chose que la *cissoïde de Dioclès* ; pour la construire, on décrit sur $OD = a$, comme diamètre, une circonférence; on mène par le sommet une sécante quelconque qui rencontre le cercle au point R et la directrice au point P ; si on porte sur la sécante à partir du point O une longueur OM égale à RP, c'est-à-dire à la partie de la transversale située en dehors du cercle, le point M appartient au lieu.

Le point O, où viennent s'arrêter les deux branches de la courbe qui ont même tangente en ce point, est un point *singulier* appelé *point de rebroussement*.

Ex. 2. *Construire le lieu des pieds des perpendiculaires abaissées du centre de l'ellipse sur les tangentes à cette courbe.*

Une ellipse qui a pour axes $2a$, $2b$ est représentée par l'équation

$$\frac{x^2}{a^2} + \frac{y^2}{b^2} = 1.$$

L'équation du lieu s'obtient en éliminant x' et y' entre les relations

$$\frac{xx'}{a^2} + \frac{yy'}{b^2} = 1, \qquad y = \frac{a^2y'}{b^2x'}x \quad \text{et} \quad \frac{x'^2}{a^2} + \frac{y'^2}{b^2} = 1.$$

On tire des deux premières,

$$\frac{x'}{a} = \frac{ax}{x^2 + y^2}, \qquad \frac{y'}{b} = \frac{by}{x^2 + y^2};$$

en substituant dans la dernière, il vient pour l'équation du lieu

$$(2) \qquad (x^2 + y^2)^2 = a^2x^2 + b^2y^2.$$

La courbe qu'il s'agit de construire est donc du quatrième ordre. Comme l'équation ne renferme que des termes de même parité, le centre du lieu coïncide avec celui de l'ellipse ; de plus, pour chaque valeur donnée à l'une des variables, on trouvera pour l'autre des valeurs égales et de signes contraires et les axes de l'ellipse sont en même temps des axes de la courbe. Enfin les coordonnées des points A et A', B et B' satisfont à l'équation, et les sommets de l'ellipse appartiennent au lieu. D'après la nature de la question, il est évident que tous les autres points de la courbe sont en dehors de l'ellipse.

Afin de déterminer plus facilement la forme de la courbe, introduisons les coordonnées polaires dans l'équation, en remplaçant x par $\rho \cos \omega$, y par $\rho \sin \omega$; on trouve, après la substitution,

$$\rho^2 = a^2 \cos^2 \omega + b^2 \sin^2 \omega = a^2 - (a^2 - b^2) \sin^2 \omega,$$

ou bien

$$(2') \qquad \rho^2 = a^2 - c^2 \sin^2 \omega.$$

De cette équation résulte la construction suivante : on mène, par l'un des foyers F de l'ellipse, une droite qui rencontre en M la circonférence décrite sur le grand axe; du point M on abaisse une perpendiculaire sur le diamètre du cercle parallèle à la sécante : le pied de cette perpendiculaire appartient au lieu. En effet, on a $\overline{OP}^2 = a^2 - \overline{MP}^2 = a^2 - \overline{OF}^2 \sin^2 \text{MFO} = a^2 - c^2 \sin^2 \omega.$

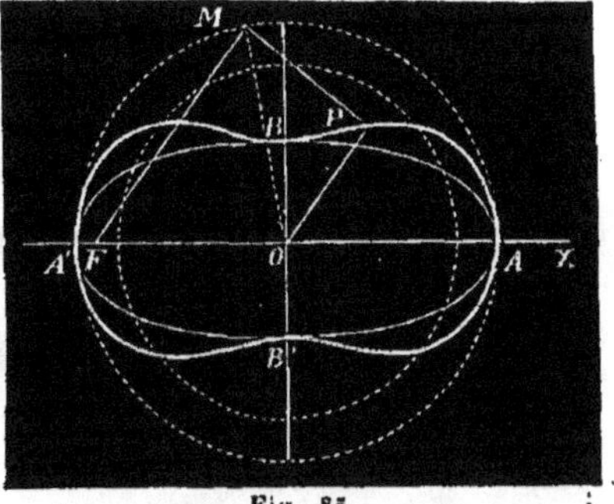

Fig. 85.

Si on multiplie les deux membres de l'équation (2′) par $\frac{c^2 \sin^2 \omega}{c^2}$, il vient

$$y^2 = \frac{c^2 \sin^2 \omega}{c^2} (a^2 - c^2 \sin^2 \omega).$$

La somme des facteurs du produit $c^2 \sin^2 \omega (a^2 - c^2 \sin^2 \omega)$ étant constante, l'ordonnée y augmente avec ω jusqu'à ce que les deux facteurs soient égaux. Posons

$$c^2 \sin^2 \omega = a^2 - c^2 \sin^2 \omega;$$

on en tire

$$\sin \omega = \frac{a}{c\sqrt{2}}.$$

Lorsque $c\sqrt{2} > a$, la valeur précédente est possible, et il existe une valeur de ω qui rend l'ordonnée maximum. En substituant dans l'expression de y^2 à $\sin \omega$ la fraction $\frac{a}{c\sqrt{2}}$, on trouve pour la plus grande valeur de y,

$$y = \frac{a^2}{2c}.$$

On a aussi, pour cette même valeur de ω, $\rho = \frac{a}{\sqrt{2}}$, et $x = \rho \cos \omega = \sqrt{\frac{a^2(2c^2 - a^2)}{2c^2}}$.

Ainsi, dans l'hypothèse où $c\sqrt{2} > a$, l'ordonnée passe par une valeur maximum, lorsque ω varie entre 0° et 90°, et la courbe étant symétrique par rapport aux axes, les points qui correspondent au maximum se trouvent sur le cercle décrit de l'origine comme centre avec un rayon égal à $\frac{a}{\sqrt{2}}$. Le lieu cherché présente la forme de la Figure 85.

Lorsque $c\sqrt{2} < a$, la valeur $\sin \omega = \frac{a}{c\sqrt{2}}$ est impossible et le maximum de y n'existe plus; l'ordonnée va en croissant de 0 à b, quand l'angle ω augmente depuis 0° jusqu'à 90°. Dans ce cas, la forme du lieu diffère peu de celle de l'ellipse.

Ex. 3. *Déterminer le lieu des pieds des perpendiculaires abaissées du centre de l'hyperbole sur les tangentes à cette courbe.*

L'élimination de x' et de y' entre les relations

$$\frac{xx'}{a^2} - \frac{yy'}{b^2} = 1, \quad y = -\frac{a^2y'}{b^2x'}x, \quad \frac{x'^2}{a^2} - \frac{y'^2}{b^2} = 1$$

conduit à l'équation

$$(5) \qquad (x^2+y^2)^2 = a^2x^2 - b^2y^2.$$

Le lieu cherché est une courbe du quatrième ordre dont le centre et les axes coïncident avec le centre et les axes de l'hyperbole ; elle est évidemment située dans la portion du plan interceptée par les tangentes aux sommets A et A' de l'hyperbole ; elle rencontre les axes à l'origine et aux points A et A'.

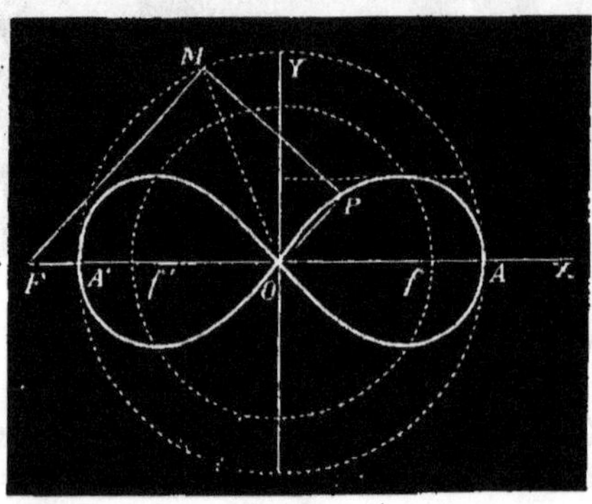

Fig. 86.

On trouverait facilement, pour l'équation de la courbe en coordonnées polaires,

$$\rho^2 = a^2\cos^2\omega - b^2\sin^2\omega,$$

ou bien

$$(5') \qquad \rho^2 = a^2 - c^2\sin^2\omega.$$

Pour obtenir un point de la courbe, on mène par l'un des foyers une sécante qui rencontre le cercle décrit sur l'axe transverse en un point M ; le pied de la perpendiculaire abaissée du point M sur le diamètre parallèle à la sécante appartient au lieu. Cette construction découle de l'équation (5').

On verrait, comme on l'a fait dans l'exemple précédent, que l'ordonnée y augmente jusqu'à une certaine valeur maximum, pour décroître ensuite jusqu'à 0, lorsque ω varie d'une manière continue depuis 0° jusqu'à 90°. Afin de déterminer le maximum de y, cherchons les points d'intersection de la courbe avec une parallèle à l'axe des x. Posons $y = \lambda$ dans l'équation (5) ; il vient, en ordonnant par rapport à x,

$$x^4 + x^2(2\lambda^2 - a^2) + \lambda^4 + b^2\lambda^2 = 0.$$

Pour que la droite $y = \lambda$ soit tangente à la courbe, cette équation doit avoir des racines égales, et, par suite,

$$(2\lambda^2 - a^2)^2 - 4(\lambda^4 + b^2\lambda^2) = 0.$$

On en tire

$$\lambda^2 = \frac{a^4}{4c^2}.$$

Ainsi la droite $y = \frac{a^2}{2c}$ est une tangente à la courbe parallèle aux x, et $\frac{a^2}{2c}$ est évidemment le maximum de l'ordonnée; on trouve aussi, pour ce maximum, $x^2 = -\frac{1}{2}(2\lambda^2 - a^2) = \frac{(2c^2-a^2)a^2}{4c^2}$, et $\rho = \frac{a}{\sqrt{2}}$. Si on décrit de l'origine, comme centre, un cercle avec un rayon égal à $\frac{a}{\sqrt{2}}$, les points de la courbe les plus éloignés de l'axe des x se trouvent sur ce cercle. Le lieu cherché sera une courbe fermée qui passe par l'origine comme le montre la figure. Cette courbe porte le nom de *lemniscate* (N° 14).

Supposons $a = b$; l'équation devient

$$(x^2 + y^2)^2 = a^2 (x^2 - y^2).$$

Soient f et f' les points où le cercle de rayon $\frac{a}{\sqrt{2}}$ rencontre l'axe des x ; nous allons voir que le produit des rayons vecteurs d'un point de la courbe est constant et égal au carré de la moitié de la distance des points f et f' ; c'est en partant de cette propriété que nous avons trouvé (N° 14) l'équation de la lemniscate.

On a pour les rayons vecteurs

$$\overline{\mathrm{P}f}^2 = \left(x - \frac{a}{\sqrt{2}}\right)^2 + y^2, \quad \overline{\mathrm{P}f'}^2 = \left(x + \frac{a}{\sqrt{2}}\right)^2 + y^2;$$

d'où on tire

$$\overline{\mathrm{P}f}^2 \cdot \overline{\mathrm{P}f'}^2 = \left(x^2 + y^2 + \frac{a^2}{2} - \frac{2ax}{\sqrt{2}}\right)\left(x^2 + y^2 + \frac{a^2}{2} + \frac{2ax}{\sqrt{2}}\right)$$

$$= \left(x^2 + y^2 + \frac{a^2}{2}\right)^2 - 2a^2x^2 = (x^2 + y^2)^2 - a^2(x^2 - y^2) + \frac{a^4}{4},$$

et, en vertu de l'équation de la courbe,

$$\overline{\mathrm{P}f}^2 \cdot \overline{\mathrm{P}f'}^2 = \frac{a^4}{4}; \quad \text{d'où} \quad \mathrm{P}f \cdot \mathrm{P}f' = \frac{a^2}{2}.$$

Ex. 4. Ellipse de Cassini. *Construire le lieu d'un point tel que le produit de ses distances à deux points fixes est constant et égal à m^2.*

Désignons par F et F′ les deux points fixes, et rapportons la courbe à des axes rectangulaires dont l'origine se trouve au milieu des points donnés. Si FF′ est l'axe des x, l'équation du lieu sera

$$(4) \qquad [(x - d)^2 + y^2][(x + d)^2 + y^2] = m^4,$$

où d est la distance des points fixes à l'origine. En développant, on peut écrire

$$(4') \qquad (x^2 + y^2)^2 - 2d^2(x^2 - y^2) = m^4 - d^4,$$

ou bien, en ordonnant le premier membre par rapport à y,

$$(4'') \qquad y^4 + 2(x^2 + d^2)y^2 + (x^2 - d^2)^2 - m^4 = 0.$$

Le lieu cherché est une courbe du quatrième ordre dont le centre est à l'origine ; elle est symétrique par rapport aux axes des coordonnées qui sont aussi des axes de la courbe.

Lorsque $m = d$, l'équation (4′) représente une lemniscate dont l'ordonnée maximum a pour valeur absolue $\frac{d}{2}$, et l'abcisse correspondante $\frac{d\sqrt{3}}{2}$.

Supposons $m > d$; l'équation (4″) résolue par rapport à y^2 donne

$$(\alpha) \quad y^2 = -(x^2 + d^2) \pm \sqrt{(x^2 + d^2)^2 - [(x^2 - d^2)^2 - m^4]},$$

ou bien,

$$(\beta) \qquad y^2 = -(x^2 + d^2) \pm \sqrt{4d^2x^2 + m^4}.$$

La quantité sous le radical est toujours positive, et, par suite, y^2 est toujours réel; mais en vertu de (α), pour que y^2 soit positif, il faut que l'on ait

$$(x^2 - d^2)^2 - m^4 < 0, \quad \text{ou} \quad (x^2 - d^2 - m^2)(x^2 - d^2 + m^2) < 0$$

et, par conséquent,

$$x^2 < d^2 + m^2, \quad \text{et} \quad x^2 > d^2 - m^2.$$

Puisque m est plus grand que d, la seconde condition est toujours satisfaite : l'abcisse x peut varier entre $+\sqrt{d^2 + m^2}$ et $-\sqrt{d^2 + m^2}$. L'ordonnée y s'annule pour $x = \pm\sqrt{d^2 + m^2}$, et elle est égale à $\sqrt{m^2 - d^2}$, pour $x = 0$. Prenons (*fig.* 85) $OA = OA' = \sqrt{a^2 + m^2}$, et $OB = OB' = \sqrt{m^2 - d^2}$: les points A, A', B, B' appartiennent au lieu cherché. Pour déterminer la plus grande valeur que prend l'ordonnée y, lorsque x varie depuis 0 jusqu'à $\sqrt{d^2 + m^2}$, on cherche l'équation de la tangente à la courbe parallèle à l'axe des x. Posons $y = \lambda$ dans l'équation (4''), et ordonnons par rapport à x; il viendra

$$x^4 - 2x^2(d^2 - \lambda^2) + (d^2 + \lambda^2)^2 - m^4 = 0.$$

Les racines de cette équation sont égales si $\lambda^2 = \frac{m^4}{4d^2}$: donc le maximum de y^2 est $\frac{m^4}{4d^2}$, et on trouve, pour l'abcisse correspondante, $x^2 = \frac{4d^4 - m^4}{4d^2}$. Mais comme $m > d$, l'abcisse relative au maximum n'est réelle qu'avec la condition $4d^4 - m^4 < 0$, ou $m < d\sqrt{2}$. Si cette dernière condition est satisfaite, le maximum existe et la courbe présente la forme de la *fig.* 85. Les points les plus éloignés de l'axe des x se trouvent sur un cercle décrit de l'origine comme centre avec un rayon égal à d. Lorsque $m > d\sqrt{2}$, le maximum intermédiaire n'existe plus; l'ordonnée $OB = \sqrt{m^2 - d^2}$ est la plus grande valeur de y : le lieu cherché se rapproche beaucoup de la forme d'une ellipse; c'est la courbe connue sous le nom d'*ovale de Cassini*.

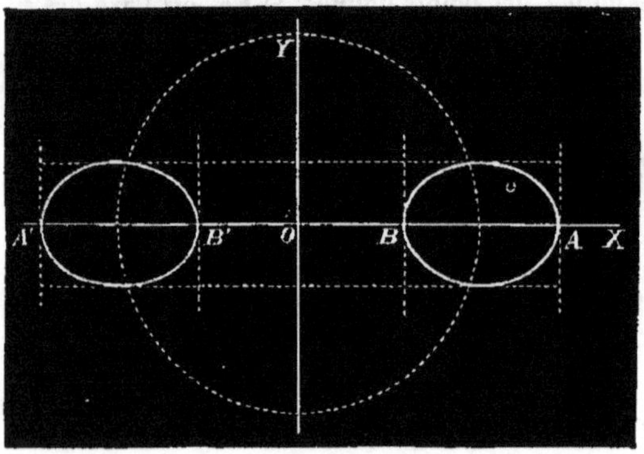

Supposons en dernier lieu, $m < d$. Dans cette hypothèse, il existe quatre valeurs de x qui annulent l'ordonnée y donnée par (α); ces valeurs sont : $x = \pm\sqrt{d^2 + m^2}$, $x = \pm\sqrt{d^2 - m^2}$.

Fig. 87.

Prenons (*fig.* 87) sur l'axe des x, $OB = OB' = \sqrt{d^2 - m^2}$, $OA = OA' = \sqrt{d^2 + m^2}$: les points A, A' B, B' appartiennent à la courbe, et celle-ci sera située entre les parallèles à OY menées par ces différents points, puisque les valeurs absolues de x sont comprises entre $\sqrt{d^2 + m^2}$ et $\sqrt{d^2 - m^2}$. On a, dans ce cas, deux courbes fermées comme le montre la figure; l'ordonnée maximum a pour valeur absolue $\frac{m^2}{2d}$, et l'abcisse correspondante est : $\sqrt{\frac{4d^4 - m^4}{2d}}$.

Ex. 5. Folium de Descartes. *Construire la courbe représentée par l'équation*

$$y^3 - 3axy + x^3 = 0.$$

Remarquons d'abord que l'équation ne change pas, si on remplace y par x et x par y : la bissectrice des axes est un axe de symétrie de la courbe. De plus, pour $x = 0$, l'équation se réduit à $y^3 = 0$, qui donne pour y trois racines égales à 0 ; ce qui veut dire que la courbe est tangente à l'origine à l'axe des x ; elle est aussi tangente au même point à l'axe des y.

En donnant à x une certaine valeur x_1, il faudrait résoudre une équation du troisième degré pour trouver les valeurs correspondantes de y. Il est avantageux d'introduire ici une variable auxiliaire, en posant $y = tx$: cela revient à chercher les points d'intersection de la courbe avec des droites passant par l'origine. Si on remplace dans l'équation y par tx, on trouve

$$x = \frac{3at}{t^3 + 1},$$

et, par suite,

$$y = \frac{3at^2}{t^3 + 1}.$$

Ces formules servent à calculer x et y pour une valeur quelconque de t.

Cela étant, lorsque t augmente depuis 0 jusqu'à $\sqrt[3]{\frac{1}{2}}$, x et y augmentent et pour $t = \sqrt[3]{\frac{1}{2}}$, on a

$$x = 2a\sqrt[3]{\frac{1}{2}}, \qquad y = 2a\sqrt[3]{\frac{1}{4}},$$

ou,

$$x = a\sqrt[3]{4}, \qquad y = a\sqrt[3]{2}.$$

A ces différentes valeurs correspondent l'arc de courbe OB. Il est facile de vérifier que si t prend une valeur plus grande que $\sqrt[3]{\frac{1}{2}}$, l'abcisse x diminue et $a\sqrt[3]{4}$ est la valeur maximum de x ; mais y continue de croître jusqu'à ce que la variable t prenne la valeur $\sqrt[3]{2}$, pour laquelle on a

$$x = a\sqrt[3]{2}, \qquad y = a\sqrt[3]{4} :$$

$a\sqrt[3]{4}$ est le maximum de l'ordonnée, et, pour le point B′ qui correspond au maximum, la tangente est parallèle à l'axe des x.

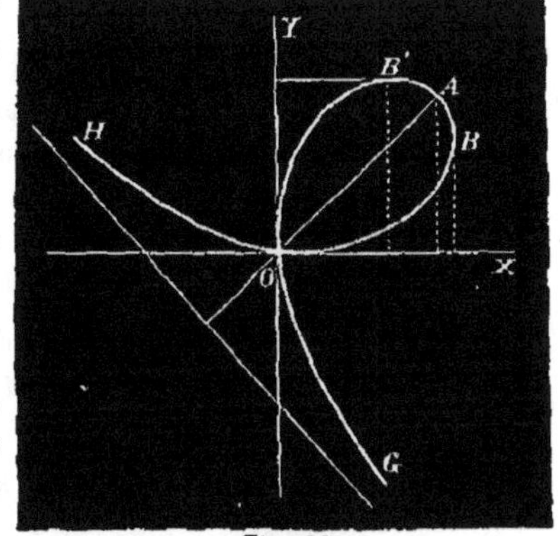

Fig. 88.

Enfin, si t augmente depuis $\sqrt[3]{2}$ jusqu'à l'∞, y et x diminuent jusqu'à 0 et on obtient l'arc B′O de la courbe symétrique de l'arc OB par rapport à la bissectrice des axes.

Lorsque t est négatif, l'abcisse x est négative aussi longtemps que la valeur absolue de t est moindre que l'unité, tandis que l'ordonnée y est positive et augmente indéfiniment ; il en résulte qu'à partir de l'origine, la courbe se continue vers la gauche en s'écartant de plus en plus de l'axe des x. Enfin, quand la valeur absolue de t est plus grande que l'unité, x devient positif et y négatif ; on obtient alors la branche OG de la courbe.

On peut démontrer que les branches infinies OH et OG ont une asymptote commune perpendiculaire à la bissectrice. En effet, posons $y = -x + \lambda$; en combinant cette équation avec celle de la courbe, il vient

$$x^2(3\lambda + 3a) - x(3\lambda^2 + 3a\lambda) + \lambda^3 = 0.$$

Si la droite $y = -x + \lambda$ est tangente à la courbe à l'infini, cette équation doit donner pour x des valeurs infinies, et par suite, $3\lambda + 3a = 0$; d'où $\lambda = -a$.

Donc, la droite

$$y = -x - a$$

sera l'asymptote des branches infinies OG et OH.

§ 3. COURBES TRANSCENDANTES.

EX. 1. COURBES LOGARITHMIQUES. *Construire la courbe représentée par une équation de la forme*

$$(1) \qquad y = \mathrm{A}a^{\frac{x}{\mathrm{B}}}.$$

Si on désigne par m une constante définie par l'équation $e^{\frac{1}{m}} = a^{\frac{1}{\mathrm{B}}}$, l'équation proposée devient

$$y = \mathrm{A}e^{\frac{x}{m}}$$

dans laquelle e désigne la base des logarithmes naturels. Supposons que la courbe soit rapportée à deux axes rectangulaires ; transportons l'origine en un point O' de l'axe des x situé à une distance α de l'origine primitive O. L'équation de la courbe, pour cette nouvelle origine, sera

$$y = \mathrm{A}e^{\frac{x+\alpha}{m}}, \quad \text{ou} \quad y = \mathrm{A}e^{\frac{\alpha}{m}} \cdot e^{\frac{x}{m}};$$

de sorte que, si on prend pour α la valeur déterminée par l'équation $m = \mathrm{A}e^{\frac{\alpha}{m}}$, on aura une origine pour laquelle l'équation (1) se réduit à

$$(2) \qquad y = me^{\frac{x}{m}}.$$

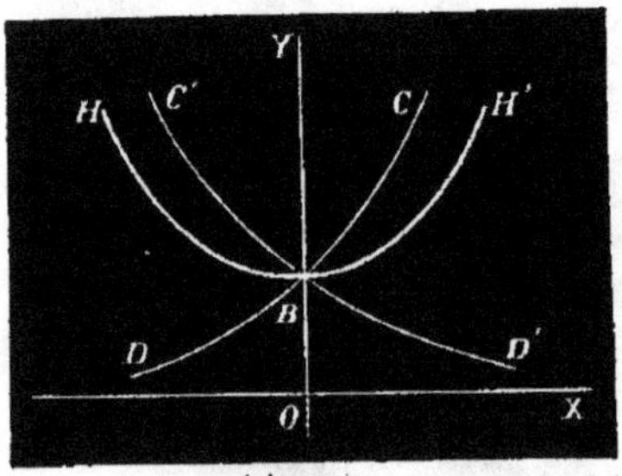

Pour étudier le caractère des courbes renfermées dans l'équation (1), il suffira donc de considérer l'équation précédente. Or, si x augmente positivement depuis 0 jusqu'à l'infini, l'ordonnée y augmente depuis m jusqu'à $+\infty$; d'un autre côté, si x varie de 0 à $-\infty$, y est toujours positif et diminue indéfiniment ; donc l'équation représente une courbe telle que CD qui a pour asymptote

Fig. 89.

l'axe des x négatifs, et qui rencontre l'axe des y en un point B dont l'ordonnée $OB = m$.

L'équation

$$y = me^{-\frac{x}{m}}$$

représenterait une branche de courbe C'D' analogue à la précédente, mais qui se rapproche de plus en plus de l'axe des x positifs.

Ex. 2. Chaînette. *Déterminer la forme de la courbe représentée par l'équation*

$$(5) \qquad y = \frac{m}{2}\left(e^{\frac{x}{m}} + e^{-\frac{x}{m}}\right).$$

Si on change x en $-x$, le second membre de l'équation donnée reste invariable; il en résulte que l'ordonnée y a des valeurs égales et de même signe lorsqu'on attribue à x des valeurs égales et de signes contraires : l'axe des y est un axe de la courbe. Pour $x = 0$, $y = m$; quand x augmente depuis 0 jusqu'à l'infini, le terme $e^{\frac{x}{m}}$ augmente de plus en plus, tandis que $e^{-\frac{x}{m}}$ diminue jusqu'à 0 : la courbe se compose (*fig.* 89) de deux parties symétriques BH' et BH qui s'éloignent indéfiniment. Cette courbe est appelée *chaînette* parce que c'est la forme qu'affecte un fil pesant homogène fixé par ses extrémités.

Ex. 3. Sinussoïde, cosinussoïde. Ces courbes sont représentées par les équations

$$(4) \qquad y = \sin x, \qquad y = \cos x.$$

Le sinus et le cosinus étant des fonctions périodiques de l'arc, les courbes qu'il s'agit de construire doivent se composer d'une suite d'arcs égaux et s'étendre indéfiniment dans les deux sens de l'axe des x. Il suffit, pour se faire une idée de la forme de ces lignes, de considérer les valeurs de x comprises entre 0 et 2π. Or, pour la première, si x varie de 0 à $\frac{\pi}{2}$, le sinus est positif et augmente d'une manière continue jusqu'à l'unité, tandis que x croissant depuis $\frac{\pi}{2}$ jusqu'à π, il diminue jusqu'à 0 A ces différentes valeurs de x correspond l'arc de courbe OAO'; le point A le plus éloigné de l'axe des x a pour ordonnée l'unité et pour abcisse une longueur $OP = \frac{\pi}{2}$. Lorsque x augmente de π à 2π, l'ordonnée y devient

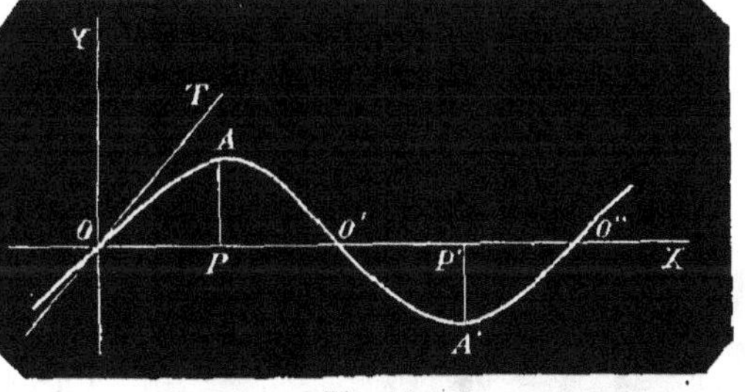

Fig. 90.

négative avec le sinus, mais elle reprend, abstraction faite du signe, les mêmes valeurs numériques, de sorte qu'entre ces limites on obtient l'arc O'A'O'' identique au premier, mais situé au-dessous de l'axe des x. En continuant de faire croître x de 2π à 3π, on aurait un troisième arc égal aux deux autres, et ainsi de suite. Comme pour une valeur quelconque de x, y est toujours réel, la courbe s'étend de chaque côté de l'axe des x et rencontre ce dernier aux points qui ont pour abcisses

$$\ldots\ldots -2\pi,\ -\pi,\ 0,\ \pi,\ 2\pi\cdots\cdots;$$

l'ordonnée est maximum et égale à l'unité en valeur absolue pour les abcisses

$$\ldots\ldots -\frac{3\pi}{2},\ -\frac{\pi}{2},\ \frac{\pi}{2},\ \frac{3\pi}{2},\ \frac{5\pi}{2}\ldots\ldots$$

La tangente à l'origine est la bissectrice des axes. En effet, la tangente en O a une équation de la forme $y = mx$; le coefficient angulaire m sera la limite vers laquelle converge le rapport $\frac{y}{x}$ tiré de l'équation de la courbe quand x tend vers 0 ; mais on a

$$\lim \frac{y}{x} = \lim \frac{\sin x}{x} = 1$$

et l'équation de la tangente est $y = x$.

Enfin, nous ajouterons que l'origine est un centre de la courbe, puisque l'équation ne change pas si on remplace x et y par $-x$ et $-y$; il en est de même des points O′, O″..., où la courbe rencontre l'axe des x.

En répétant une discussion analogue à la précédente sur l'équation $y = \cos x$, on verrait que la cosinussoïde est aussi une courbe qui se compose d'une suite d'arcs semblables ; elle rencontre l'axe des x en des points qui ont pour abcisses

$$\ldots\ldots -\frac{3\pi}{2},\ -\frac{\pi}{2},\ \frac{\pi}{2},\ \frac{3\pi}{2},\ \frac{5\pi}{2}\ldots\ldots;$$

l'ordonnée y est maximum pour les valeurs de x

$$-2\pi,\ -\pi,\ 0,\ \pi,\ 2\pi,\ 3\pi\cdots\cdots;$$

la courbe ne passe plus par l'origine et celle-ci n'est plus un centre de la courbe.

Ex. 4. *Construire la courbe transcendante représentée par l'équation*

$$(3) \qquad y = \operatorname{tang} x.$$

Prenons sur l'axe des x des points équidistants Q′, Q, P, P′.... ayant pour abcisses

$$\ldots\ldots -\frac{3\pi}{2},\ -\frac{\pi}{2},\ \frac{\pi}{2},\ \frac{3\pi}{2},\ \frac{5\pi}{2}\ldots\ldots$$

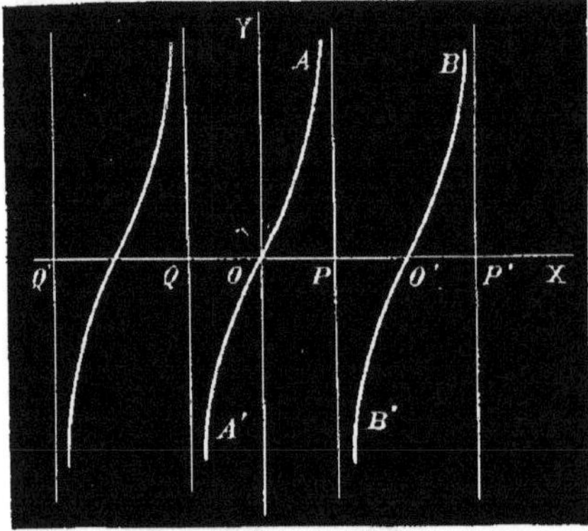

Fig. 91.

et menons par ces points des parallèles à OY. Quand x varie de 0 à $\frac{\pi}{2}$, tang x qui est nulle d'abord croît indéfiniment : de là une première branche de courbe OA qui se rapproche de plus en plus de la parallèle à OY menée par le point P. Si x continue de croître d'une manière continue de $\frac{\pi}{2}$ à $\frac{3\pi}{2}$, la fonction tang x devient négative ; elle a d'abord une valeur absolue très-considérable, diminue ensuite et prend la valeur 0 pour $x = \pi$;

pour $x > \pi$, elle devient positive et augmente indéfiniment à mesure que x s'approche de la valeur $\frac{3\pi}{2}\cdot$ A ces valeurs correspond la branche B'O'B située entre les parallèles à OY menées par les points P et P' dont les abcisses sont $\frac{\pi}{2}$ et $\frac{3\pi}{2}\cdot$ On obtiendrait une nouvelle branche identique à la précédente en donnant à x des valeurs comprises entre $\frac{3\pi}{2}$ et $\frac{5\pi}{2}$, et ainsi de suite.

Comme l'ordonnée y est toujours réelle quel que soit x, la courbe se compose d'une infinité de branches telles que BOB'; elle a une infinité d'asymptotes parallèles à OY et menées par les points qui ont pour abcisses

$$\ldots\ldots -\frac{3\pi}{2},\quad -\frac{\pi}{2},\quad \frac{\pi}{2},\quad \frac{3\pi}{2},\quad \frac{5\pi}{2}\ldots\ldots;$$

elle rencontre l'axe des x aux points qui correspondent aux valeurs suivantes de x :

$$\ldots\ldots -3\pi,\ -2\pi,\ -\pi,\ 0,\ \pi,\ 2\pi,\ 3\pi\ldots\ldots,$$

et tous ces points sont des centres de la courbe.

Ex. 3. Cycloïde. *La cycloïde est la courbe décrite par un point de la circonférence d'un cercle qui roule sans glisser sur une droite indéfinie.*

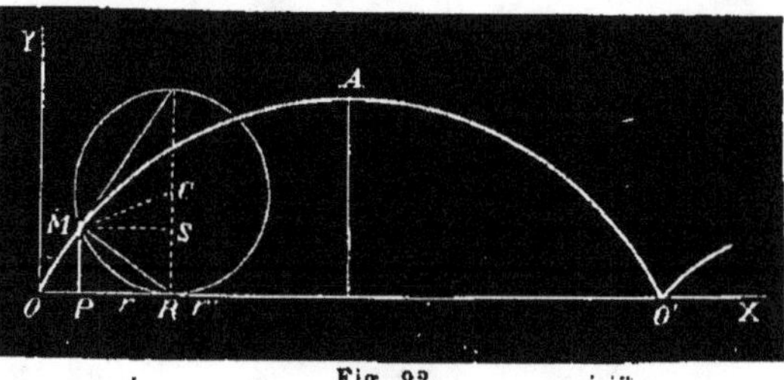

Fig. 92.

Soit OX une droite fixe, R le point de contact d'un cercle de rayon r avec cette droite, et M le point de la circonférence qui engendre la courbe. Nous admettrons, qu'à l'origine du mouvement, le point générateur coïncide avec le point de contact O du cercle avec la droite fixe.

Prenons pour axe des x la droite OX, et pour axe des y une perpendiculaire à cette ligne élevée au point O. Lorsque le cercle roulant occupe la position indiquée dans la figure, les coordonnées du point M sont

$$x = \text{OP} = \text{OR} - \text{PR}, \qquad y = \text{CR} - \text{CS}.$$

Désignons par φ l'angle que fait le rayon CM avec sa direction primitive CR. D'après la nature du mouvement, on a $\text{OR} = \text{arc MR} = r\varphi$; de plus, $\text{PR} = \text{MS} = r\sin\varphi$, et $\text{SC} = r\cos\varphi$. En substituant, il vient pour x et y

$$(6) \qquad x = r(\varphi - \sin\varphi); \qquad y = r(1 - \cos\varphi).$$

On en déduit

$$\frac{r-y}{r} = \cos\varphi, \qquad \sin\varphi = \sqrt{1-\cos^2\varphi} = \frac{\sqrt{2ry - y^2}}{r},$$

et

$$\varphi = \text{arc}\cos\frac{r-y}{r}.$$

Si on substitue ces valeurs dans la première des égalités (6), on trouve pour l'équation de la cycloïde en coordonnées cartésiennes

$$(7) \qquad x = r\cdot\text{arc}\cos\frac{r-y}{r} \pm \sqrt{2ry - y^2}.$$

Il est préférable, pour construire la courbe, de faire usage des équations (6). Remarquons d'abord que y s'annule pour $\varphi = 0$ et $\alpha = 2\pi$, tandis que sa valeur maximum correspond à $\cos \varphi = -1$ ou $\varphi = \pi$. Lorsque φ varie depuis 0 jusqu'à π, x augmente de 0 à πr, et l'ordonnée y, qui est nulle d'abord, augmente et prend sa plus grande valeur $2r$ pour $\varphi = \pi$. Si φ augmente de π à 2π, x continue de croître depuis πr jusqu'à $2\pi r$, tandis que y diminue jusqu'à 0. On obtient ainsi un premier arc de courbe dont l'ordonnée maximum est égale au diamètre du cercle.

Il est évident que φ augmentant de 2π à 4π, de 4π à 6π, etc., l'ordonnée y reprend les mêmes valeurs que lorsque φ varie entre 0 et 2π : la cycloïde se compose donc d'une infinité d'arcs égaux à OAO′, ayant pour base une longueur égale à la circonférence du cercle roulant, et pour hauteur le diamètre de ce cercle.

Il est facile de montrer que la normale à la cycloïde en un point M doit passer par le point de contact R. En effet, le cercle C a, au point R, un élément infiniment petit commun avec la droite OO′ ; or, pendant que les éléments qui coïncident en rR se séparent, jusqu'à ce que l'élément contigu du cercle vienne coïncider avec l'élément suivant Rr' de la droite, le point R reste immobile et le point générateur M décrit un arc de cercle infiniment petit perpendiculaire à MR et dont le prolongement est la tangente à la courbe au point M ; il en résulte que le rayon RM perpendiculaire à la tangente sera la normale à la cycloïde au même point.

Le raisonnement précédent peut s'appliquer au cas où la ligne fixe, sur laquelle roule le cercle, est une courbe quelconque, et on a cette propriété : que *la droite qui joint le point générateur avec le point de contact du cercle roulant sur une ligne fixe est normale à la courbe décrite.*

Ex. 6. Épicycloïde. On appelle ainsi *la courbe décrite par un point de la circonférence d'un cercle qui roule sans glisser sur un cercle fixe.*

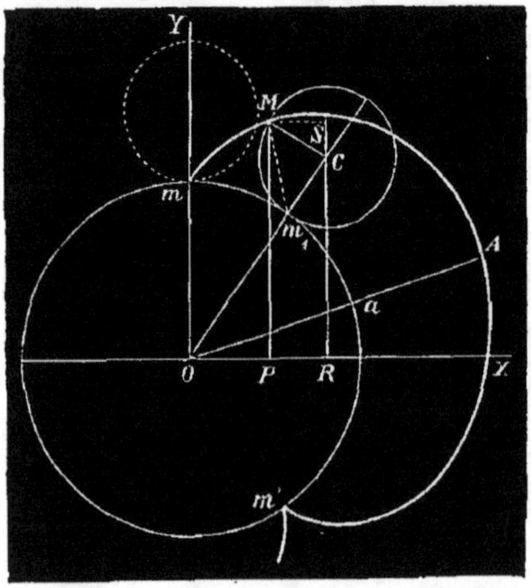

Soit O le centre d'un cercle fixe de rayon r_0, et r le rayon du cercle roulant. Supposons qu'à l'origine du mouvement, m soit le point de contact des deux cercles; cherchons l'équation de la courbe décrite par ce point lorsque le cercle de rayon r roule sur le premier. Prenons deux axes rectangulaires qui se coupent au centre du cercle fixe et dont l'un OY passe par le point m. Soit C la position du cercle mobile lorsqu'il touche le cercle fixe au point m_1, et M le point générateur. Menons MP et CR perpendiculaires à OX, et MS parallèle à cet axe. Si on représente par φ l'angle que fait le rayon CM avec la ligne des centres CO, on a évidemment, à cause de l'égalité des arcs mm_1 et m_1M,

Fig. 93.

$$\text{angle } m\text{OC} = \frac{r\varphi}{r_0}, \quad \text{et} \quad \text{angle MCR} = \frac{(r + r_0)\varphi}{r_0}.$$

De plus, les coordonnées du point M sont :

$$x = OR - MS, \qquad y = CR + CS,$$

et, par suite,

$$(8)\qquad \begin{aligned} x &= (r + r_0) \sin \frac{r\varphi}{r_0} - r \sin \frac{(r + r_0)\varphi}{r_0}, \\ y &= (r + r_0) \cos \frac{r\varphi}{r_0} - r \cos \frac{(r + r_0)\varphi}{r_0}. \end{aligned}$$

Ces formules permettent de calculer les coordonnées x et y d'un point de la courbe pour une valeur quelconque de l'angle φ. En élevant au carré et en ajoutant, il vient, pour la distance d'un point de la courbe au centre du cercle fixe,

$$d^2 = (r + r_0)^2 + r^2 - 2r(r + r_0) \cos \varphi.$$

Considérons les valeurs de φ comprises entre 0 et 2π. La plus grande valeur de d correspond à $\cos \varphi = -1$ ou $\varphi = \pi$; on a, dans ce cas, $d = r_0 + 2r$; si $\cos \varphi = 1$, d est minimum et se réduit a r_0 ; ce qui a lieu pour $\varphi = 0$ et $\varphi = 2\pi$.

On obtient, pour ces différentes valeurs de φ, un arc de courbe mAm', tel que la base mm_1m' est égale à la circonférence du cercle roulant, et dont le point le plus éloigné du centre du cercle fixe est distant de la circonférence de ce cercle d'une longueur $Aa = 2r$. En continuant de faire croître φ de 2π à 4π etc., on obtiendrait une série d'arcs égaux à mAm'.

La normale à la courbe au point M est la droite qui joint le point générateur M au point de contact m_1 des deux cercles.

Supposons que les rayons des cercles soient égaux, et prenons le point m pour origine des coordonnées : il faut changer y en $y + r_0$, et les formules (8) deviennent dans ce cas

$$x = 2r_0 \sin \varphi - r_0 \sin 2\varphi, \qquad y = 2r_0 \cos \varphi - r_0 (1 + \cos 2\varphi) ;$$

ou bien,

$$x = 2r_0 \sin \varphi\, (1 - \cos \varphi). \qquad y = 2r_0 \cos \varphi\, (1 - \cos \varphi).$$

On en déduit

$$\tang \varphi = \frac{x}{y}, \qquad \cos \varphi = \frac{y}{\sqrt{x^2 + y^2}},$$

et

$$x^2 + y^2 = 4r_0^2 (1 - \cos \varphi)^2;$$

en éliminant φ, on trouve pour l'équation de la courbe en x et y,

$$(9)\qquad (x^2 + y^2)^2 + 4r_0 y (x^2 + y^2) - 4r_0^2 x^2 = 0.$$

Ainsi, lorsque les rayons des deux cercles sont égaux, l'épicycloïde est représentée par une équation algébrique.

Ex. 7. Développante du cercle. On appelle ainsi *la courbe décrite par un point d'une droite qui roule sans glisser sur un cercle fixe.*

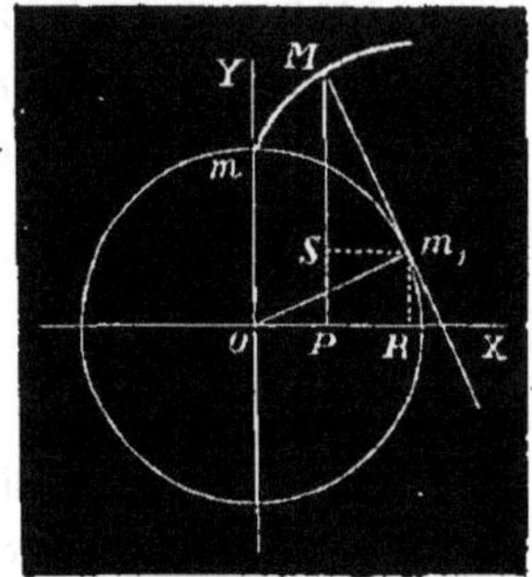

Fig. 94.

Plaçons l'origine d'un système d'axes rectangulaires au centre du cercle fixe O et faisons passer l'axe des y par le point de contact m de la droite et du cercle à l'origine du mouvement. Pour trouver l'équation de la courbe décrite par ce point, considérons une position Mm_1 de la droite roulante, et soit M le point de la courbe. On a

$$x = OR - Sm_1, \qquad y = m_1 R + SM.$$

Appelons φ l'angle m_1Om et r_0 le rayon du cercle fixe. En remarquant que $m_1 M = \text{arc } mm_1 = r_0\varphi$, on a

$$x = r_0 \sin\varphi - r_0\varphi \cos\varphi, \qquad y = r_0 \cos\varphi + r_0 \varphi \sin\varphi :$$

formules qui servent à calculer les coordonnées x et y d'un point quelconque de la courbe décrite. On en déduit pour la distance d'un point de la courbe au centre du cercle fixe

$$d^2 = r_0^2 + r_0^2\varphi^2.$$

Cette distance augmente de plus en plus avec φ : la courbe sera une spirale indéfinie ayant pour origine le point m. La droite roulante est dans chacune de ses positions normale à la courbe décrite.

Remarque. Les discussions qui précèdent apprennent à tracer approximativement une courbe donnée par son équation. Pour le faire avec plus d'exactitude, il faudrait déterminer les éléments suivants :

1° L'expression du coefficient angulaire de la tangente, pour suivre avec soin l'inclinaison de cette droite, lorsque le point de contact se déplace sur la courbe. Il est surtout utile de connaître les points où la tangente est parallèle aux axes; ces points correspondent en général à un maximum ou à un minimum de l'une des coordonnées.

2° Le sens de la concavité des différentes parties de la courbe par rapport aux axes.

3° Les asymptotes des branches infinies.

4° Les points remarquables de la courbe, tels que les points de rebroussement, c'est-à-dire les points où viennent s'arrêter deux branches de la courbe ; les points multiples, c'est-à-dire les points où passent plusieurs branches de la courbe, etc. Toutes ces questions qui se présentent dans l'étude d'une ligne plane seront traitées par les méthodes du calcul infinitésimal, voir *Cours d'analyse infinitésimale par* P. Gilbert. Louvain, 1872.

Exercices.

Ex. 1. Strophoïde. Étant donné un angle XOY, on mène, par un point fixe A sur OX, une sécante qui rencontre OY en K, et on prend de chaque côté du point K, KM = KN = OK; le lieu des points M et N est une courbe appelée strophoïde ou logocyclique.

Avec les droites OX, OY pour axes, son équation est

$$x(x^2+y^2)-a(x^2-y^2)=0,$$

a étant l'abcisse du point A; en coordonnées polaires, elle est représentée par

$$\rho=\frac{a\cos 2\omega}{\cos\omega}.$$

Ex. 2. *Conchoïde de Nicomède.* Étant donnés un point fixe A et une droite DD′, on tire, par le point A, une sécante qui coupe la droite donnée en K, et on prend à droite et à gauche de K une longueur constante $KM=KN=b$; la conchoïde est le lieu des points M et N.

Si on place l'origine en A et si la perpendiculaire abaissée de ce point sur DD′ est l'axe des x, l'équation de cette courbe est

$$(x^2+y^2)(x-a)^2=b^2x^2,$$

a étant la distance de la droite donnée à l'origine. En coordonnées polaires, elle est définie par

$$\rho=\frac{a}{\cos\omega}+b.$$

Ex. 3. *Limaçon de Pascal.* Étant donné un cercle de rayon r, on mène par l'extrémité A d'un diamètre fixe une sécante qui rencontre le cercle en K, et on porte, de chaque côté du point K, des longueurs constantes $KM=KN=b$; le lieu des points M et N est la courbe appelée limaçon de Pascal ou conchoïde circulaire.

Si A est le pôle, et le diamètre fixe l'axe polaire, on trouvera pour l'équation de la courbe

$$\rho=b+2r\cos\omega,$$

et, en coordonnées cartésiennes,

$$(x^2+y^2-2rx)^2=b^2(x^2+y^2).$$

Ex. 4. *Scarabée.* D'un point fixe A pris sur la bissectrice d'un angle droit XOY, on abaisse des perpendiculaires sur une longueur constante PQ qui glisse sur les côtés de l'angle; le lieu des pieds de ces perpendiculaires est la courbe appelée scarabée.

En prenant pour axes les bissectrices de l'angle donné et en posant $PQ=2b$, $OA=a$, elle est représentée par

$$(x^2+y^2+ax)^2(x^2+y^2)=b^2(x^2-y^2)^2.$$

Si le point A est le pôle et la bissectrice l'axe polaire, son équation en coordonnées polaires est de la forme

$$\rho=b\cos 2\omega-a\cos\omega.$$

Ex. 5. *Rosace à quatre branches.* Du sommet d'un angle droit XOY, on abaisse des perpendiculaires sur une droite de longueur constante PQ qui glisse sur les côtés l'angle; le lieu des pieds des perpendiculaires est la rosace à quatre branches.

Elle est représentée par

$$(x^2+y^2)^3-4b^2x^2y^2=0$$

en coordonnées cartésiennes, et par

$$\rho=b\sin 2\omega$$

en coordonnées polaires, $2b$ étant la longueur PQ.

Ex. 6. *Ovales de Descartes.* Le lieu des points tels, que la somme de leurs distances à deux points fixes multipliées respectivement par deux nombres donnés est constante, s'appelle ovale de Descartes.

Ex. 7. *Podaires.* Etant donnée une ligne S, si on mène, par un point fixe O, des perpendiculaires sur ses tangentes, le lieu des pieds de ces perpendiculaires est une courbe dérivée de la première à laquelle on a donné le nom de podaire du point O par rapport à la ligne donnée.

Afin d'arriver facilement à l'équation de la podaire, prenons le point O pour l'origine d'un système d'axes rectangulaires, et soit

$$ux + vy - 1 = 0$$

la tangente à la courbe donnée S. On sait que les cosinus directeurs de la perpendiculaire abaissée de l'origine sur cette droite sont proportionnels à u et v; il en sera de même des coordonnées x et y du pied de cette droite; on peut donc écrire l'égalité

$$\frac{x}{u} = \frac{y}{v};$$

d'où on tire

$$(\alpha) \qquad \frac{x}{u} = \frac{y}{v} = \frac{x^2 + y^2}{ux + vy} = \frac{x^2 + y^2}{1},$$

et

$$(\beta) \qquad \frac{x}{u} = \frac{y}{v} = \frac{ux + vy}{u^2 + v^2} = \frac{1}{u^2 + v^2}.$$

Les relations (α) donnent

$$u = \frac{x}{x^2 + y^2}, \qquad v = \frac{y}{x^2 + y^2}.$$

Il s'ensuit que, si la courbe donnée est représentée en coordonnées tangentielles par $F(u, v) = 0$, la podaire de l'origine sera

$$F\left(\frac{x}{x^2 + y^2}, \frac{y}{x^2 + y^2}\right) = 0.$$

Réciproquement, si le pied P de la perpendiculaire décrit une courbe $F_1(x, y) = 0$, la perpendiculaire élevée à l'extrémité du rayon OP enveloppera une courbe représentée, en coordonnées tangentielles, par

$$F_1\left(\frac{u}{u^2 + v^2}, \frac{v}{u^2 + v^2}\right) = 0.$$

Avec ces principes, démontrer : 1° Que la strophoïde est le lieu des projections du pied de la directrice d'une parabole sur les tangentes à cette courbe, c'est-à-dire la podaire du pied de la directrice.

2° Que le limaçon de Pascal est la podaire d'un point A pris sur le diamètre du cercle de rayon r.

3° Que la rosace à quatre branches est la podaire du sommet de l'angle XOY de la courbe représentée par $u^2 + v^2 = 4b^2u^2v^2$.

Ex. 8. Construire la courbe $\rho^2 = a^2 \cos 2\omega$ (Lemniscate de Bernouilli), et montrer que la podaire du centre est définie par $\rho^{\frac{2}{3}} = a^{\frac{2}{3}} \cos \frac{2\omega}{3}$.

Ex. 9. Étant données deux circonférences O et O′, par un point fixe A de la ligne des centres OO′, on mène une sécante quelconque qui rencontre les cercles en K et K′; montrer que le point d'intersection des droites OK, O′K′ décrit une ovale de Descartes.

Ex. 10. Construire la courbe : $\rho = 4r\cos^2\frac{\omega}{2}$ (Cardioïde); c'est un cas particulier du limaçon de Pascal, lorsque $b = 2r$.

Ex. 11. Construire les courbes définies par les équations :

1° $y^4 - 96a^2y^2 + 100a^2x^2 - x^4 = 0$ (Courbe du diable);

2° $y^2 = \dfrac{x^2 - x}{x + 1}$ (Hyperbole parabolique);

3° $y^2x - x^3 + 2x^2 + x - 2 = 0$ (Hyperbole redondante);

4° $y = \dfrac{x^3}{2x^2 - 1}$ (Trident);

5° $y = x^3 - 4x^2 + 5$ (Parabole cubique);

6° $y = (\sqrt{-1})^x$ (Points isolés);

7° $\sin y = \frac{1}{2}\sin x$;

8° $y = \dfrac{e^x}{x}$.

Voir ensuite le Chap. X pour les lieux géométriques.

§ III. COURBES SEMBLABLES.

247. On dit que deux courbes AB et *ab* sont *semblables* et *semblablement placées*, si, en menant d'un point fixe O des rayons qui rencontrent ces courbes en P, Q, R...., *p*, *q*, *r*...., on a

$$\frac{OP}{Op} = \frac{OQ}{Oq} = \frac{OR}{Or} = \cdots = k.$$

Le point O est le *centre de similitude*, et la quantité k le *rapport de similitude*.

Il en est encore ainsi pour deux courbes AB et *cd* telles qu'en menant de deux points fixes O et O′ des rayons parallèles OP, OQ, OR...., O′*p*′, O′*q*′, O′*r*′...., on ait les relations

$$\frac{OP}{O'p'} = \frac{OQ}{O'q'} = \frac{OR}{O'r'} = \cdots = k.$$

Pour exprimer plus brièvement cette similitude de forme et de situation, on dit que les courbes placées comme on vient de l'indiquer sont *homothétiques*. Deux points situés sur un même rayon tels que P et p sont dits *homologues*. On donne le même nom aux droites qui joignent des points homologues dans les deux courbes.

Il résulte de ces définitions que les droites homologues PQ, pq sont parallèles entre elles, et leur rapport est égal à k; car les triangles OPQ et Opq sont semblables. Si on suppose que le rayon OQ se rapproche indéfiniment de OP, les droites homologues PQ, pq restent parallèles entre elles et il en sera de même à la limite, lorsque les points Q et q viennent respectivement se confondre avec les points P et p : donc, *les tangentes aux points homologues à deux courbes homothétiques sont parallèles*.

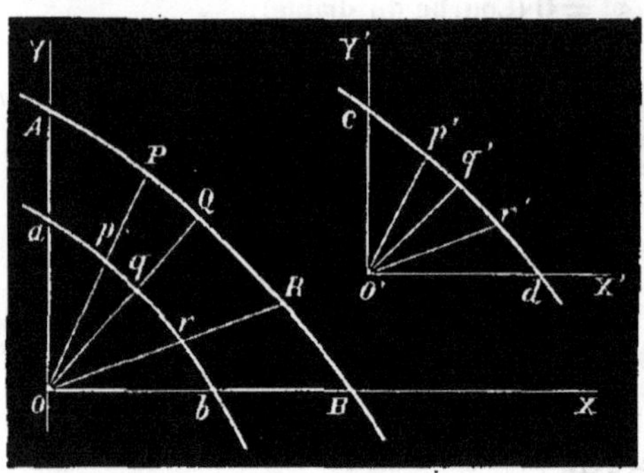

Fig. 95.

Deux courbes situées d'une manière quelconque dans un plan peuvent être semblables; il faut pour qu'il en soit ainsi qu'on puisse les placer de manière qu'en menant par un point fixe des rayons aux différents points des deux courbes, les rayons dirigés suivant la même droite soient proportionnels. Dans ce cas elles ne sont plus homothétiques, mais simplement semblables.

248. *Trouver l'équation générale des courbes semblables à une courbe donnée* $f(x, y) = 0$.

Soit AB (*fig.* 95) la courbe représentée par l'équation $f(x, y) = 0$. Menons par l'origine O les rayons OP, OQ, OR..., et divisons ces longueurs aux points p, q, r..., de manière à ce que le rapport des rayons vecteurs soit constant et égal à k. L'ensemble des points p, q, r... formera une courbe semblable à la proposée. Soient x et y les coordonnées du point R, et x', y' celles du point homologue r. On a évidemment par les triangles semblables

$$\frac{x}{x'} = \frac{y}{y'} = \frac{\text{OR}}{\text{O}r} = k;$$

d'où

$$x = kx', \qquad y = ky',$$

et, par conséquent, l'équation

$$f(kx', ky') = 0,$$

comprend toutes les courbes homothétiques à la proposée, le centre d'homothétie étant l'origine des coordonnées.

Transportons les axes OX, OY avec la courbe *ab* dans la position O'X', O'Y' parallèlement aux axes primitifs; la courbe *ab* vient occuper la position *cd*, et son équation par rapport aux nouveaux axes sera la même que pour les axes primitifs, c'est-à-dire $f(kx', ky') = 0$. Mais, si on la rapporte à ces derniers, on doit changer x' et y' en $x - p$, $y - q$, p et q étant les coordonnées de la nouvelle origine; il en résulte que l'équation

$$f[k(x - p), k(y - q)] = 0,$$

représente toutes les courbes homothétiques à la proposée, c'est-à-dire toutes les courbes semblables et semblablement placées.

Afin que la courbe *cd* occupe une position quelconque dans le plan, faisons tourner les axes O'X', O'Y' avec la courbe *cd* d'un angle α; l'équation de la courbe *cd* pour cette nouvelle position des axes sera toujours $f(kx', ky') = 0$. Pour obtenir son équation par rapport aux axes primitifs OX, OY, il faut prendre les formules de transformation (N° 8)

$$x = p + \frac{x' \sin(\theta - \alpha) + y' \sin(\theta - \beta)}{\sin\theta},$$

$$y = q + \frac{x' \sin\alpha + y' \sin\beta}{\sin\theta},$$

et les résoudre par rapport à x' et à y'; en substituant les valeurs trouvées dans $f(kx', ky') = 0$, on aura l'équation qui représente toutes les courbes semblables à la proposée.

Exemples.

Ex. 1. La courbe donnée est le cercle $x^2 + y^2 - r^2 = 0$.

L'équation des courbes homothétiques de ce cercle est de la forme

$$k^2(x - p)^2 + k^2(y - q)^2 = r^2, \quad \text{ou} \quad (x - p)^2 + (y - q)^2 = \frac{r^2}{k^2},$$

et, par suite, toutes les courbes semblables à la proposée sont des cercles dont le rayon peut avoir une valeur quelconque.

Ex. 2. La courbe donnée est l'ellipse rapportée à son centre et à deux diamètres conjugués

$$\frac{x^2}{a'^2} + \frac{y^2}{b'^2} = 1.$$

Une courbe homothétique quelconque à la proposée est représentée par l'équation

$$\frac{(x-p)^2}{a'^2}+\frac{(y-q)^2}{b'^2}=\frac{1}{k^2};$$

c'est une ellipse ayant pour centre le point (p, q). Soit O' le centre de cette ellipse; menons par ce point deux droites $O'X'$, $O'Y'$ parallèles aux diamètres conjugués de l'ellipse donnée; l'équation de l'ellipse homothétique pour les axes $O'X'$, $O'Y'$ est

$$\frac{x'^2}{a'^2}+\frac{y'^2}{b'^2}=\frac{1}{k^2};$$

il en résulte que $O'X'$, $O'Y'$ sont aussi deux diamètres conjugués de cette courbe; de plus, ces diamètres sont proportionnels à ceux de l'ellipse donnée. Donc, *deux ellipses semblables et semblablement placées ont leurs diamètres parallèles et proportionnels.*

Ex. 3. La courbe donnée est une hyperbole rapportée à son centre et à deux diamètres conjugués $\frac{x^2}{a'^2}-\frac{y^2}{b'^2}=1$.

Il est évident qu'en suivant la marche indiquée dans l'exemple précédent, on arriverait à ce théorème : *Deux hyperboles homothétique sont leurs diamètres parallèles et proportionnels.*

Ex. 4. La courbe donnée est la parabole $y^2=2px$.

L'origine étant le centre de similitude, l'équation des courbes homothétiques est

$$y^2=\frac{2p}{k}x;$$

ce sont des paraboles; comme le paramètre peut avoir une valeur quelconque, il en résulte que *deux paraboles quelconques sont semblables.*

Ex. 5. Reconnaître si deux coniques à centre représentées par les équations

$$Ay^2+2Bxy+Cx^2+2Dy+2Ex+F=0,$$
$$A'y^2+2B'xy+C'x^2+2D'y+2E'x+F'=0,$$

sont semblables et semblablement placées.

Si on transporte les axes parallèlement au centre de chaque conique, les courbes données ont des équations de la forme

$$Ay^2+2Bxy+Cx^2=H,$$
$$A'y^2+2B'xy+C'x^2=H',$$

et, en coordonnées polaires,

$$\rho^2(A\sin^2\omega+2B\sin\omega\cos\omega+C\cos^2\omega)=H,$$
$$\rho'^2(A'\sin^2\omega+2B'\sin\omega\cos\omega+C\cos^2\omega)=H'.$$

Or, pour que les coniques soient semblables, il faut que les diamètres soient parallèles et proportionnels; par suite, le rapport

$$\frac{\rho^2}{\rho'^2}=\frac{H}{H'}\,\frac{A'\sin^2\omega+2B'\sin\omega\cos\omega+C'\cos^2\omega}{A\sin^2\omega+2B\sin\omega\cos\omega+C\cos^2\omega}$$

doit être constant quel que soit ω; ce qui exige que l'on ait

$$\frac{A}{A'}=\frac{B}{B'}=\frac{C}{C'}.$$

Donc, *deux coniques à centre représentées par l'équation générale sont semblables si les coefficients des termes du second degré sont proportionnels.*

Ex. 6. Toutes les *logarithmiques* sont des courbes semblables.

Les courbes qu'on appelle ainsi sont représentées par l'équation

$$y = me^{\frac{x}{m}}.$$

En changeant y en ky, et x en kx, on a pour l'équation d'une courbe homothétique à la proposée

$$y = \frac{m}{k} \cdot e^{\frac{kx}{m}},$$

et, en posant $m' = \frac{m}{k}$,

$$y = m'e^{\frac{x}{m'}};$$

c'est une logarithmique dont le paramètre m' est quelconque.

Ex. 7. Toutes les courbes que l'on obtient en faisant varier le paramètre p dans l'équation $f(x, y, p) = 0$ sont des courbes semblables.

Remarquons d'abord que toute relation entre les longueurs x, y, p, obtenue en laissant arbitraire l'unité linéaire, doit être homogène par rapport à x, y, p ; car si les nombres x_1, y_1, p_1 obtenus avec une certaine unité satisfont à l'équation, il en doit être de même des nombres kx_1, ky_1, kp_1 obtenus avec une autre unité; ce qui exige que, dans les termes de l'équation, la somme des exposants de x, y, p soit la même afin que le facteur k disparaisse. Cela étant, les courbes homothétiques sont représentées par

$$f(kx, ky, p) = 0,$$

et, en posant $p = kp'$, par

$$f(kx, ky, kp') = 0,$$

ou bien

$$f(x, y, p') = 0.$$

Puisque $p' = \frac{p}{k}$ est quelconque, il en résulte que les courbes semblables sont les lignes représentées par $f(x, y, p) = 0$, lorsqu'on fait varier le paramètre p.

On démontrerait également que si l'équation proposée renfermait n paramètres $p, q, r, \ldots$, toutes les courbes que l'on obtient en faisant varier proportionnellement ces paramètres sont semblables, le centre de similitude étant l'origine des coordonnées.

CHAPITRE X.

Théorèmes et problèmes sur les coniques; lieux géométriques.

---

249. Nous avons réuni, dans ce chapitre, une série de propriétés intéressantes des courbes du second ordre, en les proposant comme exercices aux élèves désireux de se familiariser davantage avec les procédés de la géométrie analytique; nous y avons ajouté quelques applications des coordonnées triangulaires et tangentielles ainsi qu'un ensemble de lieux géométriques à déterminer. Plusieurs de ces questions ont été données dans différents concours en France. L'intérêt qui s'attache à chacune d'elles développera chez les jeunes gens le goût de ces sortes de recherches et l'habitude de la réflexion; ils y trouveront une ample matière pour appliquer les ressources de l'analyse à la résolution des problèmes de la manière la plus simple et la plus élégante.

§ 1. THÉORÈMES ET EXERCICES SUR LES COURBES DU SECOND ORDRE.

(*Coordonnées cartésiennes*).

Ex. **1**. La normale terminée au grand axe dans l'ellipse, multipliée par la distance du foyer à la tangente, et divisée par le rayon vecteur, est une quantité constante.

Ex. **2**. On prolonge deux diamètres conjugués jusqu'à leur rencontre avec une directrice, et, de chaque point d'intersection, on abaisse une perpendiculaire sur l'autre; montrer que ces perpendiculaires se rencontrent au foyer correspondant.

Ex. **3**. La somme des carrés des normales menées aux extrémités de deux demi-diamètres conjugués d'une ellipse est constante.

Ex. **4**. Dans l'ellipse, il y a toujours deux tangentes réelles parallèles à une droite donnée ; dans l'hyperbole, ces tangentes peuvent être imaginaires, et, dans la parabole, on ne peut mener qu'une seule tangente parallèle à une direction donnée.

Ex. 5. On mène une tangente à l'ellipse inclinée d'un angle α sur l'axe majeur ; montrer que le produit des perpendiculaires abaissées des extrémités du premier axe sur cette tangente est égal à $b^2 \cos^2 \theta$.

Ex. 6. Par un point M d'une ellipse, on mène les cordes MFN, MF'N' passant par les deux foyers ; prouver la relation

$$\frac{\mathrm{MF}}{\mathrm{FN}}+\frac{\mathrm{MF'}}{\mathrm{F'N'}}=\text{const.} \qquad \text{(École Polytechnique 1845).}$$

Ex. 7. Le minimum d'une tangente à l'ellipse comprise entre les axes est égal à la demi-somme $a+b$ des axes.

Ex. 8. Le maximum de la distance du point de contact d'une tangente à l'ellipse à la projection du centre sur cette tangente est égale à la demi-différence $a-b$ des axes.

Ex. 9. D'un point T, pris sur une tangente à la parabole, on abaisse une perpendiculaire sur le rayon vecteur du point de contact ; prouver que la distance du foyer au pied de la perpendiculaire est égale à la distance du point T à la directrice. En déduire un moyen de mener à la parabole une tangente par un point extérieur.

Ex. 10. Dans une parabole, l'ordonnée focale FB est moyenne harmonique entre les deux segments d'une corde focale quelconque MFM', c'est-à-dire que l'on a : $\frac{\mathrm{MF}}{\mathrm{M'F}}=\frac{\mathrm{MF}-\mathrm{FB}}{\mathrm{FB}-\mathrm{M'F}}$.

Ex. 11. La droite qui joint le foyer à un point quelconque de la directrice est perpendiculaire à la polaire de ce point.

Ex. 12. Toutes les droites conjuguées qui passent par le foyer sont rectangulaires, et, réciproquement, un point tel, que les droites conjuguées passant par ce point sont perpendiculaires, est un foyer.

Ex. 13. Les droites, menées au pôle d'une droite et au point où cette droite rencontre la directrice, sont perpendiculaires.

Ex. 14. Par chaque point du plan d'une conique, on peut mener deux droites conjuguées rectangulaires.

Ex. 15. Le rapport anharmonique des polaires de quatre points en ligne droite est égal à celui de ces points.

Ex. 16. Deux demi-diamètres conjugués de l'ellipse qui font les angles α et β avec le grand axe donnent lieu à la relation

$$a'^2 \sin 2\alpha + b'^2 \sin 2\beta = 0.$$

Ex. 17. Soient OD, OE deux demi-diamètres conjugués de l'ellipse, F le foyer, A l'extrémité du grand axe ; on aura :

$$(\mathrm{FD}-\mathrm{AO})^2+(\mathrm{FE}-\mathrm{AO})^2=\overline{\mathrm{OF}}^2.$$

Ex. 18. Parmi tous les systèmes de diamètres conjugués de l'ellipse, les axes forment une somme minimum et les diamètres conjugués égaux une somme maximum.

Ex. 19. Dans l'ellipse et l'hyperbole, le rapport anharmonique de quatre diamètres est égal à celui de leurs conjugués.

Ex. **20**. Dans une ellipse, le carré d'un rayon central est égal à la somme des carrés des demi-axes diminuée du produit des rayons vecteurs qui aboutissent à son extrémité.

Ex. **21**. La somme des carrés des demi-axes d'une ellipse est égale à la somme des produits des rayons vecteurs qui aboutissent aux extrémités de deux diamètres conjugués quelconques.

Ex. **22**. Dans l'ellipse, la somme des carrés des différences des rayons vecteurs menés aux extrémités de deux demi-diamètres conjugués est constante et égale au carré de la distance focale.

Ex. **23**. Dans l'ellipse, le produit des rayons vecteurs, qui aboutissent à l'extrémité de l'un des diamètres égaux, est égal à la demi-somme des carrés des demi-axes.

Ex. **24**. Dans l'hyperbole, le carré d'un rayon central est égal à la différence des carrés des demi-axes augmentée du produit des rayons vecteurs qui aboutissent à son extrémité.

Ex. **25**. Dans l'hyperbole, tout demi-diamètre est moyen proportionnel entre les rayons vecteurs menés à l'extrémité de son conjugué.

Ex. **26**. La différence des carrés des demi-axes d'une hyperbole est égale à la différence des produits des rayons vecteurs menés aux extrémités de deux diamètres conjugués quelconques.

Ex. **27**. Dans deux hyperboles conjuguées, les sommes des rayons vecteurs, menés aux extrémités de deux diamètres conjugués, sont égales entre elles.

Ex. **28**. Dans l'hyperbole équilatère, tout rayon central est moyen proportionnel entre les deux rayons vecteurs menés à son extrémité.

Ex. **29**. Si on mène, par les extrémités D et E de deux demi-diamètres conjugués, des cordes parallèles quelconques DD′, EE′, leurs extrémités D′ et E′ appartiendront à deux diamètres conjugués.

Ex. **30**. La corde de contact de deux tangentes quelconques à une conique est parallèle à la corde comprise entre les diamètres parallèles à ces tangentes.

Ex. **31**. Les cordes menées aux extrémités d'un diamètre à un point d'une conique, déterminent, sur le diamètre conjugué à partir du centre, deux segments dont le produit est égal au carré du demi-diamètre conjugué.

Ex. **32**. Deux diamètres conjugués déterminent sur deux tangentes parallèles d'une conique, à partir des points de contact, deux segments dont le produit est égal au carré du demi-diamètre parallèle aux tangentes.

Ex. **33**. Si on fait tourner autour des extrémités D et D′ d'un diamètre deux cordes qui se coupent sur la conique, ces cordes déterminent sur les tangentes parallèles en D et D′, à partir de ces points, deux segments dont le produit est constant et égal au carré du diamètre conjugué.

Ex. **34**. Quand deux tangentes parallèles sont rencontrées par une troisième, les droites menées du centre aux points de rencontre sont deux diamètres conjugués.

Ex. **35**. Une tangente quelconque à une conique détermine sur deux tangentes fixes parallèles à partir des points de contact, deux segments dont le produit est constant et égal au carré du demi-diamètre parallèle aux tangentes fixes.

Ex. **36**. Deux tangentes parallèles quelconques déterminent sur une tangente fixe à partir de son point de contact, deux segments dont le produit est égal et de signe contraire au carré du demi-diamètre parallèle à la tangente fixe.

Ex. 37. On construit deux ellipses S et S′ telles que les demi-axes de la première coïncident en direction avec ceux de la seconde, mais soient respectivement proportionnels à leurs carrés :

1° Le parallélogramme, construit sur deux demi-diamètres quelconques D_1, D_2 de l'ellipse S, vaut le parallélogramme construit sur les demi-axes de cette ellipse assemblés sous l'angle ξ que forment entre eux les conjugués respectifs de D_1 et D_2 dans l'ellipse S′ ;

2° Lorsque les diamètres D_1, D_2 sont conjugués dans l'ellipse S, leurs conjugués respectifs dans l'ellipse S′ se coupent à angle droit ;

3° Les perpendiculaires abaissées des extrémités de deux diamètres quelconques D_1, D_2 de l'ellipse S sur les directions qui leur sont respectivement conjuguées dans l'ellipse S′ sont égales entre elles.

Ex. 38. Si on désigne par μ l'angle de la normale en M à l'ellipse avec le rayon focal qui passe par ce point, par b le diamètre OM, par b' son conjugué, on aura : $\cos \mu = \frac{b}{b'}$.

Ex. 39. Dans l'ellipse et l'hyperbole, la tangente et la normale en un point forment un faisceau harmonique avec les rayons vecteurs de ce point.

Ex. 40. Dans la parabole, la tangente et la normale en un point forment un faisceau harmonique avec le rayon focal et le diamètre qui passe par ce point. Donc la tangente et la normale rencontrent l'axe en deux points équidistants du foyer.

Ex. 41. Dans la parabole, la polaire d'un point et la perpendiculaire abaissée du pôle sur la polaire rencontrent l'axe en deux points équidistants du foyer.

Ex. 42. Dans l'ellipse et l'hyperbole, il y a toujours deux normales parallèles à une direction donnée ; elles sont toujours réelles dans l'ellipse mais, dans l'hyperbole, elles peuvent être imaginaires ; dans la parabole, l'une de ces deux normales est à l'infini.

Ex. 43. Les pieds des quatre normales que l'on peut mener d'un point du plan à une ellipse sont sur une hyperbole équilatère qui passe par le centre et le point du plan, et dont les asymptotes sont parallèles aux axes de l'ellipse.

Ex. 44. L'hyperbole équilatère menée par les pieds des normales issues d'un point à une conique est le lieu des milieux des cordes que des cercles, décrits du point donné comme centre, interceptent dans la conique.

Ex. 45. Les pieds des trois normales qu'on peut mener à une parabole par un point donné appartiennent à un cercle passant par le sommet.

Ex. 46. Si, d'un sommet A_1 d'une conique S, on abaisse des perpendiculaires sur les quatre normales menées à la courbe d'un même point P, les quatre points M_1, M_2, M_3, M_4 où ces perpendiculaires rencontrent la courbe sont sur une même circonférence.

Ex. 47. Si l'on fait passer une circonférence par les pieds de trois quelconques des quatre normales menées d'un point à une ellipse, le quatrième point commun aux deux courbes sera diamétralement opposé, sur l'ellipse, au pied de la quatrième normale.

Ex. 48. Par un point M d'une ellipse, on peut mener trois normales à la courbe indépendamment de celle qui a son pied en M ; sur chacune de ces normales, on porte, à partir du point M, une longueur égale au segment intercepté entre le grand axe et l'ellipse; les trois points ainsi obtenus sont situés sur un cercle qui touche l'ellipse en M.

Ex. **49.** La tangente en un point quelconque de la parabole coupe la directrice et l'ordonnée focale prolongée, en deux points également distants du foyer.

Ex. **50.** Si deux paraboles égales ont un axe commun, une droite tangente à la parabole intérieure et terminée à l'autre courbe sera divisée par le point de contact en deux parties égales.

Ex. **51.** Dans une conique à centre, les lignes menées de chaque foyer au pied de la perpendiculaire abaissée de l'autre sur la tangente se coupent sur la normale et la partagent en deux parties égales.

Ex. **52.** Si, par les différents points d'une tangente à une parabole, on mène une tangente et une droite au foyer, l'angle de ces droites est toujours égal à l'angle que fait la première tangente avec le rayon vecteur de son point de contact.

Ex. **53.** Si, par deux points quelconques de la corde des contacts de deux tangentes, on mène deux parallèles à celles-ci, on forme un parallélogramme dont la seconde diagonale est toujours tangente à la parabole.

Ex. **54.** Si une corde PP' passe par un point fixe O, le produit $\text{tang}\,\frac{1}{2}\text{PFO} \cdot \text{tang}\,\frac{1}{2}\text{P'FO}$ est constant.

Ex. **55.** Si on mène des normales aux extrémités d'une corde focale, une parallèle à l'axe majeur, tirée par leur point d'intersection, coupe la corde en deux parties égales.

Ex. **56.** Soit θ l'angle des tangentes à l'ellipse issues d'un point S, ρ et ρ' les distances de S aux foyers; on aura : $\cos\theta = \frac{\rho^2 + \rho'^2 - 4a^2}{2\rho\rho'}$.

Ex. **57.** Si, par un point quelconque S, on mène deux droites passant par les foyers et rencontrant la conique aux points R, R', r, r', on a :

$$\frac{1}{SR} - \frac{1}{SR'} = \frac{1}{Sr} - \frac{1}{Sr'}.$$

Ex. **58.** L'angle formé par les droites menées du foyer aux points d'intersection d'une tangente quelconque avec deux tangentes fixes est constant dans l'ellipse et l'hyperbole; dans la parabole, cet angle est supplémentaire de celui des tangentes.

Ex. **59.** Si on fait tourner une corde MM' autour d'un point fixe P, la somme algébrique des rayons focaux FM, FM' divisées respectivement par les distances MP_1, $M'P_2$ des points M et M' à la polaire du point, est constante; c'est-à-dire que l'on a :

$$\frac{FM}{MP_1} + \frac{FM'}{M'P_2} = \text{const.}$$

Ex. **60.** La moitié d'une corde focale, dans l'ellipse et l'hyperbole, est troisième proportionnelle entre le demi-diamètre parallèle et le demi-axe focal.

Ex. **61.** La somme de deux cordes focales de l'ellipse parallèles à deux diamètres conjugués est constante.

Ex. **62.** Dans l'hyperbole, la différence de deux cordes focales respectivement parallèles à deux diamètres conjugués est constante.

Ex. **63.** Si on désigne par u_1, u_2 les paramètres angulaires des extrémités M_1, M_2 d'une corde quelconque de l'ellipse, on a, pour la longueur D de cette corde,

$$D = 2a' \sin \frac{u_2 - u_1}{2},$$

a' étant le demi-diamètre parallèle à la corde.

Ex. **64.** Trouver l'expression de l'aire du triangle dont les sommets sont trois points de l'ellipse u_1, u_2, u_3.

R. $\quad 2ab \sin \frac{1}{2}(u_1 - u_2) \sin \frac{1}{2}(u_2 - u_3) \sin \frac{1}{2}(u_3 - u_1).$

Ex. **65.** Trouver le rayon du cercle circonscrit au triangle des trois points u_1, u_2, u_3 d'une ellipse. R. $\dfrac{b'b''b'''}{ab}$, b', b'', b''' étant les demi-diamètres parallèles aux côtés.

Ex. **66.** On mène, dans une parabole, une corde quelconque MM' qui rencontre l'axe en O; si A est le sommet de la courbe, N et N' les projections des extrémités de la corde sur l'axe, on aura : $\overline{AO}^2 = AN \cdot AN'$.

Ex. **67.** Si l'on mène deux cordes focales dans la parabole, les rectangles des segments d'une même corde sont entre eux comme les cordes entières.

Ex. **68.** Si deux cordes rectangulaires partent du sommet de la parabole, le paramètre est moyen proportionnel entre les abcisses des extrémités de ces cordes.

Ex. **69.** Si, par le sommet d'une parabole, on mène une corde AB, et, par le point B, une perpendiculaire à AB qui rencontre l'axe en C, la sous-corde AC est égale à quatre fois la distance du foyer à l'extrémité du diamètre conjugué de la corde.

Ex. **70.** Si, par le foyer commun F de deux coniques, on mène une droite quelconque, et, qu'aux points où elle coupe les courbes, on mène les tangentes en ces points, ces quatre tangentes formeront un quadrilatère dont les diagonales seront les cordes communes aux deux coniques.

Ex. **71.** Des extrémités d'une corde focale MFM' d'une parabole, on abaisse les perpendiculaires MP, M'P' sur une droite fixe; prouver que

$$\frac{MP}{MF} + \frac{M'P'}{M'F'} = \text{const.} \qquad \text{(École Polytechnique 1845).}$$

Ex. **72.** Une ellipse et une parabole ont un foyer commun et sont telles que l'axe de l'ellipse est dirigé suivant l'axe de la parabole, et que les directrices correspondantes au foyer commun sont placées de part et d'autre de ce point; démontrer que, si l'on mène du foyer commun F les rayons vecteurs FM, FM' aux extrémités d'un diamètre de l'ellipse et qui rencontrent la parabole en N et N', on a la relation

$$\frac{FM}{FN} + \frac{FM'}{FN'} = \frac{2(a+c)}{p}.$$

Ex. **73.** La projection d'un foyer sur une asymptote est sur la directrice correspondante.

Ex. **74.** Si on construit, sur une corde de l'hyperbole, un parallélogramme dont les côtés sont parallèles aux asymptotes, la diagonale passe par le centre.

Ex. **75**. Les sécantes, menées d'un point quelconque de l'hyperbole à deux points fixes pris sur la courbe, interceptent sur une asymptote une longueur constante.

Ex. **76**. Dans l'hyperbole équilatère, le produit des rayons vecteurs d'un point de la courbe est égal au carré du demi-diamètre qui passe par ce point.

Ex. **77**. Dans une hyperbole équilatère, les droites menées des extrémités d'un diamètre à un point de la courbe font des angles égaux avec une asymptote.

Ex. **78**. Si on inscrit un triangle rectangle dans une hyperbole équilatère, l'hypoténuse est parallèle à la normale au sommet de l'angle droit.

Ex. **79**. Les droites, qui réunissent un foyer aux points de rencontre d'une tangente avec les asymptotes, forment un angle constant.

Ex. **80**. Étant données deux hyperboles ayant les mêmes asymptotes, on mène, par le centre O, une sécante qui rencontre la première en A, la seconde en B; prouver que $\frac{OA}{OB} =$ const.

Ex. **81**. Étant menées à une hyperbole deux tangentes A et B avec la corde des contacts C, on tire, d'un autre point quelconque m de la courbe, une parallèle à une asymptote et l'on désigne par a, b, c les points de rencontre de cette parallèle avec les droites A, B, C. Démontrer que mc est moyenne proportionnelle entre ma et mb. Construire une hyperbole, connaissant une asymptote, deux tangentes et un point.

Ex. **82**. On donne une ellipse et ses foyers F et F'; deux droites touchent la courbe en M et N et se coupent en T; démontrer la relation

$$\frac{\overline{TF}^2}{MF \cdot NF} = \frac{\overline{TF'}^2}{MF' \cdot NF'}.$$

Ex. **83**. En deux points d'une ellipse, on mène les normales; la perpendiculaire élevée sur le milieu de la corde passe par les milieux des segments interceptés entre les normales par chacun des axes.

Ex. **84**. Mener, dans l'ellipse, une normale telle que la portion comprise entre les axes soit maximum.

Ex. **85**. Soient α et β les coordonnées d'un point; on mène à une ellipse les normales aux points où la polaire du point (α, β) rencontre la courbe; prouver que les coordonnées du point d'intersection des normales sont :

$$x = \frac{c^2\alpha(b^2 - \beta^2)}{a^2\beta^2 + b^2\alpha^2}, \qquad y = \frac{c^2\beta^2(\alpha^2 - a^2)}{a^2\beta^2 + b^2\alpha^2}.$$

Ex. **86**. Étant données deux paraboles égales ayant le même axe et dirigées dans le même sens, on abaisse d'un point quelconque de la parabole extérieure une sécante perpendiculaire à l'axe; montrer que le produit de la sécante entière par la partie extérieure est constant.

Ex. **87**. Si un cercle coupe une parabole, les lignes qui forment un couple de cordes communes sont également inclinées sur l'axe.

Ex. **88**. Un cercle variable, assujetti à passer par un point fixe P, coupe une conique aux points A, A', A'', A'''; démontrer que l'expression $\frac{PA \cdot PA' \cdot PA'' \cdot PA'''}{R^2}$ est constante, R étant le rayon du cercle.

Ex. **89**. Un triangle est circonscrit à une parabole de foyer F; par les sommets A, B, C, on mène des lignes respectivement perpendiculaires à FA, FB, FC; démontrer qu'elles concourent en un même point.

Ex. **90**. Si trois points A, B, C d'une parabole sont tels, que le triangle ABC ait son centre de gravité sur l'axe de la courbe, les normales en A, B, C se coupent en un même point.

Ex. **91**. On donne une parabole et un point extérieur à cette courbe; faire passer, par le point donné, une circonférence doublement tangente à la parabole.

Ex. **92**. Étant donnés deux points fixes A et B sur l'ellipse, si on joint un point quelconque M de cette courbe aux points fixes, les perpendiculaires élevées sur les milieux des cordes MA et MB interceptent sur chacun des axes un segment dont la longueur est constante, quelle que soit la position du point sur la courbe.

Ex. **93**. Deux droites, qui divisent harmoniquement les trois diagonales d'un quadrilatère, rencontrent en quatre points harmoniques toute conique inscrite dans le quadrilatère.

Ex. **94**. Si, par un point O, on mène trois lignes respectivement parallèles aux côtés d'un triangle, les six points de rencontre de ces lignes avec les côtés sont sur une conique. Trouver son équation.

Ex. **95**. D'un point P d'une ellipse de centre O, on abaisse une perpendiculaire sur le grand axe et on la prolonge jusqu'à sa rencontre en Q avec le cercle décrit sur cet axe; le diamètre qui passe par le point P sera égal à la corde menée dans le cercle par le point F parallèlement à OQ.

Ex. **96**. Lorsqu'une conique est inscrite à un triangle, son paramètre est égal au diamètre du cercle inscrit, multiplié par le produit des sinus des angles que font, avec le cercle, les droites qui joignent un des foyers aux sommets du triangle.

Ex. **97**. Pour qu'un triangle inscrit dans une ellipse ait une surface maximum, il faut et il suffit que le centre de gravité du triangle coïncide avec le centre de la courbe. Tous les triangles inscrits dont le centre de gravité coïncide avec le centre de l'ellipse ont une aire constante.

Ex. **98**. Pour qu'un triangle circonscrit à l'ellipse, et renfermant l'ellipse, ait une aire minimum, il faut et il suffit que son centre de gravité coïncide avec le centre de la courbe. L'aire du triangle minimum circonscrit est égale à quatre fois l'aire du triangle maximum inscrit.

Ex. **99** Lorsque trois tangentes touchent une même branche d'hyperbole, il y a un triangle circonscrit d'aire maximum; c'est celui dans lequel deux côtés sont les asymptotes, et le troisième côté une tangente quelconque.

Ex. **100**. Si, en chaque point d'une conique à centre et sur une direction constamment inclinée du même angle sur la normale, on porte une longueur proportionnelle à la moyenne géométrique des deux rayons focaux relatifs à ce point, l'extrémité de cette longueur décrira une conique concentrique à la première et du même genre qu'elle.

Ex. **101**. Si, en chaque point d'une parabole et sur une direction constamment inclinée du même angle sur la normale, on porte une longueur proportionnelle à la moyenne géométrique du rayon vecteur et d'une longueur constante, l'extrémité de cette longueur aura pour lieu une autre parabole dont l'axe sera dirigé suivant celui de la première.

Ex. **102**. Trouver, sur l'ellipse, le point le plus éloigné de l'extrémité du petit axe.

Ex. **103**. Parmi les coniques circonscrites à un quadrilatère, déterminer celle dont le produit des axes est minimum.

Ex. **104**. Il existe toujours sur un quadrant de l'ellipse deux points où les normales sont équidistantes du centre.

Ex. **105**. Inscrire, dans l'ellipse, une corde telle que la somme de sa longueur et de la distance de son milieu au centre soit maximum.

Ex. **106**. Étant données deux coniques homothétiques et concentriques, une tangente quelconque de la conique intérieure détache une aire constante de la conique extérieure.

Ex. **107**. Trouver, sur une circonférence donnée, un point tel que la somme de ses distances à deux points donnés soit un maximum ou un minimum.

Ex. **108**. Dans une ellipse donnée inscrire un triangle équilatéral tel que le côté soit maximum ou minimum.

Ex. **109**. Trouver, parmi les triangles de plus grande aire inscrits à une ellipse donnée, celui dont le périmètre est un maximum ou un minimum.

Ex. **110**. Une conique passe par trois points A_1, A_2, A_3 et touche une droite A. Désignons par δ_1, δ_2, δ_3 les distances des points à la droite A, par ρ_1, ρ_2, ρ_3 leurs distances au foyer F, et par a_1, a_2, a_3 leurs distances mutuelles On a la relation

$$\delta_1^{\frac{1}{2}}[(\rho_2-\rho_3)^2-a_1^2]^{\frac{1}{2}}+\delta_2^{\frac{1}{2}}[(\rho_3-\rho_1)^2-a_2^2]^{\frac{1}{2}}+\delta_3^{\frac{1}{2}}[(\rho_1-\rho_2)^2-a_3^2]^{\frac{1}{2}}=0.$$

Ex. **111**. La somme a^2+b^2 des carrés des demi-axes principaux d'une conique est mesurée par la puissance du centre de la courbe par rapport au cercle circonscrit à l'un quelconque de ses triangles conjugués.

§ 2. THÉORÈMES ET EXERCICES SUR LES COURBES DU SECOND ORDRE.

(*Coordonnées triangulaires et tangentielles.*)

Ex. **1**. Trouver les équations réduites des coniques en coordonnées tangentielles.

Si on rend l'équation générale du second degré homogène par l'introduction d'une nouvelle variable w, elle se présente sous la forme

$$f(u, v, w) = Au^2 + 2Buv + Cv^2 + 2Duw + 2Evw + Fw^2 = 0,$$

et l'équation du point de contact d'une tangente (u', v') peut alors s'écrire

$$uf'_{u'} + vf'_{v'} + wf'_{w'} = 0.$$

Si on désigne par x, y les coordonnées rectangulaires du même point, on aura

$$x = \frac{f'_{u'}}{f'_{w'}}, \qquad y = \frac{f'_{v'}}{f'_{w'}}.$$

Il suffira d'éliminer u', v', w' entre ces égalités et $f(u', v', w') = 0$, pour avoir l'équation de la conique en coordonnées cartésiennes.

De même, étant donnée l'équation $f(x, y, z) = 0$ d'une courbe du second ordre, la tangente en un point (x', y', z') est représentée par

$$xf'_{x'} + yf'_{y'} + zf'_{z'} = 0.$$

Si on appelle u et v les coordonnées tangentielles de cette droite, il viendra

$$u = \frac{f'_{x'}}{f'_{z'}}, \qquad v = \frac{f'_{y'}}{f'_{z'}}.$$

En y ajoutant $f(x', y', z') = 0$, et éliminant les coordonnées cartésiennes, on arrivera à l'équation tangentielle de la courbe.

Soit, maintenant, l'ellipse représentée par

$$\frac{x^2}{a^2} + \frac{y^2}{b^2} = 1.$$

La tangente en un point M (x', y') a pour équation

$$\frac{xx'}{a^2} + \frac{yy'}{b^2} - 1 = 0 \quad \text{ou} \quad \frac{x}{a}\cos\varphi + \frac{y}{b}\sin\varphi - 1 = 0,$$

en posant $x' = a\cos\varphi$, $y' = b\sin\varphi$. On en tire

$$u = -\frac{x'}{a^2} = -\frac{\cos\varphi}{a}, \qquad v = -\frac{y'}{b^2} = -\frac{\sin\varphi}{b};$$

d'où

$$a^2u^2 + b^2v^2 = 1;$$

telle sera l'équation tangentielle de l'ellipse rapportée à son centre et à ses axes.

On trouverait, de même, pour l'hyperbole et la parabole,

$$a^2u^2 - b^2v^2 = 1, \qquad pv^2 - 2u = 0.$$

Ex. 2. Trouver les coordonnées de la normale correspondante à la tangente (u', v') de la conique $a^2u^2 + b^2v^2 = 1$.

Les coordonnées cherchées doivent satisfaire aux équations

$$a^2uu' + b^2vv' = 1,$$

$$uu' + vv' = 0;$$

par suite, il viendra

$$u = \frac{1}{c^2u'}, \qquad v = -\frac{1}{c^2v'},$$

ou bien,

$$u = -\frac{a}{c^2\cos\varphi}, \qquad v = \frac{b}{c^2\sin\varphi}.$$

Ex. 3. Trouver le lieu des points d'intersection des normales à une conique.

Pour l'ellipse, il faut éliminer φ entre les relations

$$u = -\frac{a}{c^2\cos\varphi}, \qquad v = \frac{b}{c^2\sin\varphi}.$$

On trouvera ainsi

$$a^2v^2 + b^2u^2 = c^4u^2v^2.$$

21

Pour l'hyperbole et la parabole, on aurait

$$a^2v^2 - b^2u^2 = c^4u^2v^2, \qquad pu^3 + 2puv^2 + 2v^2 = 0.$$

Ces lignes se nomment les développées des coniques.

Ex. 4. Etant donnée l'équation d'une conique rapportée à son foyer

$$x^2 + y^2 = e^2 \frac{(u_1x + v_1y + 1)^2}{u_1^2 + v_1^2},$$

trouver l'équation correspondante en coordonnées tangentielles.

R. $$(u - u_1)^2 + (v - v_1)^2 = \frac{1}{p^2}, \qquad p = \frac{b^2}{a}.$$

Ex. 5. Trouver la longueur de la perpendiculaire abaissée du centre sur la tangente (u', v').

R. $$P = \frac{1}{u'^2 + v'^2}.$$

Ex. 6. Chercher l'expression de la distance entre le point de contact et le pied de la perpendiculaire abaissée du centre sur la tangente (u', v') à la conique

$$Au^2 + 2Buv + Cv^2 = H.$$

Soit D la distance cherchée; on a

$$D^2 = x'^2 + y'^2 - P^2 = x'^2 + y'^2 - \frac{1}{u'^2 + v'^2}.$$

Mais l'équation du point de contact étant

$$uf'_{u'} + vf'_{v'} = 2H,$$

on a : $x' = -\dfrac{f'_{u'}}{2H}$, $y' = -\dfrac{f'_{v'}}{2H}$. En substituant, on trouvera

$$D = \frac{u'f'_{v'} - v'f'_{u'}}{2H\,(u'^2 + v'^2)^{\frac{1}{2}}}.$$

Si on remplace les dérivées par leurs valeurs, il viendra

$$D = \frac{(C - A)\,u'v' + B\,(u'^2 - v'^2)}{H\,(u'^2 + v'^2)^{\frac{1}{2}}}.$$

Ex. 7. Trouver les directions et les longueurs des axes de la conique

$$Au^2 + 2Buv + Cv^2 = H.$$

La tangente à l'extrémité d'un axe étant perpendiculaire à cet axe, on doit avoir $D = 0$; il en résulte qu'en résolvant les équations

$$u'f'_{v'} - v'f'_{u'} = 0, \qquad f(u', v') = 0,$$

on obtiendra les tangentes perpendiculaires aux axes, et, par suite, ces derniers seront déterminés en direction.

Soit, maintenant, ρ la longueur de l'un des axes, λ son inclinaison sur l'axe des x ; on aura : $\rho = -\frac{\cos\lambda}{u'}$, $x' = \rho\cos\lambda = -\rho^2 u'$; par suite,

$$f'_{u'} = -2Hx' = 2Hu'\rho^2, \qquad f'_{v'} = 2Hv'\rho^2.$$

Si on remplace les dérivées par leurs valeurs, il viendra les équations

$$(A - \rho^2 H)\, u' + Bv' = 0,$$

$$Bu' + (C - \rho^2 H)\, v' = 0,$$

et, en éliminant u', v',

$$H^2\rho^4 - H(A + C)\rho^2 + AC - B^2 = 0 ;$$

c'est l'équation qui déterminera les carrés des longueurs des axes.

Ex. **8**. Quelle est la condition pour que l'équation $lA^2 + mB^2 + nC^2 = 0$ représente une parabole?

R. $$\frac{a^2}{l} + \frac{b^2}{m} + \frac{c^2}{n} = 0.$$

Ex. **9**. Ecrire les équations qui déterminent le centre de la conique $lA^2 + mB^2 + nC^2 = 0$.

R. $$\frac{lA}{a} = \frac{mB}{b} = \frac{nC}{c} = \frac{-2S}{\frac{a^2}{l} + \frac{b^2}{m} + \frac{c^2}{n}}.$$

Ex. **10**. L'équation $lBC + mCA + nAB = 0$ représente une parabole, si on a la relation : $\sqrt{al} + \sqrt{bm} + \sqrt{cn} = 0$.

Ex. **11**. Quelles sont les coordonnées du centre de la conique $lBC + mCA + nAB = 0$?

$$\frac{A}{l(la - mb - nc)} = \frac{B}{m(mb - nc - la)} = \frac{C}{n(nc - la - mb)} = \frac{-2S}{l^2a^2 + m^2b^2 + n^2c^2 - 2mnbc - 2nlca - 2lmab}$$

Ex. **12**. Si (A', B', C'), (A'', B'', C'') sont deux points de la courbe $lBC + mCA + nAB = 0$, la corde qui les réunit a pour équation

$$\frac{lA}{A'A''} + \frac{mB}{B'B''} + \frac{nC}{C'C''} = 0.$$

Ex. **13**. Trouver le centre de la conique $\sqrt{fA} + \sqrt{gB} + \sqrt{hC} = 0$.

R. $$\frac{A}{bn + cm} = \frac{B}{cl + an} = \frac{C}{am + bl} = \frac{-S}{lbc + mca + nab}.$$

Ex. **14**. Quelle est la condition pour que l'équation générale $f(A, B, C) = 0$ représente deux droites?

R. $\quad H = 0$, c'est-à-dire, $\begin{vmatrix} l & n' & m' \\ n' & m & l' \\ m' & l' & n \end{vmatrix} = 0.$

Ex. **15**. Chercher la condition pour que $f(A, B, C) = 0$ représente une hyperbole équilatère.

En posant :

$$E = l + m + n - 2l' \cos A - 2m' \cos B - 2n' \cos C,$$

la condition cherchée sera : $E = 0$.

Ex. 16. L'équation du diamètre qui passe par le point (A', B', C') peut s'écrire sous la forme

$$\begin{vmatrix} A & B & C \\ P & Q & R \\ \lambda & \mu & \nu \end{vmatrix} = 0.$$

Cela étant, trouver la condition pour qu'il soit conjugué au diamètre ayant pour équation

$$\begin{vmatrix} A & B & C \\ P & Q & R \\ \lambda' & \mu' & \nu' \end{vmatrix} = 0.$$

Si on représente par p, q, r les déterminants

$$\begin{vmatrix} Q & R \\ \mu & \nu \end{vmatrix}, \quad \begin{vmatrix} R & P \\ \nu & \lambda \end{vmatrix}, \quad \begin{vmatrix} P & Q \\ \lambda & \mu \end{vmatrix},$$

et par p', q', r' les mêmes quantités où λ, μ, ν sont remplacés par λ', μ', ν', la condition demandée est :

$$Upp' + Vqq' + Wrr' + U'(qr' + rq') + V'(rp' + pr') + W'(pq' + qp') = 0,$$

dans laquelle

$$U = mn - l'^2, \quad V = nl - m'^2, \quad W = lm - n'^2;$$

$$U' = m'n' - ll', \quad V' = n'l' - mm', \quad W' = l'm' - nn'.$$

Ex. 17. Trouver les équations des axes de la conique $f(A, B, C) = 0$.

Si on exprime que la tangente : $Af'_{A'} + Bf'_{B'} + Cf'_{C'} = 0$ est perpendiculaire au diamètre

$$\begin{vmatrix} A & B & C \\ A' & B' & C' \\ P & Q & R \end{vmatrix} = 0,$$

on obtient la relation

$$f'_{A'} \begin{vmatrix} A' & B' & C' \\ P & Q & R \\ 1, & -\cos C, & -\cos B \end{vmatrix} + f'_{B'} \begin{vmatrix} A' & B' & C' \\ P & Q & R \\ -\cos C, & 1, & -\cos A \end{vmatrix} + f'_{C'} \begin{vmatrix} A' & B' & C' \\ P & Q & R \\ -\cos B, & -\cos C, & 1 \end{vmatrix} = 0.$$

Elle est satisfaite, si on remplace A', B', C' par les coordonnées du centre ; il en résulte qu'en supprimant les accents, on aura l'équation des axes de la conique.

Ex. 18. Déterminer les longueurs des axes de la conique $f(A, B, C) = 0$.

D'après le N° 165, la longueur d'un demi-diamètre est donnée par

$$\rho^2 = \frac{H}{K\, f(\lambda, \mu, \nu)}.$$

Il faudra déterminer le maximum et le minimum de $f(\lambda, \mu, \nu)$, les quantités λ, μ, ν devant satisfaire aux relations

$$\lambda^2 \sin 2\alpha + \mu^2 \sin 2\beta + \nu^2 \sin 2\gamma = 2 \sin \alpha \sin \beta \sin \gamma,$$

ou

$$\lambda^2 a \cos \alpha + \mu^2 b \cos \beta + \nu^2 c \cos \gamma = a \sin \beta \sin \gamma,$$

et

$$a\lambda + b\mu + c\nu = 0.$$

On trouve ainsi que le maximum et le minimum de $f(\lambda, \mu, \nu)$ sont les racines de l'équation

$$M^2 - EM = \frac{16\,S^4 K}{a^2 b^2 c^2};$$

en remplaçant M par $\frac{H}{K\rho^2}$, on aura, pour déterminer les carrés des axes, l'équation

$$K^3 \rho^4 + \frac{a^2 b^2 c^2}{16\,S^4} EHK\rho^2 = \frac{a^2 b^2 c^2}{16\,S^4} H^2.$$

Ex. 19. L'aire de l'ellipse $f(A, B, C) = 0$ a pour expression : $\frac{\pi\, abc\, H}{4S^2 (-K)^{\frac{3}{2}}}$.

Ex. 20. La plus grande ellipse inscrite dans le triangle de référence est représentée par

$$\sqrt{A} + \sqrt{B} + \sqrt{C} = 0,$$

et la plus petite ellipse inscrite par

$$BC + CA + AB = 0.$$

Ex. 21. Les équations

$$\frac{x^2}{a^2 - \lambda} + \frac{y^2}{b^2 - \lambda} = 1,$$

$$a^2 u^2 + b^2 v^2 = \lambda (u^2 + v^2)$$

représentent un système de coniques homofocales. Cela étant, démontrer que :

1° Il y a toujours une ellipse et une hyperbole homofocales qui passent par un point ;

2° Il n'y a qu'une seule conique homofocale qui touche une droite donnée ;

3° Les coniques homofocales se coupent à angle droit ;

4° L'enveloppe des polaires d'un point fixe par rapport aux diverses courbes homofocales est une parabole.

Ex. 22. Etant donnés un point O, une droite D et une conique S, on mène, par le point O, une sécante qui rencontre D en x, et la courbe S en a et a' ; soit ξ le conjugué de x par rapport à a et a' ; le lieu du point ξ, quand la sécante tourne autour du point O, sera une conique qui passera par ce point, par le pôle de la droite D, par les points d'intersection de D avec S, et par les points de contact des tangentes à la conique issues du point O.

Ex. 23. Etant donnés un point O, une droite D et une conique S, par chaque point x de D, on tire la droite xO ainsi que sa conjuguée $x\omega$ dans la conique ; la droite $x\omega$ enveloppera une conique tangente à D et à la polaire du point O, aux deux tangentes menées du point O à S, et aux tangentes à S menées aux points d'intersection de D avec cette conique. (CHASLES.)

Ex. 24. Etant données une conique S et deux droites fixes, on prend, sur ces droites, les points x et x' conjugués par rapport à S; la droite xx' enveloppera une conique tangente aux deux droites et aux tangentes à S menées par les points d'intersection des droites avec S. (CHASLES.)

Ex. 25. Lorsque deux droites conjuguées à une conique S tournent autour de deux points fixes, leur point d'intersection décrit une conique qui passe par les points fixes, et les points de contact des tangentes menées à S par les points fixes.

Ex. 26. Si tous les côtés d'un polygone sont assujettis à pivoter sur autant de points fixes, tandis que ses sommets, un seul excepté, parcourent respectivement des droites données, le sommet libre décrira une section conique passant par les deux points fixes qui appartiennent à ses côtés. (MAC-LAURIN.)

Ex. 27. Si tous les sommets d'un polygone sont assujettis à se mouvoir sur autant de droites fixes, tandis que ses côtés, un seul excepté, pivotent sur des points fixes, le côté libre et les diverses diagonales envelopperont des sections coniques distinctes, tangentes aux deux droites fixes qui dirigent le mouvement de ce côté ou de ces diagonales respectives.

Ex. 28. Un polygone étant inscrit à une conique de manière à ce que tous ces côtés, un seul excepté, pivotent sur autant de points fixes, le côté libre et les diagonales envelopperont des sections coniques ayant un double contact avec la proposée.

Ex. 29. Si tous les sommets d'un polygone toujours circonscrit à une conique sont, un seul excepté, assujettis à parcourir des droites données, le sommet libre et les différents points de rencontre des côtés décriront des sections coniques ayant un double contact avec la proposée.

§ 3. LIEUX GÉOMÉTRIQUES.

250. La plupart des questions qui suivent se déduisent des sections coniques. En les résolvant, on arrivera, tantôt à une équation du second degré, tantôt à une équation d'un degré plus élevé. Il faudra étudier avec soin la ligne qu'elle représente et indiquer les rapports qui existent entre cette ligne et celles qui font partie des données de la question. On doit se servir des coordonnées cartésiennes ou tangentielles suivant la nature du problème.

Ex. 1. Par le centre O d'une conique, on mène des rayons OM à tous les points de la courbe et des perpendiculaires OP à chacun d'eux; trouver le lieu des points P tels que l'on ait

$$\frac{1}{\overline{OM}^2} + \frac{1}{\overline{OP}^2} = \frac{1}{k^2}, \quad k = \text{constante}.$$

Ex. **2.** On fait tourner autour d'un point fixe O, pris dans un cercle donné, un angle droit; soient A et B les points de rencontre des côtés de l'angle avec la courbe; trouver le lieu du pied de la perpendiculaire abaissée du point O sur AB.

Ex. **3.** Trouver le lieu des pieds des perpendiculaires abaissées des extrémités du grand axe d'une ellipse sur deux cordes supplémentaires.

Ex. **4.** On fait tourner un angle autour du sommet A d'une ellipse; désignons par B et C les points de rencontre des côtés avec la courbe; trouver le lieu du point d'intersection de la droite qui joint le centre au point B avec le côté AC de l'angle.

Ex. **5.** Etant donné un point P pris sur le grand axe de l'ellipse, on mène un diamètre quelconque DD', et, par le point P, une sécante qui rencontre le diamètre en M et la courbe en Q de telle sorte que l'on ait PM = MQ; trouver le lieu du point M.

Ex. **6.** Etant données une ellipse et une droite D, on mène, par le centre O, le diamètre OE conjugué de la droite et qui la rencontre en P; on prolonge OP d'une longueur PM telle que $PO \cdot OM = \overline{OE}^2$; on demande le lieu du point M quand la droite D se meut en restant tangente à une courbe donnée; examiner le cas où celle-c est une conique (Concours général, 1848).

Ex. **7.** Une corde est vue du foyer d'une conique sous un angle constant; chercher le lieu géométrique des points d'intersection des tangentes menées aux extrémités de la corde (Ecole polytechnique, 1844).

Ex. **8.** Quel est le lieu décrit par le milieu d'une corde de longueur constante dont les extrémités glissent sur l'ellipse?

Ex. **9.** Quel est le lieu des projections du foyer d'une parabole sur ses normales?

Ex. **10.** Quel est le lieu des projections du sommet d'une parabole sur les normales?

Ex. **11.** On mène une corde MM' perpendiculaire au grand axe AA' d'une ellipse, ainsi que les droites AM' et MA' qui se coupent en N; on projette N sur le grand axe en P. Démontrer que MP sera la tangente en M, et chercher le lieu du point N quand le point M décrit l'ellipse.

Ex. **12.** Par un point fixe P, on tire une sécante quelconque qui rencontre la courbe en M et M'; EE' étant le diamètre parallèle à la sécante, on prend sur celle-ci un point N tel que $PN \times MM' = \overline{EE'}^2$; on demande le lieu du point N (Ecole polytechnique, 1842).

Ex. **13.** Sur une tangente fixe à une conique, on prend deux points variables P et Q tels que la distance PQ reste constante; trouver le lieu des intersections des tangentes à la conique issues des points P et Q.

Ex. **14.** Quel est le lieu du point de rencontre des normales aux extrémités d'une corde passant par le foyer d'une conique?

Ex. **15.** Etant donnés un point fixe P et deux droites D et D', on mène une sécante quelconque par ce point; soient d et d' les points d'intersection de la sécante avec les droites; trouver le lieu du point M de la sécante tels que $PM = dd'$.

Ex. **16.** Etant données deux circonférences, on mène une tangente quelconque à la première qui rencontre la seconde en A et B; trouver le lieu du point d'intersection des tangentes menées en A en B à la seconde circonférence.

Ex. 17. Etant donnés un angle de sommet O et deux points C et D en ligne droite avec le point O, on mène, par un point fixe P, une sécante quelconque qui rencontre les côtés de l'angle en K et K'; trouver le lieu du point d'intersection des droites DK, CK'.

Ex. 18. On divise les petits côtés d'un triangle ABC, rectangle en B, par les points C' et B' de manière à ce que l'on ait : $AC' \times BB' = CB' \times BC'$; chercher le lieu du point d'intersection des droites CC', AB'.

Ex. 19. Trouver l'enveloppe des droites inscrites dans un angle droit et qui ont leurs milieux sur une droite fixe.

Ex. 20. Trouver le lieu des projections du centre d'une conique sur la droite qui réunit les extrémités de deux diamètres conjugués.

Ex. 21. Par un point fixe P, on mène une sécante quelconque qui rencontre une conique en A et B; quel est le lieu des points M tels que $\overline{PM}^2 = PA \times PB$.

Ex. 22. On mène, par les sommets A et A' d'une conique, des cordes supplémentaires; chercher le lieu de l'intersection des perpendiculaires élevées en A et A' sur ces cordes.

Ex. 23. On mène, en un point quelconque A d'un cercle donné, une tangente que l'on termine en T à un diamètre fixe; on élève ensuite, au point T, une perpendiculaire au diamètre, et on prend $TM = TA$; quel sera le lieu du point M?

Ex. 24. On mène des cercles tangents en O à une droite donnée; par deux points fixes de la même droite, on mène des tangentes; trouver le lieu des points d'intersection des tangentes.

Ex. 25. On donne une ellipse dont AB est le grand axe et F un foyer. Par le sommet A, le plus voisin de ce foyer, on mène une droite qui rencontre la courbe en C, et on la prolonge d'une quantité CD telle que le rapport $\frac{AD}{AC}$ soit constant; puis on tire les droites BC et FD qui se rencontrent en M; trouver le lieu du point M, quand la sécante tourne autour du point A (Ecole normale, 1842).

Ex. 26. On prend deux points fixes P et Q sur la base d'un triangle ABC; on mène, par ces points, deux droites rencontrant CA et CB en deux points a et b tels que

$$p\frac{Ca}{Aa} + q\frac{Cb}{Bb} = 1,$$

p et q étant des constantes; trouver le lieu des intersections de Pa et Qb (Ecole polytechnique, 1842).

Ex. 27 AT et AS sont deux droites qui touchent une section conique quelconque POQ aux points B et C; on mène une troisième tangente quelconque DE, et, par les points D et E où elle rencontre les deux premières, on tire des parallèles aux mêmes tangentes. On propose : 1° De déterminer le lieu géométrique des points d'intersection M de ces parallèles; 2° De reconnaître que l'angle EFD, sous lequel on voit de l'un des foyers F la tangente mobile ED, conserve une valeur constante; 3° On examinera le cas où la section conique est une parabole, et on fera voir que, dans ce cas, les segments interceptés sur les portions AB, AC des tangentes fixes par la tangente mobile sont réciproquement proportionnels (Ecole normale, 1844).

Ex. 28. Etant donnée une ellipse et un point A sur l'ellipse, on décrit un cercle tangent à la courbe en ce point; on demande le lieu des tangentes communes qui ne passent pas par le point A, lorsqu'on fait varier le rayon du cercle (Concours général, 1844).

Ex. 29. XOY est un angle droit, A un point de OX, B un point de OY; on mène les droites AM, BM telles que l'angle MBY = 2MAX. On demande le lieu du point M (Ecole polytechnique, 1845).

Ex. 30. YOX est un angle quelconque, A un point fixe; de ce point, on mène une sécante quelconque qui coupe les côtés de l'angle en B et C; on prend, sur chaque sécante, un point M tel que $\frac{BM}{MC} = \frac{m}{n}$; on demande le lieu des point M (Ecole polytechnique, 1845).

Ex. 31. D'un point B, pris sur le côté OX d'un angle YOX donné et quelconque, on mène une tangente aux cercles inscrits dans cet angle; on demande le lieu des points de contact de ces tangentes (Ecole polytechnique, 1845).

Ex. 32. Trouver le lieu des milieux des cordes égales d'une ellipse donnée (Ecole polytechnique, 1845).

Ex. 33. Lieu des points tels que leurs polaires relatives à trois cercles concourent en un même point (Ecole polytechnique, 1846).

Ex. 34. Lieu des points de division en moyenne et extrême raison des cordes d'une ellipse issues d'un même point (Ecole polytechnique, 1846).

Ex. 35. Une ellipse et une hyperbole ont un axe commun; on mène une suite de sécantes parallèles; trouver le lieu des milieux des segments compris entre l'ellipse et l'hyperbole (Ecole polytechnique, 1846).

Ex. 36. Du sommet A de l'angle droit BAC, on mène une droite quelconque; des points B et C, on abaisse sur cette droite les perpendiculaires BP, CQ; trouver le lieu des points M de ces droites pour lesquels $\overline{AM}^2 = AP \times AQ$ (Ecole polytechnique, 1847).

Ex. 37. On donne une droite, un point O sur cette droite, et deux points A et B hors cette droite; on mène une suite de couples de sécantes AM, BM, qui la coupent en des points C et D tels que le produit OC × OD est constant; trouver le lieu des points M (Ecole polytechnique, 1848).

Ex. 38. Lieu des projections du sommet d'une ellipse sur ses tangentes (Ecole polytechnique, 1848).

Ex. 39. Soient, dans un plan, une ellipse et une droite située hors de cette ellipse. On prend sur la droite deux points N et N′ conjugués par rapport à l'ellipse; cela posé: 1° Prouver qu'il existe, dans le plan de l'ellipse, deux points O et O′ desquels on voit chaque segment NN′ sous un angle droit; 2° On demande le lieu des points O et O′, quand la droite se meut parallèlement à elle-même (Ecole polytechnique, 1849).

Ex. 40. Une ellipse tourne autour de son centre; trouver le lieu des intersections de son axe focal avec une tangente à cette ellipse qui reste constamment parallèle à une droite donnée (Ecole polytechnique, 1849).

Ex. 41. Soit un angle ABC; A et C deux points pris sur ses côtés; par son sommet B, on mène une droite quelconque By ; des points A et C, on abaisse, sur cette droite, les perpendiculaires AD, CE. Trouver le lieu du point O milieu du segment DE de la droite By, compris entre les pieds des perpendiculaires (Ecole polytechnique, 1849).

Ex. **42.** Etant donnée une droite L, on mène de chacun de ses points M deux droites à deux points fixes P et P'. Deux autres points fixes O et O' sont les sommets de deux angles AOB, A'O'B', de grandeurs données et constants, que l'on fait tourner autour de leurs sommets respectifs, de manière que leurs côtés OA, O'A' soient respectivement perpendiculaires aux deux droites MP, M'P'. On demande quelle est la courbe décrite par le point d'intersection N des deux droites OA, O'A', et la courbe qui est décrite par le point d'intersection des deux autres côtés OB, O'B', quand le point M glisse sur la droite L (Concours général, 1851).

Ex. **43.** On donne une conique et deux axes fixes qui passent par un foyer et qui font entre eux un angle de grandeur déterminée ; on fait rouler sur la courbe une tangente, et, par les points où elle rencontre dans chacune de ses positions les axes fixes, on mène deux autres tangentes à la courbe; ces deux dernières tangentes se coupent en un point dont on demande le lieu géométrique (Ecole normale, 1852).

Ex. **44.** Trouver l'aire du segment compris entre un arc de parabole et sa corde; chercher le lieu géométrique des milieux des cordes qui déterminent dans la parabole des segments équivalents (Ecole normale, 1856).

Ex. **45.** Etant donnée une parabole CAB, la sécante MAB se meut sous la condition que les normales aux points A et B se coupent en un point C de cette courbe. Par le point C, on mène la tangente CM qui coupe la sécante en M Cela posé, on demande de trouver l'équation de la courbe décrite par le point M, quand la sécante prend toutes les positions compatibles avec la condition à laquelle elle est assujettie (Ecole polytechnique, 1860).

Ex. **46.** On donne une conique et un point P dans son plan ; par ce point, on mène une sécante PAB ; puis, par les points A et B où elle rencontre la conique, des tangentes qui se coupent en M ; on abaisse MK perpendiculaire sur PAB; trouver : 1° Le lieu des points K ; il est le même pour toutes les coniques homofocales; 2° L'enveloppe de la droite MK (Ecole normale, 1861).

Ex. **47.** Deux paraboles de même paramètre ont leurs axes à angle droit; l'une d'elles est fixe et l'autre mobile. Une corde commune AB passe constamment par le pied D de la directrice de la parabole fixe; on demande le lieu décrit par le sommet de la parabole mobile (Concours général, 1862).

Ex. **48.** Par les extrémités A et B d'une corde AB d'une longueur constante et inscrite dans un cercle donné O, on mène des droites AM, BM respectivement parallèles à deux droites fixes; trouver le lieu du point M (Ecole normale, 1862).

Ex. **49.** On donne, sur un plan, deux circonférences O et O' ; d'un point A de O, on mène des tangentes à O' ; on joint les points de contact de ces tangentes ; cette droite coupe la tangente en A à la circonférence O en un point M ; on demande le lieu du point M, lorsque A parcourt la circonférence O (Ecole polytechnique, 1865).

Ex. **50.** On donne une courbe du second ordre S, et une circonférence décrite de l'un de ses foyers F comme centre ; en chaque point M de la conique S, on trace la normale à cette courbe; on mène ensuite les tangentes au cercle (F) par les points où cette normale le rencontre; on demande le lieu du point d'intersection de ces tangentes, lorsque le point M décrit la conique S (Ecole polytechnique, 1863).

Ex. **51**. On donne deux coniques ayant un même foyer et leurs axes proportionnels; soient FA, FA' leurs rayons vecteurs minimums; on fait tourner ces rayons vecteurs autour de F, en conservant leur distance angulaire; soient FC, FC' une position; en C et C' on mène les tangentes à chacune des coniques; trouver le lieu de leur point de rencontre (Concours général, 1864)

Ex. **52**. Soient deux paraboles P_1, P_2 ayant toutes deux pour foyer le point fixe O, et pour axes les droites OX, OY perpendiculaires l'une sur l'autre; menons à ces courbes une tangente commune qui touche P_1 en M_1, et P_2 en M_2; prenons le milieu M de la portion M_1M_2. On demande le lieu du point M, lorsque les paramètres des paraboles varient de manière que la tangente commune M_1M_2 passe toujours par un point fixe A (Ecole polytechnique, 1868).

Ex. **53**. Etant donné un rectangle et un point P dans le plan de ce rectangle, par le point P, on mène une droite quelconque PQ et l'on imagine les deux coniques qui passent par les sommets du rectangle et qui sont tangentes à la droite PQ. Soient E, E' les deux points de contact, et M le point milieu de EE'. Chercher l'équation du lieu décrit par le point M, quand on fait tourner la droite PQ autour du point P (Ecole normale, 1869).

Ex. **54**. On donne un triangle rectangle isocèle AOB et on demande : 1° L'équation générale des paraboles P tangentes aux trois côtés du triangle ; 2° L'équation de l'axe de l'une quelconque de ces paraboles; 3° L'équation et la forme du lieu des projections du point O, sommet de l'angle droit, sur les axes des paraboles P (Ecole polytechnique, 1869).

Ex. **55**. Etant donnés une ellipse A et un point P, on mène, par ce point, des normales à l'ellipse A et l'on considère la conique B qui passe par le point P et le pied des quatre normales : 1° Trouver les coordonnées du centre de cette conique B et celles de ses foyers; 2° Trouver le lieu C du centre et le lieu D des foyers de la conique B, lorsque l'ellipse A varie de manière que ses foyers restent fixes; 3° Trouver le lieu des points d'intersection du lieu D et de la droite OP, lorsque le point P décrit un cercle de rayon donné et ayant pour centre le centre O de l'ellipse A (Ecole normale, 1873).

Ex. **56**. Etant donnés un triangle et un point M, on sait que l'on peut généralement faire passer par ce point deux paraboles circonscrites au triangle. On demande de construire et de discuter le lieu des points M pour lesquels les axes des deux paraboles correspondantes font un angle donné (Ecole polytechnique, 1874).

Ex. **57**. Trouver le lieu des pieds des normales menées d'un point donné P à une série d'ellipses qui ont un sommet commun B, la même tangente en ce point, et telles que, pour chacune d'elles, le rapport de l'axe parallèle à la tangente commune au second axe soit égal à une constante donnée k (Ecole normale, 1875).

Ex. **58**. Trouver le lieu géométrique de l'intersection des deux normales, menées à la parabole aux deux extrémités de toutes les cordes dont les projections orthogonales sur une perpendiculaire à l'axe ont même valeur. Que dire du cas où l'on fait tendre vers 0 cette valeur de la projection. Revenant au cas général, on se propose de mener, par un point quelconque du lieu, trois normales à la parabole (École polytechnique, 1875).

Ex. **59**. On donne deux axes rectangulaires ox et oy avec une parallèle Az à l'axe des y qui intercepte sur ox un segment $OA = a$. M étant un point quelconque du plan, on le projette en D sur Az, et l'on mène OM qui coupe Az en B; enfin on tire, par le point B, une parallèle à ox qui coupe OD en M'. Trouver le lieu décrit par le point M', quand le point M décrit un cercle donné ayant son centre sur l'axe des x.

Ex. **60**. Trouver le lieu des sommets des angles droits dont les côtés sont normaux à l'ellipse. Examiner le cas de la parabole et de l'hyperbole.

Ex. **61**. Etant donnée une ellipse fixe et un cercle dont le centre est fixe et le rayon variable, trouver le lieu du point milieu de la corde commune.

Ex. **62**. Par un point M d'une ellipse, on mène les rayons vecteurs MF, MF' ainsi que la normale MP; trouver le lieu des points P tels que $\overline{MP}^2 = MF \times MF'$.

Ex. **63**. Une droite de longueur constante s'appuie sur un cercle et une droite fixes; chercher le lieu du milieu de cette droite.

Ex. **64**. Déterminer le lieu des points pour lesquels la somme des carrés des normales menées à une conique fixe soit égale à une constante donnée.

Ex. **65**. On donne une ellipse et une droite fixes; quel sera le lieu des points tels que les tangentes menées à l'ellipse de chacun d'eux interceptent sur la droite fixe une longueur constante ?

Ex. **66**. Trouver le lieu des centres de gravité des triangles équilatéraux formés par trois normales à la parabole.

Ex. **67**. Etant donnés un cercle et une droite fixe, on décrit un second cercle ayant son centre en un point quelconque de la droite, et coupant orthogonalement le cercle donné; déterminer le lieu des points qui ont même polaire par rapport aux deux cercles.

Ex. **68**. Un triangle a pour sommets les deux foyers d'une ellipse et un point quelconque de la courbe; trouver les lieux géométriques du centre de gravité du triangle, du centre du cercle circonscrit, du point de concours des hauteurs, ainsi que l'enveloppe de la droite qui renferme ces trois points.

Ex. **69**. Sur les tangentes à une ellipse, on porte, à partir de leur point de contact, une longueur égale à celle du diamètre parallèle; quel sera le lieu des extrémités de ces droites?

Ex. **70**. Une ellipse donnée se meut à l'intérieur d'une parabole fixe de manière à toucher cette parabole en deux points. Trouver le lieu décrit par le centre de l'ellipse et l'enveloppe de la droite qui passe par les points de contact.

Ex. **71**. Trouver le lieu des pieds des normales menées d'un point fixe : 1° A toutes les paraboles qui passent par trois points donnés; 2° A toutes les coniques qui passent par quatre points donnés.

Ex. **72**. Lorsque les médianes d'un triangle inscrit dans une ellipse se coupent au centre de la courbe, le lieu du point de concours des hauteurs est une ellipse tangente à la développée.

Ex. **73**. On donne une ellipse; trouver : 1° Le lieu des milieux des cordes normales; 2° Le lieu des pôles de ces normales.

Ex. 74. Etant données dans un plan deux paraboles, on les fait tourner autour de leurs sommets supposés fixes de manière que, dans chacune de leurs positions, leurs quatre points d'intersection soient sur une circonférence; trouver le lieu du centre de cette circonférence.

Ex. 75. Un angle a son sommet en un point A d'une conique et ses côtés AB et AC sont également inclinés sur la tangente en A; la droite BC, qui joint les points d'intersection des côtés avec la conique, coupe la tangente en A au point M indépendant de la valeur de l'angle; trouver le lieu du point M, quand le point A décrit la conique.

Ex. 76. Une ellipse de grandeur constante est mobile autour de son centre C, tandis qu'une droite passant par un point fixe O demeure constamment parallèle au grand axe; trouver le lieu des points d'intersection de la droite et de l'ellipse.

Lorsqu'une équation définit une conique à centre assujettie à quatre conditions géométriques simples, ou une parabole assujettie à trois conditions, elle doit encore renfermer un paramètre arbitraire; en faisant varier ce dernier, on obtient un système de courbes du second ordre qui satisfont aux conditions données. On peut se proposer, dans ce cas, de déterminer le lieu géométrique des centres, des foyers, des sommets de toutes les coniques de la série, ainsi que des points de contact des tangentes menées par un point fixe, etc. On conçoit, sans peine, que de là dérivent un grand nombre de lieux géométriques à déterminer, parmi lesquels nous indiquerons ceux qui suivent.

Ex. 77. Lieu des sommets des hyperboles qui ont une asymptote et un foyer communs (Ecole polytechnique, 1849.)

Ex. 78. Lieu des foyers des paraboles qui ont le même sommet A et la même tangente MT.

Ex. 79. Lieu des centres des hyperboles équilatères ayant un point commun P, une tangente commune avec le point de contact donné sur la tangente; discuter le lieu suivant la position du point P. (Ecole normale, 1865).

Ex. 80. Lieu des foyers des coniques qui ont une directrice et un point communs.

Ex. 81 Lieu des pôles d'une droite fixe par rapport aux cercles tangents à une droite et dont les centres sont sur une autre droite donnée.

Ex. 82. Etant donnés un cercle et un point dans son intérieur, on imagine que, sur chacun des diamètres de ce cercle, on décrive une ellipse qui ait ce diamètre pour grand axe et qui passe par le point donné; on demande : 1° L'équation générale de ces ellipses; 2° Le lieu géométrique de leurs foyers; 3° Le lieu des extrémités de leurs petits axes (Concours général, 1845).

Ex. 83. Lieu des foyers des hyperboles qui ont une asymptote et un sommet communs (Ecole polytechnique, 1845).

Ex. 84. A une suite d'ellipses ayant leurs foyers communs, on mène des tangentes parallèles à une droite donnée; trouver le lieu des points de contact (Ecole polytechnique, 1845).

Ex. **85**. Lieu des foyers des paraboles égales inscrites dans le même angle droit (Ecole polytechnique, 1848).

Ex. **86**. Lieu des sommets des hyperboles ayant une asymptote commune et une directrice commune (Ecole polytechnique, 1849).

Ex. **87**. Trouver le lieu géométrique des sommets des coniques qui passent par deux points donnés et dont les axes sont parallèles et proportionnels à ceux d'une conique donnée (Ecole normale, 1865).

Ex. **88**. On donne trois points A, B, C fixes; par A, on mène une droite AA' : 1° Trouver le lieu des points de contact des tangentes parallèles à AA' touchant les coniques passant par B et C, et tangentes en A à la droite AA'; ce lieu est une conique; 2° Trouver le lieu des foyers de ces coniques, lorsque la droite AA' tourne autour du point A (Ecole normale, 1864).

Ex. **89**. Démontrer que les quatre points d'intersection de deux coniques quelconques inscrites dans un rectangle donné sont les sommets d'un parallélogramme dont les côtés sont parallèles à deux directions fixes; 2° Trouver le lieu des points de contact des tangentes menées d'un point du plan à toutes les coniques inscrites dans un rectangle donné, ou bien des tangentes parallèles à une direction donnée; 3° Trouver le lieu des points de toutes ces coniques où la tangente fait un angle donné avec le diamètre qui aboutit au point de contact (Concours général, 1866).

Ex. **90**. Etant données deux droites rectangulaires AB et CD, on considère les hyperboles asymptotes à la droite AB et tangentes à CD en un point P. Trouver : 1° Le lieu des foyers de ces hyperboles; 2° Le lieu du point d'intersection de la deuxième asymptote et de la perpendiculaire abaissée du point P sur la directrice; 3° Le lieu du point de rencontre de cette deuxième asymptote et de la droite qui joint le foyer au point d'intersection O des deux droites données (Ecole normale, 1867).

Ex. **91**. Etant donnés un triangle BOA rectangle en O et une droite D, on propose : 1° De former l'équation générale des hyperboles équilatères circonscrites au triangle BOA; 2° De calculer l'équation du lieu L des points où ces différentes hyperboles ont pour tangentes des parallèles à D; 3° D'examiner les différentes formes du lieu L correspondantes aux différentes directions de la droite D (Ecole polytechnique, 1867).

Ex. **92**. On donne un cercle et un point A, et l'on demande le lieu des centres des hyperboles équilatères assujetties à passer par le point donné A et à toucher en deux points le cercle donné. On discutera la courbe obtenue pour les différentes positions du point A, et l'on démontrera que, dans le cas général, les points de contact des tangentes qu'on peut mener au lieu par le point A sont situés sur une circonférence de cercle (Ecole polytechnique, 1873).

Ex. **93**. Par les trois sommets d'un triangle rectangle, on fait passer des paraboles; on mène, à ces paraboles, des tangentes parallèles à l'hypothénuse du triangle donné : 1° On demande le lieu des points de contact; 2° Le lieu cherché est une conique qui coupe chacune des paraboles en quatre points; on demande le lieu décrit par le centre de gravité du triangle formé par les sécantes communes qui ne passent pas par l'origine (Ecole normale, 1874).

Ex. **94**. Trouver le lieu du centre d'une ellipse d'une grandeur constante dont le périmètre passe par un point fixe, et dont l'axe focal passe par un autre point fixe.

Ex. **95**. Lieu des points de contact des tangentes menées d'un point P aux coniques passant par quatre points.

Ex. **96**. Trouver le lieu du centre d'une ellipse d'aire constante circonscrite à un triangle.

Ex. **97**. Trouver : 1° L'équation du lieu des sommets des paraboles inscrites à un triangle rectangle ; 2° L'équation du lieu des pieds des normales issues du sommet de l'angle droit ; 3° L'équation du lieu des seconds points de rencontre de ces normales avec les paraboles.

Ex. **98**. Lieu des pieds des normales menées d'un point fixe à une série d'ellipses homothétiques et concentriques.

Ex. **99**. On donne un triangle ABC et une ellipse qui a pour foyers les points B et C ; trouver le lieu des seconds foyers des ellipses inscrites au triangle ABC et dont un foyer est sur l'ellipse donnée.

Ex. **100**. Trouver le lieu des points de contact des tangentes menées d'un point fixe aux hyperboles équilatères tangentes aux trois côtés d'un triangle donné.

CHAPITRE XI.

PROPRIÉTÉS GÉNÉRALES DES CONIQUES.

Méthode de la notation abrégée.

SOMMAIRE. — *Des sécantes communes aux sections coniques. Signification des équations* $S - kS' = 0$, $S - kAA' = 0$, $S - kA^2 = 0$. *Théorèmes divers qui découlent de ces équations. — Des points de concours des tangentes communes ou points ombilicaux. Propriétés de ces points qui résultent des équations* $S - kS' = 0$, $S - kAA' = 0$, $S - kA^2 = 0$, *lorsque* S, A *et* A′ *sont des fonctions des coordonnées u et v.*

251. Après avoir démontré les propriétés principales de chaque courbe du second ordre au moyen de son équation pour une origine et un système d'axes particuliers, nous allons reprendre l'équation générale du second degré qui renferme ces trois lignes et en déduire des propriétés communes aux sections coniques. Nous ferons connaître successivement les méthodes analytiques les plus importantes qui ont été employées avec succès dans l'étude de ces courbes, en insistant spécialement sur le but et l'utilité de chacune d'elles, sans vouloir accumuler à plaisir les théorèmes nombreux qui peuvent s'en déduire.

Nous exposerons, dans ce chapitre, la méthode *des notations abrégées*. Elle consiste à représenter par une seule lettre le premier membre de l'équation du premier et du second degré, de sorte que les sections coniques et les droites qui entrent dans une figure ont des équations de la forme

$$S = 0, \quad S' = 0, \quad A = 0, \quad B = 0,$$
$$S - kS' = 0, \quad S - kAB = 0\ldots,$$

dans lesquelles

$$S = Ay^2 + 2Bxy + Cx^2 + 2Dy + 2Ex + F;$$

$$S' = A'y^2 + 2B'xy + C'x^2 + 2D'y + 2E'x + F',$$

$$A = a_1x + b_1y + c_1, \qquad B = a_2x + b_2y + c_2,$$

et k est un paramètre arbitraire. Nous allons employer ces équations abrégées pour démontrer les propriétés des sécantes et des tangentes communes de deux sections coniques, et en déduire avec facilité plusieurs théorèmes remarquables.

§ 1. SÉCANTES COMMUNES DES SECTIONS CONIQUES.

252. Considérons le système de deux sections coniques représentées par les équations

$$(1) \qquad S = 0, \qquad S' = 0.$$

D'après un théorème d'algèbre, l'élimination d'une variable, de y par exemple, entre ces deux équations du second degré en x et y, conduit en général à une équation du quatrième degré en x qui donne pour cette inconnue quatre racines réelles ou imaginaires : ce sont les abcisses des points d'intersection des deux courbes. En admettant que ces points communs peuvent être réels ou imaginaires, se trouver à l'infini ou coïncider, on peut dire que *deux sections coniques situées d'une manière quelconque dans un plan se coupent en quatre points.*

On en conclut, en joignant ces points par des droites, que *deux coniques ont en général six cordes communes.*

Pour obtenir les équations des sécantes communes, remarquons que toute conique qui passe par les points d'intersection de S et de S' est renfermée dans l'équation

$$(2) \qquad S - kS' = 0,$$

k étant un paramètre arbitraire; car celle-ci est du second degré en x et y et représente une courbe du second ordre; de plus, elle est satisfaite par les coordonnées des points communs à S et S', et, par suite, toute conique donnée par (2) passe par les points d'intersection des deux premières. Mais, si on substitue à A, B, C..., dans la relation (N° 49)

$$ACF + 2BDE - AE^2 - CD^2 - FB^2 = 0$$

qui exprime que la conique $S = 0$ se réduit à deux droites, les coefficients $A - kA'$, $B - kB'$, $C - kC'$... de l'équation (2), on obtiendra évidemment une équation du troisième degré en k qui donnera trois racines réelles ou imaginaires k_1, k_2, k_3. Il en résulte que les équations correspondantes

$$S - k_1S' = 0, \qquad S - k_2S' = 0, \qquad S - k_3S' = 0$$

représentent chacune deux droites qui passent par les points d'intersection de S et de S', c'est-à-dire, deux sécantes communes de ces coniques.

L'équation en k étant du troisième degré, il n'y a que deux hypothèses possibles sur les racines : elles sont toutes trois réelles, ou bien une seule est réelle et les deux autres imaginaires. Il en résulte que *deux sections coniques auront, en général, un ou trois systèmes de cordes communes réelles;* cependant il importe de remarquer, qu'avec des valeurs réelles de k, les équations des sécantes communes peuvent représenter des droites imaginaires, à moins que la conique $S - kS' = 0$ ne soit une hyperbole. Mais on vérifiera facilement, par la combinaison des points d'intersection des deux courbes, qu'il y a toujours un système réel de cordes communes.

253. Supposons maintenant que les sections coniques S et S' se coupent en quatre points réels, et soient

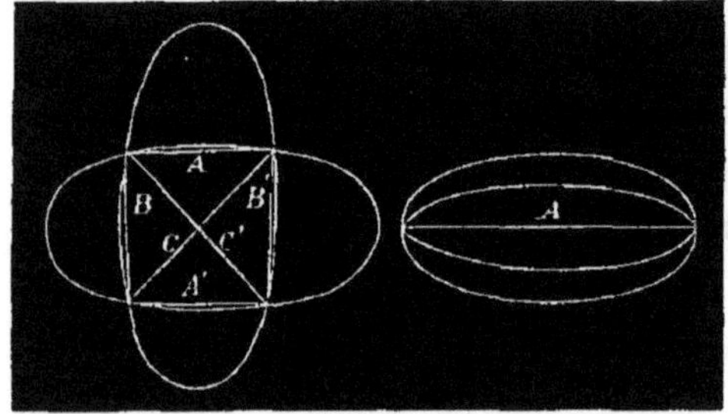

Fig. 96.

$$A = 0, \qquad B = 0, \qquad C = 0,$$
$$A' = 0, \qquad B' = 0, \qquad C' = 0,$$

les équations des cordes communes réelles. On donne le nom de *sécantes communes conjuguées* aux cordes telles que A et A' qui se rencontrent en un point non situé sur les courbes. Cela étant, les équations

$$(3) \qquad S - kAA' = 0, \qquad S - kBB' = 0, \qquad S - kCC' = 0,$$

représentent une infinité de coniques qui passent par les mêmes points d'intersection que les coniques données S et S'.

En effet, l'une d'elles, par exemple $S - kAA' = 0$, est satisfaite en posant $A = 0$ et $S = 0$, $A' = 0$ et $S = 0$; donc une conique quelconque de cette équation passe par les points d'intersection des droites A et A' avec S, c'est-à-dire par les points d'intersection de S et de S'. Les deux autres ont évidemment la même signification.

Supposons que les cordes A et A' coïncident; alors les points d'intersection se confondent deux à deux, et l'équation $S - kAA' = 0$ devient

$$S - kA^2 = 0, \tag{4}$$

qui représentera une conique quelconque doublement tangente à la conique S, $A = 0$ étant la droite des contacts. Dans le cas particulier où la courbe S se réduit à l'ensemble de deux droites $P \cdot Q = 0$, l'équation

$$PQ - kA^2 = 0$$

représenterait une conique tangente aux droites P et Q aux points où elles sont rencontrées par la droite A.

254. *Deux coniques homothétiques ont une corde commune à l'infini.*

Soit $S = 0$, une conique donnée; l'équation

$$S - kA = 0, \tag{5}$$

représente une conique quelconque homothétique à la proposée; car les coefficients des termes du second degré sont les mêmes que dans l'équation $S = 0$, et, par suite, toute conique donnée par (5) est semblable à S et semblablement placée (Ex. 5, p. 310). Or, cette équation peut se mettre sous la forme

$$S - (0 \cdot x + 0 \cdot y + k)A = 0;$$

c'est un cas particulier de l'équation $S - kAA' = 0$, et la conique qu'elle représente doit passer par les points où les droites $0 \cdot x + 0 \cdot y + k = 0$, et $A = 0$ rencontrent la courbe S; comme la première est une droite située à l'infini, il en résulte que deux coniques homothétiques quelconques ont deux points communs à l'infini.

Corollaire 1. *Deux coniques homothétiques et concentriques ont un double contact sur la droite située à l'infini.* En effet, considérons l'équation

$$S - k = 0; \tag{6}$$

les termes du second et du premier degré sont les mêmes que dans l'équation $S = 0$; donc, quel que soit le paramètre k, toute conique de l'équation (6) est homothétique et concentrique avec la proposée S. Mais si on écrit

$$S - k(0 \cdot x + 0 \cdot y + 1)^2 = 0,$$

il est visible que cette équation est un cas particulier de $S - kA^2 = 0$, et qu'elle représente des coniques doublement tangentes à S suivant la droite située à l'infini.

Corollaire 2. Tous les cercles étant des courbes semblables, *on doit regarder deux cercles quelconques comme ayant une sécante commune à l'infini; s'ils sont concentriques, ils ont un double contact sur la droite à l'infini.*

255. L'équation $S - kAA' = 0$ conduit à quelques théorèmes remarquables. Supposons que la conique donnée S soit le cercle de l'équation $(x - a)^2 + (y - b)^2 - r^2 = 0$; S représente le carré de la tangente menée d'un point (x, y) au cercle $S = 0$; d'un autre côté A et A' sont proportionnels aux perpendiculaires abaissées d'un point (x, y) du plan sur les droites $A = 0$, $A' = 0$. On a donc ce théorème :

Le carré de la tangente menée d'un point d'une conique à un cercle quelconque est au produit des distances de ce point à deux sécantes communes dans un rapport constant.

Réciproquement, *le lieu d'un point, tel que le carré de la tangente issue de ce point à un cercle fixe est dans un rapport constant avec le produit de ses distances à deux droites fixes, est une section conique qui passe par les points d'intersection des droites avec le cercle*; car $S = 0$ et $A = 0$, $A' = 0$ étant les équations du cercle et des droites fixes, le lieu a une équation de la forme $S - kAA' = 0$.

Ce théorème est indépendant de la grandeur du cercle et de la nature de ses points d'intersection avec les droites; dans le cas particulier où le cercle se réduit à un point, on peut l'énoncer ainsi : *Le lieu d'un point tel que le carré de sa distance à un point fixe est dans un rapport constant avec le produit de ses distances à deux droites fixes est une section conique.*

256. Dans l'hypothèse où la conique donnée S est un cercle, l'équation $S - kA^2 = 0$ représente une conique doublement tangente au cercle suivant la droite A. On en déduit ce théorème : *Lorsqu'une conique a un double contact avec un cercle fixe, la tangente menée d'un point de la conique au cercle est dans un rapport constant avec la distance de ce point à la corde des contacts.*

Réciproquement, *le lieu d'un point, tel que la tangente menée de ce point à un cercle fixe est dans un rapport constant avec sa distance à une droite fixe, est une section conique ayant un double contact avec le cercle suivant cette droite;* car l'équation du lieu est de la forme $\frac{S}{A^2} = k$, ou $S - kA^2 = 0$.

Le théorème est vrai, si le cercle se réduit à un point; supposons que ce point soit le foyer d'une section conique; on arrive à cette notion importante, que *le foyer d'une courbe du second ordre peut être considéré comme un cercle de rayon nul qui touche la courbe en deux points imaginaires situés sur la directrice.*

257. *Lorsque deux sections coniques sont doublement tangentes à une troisième, deux sécantes communes passent par le point d'intersection des cordes de contact et forment avec celles-ci un faisceau harmonique.*

Deux coniques, qui ont un double contact avec la conique $S = 0$, sont définies par les équations

$$(s_1) \quad S - k_1A^2 = 0, \qquad (s_2) \quad S - k_2B^2 = 0,$$

$A = 0$ et $B = 0$ étant les cordes de contact. On en déduit par la soustraction

$$k_1A^2 - k_2B^2 = 0, \quad \text{ou} \quad A = \pm B\sqrt{\frac{k_2}{k_1}}.$$

Cette équation est du premier degré et représente deux cordes communes aux coniques s_1 et s_2; sa forme indique que ces droites passent par le point d'intersection des cordes de contact A et B, et qu'elles forment avec celles-ci un faisceau de quatre droites harmoniques.

258. *Quand trois sections coniques ont une même sécante commune, les droites qui passent par les points d'intersection des courbes prises deux à deux passent par un même point.*

Soit $S = 0$ l'une des coniques; les équations des deux autres sont de la forme

$$S - kAA' = 0; \qquad S - k'AB' = 0,$$

et les cordes communes différentes de A des coniques prises deux à deux sont évidemment

$$A' = 0, \qquad B' = 0, \qquad kA' - k'B' = 0.$$

Ce sont trois droites qui se coupent en un même point.

Corollaire 1. *Si, par deux points communs à deux coniques, on tire deux droites qui rencontrent la première aux points a, b, et la seconde aux points c, d, les droites ab et cd se coupent sur une corde commune des deux courbes;* car ces deux droites forment une conique qui a une même sécante commune avec les deux autres.

Corollaire 2. Par les points a, b, pris sur une conique S (*fig.* 97), on mène deux systèmes de droites ac et bd, af et be; la conique S et ces systèmes de droites doivent être considérés comme trois sections coniques qui ont une même sécante comme ab, et, par suite, les autres cordes communes cd, ef et hk se coupent en un même point. Or, si on considère l'hexagone $acdbefa$ inscrit dans la courbe, on voit que les points k, o, h sont les points de concours des côtés opposés ac et be, cd et ef, db et fa; on a donc ce théorème : *les points de rencontre des côtés opposés d'un hexagone inscrit dans une conique sont en ligne droite.*

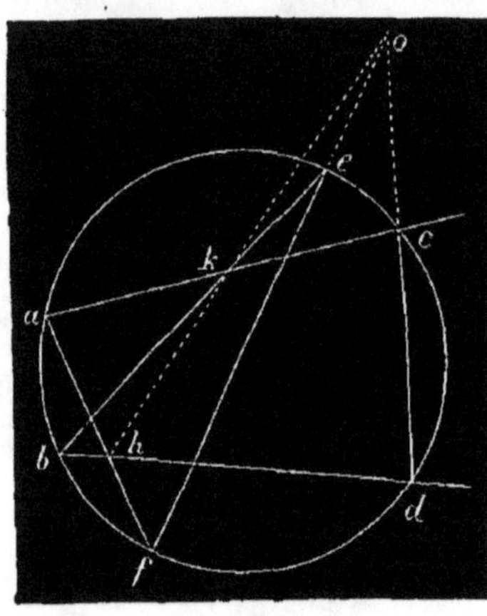

Fig. 97.

259. *Si on considère toutes les coniques qui ont deux sécantes conjuguées communes* A *et* A', *et si on mène une conique fixe ayant avec les précédentes la même corde commune* A, *toutes les autres cordes conjuguées de* A *dans les différentes coniques convergent vers un même point de la corde* A'.

Les coniques qui ont deux sécantes conjuguées communes A et A' sont renfermées dans l'équation

$$S - kAA' = 0,$$

tandis que la conique fixe est représentée par

$$S - k'AB' = 0,$$

où k' est une constante déterminée, et B' la sécante conjuguée de A pour la conique S. En retranchant les équations membre à membre, on trouve

$$kA' - k'B' = 0;$$

quel que soit la valeur du paramètre k, cette équation représente une droite qui passe par le point d'intersection des lignes $A' = 0$ et $B' = 0$.

Lorsque toutes les coniques sont des circonférences de cercle, l'une des sécantes conjuguées est à l'infini ; il en résulte que la conique fixe déterminera sur toutes les circonférences des cordes parallèles.

260. *Étant données trois coniques* S, s_1, s_2, *si* A *et* A', B *et* B' *sont respectivement deux sécantes communes conjuguées de* S *et* s_1, S *et* s_2, *les points d'intersection des coniques* s_1 *et* s_2 *et les sommets du quadrilatère* AA'BB' *sont huit points d'une même conique.*

En effet, les équations des trois coniques sont de la forme

$$S = 0, \quad (s_1)\ S - k_1AA' = 0, \quad (s_2)\ S - k_2BB' = 0.$$

En retranchant les deux dernières membre à membre, on trouve

$$k_1AA' - k_2BB' = 0.$$

Cette équation est du second degré; comme elle provient de (s_1) et de (s_2), elle représente une courbe du second ordre qui passe par les points d'intersection des coniques s_1 et s_2 ; de plus, la forme de l'équation indique que cette même courbe est circonscrite au quadrilatère AA'BB'.

Corollaire. Si l'une des coniques s_1 *ou* s_2, *par exemple* s_1, *est doublement tangente à* S *suivant la droite* A, *leurs points d'intersection appartiennent à une conique tangente aux cordes* B *et* B' *aux points où ces sécantes sont rencontrées par la droite* A; car, dans cette hypothèse, les équations des coniques s_1 et s_2 sont

$$S - k_1A^2 = 0, \qquad S - k^2BB' = 0,$$

et, par la soustraction, il vient

$$k_2BB' - k_1A^2 = 0 :$$

équation qui représente une courbe du second degré qui passe par les points d'intersection de s_1 et s_2, et qui est tangente à B et B' suivant la droite A.

261. *On a trois coniques* S, S_1, S_2 ; *si on mène une conique* s_1 *par les points d'intersection de* S *et* S_1, *une conique* s_2 *par les points d'intersection de* S *et* S_2, *les points communs à* s_1 *et à* s_2 *sont sur une conique qui passe par les points d'intersection de* S_1 *et* S_2.

Les équations des coniques s_1 et s_2 sont de la forme

$$(s_1)\ S - k_1S_1 = 0, \qquad (s_2)\ S - k_2S_2 = 0;$$

on en déduit, par soustraction,

$$k_1S_1 - k_2S_2 = 0.$$

Cette équation représente une courbe du second ordre; elle est satisfaite par les coordonnées des points d'intersection de s_1 et s_2, ainsi que par celles des points d'intersection des coniques S_1 et S_2; ce qui démontre le théorème.

262. *Etant données trois coniques* $S=0$, $S_1=0$, $S-kS_1=0$ *qui ont les mêmes sécantes communes et une conique quelconque* $s=0$, *on mène deux coniques* s_1 *et* s_2 *dont la première passe par les points d'intersection de* s *et* S, *la seconde par les points d'intersection de* s *et* S_1 : *les quatre points d'intersection de* s_1 *et* s_2 *et ceux de* s *et* $S-kS_1$ *sont huit points d'une même conique.*

En effet, les équations des deux coniques s_1 et s_2 peuvent s'écrire

$$(s_1)\quad S-k_1s=0,\qquad (s_2)\quad S_1-k_2s=0.$$

Si on les retranche membre à membre après avoir multiplié la seconde par k, il vient

$$S-kS_1-(k_1-kk_2)s=0:$$

équation qui représente une courbe du second degré qui passe à la fois par les points communs de s_1 et de s_2, et par les points d'intersection des coniques $S-kS_1$ et s; donc le théorème est démontré.

Les trois derniers théorèmes offrent une grande généralité; on peut en déduire une foule d'autres en supposant que l'une des coniques se réduise, soit à deux droites, soit à un cercle, etc. (1). Nous engageons les élèves à s'exercer en cherchant les énoncés de ces différents théorèmes.

Théorèmes et exercices.

Ex. **1**. Lorsque trois coniques sont doublement tangentes à une quatrième, les six cordes communes, qui se coupent sur les cordes de contact, passent trois à trois par un même point.

Trois coniques doublement tangentes à une conique $S=0$ ont des équations de la forme

$$S-kA^2=0,\qquad S-k'B^2=0,\qquad S-k''C^2=0.$$

On en déduit pour les sécantes communes

$$A=\pm B\sqrt{\frac{k'}{k}},\qquad A=\pm C\sqrt{\frac{k''}{k}},\qquad B=\pm C\sqrt{\frac{k''}{k'}}.$$

(1) *Traité des sections coniques*, par Chasles, Paris, 1865.

En prenant trois signes + ou deux signes — et un signe +, on obtient quatre systèmes de trois droites passant par un même point.

Ex. 2. Si plusieurs coniques passent par deux points fixes et sont doublement tangentes à une conique donnée, les cordes de contact concourent en un point de la ligne des points fixes.

Ex. 3. Si trois coniques sont tangentes à une droite au même point, les droites qui passent par leurs points d'intersection se coupent en un même point.

Cette droite peut être considérée comme une sécante commune aux sections coniques (N° 258).

Ex. 4. On a deux coniques s_1, s_2 qui touchent une droite T au même point et qui se coupent en deux autres points 1 et 2; par ces derniers on tire deux droites qui rencontrent s_1 en α, β, et s_2 en α', β'; les droites, $\alpha\beta$ et $\alpha'\beta'$ concourent sur la droite T.

C'est une conséquence du N° 258.

Ex. 5. Quand deux coniques sont inscrites dans un angle, deux sécantes communes passent par le point d'intersection des cordes de contact.

Soient $A=0$, $B=0$, les côtés de l'angle; les deux coniques inscrites ont pour équations

$$AB-kC^2=0, \qquad AB-k'C'^2=0$$

$C=0$ et $C'=0$ étant les cordes de contact. Il vient, par la soustraction,

$$kC^2-k'C'^2=0,$$

équation qui représente deux droites passant par les points d'intersection de C et C'.

Ex. 6. Le produit des distances d'un point quelconque d'une conique à deux tangentes fixes est au carré de la distance de ce point à la corde des contacts dans un rapport constant.

Ce théorème est la traduction de l'équation $AB-kC^2=0$.

Ex. 7. Deux droites A et A' rencontrent une conique S aux points 1, 2, 3, 4, et une conique S' aux points 1', 2', 3', 4'; on mène une conique s par les quatre premiers points; une conique s' par les quatre autres; montrer que les points d'intersection de s et s' sont sur une conique passant par les points d'intersection de S et S'.

Les coniques s et s' sont représentées par des équations de la forme

$$(s) \quad AA'-kS=0, \qquad (s') \quad AA'-k'S'=0.$$

En retranchant membre à membre, il vient

$$kS-k'S'=0.$$

Donc etc.

Ex. 8. On coupe deux coniques S et S' par une droite A; les coniques s et s', doublement tangentes aux premières suivant la droite A, se rencontrent en quatre points qui appartiennent à une conique passant par les points communs de S et de S'.

En retranchant les équations des courbes s et s' qui sont de la forme

$$kS-A^2=0, \qquad k'S'-A^2=0,$$

on trouve

$$kS-k'S'=0.$$

Donc etc.

Ex. 9. On mène une droite A qui rencontre les coniques S et S', la première aux points α, β, la seconde aux points α', β'; les tangentes T et T' à la conique S aux points α, β rencontrent les tangentes t et t' à la conique S' aux points α', β' en quatre points qui se trouvent sur une même conique avec les points d'intersection de S et S'.

Car les coniques S et S' ont des équations de la forme

$$kTT' - A^2 = 0, \qquad k'tt' - A^2 = 0;$$

on en tire

$$kTT' - k'tt' = 0,$$

donc etc.

Ex. 10. Etant donnés deux cercles C_1, C_2 et une conique quelconque S, on mène une conique s_1 qui passe par les points d'intersection de S avec C_1, une conique s_2 qui passe par les points d'intersection de S avec C_2; montrer que les points d'intersection des coniques s_1 et s_2 se trouvent sur un cercle passant par les points communs aux cercles donnés.

En effet, les équations des coniques s_1 et s_2 sont de la forme

$$S - k_1C_1 = 0, \qquad S - k_2C_2 = 0,$$

et, par la soustraction, il vient

$$k_1C_1 - k_2C_2 = 0,$$

équation qui représente un cercle.

Ce théorème est général; il sera facile d'en modifier l'énoncé lorsque la conique S se réduit à deux droites différentes ou à deux droites qui coïncident.

Ex. 11. Démontrer : 1° Que deux coniques S et S' se coupent en quatre points réels ou en quatre points imaginaires, si l'équation du troisième degré en k a ses trois racines réelles;

2° Qu'elles se rencontrent en deux points réels et en deux points imaginaires, lorsqu'elle n'admet qu'une racine réelle.

Qu'arrive-t-il, si deux ou trois racines deviennent égales, si une ou plusieurs racines sont nulles?

Ex. 12. Quand une droite est une corde commune à deux coniques, les polaires correspondantes à un point de cette corde se rencontrent sur la droite même. La réciproque est vraie.

Ex. 13. Les points de concours des sécantes communes ont même polaire par rapport à toutes les coniques de la série $S - kS' = 0$; de plus, la polaire de l'un des trois points passe par les deux autres.

Ex. 14. Etant données trois coniques passant par quatre points, si on mène, de chaque point μ de l'une à deux points fixes O et O', des droites qui rencontrent les deux autres coniques en a et a', b et b', on a la relation (Chasles),

$$\frac{\mu a \cdot \mu a'}{Oa \cdot Oa'} : \frac{\mu b \cdot \mu b'}{O'b \cdot O'b'} = \text{constante}.$$

Ex. 15 Etant données quatre coniques ayant les mêmes points d'intersection, on mène une transversale qui rencontre les premières en a et a', b et b'; si μ et ν sont deux des points où elle rencontre la troisième et la quatrième, montrer que l'on a :

$$\frac{\mu a \cdot \mu a'}{\mu b \cdot \mu b'} : \frac{\nu a \cdot \nu a'}{\nu b \cdot \nu b'} = \text{constante},$$

quelle que soit la transversale (CHASLES).

Ex. **16**. Lorsque trois des quatre points d'intersection de deux droites avec une conique S se confondent en un seul, on dit que les coniques $S - kAA' = 0$ sont osculatrices en ce point à S. Quelle sera l'équation de ces coniques?

Ex. **17**. Les polaires d'un point fixe par rapport aux coniques $PQ - kA^2 = 0$ concourent en un même point sur la corde des contacts. Le lieu des pôles d'une droite fixe par rapport aux mêmes coniques est une droite.

Ex. **18**. Le rapport anharmonique de quatre points d'intersection d'une tangente variable à une conique avec quatre tangentes fixes est constant.

Ex. **19**. Etant données les coniques $S = 0$, $S' = 0$ et la relation identique $S - k_1S' = AB$, montrer que l'équation

$$\lambda^2A^2 - 2\lambda(S + k_1S') + B^2 = 0,$$

où λ est arbitraire, définit un système de coniques doublement tangentes aux coniques données S et S'.

Ex. **20**. Que devient l'équation de l'exemple précédent, si les coniques données sont deux cercles? Montrer qu'une conique doublement tangente à ces cercles est le lieu des points dont la somme des distances aux cercles est constante, ces distances étant comptées sur les tangentes; de plus, les cordes de contact sont parallèles à l'axe radical. Ces cercles sont appelés les *cercles focaux* de la conique.

Ex. **21**. Lorsque deux coniques ont un double contact, tout point de la corde de contact a la même polaire dans les deux courbes.

Ex. **22**. Deux coniques ayant un double contact, si on mène, par les points de contact, une conique quelconque, les cordes qu'elle intercepte dans les deux courbes concourent en un point de la corde des contacts.

Ex. **23**. Quand deux coniques ont un double contact, si on tire, par le pôle C de la corde de contact, une transversale qui rencontre la première en a et a' et la seconde en deux points dont l'un est b, on a toujours

$$\frac{Ca}{Ca'} : \frac{ba}{ba'} = \text{constante}.$$

§ 2. POINTS DE CONCOURS DES TANGENTES COMMUNES AUX SECTIONS CONIQUES.

263. Considérons le système de deux sections coniques représentées en coordonnées tangentielles par les équations

$$Au^2 + 2Buv + Cv^2 + 2Du + 2Ev + F = 0,$$

$$A'u^2 + 2B'uv + C'v^2 + 2D'u + 2E'v + F' = 0.$$

Nous désignerons ces coniques par S et S′, et, pour abréger, nous écrirons simplement, au lieu des équations précédentes,

$$(1) \qquad S = 0, \qquad S' = 0.$$

Si on élimine la variable u entre ces équations du second degré, on arrive en général à une équation du quatrième degré en v qui, résolue par rapport à cette coordonnée, donnera quatre racines réelles ou imaginaires, v_1, v_2, v_3, v_4. Soient u_1, u_2, u_3, u_4 les valeurs correspondantes de u; les droites réelles ou imaginaires $(u_1, v_1), (u_2, v_2), (u_3, v_3), (u_4, v_4)$ sont les tangentes communes aux deux sections coniques. Ainsi, *deux coniques situées d'une manière quelconque dans un plan ont en général quatre tangentes communes.*

Il en résulte que *deux coniques ont en général six points de concours des tangentes communes.*

Afin d'abréger et de simplifier le discours, M. Chasles emploie le mot *ombilic* pour désigner l'un quelconque des points de concours des tangentes communes. Nous ferons usage de cette expression à cause de la facilité qu'elle apporte dans l'énoncé des théorèmes.

264. L'équation du second degré

$$(2) \qquad S - kS' = 0$$

où k est un paramètre variable, représente une conique quelconque inscrite au quadrilatère formé par les tangentes communes à S et S′; car elle est satisfaite par les valeurs de u et de v qui annulent à la fois S et S′. Parmi toutes les coniques de l'équation (2), il y en a trois qui se réduisent à l'ensemble de deux points; ce sont les sommets opposés du quadrilatère circonscrit qu'on regarde comme étant les *coniques limites* du système. Pour les obtenir, il faut prendre la relation

$$ACF + 2BDE - AE^2 - CD^2 - FB^2 = 0$$

qui exprime que la courbe S se réduit à deux points, et remplacer les coefficients A, B, C..., par $A - kA'$, $B - kB'$... qui se trouvent dans l'équation (2). On arrive ainsi à une équation du troisième degré en k qui donnera trois racines k_1, k_2, k_3, et, par suite, les équations

$$S - k_1S' = 0, \qquad S - k_2S' = 0, \qquad S - k_3S' = 0,$$

représentent les sommets opposés du quadrilatère circonscrit, c'est-à-dire les ombilics des deux coniques données S et S′. Quelle que soit la nature des racines, il est facile de s'assurer, par la combinaison des tangentes communes, qu'il y a toujours au moins deux ombilics réels.

265. Si, par deux points du plan $A = 0$, $A' = 0$, on mène des tangentes à une conique S, l'équation

$$(3) \qquad S - kAA' = 0,$$

représentera une conique quelconque inscrite dans le quadrilatère formé par ces tangentes. En effet, elle est satisfaite en posant $A = 0$ et $S = 0$, $A' = 0$ et $S = 0$; donc, les tangentes à S qui aboutissent aux points A et A' sont aussi des tangentes à une conique quelconque de l'équation (3).

Lorsque les points A et A' coïncident, il n'y a plus que deux tangentes et l'équation

$$(4) \qquad S - kA^2 = 0,$$

représentera une conique qui a les mêmes tangentes issues du point A que la conique S; c'est une conique doublement tangente à S suivant la polaire du point A.

Supposons que S soit égal PQ, P et Q étant des facteurs du premier degré en u et v; l'équation

$$PQ - kA^2 = 0,$$

représentera une conique tangente aux droites qui joignent les points $A = 0$ et $P = 0$, $A = 0$ et $Q = 0$, la droite des contacts ayant pour pôle le point A.

266. *Deux sections coniques s et s' doublement tangentes à une conique* S *ont deux ombilics situés sur la droite des pôles des cordes de contact, et forment avec ces derniers un système de quatre points harmoniques.*

En effet, les équations des coniques s et s' sont de la forme

$$(s)\ S - kA^2 = 0, \qquad (s')\ S - k'A'^2 = 0,$$

$A = 0$, $A' = 0$, étant les équations des pôles des cordes de contact. On en déduit

$$A = \pm A'\sqrt{\frac{k'}{k}}.$$

Cette équation représente deux ombilics des coniques s et s'; on voit qu'ils divisent harmoniquement la distance des points A et A'.

267. *Si trois coniques ont deux tangentes communes, les points de concours des autres tangentes communes aux coniques prises deux à deux sont en ligne droite.*

Les équations des trois coniques peuvent s'écrire

$$S = 0, \qquad S - kAA' = 0, \qquad S - k'AB' = 0;$$

il en résulte que les trois ombilics

$$A' = 0, \qquad B' = 0, \qquad kA' - k'B' = 0,$$

sont sur une même droite.

Corollaire 1. *Étant donnés deux points situés sur les tangentes communes à deux sections coniques* S *et* S', *on mène par ces points des tangentes à* S *qui se coupent en un point* α, *des tangentes à* S' *qui se coupent en un point* β; *la droite* $\alpha\beta$ *passe par le point de concours des deux autres tangentes communes de* S *et de* S'.

Car on doit considérer le système des deux points comme une conique ayant deux tangentes communes avec S et S'.

Corollaire 2. Supposons que l'on prenne deux systèmes de points 1 et 2 3 et 4 sur deux tangentes à une conique S; par les points 1 et 2 on mène des tangentes à la conique qui se rencontrent au point α; par les points 3 et 4 des tangentes qui se coupent au point β : les points α et β ainsi que le point d'intersection des droites 14, 23 seront en ligne droite. En effet, les deux systèmes de points et la conique doivent être considérés comme trois coniques ayant deux tangentes communes. Mais, si on remarque que l'hexagone $1\alpha24\beta31$ est circonscrit à la section conique, on a ce théorème : *Les diagonales d'un hexagone circonscrit à une conique se coupent en un même point.*

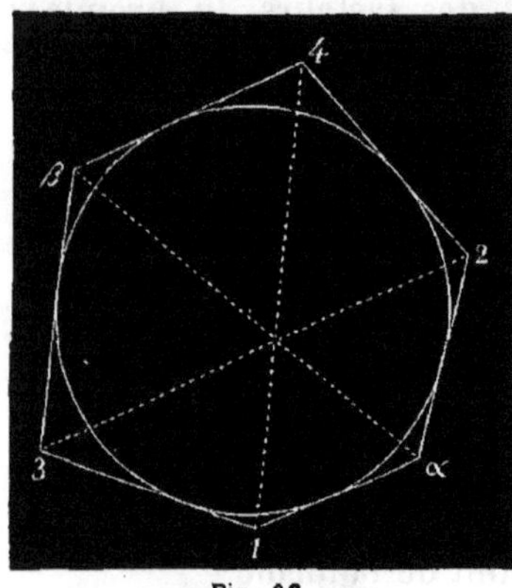

Fig. 98.

268. *Si on considère toutes les coniques inscrites dans un quadrilatère dont deux sommets opposés sont* $A = 0$, $A' = 0$, *et si on mène une conique fixe* S' *ayant deux tangentes communes avec les précédentes, les tangentes communes à* S' *et à toutes les coniques de la série concourent sur une même droite.*

En effet, toutes les coniques inscrites dans le quadrilatère sont renfermées dans l'équation

$$S - kAA' = 0$$

dans laquelle k est un paramètre variable. D'un autre côté la conique fixe S' est représentée par

$$S - k'AB' = 0$$

où k' est une constante et $B' = 0$ le point de concours des autres tangentes communes à S et S'. On en tire

$$kA' - k'B' = 0,$$

et, quelque soit k, cette équation représente un point situé sur la droite des points $A' = 0$, $B' = 0$.

269. *Étant données trois coniques* S, S_1, S_2, *si*, $A = 0$ *et* $A' = 0$ *sont deux ombilics conjugués de* S *et* S_1, $B = 0$ *et* $B' = 0$ *deux ombilics conjugués de* S *et* S_2, *les droites* AB, AB', $A'B$, $A'B'$ *ainsi que les tangentes communes de* S_1 *et* S_2 *sont huit droites tangentes à une même conique.*

Les équations des coniques S_1 et S_2 étant de la forme

$$S - k_1AA' = 0, \qquad S - k_2BB' = 0,$$

on en tire par la soustraction

$$k_1AA' - k_2BB' = 0.$$

Cette équation qui découle des précédentes représente une conique qui doit avoir les mêmes tangentes communes que S_1 et S_2; de plus, la forme de l'équation indique que la même courbe est inscrite dans la quadrilatère dont les sommets opposés sont $A = 0$, $A' = 0$; $B = 0$, $B' = 0$.

270. *Étant données trois coniques* S, S_1, S_2, *si on mène une conique* s_1 *inscrite dans le quadrilatère des tangentes communes de* S *et* S_1, *une conique* s_2 *inscrite dans le quadrilatère des tangentes communes de* S *et* S_2, *les tangentes communes de* s_1 *et* s_2, *et celles de* S_1 *et* S_2 *sont huit tangentes d'une même conique.*

Les deux coniques s_1 et s_2 sont représentées par les équations

$$(s_1)\ S - k_1S_1 = 0, \qquad (s_2)\ S - k_2S_2 = 0.$$

On en déduit

$$k_1S_1 - k_2S_2 = 0;$$

c'est l'équation d'une conique qui touche à la fois les tangentes communes de s_1 et s_2 et celles des coniques S_1 et S_2.

271. *Étant données trois coniques inscrites dans un quadrilatère $S=0$, $S_1=0$, $S-kS_1=0$, et une conique quelconque $s=0$, si on mène deux coniques s_1 et s_2 dont la première touche les tangentes communes de s et S, la seconde les tangentes communes de s et S_1, les tangentes communes de s_1 et s_2 et celles de s et $S-kS_1$ sont huit tangentes d'une même conique.*

Car les équations des coniques s_1 et s_2 étant

$$S-k_1s=0, \qquad S_1-k_2s=0,$$

si on les retranche membre à membre après avoir multiplié la seconde par k, il vient

$$S-kS_1-(k_1-kk_2)\,s=0.$$

Cette équation du second degré représente une conique qui touche les tangentes communes de s_1 et s_2, ainsi que les tangentes communes des coniques s et $S-kS_1$.

Théorèmes et exercices.

Ex. **1**. Lorsque trois coniques sont doublement tangentes à une quatrième, les tangentes communes se coupent trois à trois sur une même droite.

Ex. **2**. Si on considère toutes les coniques tangentes à deux droites fixes et doublement tangentes à une conique donnée, les points d'intersection de leurs tangentes communes avec la proposée sont sur une droite qui passe par le point de concours des droites fixes.

Ex. **3**. Si de deux points A et A′ on mène des tangentes à deux coniques S_1 et S_2 pour former deux quadrilatères circonscrits, deux coniques s_1 et s_2 inscrites dans ces quadrilatères ont quatre tangentes communes qui, avec celles des coniques S_1 et S_2, sont huit tangentes d'une même courbe du second ordre.

Ex. **4**. Etant données deux coniques S_1 et S_2 avec leurs tangentes issues d'un point A, les coniques s_1 et s_2 doublement tangentes aux premières suivant les polaires du point A ont quatre tangentes communes qui, avec celles de S_1 et S_2, touchent une même conique.

Ex. **5**. Lorsque les racines de l'équation du troisième degré en k sont toutes réelles, les tangentes communes aux deux sections coniques sont toutes quatre réelles, ou toutes quatre imaginaires.

Lorsqu'il n'y a qu'une racine réelle, deux tangentes communes sont réelles et les deux autres imaginaires.

Ex. **6**. La droite qui joint deux points ombilicaux de deux coniques a le même pôle dans les deux courbes. Réciproquement, une droite qui jouit de cette propriété par rapport à deux coniques passe par deux de leurs points ombilicaux.

Ex. **7**. Dans le plan de deux sections coniques, il existe trois droites dont chacune a le même pôle dans les deux courbes ; une de ces droites est toujours réelle et les deux autres peuvent être imaginaires. Le pôle de l'une d'elles est le point de concours des deux autres.

Ex. **8**. Étant données trois sections coniques s_1, s_2 et S inscrites dans un quadrilatère et deux droites fixes O et O', si, par les points où une tangente T à S rencontre O et O', on mène les tangentes A_1, A_1', A_2, A_2' aux coniques s_1 et s_2, on aura la relation

$$\frac{\sin(T, A_1) \cdot \sin(T, A_1')}{\sin(O, A) \cdot \sin(O, A_1')} : \frac{\sin(T, A_2) \cdot \sin(T, A_2')}{\sin(O', A_2) \cdot \sin(O', A_2')} = \text{constante}.$$

Ex. **9**. Si quatre coniques s_1, s_2, S_1, S_2 sont inscrites dans un quadrilatère, et si d'un point on mène aux deux premières les couples de tangentes A_1 et A_1', A_2 et A_2', à la troisième la tangente T_1, à la quatrième la tangente T_2, on a la relation

$$\frac{\sin(T_1, A_1) \cdot \sin(T_1, A_1')}{\sin(T_1, A_2) \cdot \sin(T_1, A_2')} : \frac{\sin(T_2, A_1) \cdot \sin(T_2, A_1')}{\sin(T_2, A_2) \cdot \sin(T_2, A_2')} = \text{constante},$$

quel que soit le point par lequel sont menées les tangentes.

Ex. **10**. Ecrire l'équation tangentielle des coniques osculatrices à $S = 0$ au point $A = 0$.

Ex. **11**. Quelle est la signification géométrique de l'équation $PQ - kA^2 = 0$?

Ex. **12**. Le pôle d'une droite fixe, par rapport aux diverses coniques $PQ - kA^2 = 0$, est une droite qui passe par le point $A = 0$.

Ex. **13**. Chercher l'équation des coniques doublement tangentes aux coniques $S = 0$ et $S' = 0$.

Ex. **14**. Quand deux coniques ont un double contact, une droite quelconque menée par le pôle de la corde de contact a le même pôle dans les deux courbes.

CHAPITRE XII.

PROPRIÉTÉS GÉNÉRALES DES CONIQUES.

(SUITE.)

Méthode des coordonnées triangulaires et polygonales.

SOMMAIRE. — *Propriétés du système des coniques passant par trois points, par quatre points, tangentes à trois ou quatre droites fixes. Théorèmes de Lamé, de Newton, de Hesse et de Chasles. — Théorèmes de Pascal, de Brianchon; construction d'une conique définie par cinq points ou cinq tangentes.*

272. L'emploi des coordonnées triangulaires d'un point ou d'une droite est généralement fort avantageux pour démontrer les propriétés descriptives d'une figure, c'est-à-dire celles qui ne dépendent que de la direction indéfinie des lignes; par exemple, pour constater que plusieurs droites passent par un même point ou que plusieurs points sont en ligne droite. Le système des coordonnées de Descartes serait, dans ce cas, un instrument peu commode, et conduirait inévitablement à des calculs longs et pénibles. Nous allons faire usage des équations en coordonnées triangulaires et polygonales, pour démontrer les propriétés si remarquables des polygones inscrits et circonscrits aux sections coniques, en prenant, pour les côtés du triangle de référence, certaines droites qui font partie de la figure que l'on considère.

Nous ferons remarquer une fois pour toutes, au commencement de ce chapitre, qu'un théorème étant démontré au moyen d'équations renfermant les coordonnées A, B, C du point, on arrive de la même manière à un théorème différent du premier, en supposant que, dans ces équations, A, B, C soient les coordonnées tangentielles. Pour abréger, nous énoncerons chaque fois ce second théorème sous le nom de *théorème corrélatif*, en laissant souvent au lecteur le soin d'approprier le discours à l'interprétation des équations qui ont servi à établir le premier, si A, B, C sont des fonctions du premier degré en u et v. Généralement, il suffit pour passer de l'un à l'autre de changer les expressions : « point de la courbe » en « tangente à la courbe, » « droites concourantes » en « points situés sur une droite, » « sécantes communes » en « tangentes communes, » « polygone inscrit » en « polygone circonscrit, » etc.

§ 1. CONIQUE RAPPORTÉE A UN TRIANGLE, A UN QUADRILATÈRE INSCRIT OU CIRCONSCRIT; A UN TRIANGLE, A UN QUADRILATÈRE CONJUGUÉS.

273. *Conique rapportée à un triangle inscrit.* Nous avons vu précédemment qu'une telle conique est représentée par une équation de la forme

$$(s) \qquad l\text{BC} + m\text{CA} + n\text{AB} = 0.$$

Nous allons en déduire une construction géométrique, en cherchant la condition pour que le point défini par les égalités

$$(m) \qquad \lambda\text{A} = \mu\text{B} = \nu\text{C}$$

appartienne à la courbe. On trouve facilement que cette condition est

$$(c) \qquad l\lambda + m\mu + n\nu = 0.$$

Or, c'est aussi là relation qui doit être satisfaite pour que la droite

$$(\text{M}) \qquad \lambda\text{A} + \mu\text{B} + \nu\text{C} = 0$$

passe par le point fixe

$$(\text{O}) \qquad \frac{\text{A}}{l} = \frac{\text{B}}{m} = \frac{\text{C}}{n}.$$

Il s'ensuit que, si la droite M tourne autour du point fixe O, le point correspondant m décrira la section conique circonscrite au triangle de référence. Nous avons donné (p. 80) la construction géométrique du point (m), connaissant la droite M; par conséquent, on pourra construire un point quelconque de la conique, en cherchant le point correspondant d'une droite quelconque menée par le point O.

Quand une conique est définie par cinq points, on peut en prendre trois pour les sommets du triangle fondamental, et construire ensuite les droites M_1, M_2 qui correspondent aux deux autres; celles-ci se couperont en un point qui sera le point O relatif à cette conique. On déterminera ensuite un sixième point quelconque par la construction précédente.

274. *Conique rapportée à un triangle circonscrit.* Une telle conique est définie, en coordonnées tangentielles, par l'équation

$$(s) \qquad l\mathrm{BC} + m\mathrm{CA} + n\mathrm{AB} = 0.$$

La droite déterminée par les égalités

$$(m) \qquad \lambda \mathrm{A} = \mu \mathrm{B} = \nu \mathrm{C}$$

sera tangente à la courbe avec la condition

$$(c) \qquad l\lambda + m\mu + n\nu = 0.$$

Or, celle-ci exprime aussi que le point

$$(\mathrm{M}) \qquad \lambda \mathrm{A} + \mu \mathrm{B} + \nu \mathrm{C} = 0$$

se trouve sur la droite fixe

$$(\mathrm{O}) \qquad \frac{\mathrm{A}}{l} = \frac{\mathrm{B}}{m} = \frac{\mathrm{C}}{n}.$$

Donc, quand le point M décrit la droite O, la droite correspondante m se déplace et enveloppe la section conique inscrite dans le triangle de référence.

On en déduit une construction d'une tangente quelconque à une conique assujettie à toucher cinq droites données. On prendra trois de ces droites pour les côtés du triangle de référence, et on déterminera les deux points M_1, M_2 qui correspondent aux deux autres; la droite qui réunit ces derniers sera la droite fixe O pour la conique qui doit toucher les droites données. Il suffit de construire une droite (m) correspondant à un point quelconque de la droite O pour avoir une sixième tangente de la courbe.

275. *Conique rapportée à un quadrilatère inscrit.* Soient (*fig.* 99)

$$\mathrm{P}_1 = 0, \quad \mathrm{P}_2 = 0, \quad \mathrm{P}_3 = 0, \quad \mathrm{P}_4 = 0,$$

les équations des côtés d'un quadrilatère 1234. Une conique quelconque qui passe par les sommets de ce polygone est représentée par une équation de la forme

$$(1) \qquad \mathrm{P}_1\mathrm{P}_3 - k\mathrm{P}_2\mathrm{P}_4 = 0,$$

où k est un paramètre arbitraire.

Cette même équation représente aussi, en coordonnées tangentielles, une conique quelconque inscrite dans le quadrilatère dont les sommets opposés sont les points $P_1 = 0$, $P_3 = 0$; $P_2 = 0$, $P_4 = 0$. De cette équation découle les théorèmes suivants :

Quand un quadrilatère est inscrit à une conique, le produit des distances d'un point de la courbe aux côtés opposés est au produit des distances du même point aux deux autres côtés dans un rapport constant.

Théorème corrélatif. *Quand un quadrilatère est circonscrit à une conique, le produit des distances des sommets opposés à une tangente quelconque est au produit des distances des deux autres sommets à la même droite dans un rapport constant.*

276. Désignons par α le point d'intersection (*fig.* 99) des diagonales 13, 24, par β, γ les points de concours des côtés opposés, et rapportons toute la figure au triangle $\alpha\beta\gamma$ pris pour triangle de référence.

Soient

$$(P_2) \quad lA - mB = 0, \qquad (P_3) \quad lA - nC = 0,$$

les équations des côtés P_2 et P_3 qui aboutissent aux sommets γ, β; les deux autres côtés P_4 et P_1 étant respectivement les droites conjuguées des précédentes dans les faisceaux harmoniques qui ont pour sommets γ et β seront représentées par

$$(P_4) \quad lA + mB = 0, \qquad (P_1) \quad lA + nC = 0.$$

En substituant dans l'équation (1) aux lettres P_1, P_2, P_3, P_4 les premiers membres de ces équations, il vient

$$(lA + nC)(lA - nC) - k(lA + mB)(lA - mB) = 0,$$

ou bien

$$(2) \quad (1 - k)l^2A^2 + km^2B^2 - n^2C^2 = 0.$$

La forme de cette équation indique qu'une conique quelconque circonscrite au quadrilatère est conjuguée au triangle de référence.

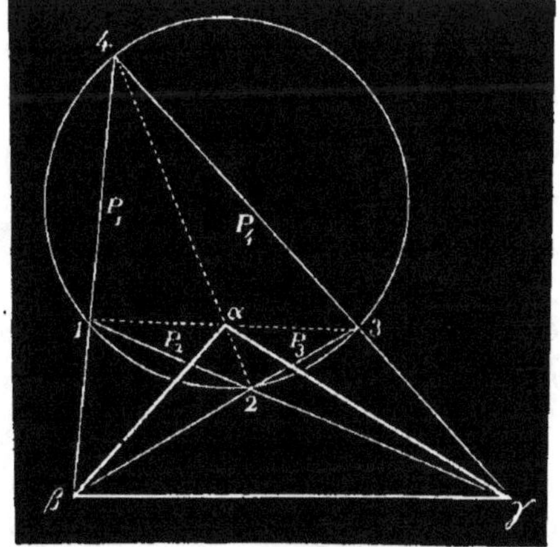

Fig. 99.

Lorsqu'une conique est inscrite dans le quadrilatère dont les sommets sont les points $P_1 = 0$, $P_2 = 0$, $P_3 = 0$, $P_4 = 0$, si on prend pour points de référence les sommets du triangle formé par les diagonales, l'équation de la courbe sera aussi de la forme (2). Il en résulte que le triangle des diagonales est conjugué à toutes les coniques inscrites dans le quadrilatère $P_1P_2P_3P_4$.

277. *Les polaires d'un point fixe, par rapport à toutes les coniques circonscrites à un quadrilatère, passent par un même point.*

En effet, la polaire d'un point (A', B', C') par rapport à une conique représentée par (2) a pour équation

$$(1-k)\,l^2AA' + km^2BB' - n^2CC' = 0.$$

A cause de la présence du paramètre k, toutes les polaires concourent en un point déterminé par les équations

$$l^2AA' - n^2CC' = 0, \qquad l^2AA' - m^2BB' = 0.$$

Ce dernier point est *réciproque* du point donné, c'est-à-dire que ses polaires par rapport à toutes les coniques de la série vont converger au point donné.

On sait que la polaire d'un point situé à l'infini sur une droite coïncide avec le diamètre conjugué à cette droite, et, par suite, en supposant le point donné à l'infini, on a ce théorème, que *les diamètres conjugués à une même droite dans les coniques circonscrites à un quadrilatère passent par un point fixe* (Lamé).

Théorème corrélatif. *Les pôles d'une droite fixe relativement aux coniques inscrites dans un quadrilatère sont sur une même droite.*

Lorsque la droite est à l'infini, le pôle coïncide avec le centre de la conique, et, par conséquent, *les centres des coniques inscrites dans un quadrilatère sont sur une même droite* (Newton).

Les sommets opposés du quadrilatère étant regardés comme les coniques limites du système, les milieux des diagonales doivent appartenir au lieu ; donc, *la droite des centres des coniques inscrites à un quadritère est celle qui passe par les milieux des diagonales.*

278. *Lorsqu'un point se meut sur une droite, le réciproque de ce point, par rapport aux coniques circonscrites à un quadrilatère, décrit une section conique qui passe par les sommets du triangle conjugué à toutes les courbes de la série.*

En effet, soit $\lambda A + \mu B + \nu C = 0$ la droite que décrit le point (A', B', C'). Le lieu du conjugué réciproque s'obtient en éliminant A', B', C' entre les équations

$$\lambda A' + \mu B' + \nu C' = 0, \quad l^2AA' - n^2CC' = 0, \quad l^2AA' - m^2BB' = 0.$$

On arrive à l'équation

$$\lambda m^2n^2BC + \mu l^2n^2CA + \nu l^2m^2AB = 0$$

qui représente une courbe du second ordre circonscrite au triangle de référence; ce qui démontre le théorème.

Théorème corrélatif. *Quand une droite tourne autour d'un point fixe, la droite réciproque, c'est-à-dire le lieu des pôles de cette droite par rapport à toutes les coniques inscrites dans un quadrilatère, enveloppe une section conique inscrite dans le triangle conjugué à toutes les courbes du système.*

279. *Toute conique, qui divise harmoniquement deux diagonales d'un quadrilatère complet, divise harmoniquement la troisième* (O. Hesse).

Soient

$$P_1 = 0, \qquad P_2 = 0, \qquad P_3 = 0, \qquad P_4 = 0,$$

les équations des côtés d'un quadrilatère. On dit qu'une conique et un quadrilatère sont *conjugués*, lorsque la polaire d'un sommet passe par le sommet opposé, de sorte que les points d'intersection de la courbe avec chaque diagonale et deux sommets opposés forment un système de quatre points harmoniques.

Cela étant, l'équation

$$(\alpha) \qquad \lambda_1P_1^2 + \lambda_2P_2^2 + \lambda_3P_3^2 + \lambda_4P_4^2 = 0$$

représente une conique quelconque conjuguée au quadrilatère proposé.

En effet, si on cherche l'équation de la tangente ou de la polaire du point (P_1', P_2', P_3', P_4') en posant

$$\lambda_1(P_1 - P_1')(P_1 - P_1'') + \lambda_2(P_2 - P_2')(P_2 - P_2'') + \lambda_3(P_3 - P_3')(P_3 - P_3'') + \lambda_4(P_4 - P_4')(P_4 - P_4'') = \lambda_1P_1^2 + \lambda_2P_2^2 + \lambda_3P_3^2 + \lambda_4P_4^2$$

pour l'équation de la sécante qui joint les points (P_1', P_2', P_3', P_4'), $(P_1'', P_2'', P_3'', P_4'')$, on trouve, après les réductions, lorsque $P_1' = P_1''$, $P_2' = P_2''$, $P_3' = P_3''$, $P_4' = P_4''$,

$$\lambda_1P_1P_1' + \lambda_2P_2P_2' + \lambda_3P_3P_3' + \lambda_4P_4P_4' = 0.$$

Or, si le point donné coïncide avec le sommet (P_1, P_2) du quadrilatère, on a $P_1' = 0$, $P_2' = 0$, et l'équation de la polaire se réduit à

$$\lambda_3P_3P_3' + \lambda_4P_4P_4' = 0;$$

c'est une droite qui passe par le sommet opposé (P_3, P_4). Donc, toute conique de l'équation (α) est conjuguée au quadrilatère $P_1P_2P_3P_4 = 0$.

Mais l'équation (α) renferme trois paramètres arbitraires; il faut trois conditions distinctes pour déterminer la courbe qu'elle représente; or celle-ci, étant conjuguée au quadrilatère, divise harmoniquement chaque diagonale; par suite, la division harmonique de la troisième diagonale doit être une conséquence de la division harmonique des deux autres; car, dans le cas contraire, on ne pourrait plus assujettir une telle conique à satisfaire à trois autres conditions, comme l'exige l'équation (α).

En se rappelant la définition de deux points conjugués par rapport à une conique, on peut encore énoncer le théorème précédent comme suit : *Quand deux couples de sommets opposés d'un quadrilatère complet sont conjugués par rapport à une conique, il en est de même des deux autres sommets.*

Lorsque $P_1 = 0$, $P_2 = 0$, $P_3 = 0$, $P_4 = 0$ sont les équations en coordonnées tangentielles des sommets d'un quadrilatère, l'équation (α) représente une conique *conjuguée* aux côtés de ce polygone, c'est-à-dire une conique telle que le pôle d'un côté se trouve sur le côté opposé. Si on appelle conjuguées par rapport à une conique deux droites dont le pôle de l'une se trouve sur l'autre, on aura pour le théorème corrélatif du précédent:

Quand deux couples de droites opposées qui joignent quatre points du plan sont conjuguées par rapport à une conique, il en est de même de la troisième couple.

280. *Si, autour de deux points fixes d'une conique, on fait tourner deux droites qui se coupent sur la courbe, ces droites considérées dans leurs diverses positions forment deux faisceaux homographiques* (Chasles).

En effet, soient O et O' deux points fixes d'une conique; inscrivons le quadrilatère $P_1P_2P_3P_4 = 0$, de manière à ce que O et O' soient deux sommets opposés. L'équation de la courbe sera de la forme

$$(\beta) \qquad P_1P_3 - k_1P_2P_4 = 0,$$

où k_1 est une constante déterminée. On en déduit

$$\frac{P_2}{P_1} = \frac{P_3}{k_1P_4}.$$

Si on représente par λ chacun de ces rapports, les droites

$$(\gamma) \qquad P_2 - \lambda P_1 = 0 \qquad (\delta) \quad P_3 - k_1\lambda P_4 = 0$$

jouiront de la propriété de passer par les points O et O' et de se couper sur la courbe quel que soit λ; car l'élimination de ce paramètre entre (γ)

et (δ) conduit à l'équation de la conique donnée. Or, les équations (γ) et (δ) sont celles qui déterminent (N° 85) les rayons homologues de deux faisceaux homographiques ayant pour centres les points O et O'; donc le théorème est démontré.

Théorème corrélatif. *Une tangente mobile rencontre deux tangentes fixes d'une conique en des points qui forment deux divisions homographiques.*

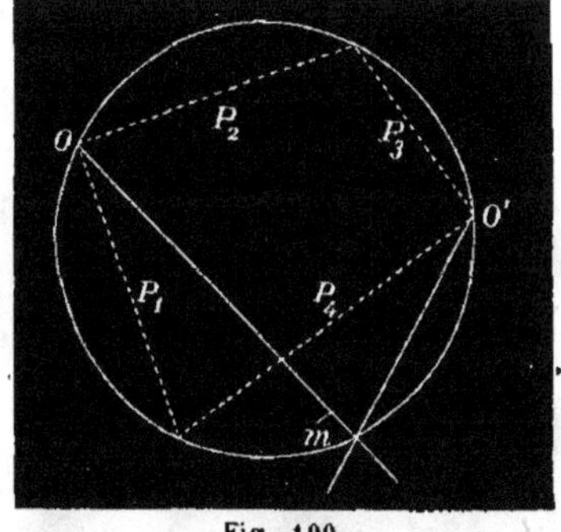

Fig. 100.

Car, si les équations précédentes renferment les coördonnées tangentielles, la droite des points

$$P_2 - \lambda P_1 = 0, \qquad P_3 - k_1\lambda P_4 = 0,$$

est une tangente variable à la conique représentée par l'équation $P_1P_3 - k_1P_2P_4 = 0$; la forme de ces équations indique que les points qu'elles représentent sont situés sur deux côtés opposés du quadrilatère circonscrit à la courbe, et qu'ils forment deux divisions homographiques (N° 85).

281. *Le lieu des points d'intersection des rayons homologues de deux faisceaux homographiques est une section conique qui passe par les centres des deux faisceaux.*

Soient O et O' (*fig.* 100) les points d'intersection des droites P_1 et P_2, P_3 et P_4. Les rayons homologues de deux faisceaux homographiques ayant pour centres les points O et O' sont donnés par les équations

$$P_2 - \lambda P_1 = 0, \qquad P_3 - k_1\lambda P_4 = 0.$$

Si on élimine λ pour trouver l'équation du lieu des points d'intersection des rayons homologues, on trouve

$$P_1P_3 - k_1P_2P_4 = 0;$$

le lieu cherché est donc une courbe du second ordre qui passe par les points fixes, car l'équation précédente est satisfaite pour $P_1 = 0$, $P_2 = 0$; $P_3 = 0$, $P_4 = 0$.

Théorème corrélatif. *L'enveloppe des droites qui joignent deux à deux les points homologues de deux droites divisées homographiquement est une section conique tangente à ces droites.*

Car, si on considère les deux droites fixes qui passent respectivement par les points $P_1 = 0$ et $P_2 = 0$, $P_3 = 0$ et $P_4 = 0$, les points homologues de deux divisions homographiques faites sur les droites sont donnés par les équations

$$P_2 - \lambda P_1 = 0, \qquad P_3 - k_1 \lambda P_4 = 0.$$

En éliminant λ, on trouve l'équation

$$P_1 P_3 - k_1 P_2 P_4 = 0$$

qui représente une conique tangente aux droites fixes, car elle est satisfaite en posant $P_1 = 0$, $P_2 = 0$; $P_3 = 0$, $P_4 = 0$.

Remarque. Le théorème du N° 280 est très-remarquable : il donne une relation entre six points appartenant à une conique ; car, étant donnés six points O et O', a, b, c, d d'une courbe du second ordre, si on mène les différents rayons Oa, O'a, Ob, O'b etc., les deux faisceaux O (a, b, c, d) et O' (a', b', c', d') sont homographiques. Il en résulte que ce théorème donne le moyen de trouver un point quelconque d'une conique assujettie à passer par cinq points donnés O, O', a, b, c : on joint deux de ces points O et O' aux trois autres et on regarde les rayons Oa, Ob, Oc comme étant homologues aux rayons O'a, O'b, O'c ; on mène ensuite par le point O une droite quelconque Od, et on construit son homologue O'd ; ces deux rayons se couperont en un point qui appartient à la conique.

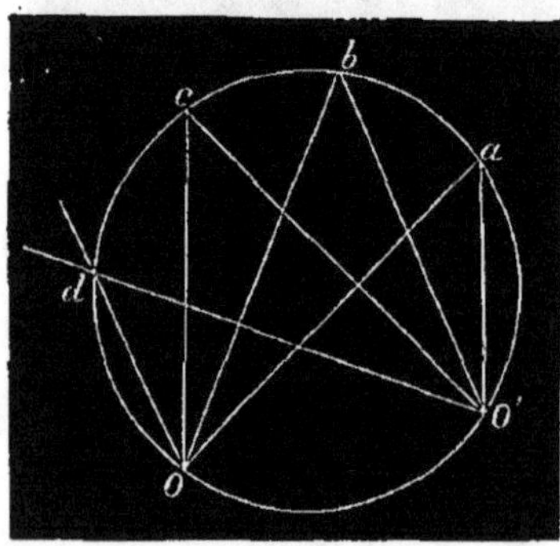

Fig. 101.

De même, le théorème corrélatif permet de construire une sixième tangente quelconque d'une conique assujettie à toucher cinq droites données ; car on en déduit que quatre tangentes A, B, C, D à une conique rencontrent deux tangentes O et O' en deux systèmes de points homographiques a, b, c, d et a', b', c', d'. Donc, si on connaît a, b, c, a', b', c', on prendra sur la tangente O un point quelconque d, et on construira son homologue d' sur la tangente O' : la droite dd' sera une sixième tangente de la courbe.

Ces deux théorèmes sont la base du *Traité des sections coniques* par Chasles. Paris, 1865.

§ 2. THÉORÈMES DE PASCAL ET DE BRIANCHON.

282. *Les côtés opposés d'un hexagone inscrit dans une conique se rencontrent en trois points situés en ligne droite.* (PASCAL.)

Les points 1, 2, 3, 4, 5, 6 (*fig.* 102) étant les sommets d'un hexagone, on regarde comme *opposés*, les côtés 12 et 45, 23 et 56, 34 et 61, ainsi que les sommets 1 et 4, 2 et 5, 3 et 6; les droites 14, 25 et 36 qui réunissent ces derniers deux à deux sont les trois diagonales.

Cela étant, soient

$$A = 0, \quad B = 0, \quad C = 0,$$

les équations des côtés 12, 23, 34 d'un hexagone inscrit dans une conique, et

$$A' = 0, \quad B' = 0, \quad C' = 0$$

celles des côtés opposés 45, 56, 61. Menons par les points 1 et 4 la diagonale $I = 0$ qui partage l'hexagone en deux quadrilatères IABC, IA'B'C' inscrits dans la courbe. Les équations

$$lAC + mBI = 0, \qquad l'A'C' + m'B'I = 0$$

représentant la même conique, doivent être satisfaites par les mêmes valeurs de x et de y, et, par suite, on peut toujours déterminer les paramètres qu'elles renferment, de manière à ce que les premiers membres soient identiques. Il en résulte que la relation

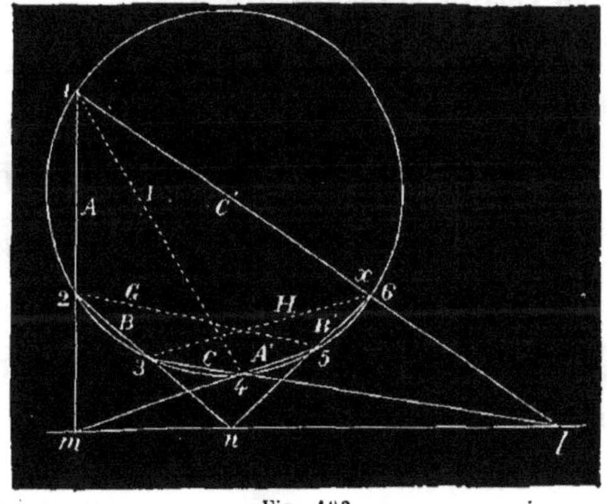

Fig. 102.

$$lAC + mBI - l'A'C' - m'B'I \equiv 0$$

sera satisfaite quelles que soient les valeurs de x et de y. Le signe $\equiv$ est celui dont on se sert pour indiquer une identité. Les équations équivalentes

$$lAC - l'A'C' = 0, \qquad I(mB - m'B') = 0$$

représentent donc la même courbe : la seconde donne deux droites $I = 0$, $mB - m'B' = 0$, et il en doit être de même de la première; or, l'une des droites représentées par celle-ci renferme les points d'intersection des droites $A = 0$ et $C' = 0$, $C = 0$, $A' = 0$; c'est la droite I; l'autre passe par les points de concours des côtés opposés $A = 0$ et $A' = 0$, $C = 0$ et $C' = 0$, et comme elle doit coïncider avec la droite $mB - m'B' = 0$, on en conclut que les points (AA'), (BB'), (CC') sont sur une même droite.

La démonstration précédente est indépendante de la nature de l'hexagone inscrit; par conséquent, le théorème de Pascal est général et s'applique à tout hexagone inscrit dans une conique, qu'il soit convexe ou non convexe.

283. La droite qui passe par les points de concours des côtés opposés peut être représentée par l'une des équations suivantes:

$$lA - l'A' = 0, \quad mB - m'B' = 0, \quad nC - n'C' = 0,$$

et, avec des valeurs convenables des paramètres, on aura les identités

$$lA - l'A' \equiv mB - m'B' \equiv nC - n'C'.$$

Posons $a = lA$, $a' = l'A'$, $b = mB$, $b' = m'B'$, $c = nC$, $c' = n'C'$: les équations des côtés de l'hexagone seront

$$(1) \qquad \begin{matrix} a = 0, & b = 0, & c = 0 \\ a' = 0, & b' = 0, & c' = 0, \end{matrix}$$

et, en vertu des identités

$$(2) \qquad a - a' \equiv b - b' \equiv c - c',$$

la droite des points de concours des côtés opposés aura pour équations

$$(l_1) \quad a - a' = 0, \quad b - b' = 0, \quad c - c' = 0.$$

Des relations (2) on tire $a + c' \equiv c + a'$, et les équations

$$(14) \qquad a + c' = 0, \qquad c + a' = 0$$

représentent la même droite; c'est la diagonale 14. On trouvera de même pour les équations des autres diagonales

$$(25) \qquad a - b = 0, \quad \text{ou} \quad a' - b' = 0;$$

$$(36) \qquad b - c = 0, \qquad b' - c' = 0.$$

Afin d'abréger, nous écrirons $i = 0$, $g = 0$, $h = 0$ pour les équations des diagonales, i, g, h étant les premiers membres des équations (14),(25),(36).

Les trois diagonales forment avec les côtés six hexagones différents inscrits dans la courbe et ayant les mêmes sommets; ce sont: ABCA'B'C', C'HBGA'I, ICHB'GA et C'HCA'GA, ICBGB'C', ABHB'A'I. Nous allons voir que les droites qui renferment les points de concours des côtés opposés des trois premiers concourent en un même point O, et que celles qui passent par les points d'intersection des côtés opposés des trois autres concourent en un second point O'.

Les droites du théorème de Pascal dans le second et le troisième hexagone du premier groupe ont des équations de la forme

$$a' - \mu h = 0, \qquad h - \nu a = 0,$$

ou

$$a' - \mu (b' - c') = 0, \qquad b - c - \nu a = 0;$$

car les côtés A' et H, A et H sont opposés dans chacun d'eux; en exprimant que la première doit passer par le point d'intersection des côtés opposés $c' = 0$, $g = a' - b' = 0$, et la seconde par le point de rencontre des droites $c = 0$, $g = a - b = 0$, on trouve $\mu = \nu = 1$. Les équations des lignes de Pascal pour les trois premiers hexagones seront donc

$$a - a' = 0, \qquad a' - h = 0, \qquad h - a = 0;$$

et, par conséquent, ces droites se coupent en un même point.

De même, les droites qui passent par les points de concours des côtés opposés des trois autres hexagones ont des équations de la forme

$$g - \lambda h = 0, \qquad i - \mu g = 0, \qquad h - \nu i = 0,$$

ou

$$a - b - \lambda (b - c) = 0, \quad a + c' - \mu (a - b) = 0, \quad b' - c' - \nu (a + c') = 0.$$

Comme ces équations doivent être satisfaites par les points d'intersection des autres côtés opposés de chacun des hexagones, il faut que l'on ait $\lambda = -1$, $\mu = 1$, $\nu = -1$; les droites de Pascal pour les hexagones du second groupe seront

$$g + h = 0, \qquad i - g = 0, \qquad h + i = 0,$$

et elles se coupent aussi en un même point. On a donc ce théorème:

Quand un hexagone est inscrit à une conique, les six côtés et les trois diagonales forment un système de neuf droites donnant lieu à six hexagones inscrits; les droites de Pascal de trois d'entre eux concourent en un certain point O, et celles des trois autres en un certain point O'.

Les points où viennent aboutir trois lignes de Pascal s'appellent points de Steiner: c'est ce géomètre qui, le premier, les a fait connaître.

284. Le théorème de Pascal établit une relation entre six points d'une conique, un de plus qu'il n'en faut pour définir la courbe; il permet donc, comme celui de Chasles, de déterminer autant de points que l'on veut d'une conique assujettie à passer par cinq points donnés 1, 2, 3, 4, 5. On joint ces points par des droites, et, après avoir tiré par le point 1 (*fig.* 102) une droite quelconque 16, on détermine les points d'intersection l et m des lignes 16 et 34, 12 et 45; on prolonge ensuite le côté 23 jusqu'à sa rencontre en n avec la droite lm: la ligne qui joint le point n avec le dernier point donné 5 rencontrera la droite 16 en un point x appartenant à la conique définie par les points donnés.

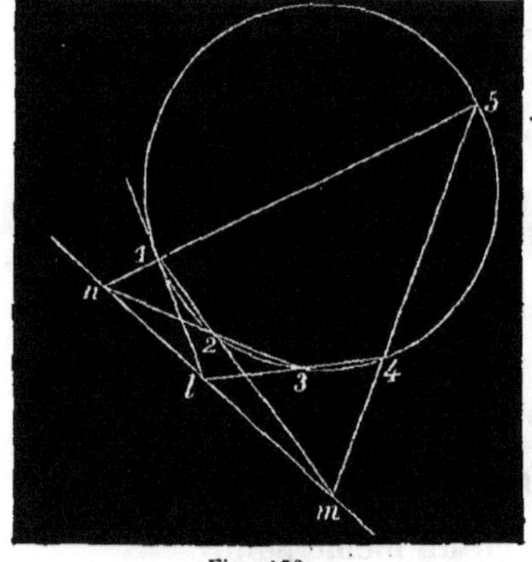

Fig. 103.

Supposons (*fig.* 103), que le sommet x de l'hexagone inscrit vienne se confondre avec le point 1, le côté $1x$ devient tangent à la courbe au point 1; le théorème de Pascal est encore applicable, en regardant cette tangente comme étant un coté de l'hexagone. Il en résulte la construction suivante de la tangente en un certain point 1 de la conique: on détermine les points de rencontre des côtés 12 et 45, 23 et 15, ainsi que le point l où le côté 34 rencontre la droite mn; la ligne $1l$ sera la tangente à la conique au point 1.

285. *Les diagonales d'un hexagone circonscrit à une conique se coupent en un même point* (Brianchon).

Soient

$$A = 0, \qquad B = 0, \qquad C = 0,$$
$$A' = 0, \qquad B' = 0, \qquad C' = 0,$$

les équations des sommets d'un hexagone circonscrit à une conique, A et A′ étant deux sommets opposés et ainsi des autres. Prolongeons les côtés opposés AC′, CA′, et soit $I = 0$ l'équation de leur point d'intersection. Les deux quadrilatères IABC, IA′B′C′ étant circonscrits à la conique, si les équations en coordonnées tangentielles

$$lAC + mBI = 0, \qquad l'A'C' + m'B'I = 0$$

représentent la même courbe, on peut écrire l'identité

$$lAC + mBI - l'A'C' - m'B'I \equiv 0;$$

il en résulte que les équations équivalentes

$$lAC - l'A'C' = 0, \qquad I(mB - m'B') = 0,$$

représentent le même lieu. La première devra donc donner deux points comme la seconde; l'un est le point commun aux droites qui joignent les points $A = 0$ et $C' = 0$, $A' = 0$ et $C = 0$; il coïncide avec le point I;

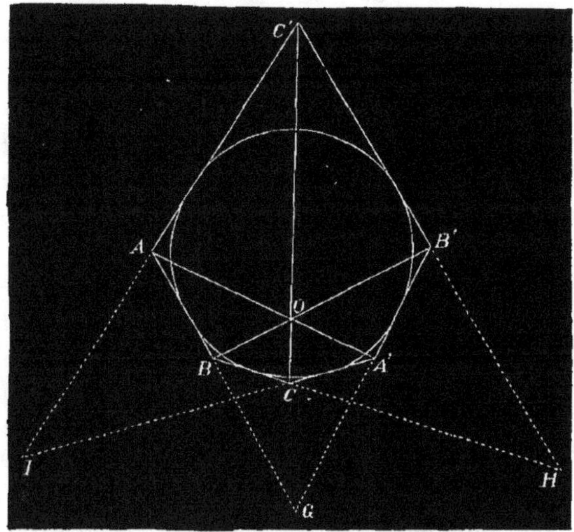

Fig. 104.

l'autre provient de l'intersection des droites qui réunissent les sommets opposés $A = 0$, $A' = 0$; $B = 0$, $B' = 0$; comme il doit être le même que le point $mB - m'B' = 0$, les droites (AA'), (BB'), (CC') se rencontrent en un même point.

Le théorème de Brianchon est aussi général que celui de Pascal et s'applique à tout hexagone circonscrit à une conique.

286. Puisque le point de concours des diagonales se trouve à la fois sur les droites qui joignent les points A et A', B et B', C et C', on peut écrire les identités

$$lA - l'A' \equiv mB - m'B' \equiv nC - n'C',$$

ou bien, en posant

$$a = lA, \quad a' = l'A', \quad b = mB, \quad b' = m'B', \quad c = nC, \quad c' = n'C',$$
$$a - a' \equiv b - b' \equiv c - c'.$$

Les équations des sommets de l'hexagone deviennent

$$a = 0, \qquad b = 0, \qquad c = 0$$
$$a' = 0, \qquad b' = 0, \qquad c' = 0;$$

celles des points de concours des côtés opposés seront

$$a + c' = 0, \quad \text{ou} \quad a' + c = 0,$$
$$a - b = 0, \quad \text{ou} \quad a' - b' = 0,$$
$$b - c = 0, \quad \text{ou} \quad b' - c' = 0.$$

Les points de concours I, G, H et les sommets de l'hexagone forment six hexagones différents circonscrits à la courbe, savoir : ABCA'B'C', C'HBGA'I, ICHB'GA et C'HCA'GA, ICBGB'C', ABHB'A'I. Il est facile de vérifier que les points du théorème de Brianchon pour ces différents hexagones sont représentées par les équations

$$a - a' = 0, \qquad a' - h = 0, \qquad h - a = 0,$$
$$g + h = 0, \qquad -g = 0, \qquad h + i = 0,$$

i, g, h étant les premiers membres des équations des points I, G, H; elles donnent deux systèmes de trois points en ligne droite, et on a ce théorème : *Quand un hexagone est circonscrit à une section conique, les points de concours des côtés opposés et les six sommets forment un système de neuf points donnant lieu à six hexagones différents circonscrits à la courbe; les points de Brianchon pour trois d'entre eux se trouvent sur une certaine droite l, et ceux des trois autres sur une certaine droite l'.*

287. Le théorème de Brianchon donne une relation entre six tangentes à une conique, une de plus qu'il n'en faut pour déterminer la courbe; il permet donc de construire une tangente quelconque d'une conique définie par cinq tangentes données. Soient (*fig.* 104) AB, BC, CA', A'B', B'C' ces tangentes qui se rencontrent aux points B, C, A', B'. On prend sur AB un point quelconque A; on joint A et A', B et B' par des droites qui se coupent en O; la ligne qui passe par les points C et O rencontrera la tangente B'C' en un point C' : il suffit de joindre A et C' pour avoir la sixième tangente qui complète l'hexagone circonscrit.

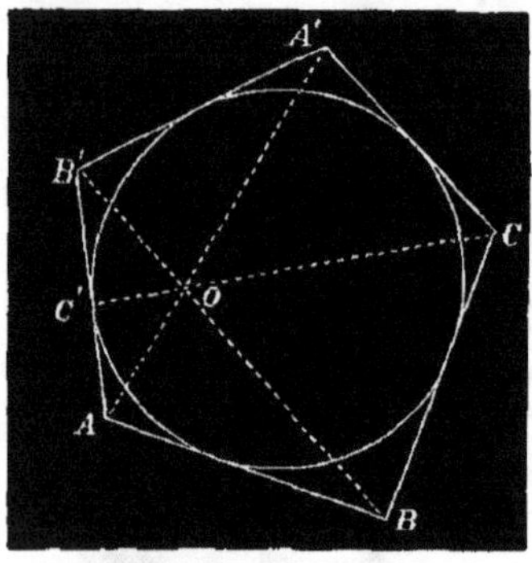

Fig. 105.

Supposons que, dans l'hexagone circonscrit, l'une des tangentes, par exemple B'C', vienne se confondre avec la tangente voisine C'A; à la limite, le point C' vient coïncider (*fig.* 105) avec le point de contact de AC′, et le théorème de Brianchon est encore applicable en prenant ce point de contact pour un sommet de l'hexagone. On en déduit la construction du point de contact d'une tangente AB′; on mène les droites AA′, BB′ qui se coupent au point O : la ligne CO rencontrera la droite AB′ en un point C′ qui sera le point de contact de cette tangente avec la conique.

Remarque. Consulter, pour les propriétés de l'hexagone de Pascal et de Brianchon, les ouvrages suivants : O. HESSE, *Vorlesungen aus der analytischen Geometrie.* — J. STEINER, *Die Theorie der Kegelschnitte.* Étant donnés six points d'une conique *a, b, c, d, e, f,* le nombre d'hexagones, que l'on peut obtenir en joignant ces points de toutes les manières possibles, est égal au nombre de permutations des six lettres *a, b, c, d, e, f,* c'est-à-dire au produit $1 \cdot 2 \cdot 3 \cdot 4 \cdot 5 \cdot 6$. Mais il est facile de vérifier qu'un même hexagone se répète 12 fois dans ce nombre. En effet, en partant d'un sommet *a*, et en joignant les points dans le sens *a, b, c*..., ou dans le sens opposé *a, f, e*..., on a deux hexagones *abcdef, afedcb* qui ont les mêmes côtés opposés. De plus, quand on passe d'un sommet à un autre, on obtient les mêmes hexagones, *abcdef, bcdefa, cdefab, defabc, efabcd, fabcde*; il en résulte que pour avoir le nombre d'hexagones différents ayant pour sommets *a, b, c, d, e, f,* il faut diviser le produit $1 \cdot 2 \cdot 3 \cdot 4 \cdot 5 \cdot 6$ par 12; ce nombre sera donc égal à 60. Ces hexagones étant groupés trois à trois donnent 20 *points de Steiner*; on démontre que quatre de ces points se trouvent sur une même droite appelée *droite de Steiner*, etc.

Théorèmes et exercices.

Ex. 1. L'équation d'une conique qui passe par les sommets $A=0$, $C=0$; $B=0$, $C=0$ du triangle de référence peut s'écrire

$$\alpha_1 BC + \beta_1 AC + \gamma_1 AB + \delta_1 C^2 = 0.$$

Cela étant, chercher les équations des sécantes communes de trois coniques menées par ces points et montrer qu'elles concourent en un même point.

Ex. 2. Les côtés d'un quadrilatère ayant pour équations

$$P_1 = A + pB + qC,$$

$$P_2 = A - pB + qC,$$

$$P_3 = A + pB - qC,$$

$$P_4 = A - pB - qC,$$

montrer qu'une conique inscrite dans ce quadrilatère est définie par une équation de la forme

$$\frac{A^2}{f} - \frac{p^2B^2}{h} - \frac{q^2C^2}{g} = 0$$

où $f = g + h$; A, B, C sont les diagonales.

Que représenterait cette équation, si $A=0$, $B=0$, $C=0$ étaient celles des points de rencontre des diagonales et des côtés opposés?

Ex. 3. Les polaires d'un point par rapport aux coniques conjuguées à un triangle et passant par un point donné concourent en un même point.

Les pôles d'une droite relativement aux coniques conjuguées à un triangle et touchant une droite donnée se trouvent sur une droite fixe.

Ex. 4. Le lieu des centres des coniques circonscrites à un quadrilatère est une conique qui renferme les points de rencontre des côtés opposés, les milieux des côtés et des diagonales.

Les cinq coniques analogues, pour les quadrilatères auxquels donnent lieu cinq points quelconques associés quatre à quatre, passent par un même point.

Ex. 5. Les droites qui joignent deux à deux les points d'intersection de deux tangentes à une conique avec une autre conique sont tangentes à une même courbe du second ordre passant par les points communs aux deux premières.

Si, par deux points d'une conique, on mène deux couples de tangentes à une autre conique, les points d'intersection de ces tangentes prises deux à deux appartiennent à une conique inscrite dans le quadrilatère des tangentes communes des deux premières.

Ex. 6. Lorsque deux angles sont circonscrits à une conique, leurs sommets et les points de contact des côtés sont sur une même courbe du second ordre ; de plus, les quatre côtés et les cordes de contact sont tangents à une même conique.

Ex. 7. Si, de deux points quelconques, on mène des droites aux sommets d'un triangle, les six points où ces droites rencontrent les côtés opposés appartiennent à une conique.

Si on joint les sommets d'un triangle aux points où deux droites quelconques coupent les côtés opposés, on obtient six droites tangentes à une même conique.

Ex. 8. Le lieu des centres des coniques inscrites dans le quadrilatère $P_1P_2P_3P_4 = 0$ est la droite que définit l'équation

$$\lambda_1P_1^2 + \lambda_2P_2^2 + \lambda_3P_3^2 + \lambda_4P_4^2 = 0$$

abaissée au premier degré en x et y par un choix convenable des coefficients $\lambda_1, \lambda_2, \lambda_3, \lambda_4$.

Ex. 9. Le lieu des centres des coniques inscrites dans le triangle $P_1P_2P_3 = 0$ et dont la somme des carrés des axes principaux demeure constante est le cercle défini par l'équation

$$\lambda_1P_1^2 + \lambda_2P_2^2 + \lambda_3P_3^2 = a^2 + b^2 = \text{const.}$$

ramenée à la forme de l'équation du cercle par un choix convenable des coefficients $\lambda_1, \lambda_2, \lambda_3$.

Ex. 10. Le lieu des centres des coniques conjuguées à quatre couples de droites P_1P_1', P_2P_2', P_3P_3', P_4P_4' est la droite de l'équation

$$\lambda_1P_1P_1' + \lambda_2P_2P_2' + \lambda_3P_3P_3' + \lambda_4P_4P_4' = 0$$

abaissée au premier degré par un choix convenable des coefficients.

Ex. 11. Le lieu des centres des coniques conjuguées à trois couples de droites P_1P_1', P_2P_2', P_3P_3', et dont la somme des carrés des axes reste constante, est le cercle défini par l'équation

$$\lambda_1P_1P_1' + \lambda_2P_2P_2' + \lambda_3P_3P_3' = a^2 + b^2 = \text{const.}$$

ramenée à la forme de l'équation du cercle par un choix convenable des coefficients.

CHAPITRE XIII.

PROPRIÉTÉS GÉNÉRALES DES CONIQUES.

(SUITE.)

Méthode des identités.

SOMMAIRE. — *Propriétés du triangle et du quadrilatère inscrits, circonscrits ou conjugués à une conique. — Relation analytique entre six points ou six tangentes d'une conique; entre six couples de points ou de droites conjuguées à une courbe du second ordre. Théorèmes de Hesse et de Desargues.*

288. Étant donnée une section conique avec un polygone inscrit, circonscrit ou conjugué, on peut généralement écrire son équation sous différentes formes en coordonnées triangulaires ou polygonales, et arriver ensuite à une équation identique, c'est-à-dire à une équation qui est satisfaite, quelles que soient les valeurs attribuées aux variables qu'elle renferme. L'interprétation des équations équivalentes obtenues en décomposant cette identité de diverses manières, conduit à plusieurs théorèmes sur les sections coniques avec une facilité qu'il serait difficile de surpasser. C'est ainsi que nous avons démontré le théorème de Pascal et de Brianchon; nous allons suivre le même procédé pour mettre en évidence plusieurs propriétés du triangle et du quadrilatère inscrits, circonscrits ou conjugués à une conique. Nous terminerons ensuite en considérant une identité remarquable, qui exprime que six points appartiennent à une courbe du second ordre, ou que six droites sont tangentes à une même conique.

§ 1. DU TRIANGLE ET DU QUADRILATÈRE INSCRITS, CIRCONSCRITS OU CONJUGUÉS A UNE SECTION CONIQUE.

289. *Quand un triangle est inscrit dans une conique, les côtés rencontrent les tangentes aux sommets opposés en trois points en ligne droite.*

Soient

$$P_1 = 0, \quad P_2 = 0, \quad P_3 = 0,$$
$$T_1 = 0, \quad T_2 = 0, \quad T_3 = 0,$$

les équations des côtés du triangle inscrit et des tangentes aux sommets. La conique sera représentée par l'une des équations suivantes

$$lT_1T_2 + mP_3^2 = 0, \qquad l'P_1P_2 + m'P_3T_3 = 0.$$

En supposant les paramètres déterminés convenablement, on aura l'identité

$$lT_1T_2 + mP_3^2 + l'P_1P_2 + m'P_3T_3 \equiv 0$$

et, par suite, les équations équivalentes

$$lT_1T_2 + l'P_1P_2 = 0, \qquad P_3(mP_3 + m'T_3) = 0,$$

représentent la même ligne. La première donne la droite P_3 qui passe par les points (T_1P_2), (T_2P_1), et la ligne qui joint les points (T_1P_1), (T_2P_2); comme celle-ci doit coïncider avec $mP_3 + m'T_3 = 0$, les trois points (T_1P_1), (T_2P_2), (T_3P_3) sont situés sur une même droite; ce qui démontre le théorème.

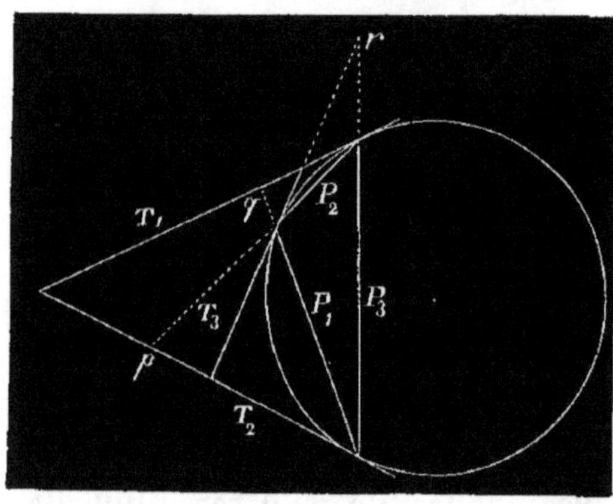

Fig. 106.

THÉORÈME CORRÉLATIF. *Quand un triangle est circonscrit à une conique, les droites qui joignent les sommets aux points de contact des côtés opposés se coupent en un même point.*

On le démontre comme le précédent, en supposant que les équations renferment les coordonnées tangentielles.

290. *Lorsqu'un quadrilatère est inscrit dans une conique, les points de concours des tangentes aux sommets opposés sont sur la droite des points d'intersection des côtés opposés.*

Si $P_1=0$, $P_2=0$, $P_3=0$, $P_4=0$ sont les côtés du quadrilatère inscrit, $T_1=0$, $T_3=0$ les tangentes à deux sommets opposés, et $D=0$ la droite qui réunit ces derniers, les équations de la conique

$$lP_2T_1+mP_1D=0,\quad l'P_4T_3+m'P_3D=0,$$

donnent l'identité

$$lP_2T_1+mP_1D+l'P_4T_3+m'P_3D\equiv 0,$$

et les équations équivalentes

$$lP_2T_1+l'P_4T_3=0,\quad D(mP_1+m'P_3)=0$$

montrent que les points (T_1T_3), (P_2P_4), (P_1P_3) sont en ligne droite.

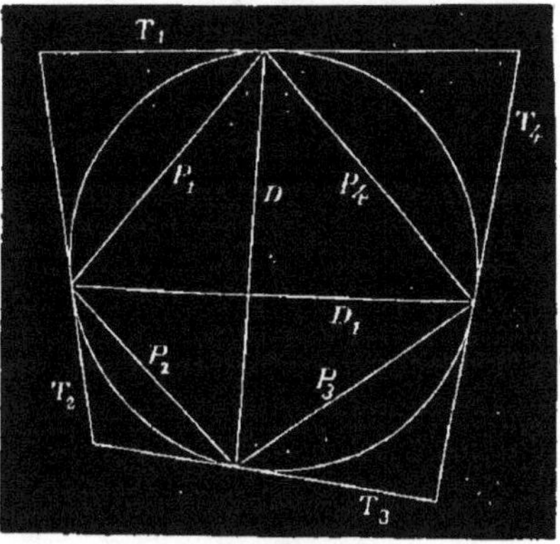

Fig. 107.

De même, si $D_1=0$ est la seconde diagonale, et si $T_2=0$, $T_4=0$ sont les tangentes aux deux autres sommets opposés du quadrilatère, les équations de la conique

$$lT_2P_4+mP_1D_1=0,\qquad l'T_4P_2+m'P_3D_1=0$$

entraînent l'identité

$$lT_2P_4+mP_1D_1+l'T_4P_2+m'P_3D_1\equiv 0,$$

et les équations équivalentes

$$lT_2P_4+l'T_4P_2=0,\qquad D_1(mP_1+m'P_3)=0$$

prouvent que le point (T_2T_4) appartient aussi à la droite des points de concours des côtés opposés.

Théorème corrélatif. *Dans un quadrilatère circonscrit à une conique, les diagonales et les cordes de contact des côtés opposés se coupent en un même point.*

291. *Quand un quadrilatère est inscrit dans une conique, les points d'intersection des tangentes aux sommets adjacents avec deux côtés opposés et le point de concours des deux autres côtés opposés sont sur une même droite.*

Des équations de la conique $lT_1T_4+mP_4^2=0$, $l'T_2T_3+m'P_2^2=0$, $l''P_1P_3+m''P_2P_4=0$, résultent les identités

$$lT_1T_4+mP_4^2\equiv l'T_2T_3+m'P_2^2\equiv l''P_1P_3+m''P_2P_4.$$

On en tire les équations

$$lT_1T_4-l''P_1P_3=0,\quad P_4(mP_4-m''P_2)=0$$

qui représentent les mêmes droites; la première est satisfaite en posant $T_1 = 0$, $P_3 = 0$, $T_4 = 0$, $P_1 = 0$; les points (T_1P_3), (T_4P_1) sont sur une même droite avec le point (P_2P_4).

De même les équations équivalentes

$$l'T_2T_3 - l''P_1P_3 = 0, \qquad P_2(m'P_2 - m''P_4) = 0$$

prouvent que les points (T_2P_3), (T_3P_1), (P_2P_4) sont en ligne droite.

Enfin les équations de la conique $lT_1T_2 + mP_1^2 = 0$, $l'T_3T_4 + m'P_3^2 = 0$, $l''P_1P_3 + m''P_2P_4 = 0$ entraînent les identités

$$lT_1T_2 + mP_1^2 \equiv l'T_3T_4 + m'P_3^2 \equiv l''P_1P_3 + m''P_2P_4$$

qui conduiront aussi à deux systèmes de trois points en ligne droite, savoir : (T_1P_2), (T_2P_4), (P_1P_3) et (T_3P_4), (T_4P_2), (P_1P_3).

Théorème corrélatif. *Dans un quadrilatère circonscrit à une conique, les droites qui joignent deux sommets opposés aux points de contact des tangentes issues de l'un des deux autres sommets se coupent sur la diagonale qui joint les deux autres sommets opposés.*

292. *Si on considère le quadrilatère inscrit et le quadrilatère circonscrit correspondant, les diagonales des deux quadrilatères se coupent en un même point et forment un faisceau harmonique.*

Le quadrilatère circonscrit correspondant à un quadrilatère inscrit est celui dont les côtés ont pour points de contact avec la conique les sommets du quadrilatère inscrit. Cela étant, d'après la *fig.* 107, on peut écrire l'identité

$$lT_1T_3 + mD^2 \equiv l'T_2T_4 + m'D_1^2$$

qui résulte des équations de la courbe $lT_1T_3 + mD^2 = 0$, $l'T_2T_4 + m'D_1^2 = 0$; par suite, les équations

$$lT_1T_3 - l'T_2T_4 = 0, \qquad mD_1^2 - m'D_1^2 = 0$$

représentent le même lieu; la seconde donne deux droites qui passent par le point d'intersection des diagonales du quadrilatère inscrit, et qui forment un faisceau harmonique avec D et D_1; en vertu de la première, ces droites coïncident avec les diagonales du quadrilatère circonscrit.

Théorème corrélatif. *Les points de concours des côtés opposés d'un quadrilatère inscrit dans une conique et les points de concours des tangentes aux sommets opposés sont en rapport harmonique.*

293. *Quand une conique est conjuguée à un triangle* $P_1P_2P_3 = 0$, *deux tangentes à la courbe divisent harmoniquement les diagonales du quadrilatère formé par les côtés du triangle et la corde de contact de ces tangentes.*

En effet, soient $T = 0$, $T' = 0$ les tangentes et $P_4 = 0$ la corde des contacts. Les équations de la conique

$$l_1P_1^2 + l_2P_2^2 + l_3P_3^2 = 0, \quad \text{et} \quad TT' + l_4P_4^2 = 0$$

donnent l'identité

$$l_1P_1^2 + l_2P_2^2 + l_3P_3^2 + l_4P_4^2 + TT' \equiv 0,$$

et, par suite, les équations équivalentes

$$l_1P_1^2 + l_2P_2^2 + l_3P_3^2 + l_4P_4^2 = 0, \qquad TT' = 0$$

expriment que les droites T et T' forment une conique conjuguée au quadrilatère $P_1P_2P_3P_4$; donc ces tangentes divisent harmoniquement les diagonales.

Théorème corrélatif. *Quand un triangle dont les sommets sont* $P_1 = 0$, $P_2 = 0$, $P_3 = 0$ *est conjugué à une conique, les côtés opposés du quadrilatère formé par les points* P_1, P_2, P_3 *et un point quelconque* P_4 *du plan divisent harmoniquement la droite des contacts des tangentes à la courbe issues du point* P_4.

294. *Un triangle* $P_1P_2P_3 = 0$ *étant conjugué à une parabole, si on mène un diamètre quelconque, la tangente à l'extrémité de ce diamètre est la médiane du quadrilatère formé des côtés du triangle et du diamètre.*

Soit $P_4 = 0$ un diamètre d'une parabole, et $X = 0$ la tangente à l'extrémité; la courbe étant représentée par l'une des équations

$$P_4^2 - 2pX = 0, \qquad l_1P_1^2 + l_2P_2^2 + l_3P_3^2 = 0,$$

on a identiquement

$$l_1P_1^2 + l_2P_2^2 + l_3P_3^2 + P_4^2 \equiv 2pX$$

et, par suite, la droite $X = 0$ étant conjuguée au quadrilatère $P_1P_2P_3P_4$ doit passer par les milieux des diagonales de ce polygone; ce qui démontre le théorème.

295. *Les couples de droites conjuguées à une conique donnée et menées par un point fixe sont dirigées suivant les diamètres conjugués d'une seconde conique.*

En effet, soit $C = 0$ une droite fixe située dans le plan de la conique donnée S; par le pôle de cette droite, menons les couples de droites conjuguées à S, $A = 0$ et $B = 0$, $A' = 0$ et $B' = 0$, etc. La courbe S aura pour équations

$$lA^2 + mB^2 + C^2 = 0, \qquad l'A'^2 + m'B'^2 + C^2 = 0, \text{ etc.}$$

car les triangles ABC, A'B'C... sont évidemment conjugués à la conique.

On en déduit les identités

$$lA^2 + mB^2 \equiv l'A'^2 + m'B'^2 \equiv \cdots,$$

et les équations équivalentes

$$lA^2 + mB^2 = 1, \qquad l'A'^2 + m'B'^2 = 1.....$$

représentent la même courbe du second ordre; leur forme indique que A et B, A' et B'...., sont les diamètres conjugués d'une même conique, et le théorème est démontré.

Dans le cas particulier où le point fixe coïncide avec le foyer de la conique donnée, les droites conjuguées étant perpendiculaires, la seconde courbe se réduit à un cercle.

§ 2. RELATION LINÉAIRE ET HOMOGÈNE ENTRE LES CARRÉS DES DISTANCES DE SIX POINTS D'UNE CONIQUE A UNE DROITE QUELCONQUE; ENTRE LES PRODUITS DES DISTANCES DE SIX COUPLES DE POINTS, CONJUGUÉS A UNE CONIQUE, A UNE DROITE QUELCONQUE.

296. *Lorsque six points représentés par les équations*

$$P_1 = 0, \quad P_2 = 0, \quad P_3 = 0, \quad P_4 = 0, \quad P_5 = 0, \quad P_6 = 0$$

appartiennent à une même conique, on peut toujours déterminer six coefficients $\lambda_1, \lambda_2, \lambda_3, \lambda_4, \lambda_5, \lambda_6$ *de manière à avoir l'identité* $\Sigma_1^6 \lambda_1 P_1^2 \equiv 0$.

Soient (x_1, y_1), (x_2, y_2) .... (x_6, y_6) les coordonnées de six points appartenant à la conique

$$\frac{x^2}{a^2} + \frac{y^2}{b^2} - 1 = 0.$$

On a les égalités

$$(1) \qquad \frac{x_1^2}{a^2} + \frac{y_1^2}{b^2} - 1 = 0,$$

$$(2)\qquad \frac{x_2^2}{a^2}+\dots\dots=0,$$

$$(3)\qquad \frac{x_3^2}{a^2}+\dots\dots=0,$$

$$(4)\qquad \frac{x_4^2}{a^2}+\dots\dots=0,$$

$$(5)\qquad \frac{x_5^2}{a^2}+\dots\dots=0,$$

$$(6)\qquad \frac{x_6^2}{a^2}+\dots\dots=0.$$

D'un autre côté, pour que l'on ait l'identité

$$\Sigma_1^6 \lambda_1 P_1^2 \equiv 0 \quad \text{ou} \quad \Sigma_1^6 \lambda_1 (x_1 u + y_1 v + 1)^2 \equiv 0,$$

il faut que les coefficients des termes en u^2, uv, v^2, u, v et la quantité indépendante de ces variables soient nuls séparément, et, par suite, que les coefficients $\lambda_1 \dots \lambda_6$ satisfassent aux équations

$$\begin{aligned}
&(1') \quad \lambda_1 x_1^2 + \lambda_2 x_2^2 + \lambda_3 x_3^2 + \lambda_4 x_4^2 + \lambda_5 x_5^2 + \lambda_6 x_6^2 = 0,\\
&(2') \quad \lambda_1 x_1 y_1 + \lambda_2 x_2 y_2 + \dots\dots\dots = 0,\\
&(3') \quad \lambda_1 y_1^2 + \lambda_2 y_2^2 + \dots\dots\dots = 0,\\
&(4') \quad \lambda_1 x_1 + \lambda_2 x_2 + \dots\dots\dots = 0,\\
&(5') \quad \lambda_1 y_1 + \lambda_2 y_2 + \dots\dots\dots = 0,\\
&(6') \quad \lambda_1 + \lambda_2 + \dots\dots\dots = 0.
\end{aligned}$$

La combinaison des équations (1′), (3′) et (6′), après avoir divisé la première par a^2 et la seconde par b^2, conduit à la relation

$$(k)\qquad \frac{\Sigma_1^6 \lambda_1 x_1^2}{a^2}+\frac{\Sigma_1^6 \lambda_1 y_1^2}{b^2}-\Sigma_1^6 \lambda_1=0.$$

Mais, si on multiplie les relations (1), (2),.... respectivement par λ_1, λ_2, λ_3,...., et si on ajoute membre à membre, on trouve

$$\frac{\Sigma_1^6 \lambda_1 x_1^2}{a^2}+\frac{\Sigma_1^6 \lambda_1 y_1^2}{b^2}-\Sigma_1^6 \lambda_1=0.$$

Il en résulte que, si les points sont sur la conique, la relation (k) est une identité, car elle se réduit à $0=0$; les équations (1'), (3') et (6') ne forment que deux équations distinctes, qui, ajoutées aux trois autres, donnent un système de cinq équations suffisantes pour déterminer les rapports $\lambda_1 : \lambda_2 : \lambda_3 \ldots$ de manière à avoir la relation identique $\sum_1^6 \lambda_1 P_1^2 \equiv 0$.

Réciproquement, *lorsque six points du plan* $P_1 = 0 \ldots P_6 = 0$ *donnent lieu à l'identité* $\sum_1^6 \lambda_1 P_1^2 \equiv 0$, *ces points sont situés sur une conique.*

Car, dans cette hypothèse, on a les égalités (1'), (2'), (3')…. et aussi la relation (k) déduite des précédentes, a et b étant des quantités indéterminées. On peut supposer que a et b soient les demi-axes de la conique déterminée par les cinq premiers points et ayant pour équation

$$\frac{x^2}{a^2} + \frac{y^2}{b^2} - 1 = 0.$$

Or, cette relation (k) étant développée devient

$$\lambda_1 \left(\frac{x_1^2}{a^2} + \frac{y_1^2}{b^2} - 1\right) + \lambda_2 \left(\frac{x_2^2}{a^2} + \frac{y_2^2}{b^2} - 1\right) + \ldots \lambda_6 \left(\frac{x_6^2}{a^2} + \frac{y_6^2}{b^2} - 1\right) = 0,$$

et, comme les cinq premiers termes disparaissent, puisque les points $(x_1, y_1) \ldots (x_5, y_5)$ appartiennent à la conique, on doit avoir

$$\frac{x_6^2}{a^2} + \frac{y_6^2}{b^2} - 1 = 0,$$

et le sixième point appartient aussi à la même courbe.

Théorème corrélatif. *Lorsque six droites* $P_1 = 0, \ldots P_6 = 0$ *sont tangentes à une conique, on peut déterminer des coefficients* $\lambda_1, \lambda_2, \ldots \lambda_6$ *de manière à avoir l'identité* $\sum_1^6 \lambda_1 P_1^2 \equiv 0$.

Réciproquement, *six droites, situées dans un plan et donnant lieu à une identité* $\sum_1^6 \lambda_1 P_1^2 \equiv 0$, *sont tangentes à une courbe du second ordre.*

En vertu de la signification du premier membre de l'équation d'un point et d'une droite, l'identité $\sum_1^6 \lambda_1 P_1^2 \equiv 0$ exprime, dans le premier cas, une relation homogène entre les carrés des distances de six points d'une conique à une droite quelconque (u, v), et, dans le second, une relation homogène entre les carrés des distances de six tangentes d'une conique à un point quelconque (x, y) du plan.

297. *Lorsque six couples de points* $P_1P_1' = 0, \ldots, P_6P_6' = 0$ *sont conjugués à une conique, on peut déterminer des constantes* $\lambda_1, \lambda_2, \ldots \lambda_6$ *qui donnent la relation identique* $\sum_1^6 \lambda_1 P_1 P_1' \equiv 0$.

Soit

$$(c) \qquad \frac{x^2}{a^2} + \frac{y^2}{b^2} - 1 = 0$$

l'équation d'une conique ; la polaire d'un point (x_1, y_1) est représentée par

$$\frac{xx_1}{a^2} + \frac{yy_1}{b^2} - 1 = 0,$$

et, pour exprimer que deux points (x_1, y_1), (x_1', y_1') sont conjugués par rapport à la courbe, on aura la relation unique

$$\frac{x_1x_1'}{a^2} + \frac{y_1y_1'}{b^2} - 1 = 0;$$

de sorte qu'il faut cinq couples de points conjugués pour déterminer une conique.

Cela étant, soient (x_1, y_1), $(x_1' y_1') \ldots (x_6, y_6$, $(x_6' y_6')$ six couples de points conjugués à la conique (c); on aura les égalités

$$(1) \qquad \frac{x_1x_1'}{a^2} + \frac{y_1y_1'}{b^2} - 1 = 0,$$

$$(2) \qquad \frac{x_2x_2'}{a^2} + \ldots\ldots = 0,$$

$$(3) \qquad \frac{x_3x_3'}{a^2} + \ldots\ldots = 0,$$

$$(4) \qquad \frac{x_4x_4'}{a^2} + \ldots\ldots = 0,$$

$$(5) \qquad \frac{x_5x_5'}{a^2} + \ldots\ldots = 0,$$

$$(6) \qquad \frac{x_6x_6'}{a^2} + \ldots\ldots = 0.$$

Mais, pour que l'on ait la relation identique

$$\Sigma_1^6 \lambda_1 P_1 P_1' = 0 \quad \text{où} \quad \Sigma_1^6 \lambda_1 (x_1 u + y_1 v + 1)(x_1' u + y_1' v + 1) = 0,$$

il faut que les coefficients de u^2, uv, v^2, u, v soient nuls séparément ainsi que le terme indépendant des variables et, par suite, les coefficients λ_1, λ_2, ... λ_6 doivent satisfaire aux relations

$$\begin{array}{ll}
(1') & \lambda_1 x_1 x_1' + \lambda_2 x_2 x_2' + \dots\dots\dots = 0, \\
(2') & \lambda_1 (x_1 y_1' + x_1' y_1) + \dots\dots\dots = 0, \\
(3') & \lambda_1 y_1 y_1' + \dots\dots\dots = 0, \\
(4') & \lambda_1 (x_1 + x_1') + \dots\dots\dots = 0, \\
(5') & \lambda_1 (y_1 + y_1') + \dots\dots\dots = 0, \\
(6') & \lambda_1 + \lambda_2 + \dots\dots\dots = 0.
\end{array}$$

On en tire, en combinant les égalités (1'), (3') et (6'), cette nouvelle équation

$$(k) \qquad \frac{\Sigma_1^6 \lambda_1 x_1 x_1'}{a^2} + \frac{\Sigma_1^6 \lambda_1 y_1 y_1'}{b^2} - \Sigma_1^6 \lambda_1 = 0;$$

or, en vertu des égalités (1), (2) .... (6), le premier membre est nul et l'équation (k) est identique; de sorte que les équations (1'), (2') .... (6') se réduisent à cinq, et on peut en tirer des valeurs finies et déterminées pour les coefficients λ_1, λ_2... de manière à avoir l'identité $\Sigma_1^6 \lambda_1 P_1 P_1' \equiv 0$.

Réciproquement, lorsque douze points $P_1 P_1' = 0$, $\cdots$, $P_6 P_6' = 0$ satisfont à une telle identité, ces points forment six couples de points conjugués à une conique; car il existe toujours une conique conjuguée aux dix premiers points pris deux à deux et ayant pour équation

$$\frac{x^2}{a^2} + \frac{y^2}{b^2} - 1 = 0;$$

les égalités (1') .....(6') étant données, on a aussi la relation (k) qui, étant développée, devient

$$\lambda_1 \left(\frac{x_1 x_1'}{a^2} + \frac{y_1 y_1'}{b^2} - 1 \right) + \dots \lambda_6 \left(\frac{x_6 x_6'}{a^2} + \frac{y_6 y_6'}{b^2} - 1 \right) = 0$$

et, par hypothèse, les cinq premiers termes étant nuls, on doit avoir la relation

$$\frac{x_6 x_6'}{a^2} + \frac{y_6 y_6'}{b^2} - 1 = 0$$

qui exprime que les points (x_6, y_6), (x_6', y_6') sont aussi conjugués à la conique.

Théorème corrélatif. *Pour que six couples de droites* $P_1P_1' = 0$.... $P_6P_6' = 0$ *soient conjuguées à une conique, il faut et il suffit que l'on ait la relation identique* $\Sigma_1^6 \lambda_1 P_1 P_1' \equiv 0$.

298. Les théorèmes qui précèdent sont extrêmement remarquables : le premier établit une relation analytique entre six points d'une conique, et a été donné, pour la première fois, par M. O. Hesse, dans un petit opuscule sur l'homographie ; mais l'illustre géomètre allemand n'a pas indiqué tout le parti qu'on pouvait en tirer pour la théorie des sections coniques. Les autres théorèmes se trouvent dans l'ouvrage de M. P. Serret, *Géométrie de direction*, où ils servent de base à une nouvelle méthode pour la recherche et la démonstration des propriétés descriptives des courbes et des surfaces du second ordre. Afin de mettre en évidence l'utilité des relations précédentes, nous allons démontrer deux théorèmes qui s'en déduisent avec la plus grande facilité.

299. *Les sommets de deux triangles conjugués à une conique sont six points appartenant à une même conique* (O. Hesse).

En effet, si on rapporte une conique aux triangles conjugués dont les sommets sont $P_1 = 0$, $P_2 = 0$, $P_3 = 0$ et $P_4 = 0$, $P_5 = 0$, $P_6 = 0$, on a les équations équivalentes

$$\lambda_1 P_1^2 + \lambda_2 P_2^2 + \lambda_3 P_3^2 = 0, \qquad \lambda_4 P_4^2 + \lambda_5 P_5^2 + \lambda_6 P_6^2 = 0,$$

qui entraînent l'identité

$$\Sigma_1^6 \lambda_1 P_1^2 \equiv 0,$$

et, en vertu du théorème fondamental, les six sommets appartiennent à une même courbe du second ordre.

Réciproquement, *six points d'une conique, partagés en deux groupes de trois points, sont les sommets de deux triangles conjugués à une conique.*

Car, lorsque six points sont sur une courbe du second ordre, on a l'identité

$$\Sigma_1^6 \lambda_1 P_1^2 \equiv 0,$$

qui se décompose en deux équations équivalentes

$$\lambda P_1^2 + \lambda_2 P_2^2 + \lambda_3 P_3^2 = 0, \qquad \lambda_4 P_4^2 + \lambda_5 P_5^2 + \lambda_6 P_6^2 = 0;$$

celles-ci représentent une même conique conjuguée aux triangles des points de chaque groupe.

THÉORÈME CORRÉLATIF. *Les côtés de deux triangles conjugués à une courbe du second degré sont tangents à une même conique.*

Réciproquement, *six tangentes d'une conique, partagées en deux groupes de trois droites, forment deux triangles conjugués à une même conique.*

300. *Quand un quadrilatère est inscrit dans une conique, une transversale quelconque rencontre la courbe et deux couples de côtés opposés en six points en involution* (DESARGUES).

De l'identité fondamentale à laquelle donne lieu six points p_1, p_2, p_3, p_4, p_5, p_6 d'une conique, on tire les équations tangentielles équivalentes

$$\lambda_1 P_1^2 + \lambda_2 P_2^2 = 0, \qquad \lambda_3 P_3^2 + \lambda_4 P_4^2 + \lambda_5 P_5^2 + \lambda_6 P_6^2 = 0.$$

La première représente deux points π_1, π_2 situés sur la droite des points, p_1, p_2 de la conique et harmoniquement conjugués avec p_1 et p_2 ; en vertu de la seconde, le système des points π_1, π_2 doit être conjugué au quadrilatère $p_3p_4p_5p_6$, de sorte que les côtés opposés de ce quadrilatère sont rencontrés par la droite p_1p_2 en des points conjugués à π_1 et π_2; donc les points p_1, p_2, et les traces de deux couples de côtés opposés avec la droite p_1p_2 font trois couples de points harmoniquement conjugués avec π_1 et π_2, c'est-à-dire six points en involution.

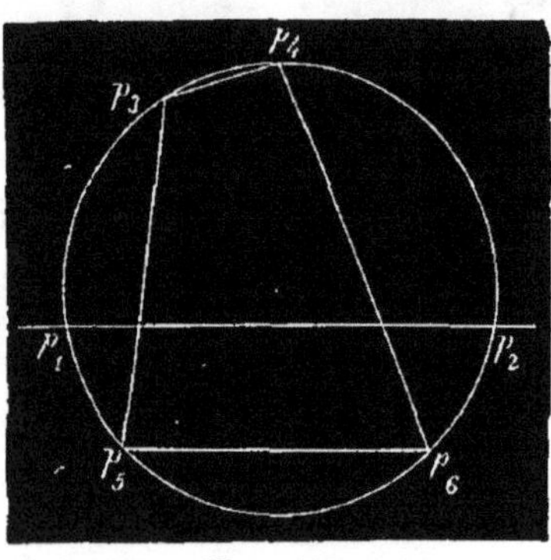

Fig. 108.

THÉORÈME CORRÉLATIF. *Quand un quadrilatère est circonscrit à une conique, les tangentes à la courbe issues d'un point quelconque, et les deux couples de droites qui joignent ce point aux sommets du quadrilatère forment un faisceau en involution.*

Car, si $P_1 = 0 \ldots, P_6 = 0$, sont les équations de six tangentes, la première des équations précédentes représente deux droites π_1, π_2. qui passent par le point d'intersection des tangentes P_1 et P_2, et qui sont harmoniquement conjuguées par rapport à ces tangentes. Mais, en vertu de la seconde, les droites π_1, π_2 sont conjuguées par rapport au quadrilatère formé par les tangentes P_3, P_4, P_5, P_6, de sorte que les sommets opposés de ce quadrilatère sont deux à deux conjugués par rapport à ces droites ; donc les droites qui joignent le point $(P_1 P_2)$ avec deux couples de sommets opposés forment avec les tangentes P_1, P_2 un faisceau en involution.

Le théorème de Desargues permet aussi de construire le sixième point d'une conique définie par cinq points p_1, p_3, p_4, p_5, p_6 ; on mène, par le point p_1, une transversale qui rencontre deux couples de côtés opposés du quadrilatère $p_3p_4p_5p_6$ en quatre points π_3, π_4, π_5, π_6; si on construit le point p_2 qui forme avec p_1 π_3, π_4, π_5, π_6 une involution, ce point p_2 appartiendra à la conique assujettie à passer par les points donnés.

Nous ne pouvons ici insister plus longtemps sur l'utilité de la relation fondamentale $\sum_1^6 \lambda_i P_i^2 = 0$; nous renvoyons le lecteur à l'ouvrage de M. Serret d'où nous avons tiré les démonstrations précédentes.

CHAPITRE XIV.

PROPRIÉTÉS GÉNÉRALES DES CONIQUES.

(SUITE.)

Méthodes de la transformation des figures : théorie des polaires réciproques; figures homographiques et homologiques; transformation par rayons vecteurs réciproques.

SOMMAIRE. — *Construction de deux figures corrélatives avec une conique auxiliaire. Équation de la polaire réciproque d'une courbe par rapport au cercle* $x^2 + y^2 - r^2 = 0$. *Applications. Formules qui définissent la transformation homographique et homologique. Utilité de ces transformations pour généraliser un théorème. Principes de la transformation par rayons vecteurs réciproques.*

301. Étant donnée une figure dans un plan, on peut concevoir qu'on en déduise, au moyen de certaines règles, une seconde figure dont la nature dépend du mode de transformation que l'on a employé pour passer de la première à la seconde. Dans tous les cas, il est visible qu'une propriété de la figure donnée va se transformer en une propriété correspondante dans la figure dérivée. Ainsi, par exemple, si un cercle devient, après la transformation, une section conique, plusieurs propriétés du cercle pourront s'appliquer aux courbes du second ordre. Il est donc possible de cette manière, soit de généraliser un théorème ou de faciliter sa démonstration, soit d'augmenter le nombre des propriétés d'une ligne. Nous allons indiquer brièvement, dans ce chapitre, quelques modes de transformation très-remarquables employés par Chasles et Poncelet, les deux grands maîtres de la géométrie moderne.

§ I. THÉORIE DES POLAIRES RÉCIPROQUES.

302. Deux figures sont dites *corrélatives*, lorsqu'à un point de la première correspond une droite dans la seconde, et à toute droite de la première, un point dans la seconde.

Les principes de la théorie des pôles et des polaires dans les courbes du second ordre, permettent de construire une figure corrélative d'une figure donnée.

Considérons d'abord une figure composée de droites et de points. Après avoir tracé dans le plan une conique auxiliaire S, on détermine les polaires des points et les pôles des droites par rapport à cette courbe : ces pôles et ces polaires forment une nouvelle figure, telle que les points et les droites dont elle se compose correspondent respectivement aux droites et aux points de la première. En vertu de la propriété de la polaire d'un point relativement à une conique, à un système de points en ligne droite dans la figure donnée, correspond dans l'autre un système de droites passant par un même point, tandis qu'un système de droites, passant par un même point dans la première, donnera lieu à un système de points en ligne droite dans la figure corrélative; de plus, ces figures seront réciproques, c'est-à-dire qu'en appliquant le même procédé à la seconde figure on retrouverait la première.

Supposons que la figure donnée renferme une courbe quelconque C, et imaginons une droite qui se meut dans le plan en restant tangente à cette courbe. Le pôle de cette droite va décrire, dans la seconde figure, une courbe correspondante C′ qui sera le lieu géométrique des pôles des tangentes à la première. Réciproquement, la courbe primitive C est aussi le lieu des pôles des tangentes à la courbe C′. En effet, le point d'intersection de deux tangentes à C a pour polaire la droite qui joint les pôles de ces tangentes, et, par conséquent, une sécante de la courbe C′; mais, si l'une des tangentes se rapproche indéfiniment de l'autre, leur point commun, à la limite, est le point de contact des tangentes qui coïncident, tandis que la sécante correspondante devient tangente à la courbe C′. Donc, une tangente quelconque de C′ a son pôle sur la ligne C, et celle-ci peut se déduire de l'autre de la même manière : de là le nom de *polaires réciproques* donné aux courbes C et C′. Les deux figures qui renferment ces lignes sont appelées *figures polaires réciproques*.

303. *Une courbe du degré m a pour polaire réciproque une courbe de la $m^{ième}$ classe, c'est-à-dire une courbe à laquelle on peut mener m tangentes par un point donné.*

Car, une droite menée dans la première figure peut rencontrer une courbe C du degré m en m points; à ces points en ligne droite correspondent, dans la figure corrélative, un même nombre de tangentes à la courbe C′ issues d'un même point.

Il résulte de ce théorème qu'une courbe du second ordre a pour polaire réciproque une courbe du même degré. Cette circonstance permet de doubler le nombre des propriétés descriptives des coniques; car en cherchant la figure réciproque de celle où se vérifie une propriété d'une conique, on aura une nouvelle figure qui renfermera une propriété correspondante et différente de la première. Pour énoncer la propriété réciproque, il faut tenir compte des changements apportés par la transformation. Comme un polygone inscrit dans une conique donnée se change, dans la figure réciproque, en un polygone circonscrit à la conique transformée, il en résulte que toute propriété relative à un polygone inscrit dans une conique se transforme en une propriété relative à un polygone circonscrit. Ainsi, par exemple, on sait que, dans un hexagone inscrit à une conique, les points de concours des côtés opposés sont en ligne droite. Dans la figure transformée, l'hexagone est circonscrit à la conique; de plus, les points d'intersection des côtés opposés ont évidemment pour polaires, par rapport à la conique auxiliaire, les droites qui passent par les sommets opposés de l'hexagone circonscrit. On a donc pour le théorème réciproque ou corrélatif : un hexagone étant circonscrit à une conique, les diagonales passent par un même point. En général, pour énoncer le théorème corrélatif, il suffit de remplacer « droite par point, » « point par droite, » « inscrit par circonscrit, » « lieu par enveloppe, » etc.

304. La conique employée pour la transformation est quelconque, et, pour simplifier, on peut prendre un cercle. Soit O (*fig.* 109) le centre d'un cercle de rayon r; supposons qu'il s'agisse de construire la courbe réciproque d'une courbe donnée C par rapport à ce cercle. On sait que la droite qui joint le centre O à un point t est perpendiculaire à la polaire T de ce point; de plus, si s est le point de rencontre de Ot avec T, on a la relation

$$(\alpha) \qquad tO \cdot sO = r^2.$$

Cela étant, abaissons du point O des perpendiculaires sur les tangentes à la courbe C et prenons les longueurs tO, $t'O$ .... telles que l'on ait

$$tO \cdot sO = r^2, \qquad t'O \cdot s'O = r^2....,$$

les points t, t',.... appartiendront à la courbe réciproque. Cette construction est indépendante de la circonférence du cercle auxiliaire; elle suppose seulement un point fixe O et la relation (α) dans laquelle r est une constante quelconque.

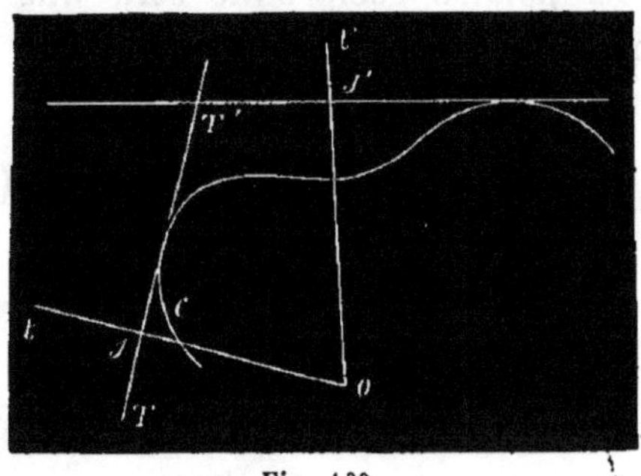

Fig. 109.

305. *Trouver l'équation de la polaire réciproque d'une courbe donnée par rapport au cercle* $x^2 + y^2 - r^2 = 0$.

Soit $F(x, y) = 0$, l'équation de la courbe donnée, et (x_1, y_1) l'un de ses points dont la polaire par rapport au cercle auxiliaire aura pour équation

$$xx_1 + yy_1 - r^2 = 0.$$

Mais, si u et v sont les coordonnées d'une tangente à la courbe réciproque, on peut prendre pour l'équation de cette tangente

$$ux + vy - 1 = 0.$$

En comparant, il vient les relations

$$u = \frac{x_1}{r^2}, \qquad v = \frac{y_1}{r^2};$$

par suite, $x_1 = r^2 u$, $y_1 = r^2 v$, et l'équation de la polaire réciproque sera $F(r^2 u, r^2 v) = 0$. Si la ligne proposée était définie par $\varphi(u, v) = 0$, la courbe réciproque le serait par $\varphi\left(\frac{x}{r^2}, \frac{y}{r^2}\right) = 0$. Dans le cas particulier où le rayon du cercle auxiliaire est l'unité, on a cette règle : *Une courbe étant représentée par* $F(x, y) = 0$ *ou* $\varphi(u, v) = 0$, *l'équation de la polaire réciproque sera* $F(u, v) = 0$ ou $\varphi(x, y) = 0$.

Considérons, par exemple, la conique représentée par l'une des équations

$$Ay^2 + 2Bxy + Cx^2 + 2Dy + 2Ex + F = 0,$$

$$(D^2 - AF)u^2 + 2(BF - DE)uv + (E^2 - CF)v^2 - 2(AE - BD)u$$
$$- 2(CD - BE)v + B^2 - AC = 0.$$

La polaire réciproque sera une conique définie par les équations correspondantes

$$r^4(Au^2 + 2Buv + Cv^2) + (2Du + 2Ev)r^2 + F = 0,$$

$$(D^2 - AF)x^2 + 2(BF - DE)xy + (E^2 - CF)y^2 - r^2[2(AE - BD)x + 2(CD - BE)y] + r^4(B^2 - AC) = 0.$$

Comme cas particulier, considérons une ellipse représentée par l'équation

$$\frac{x^2}{a^2} + \frac{y^2}{b^2} - 1 = 0,$$

et cherchons sa polaire réciproque par rapport à un point O, situé sur le grand axe, à une distance α du centre de l'ellipse. Si on transporte l'origine des axes coordonnés au point O, l'équation de l'ellipse devient

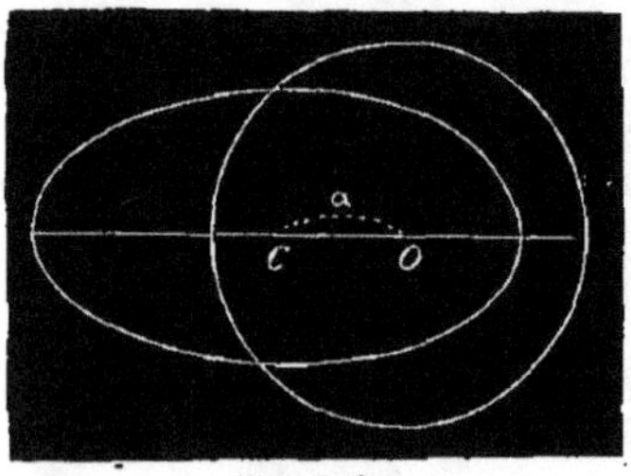

$$\frac{(x + \alpha)^2}{a^2} + \frac{y^2}{b^2} - 1 = 0,$$

ou

$$\frac{x^2}{a^2} + \frac{y^2}{b^2} + \frac{2\alpha x}{a^2} + \frac{\alpha^2}{a^2} - 1 = 0.$$

Fig. 110.

On a ici $A = \frac{1}{b^2}$, $B = 0$, $C = \frac{1}{a^2}$, $D = 0$, $E = \frac{\alpha}{a^2}$, $F = \frac{\alpha^2}{a^2} - 1$; en appliquant la dernière équation, on trouve que la polaire réciproque de l'ellipse donnée est représentée par

$$(4) \qquad \frac{y^2}{a^2} + \frac{x^2}{b^2}\left(1 - \frac{\alpha^2}{a^2}\right) - \frac{2\alpha r^2 x}{a^2 b^2} - \frac{r^4}{a^2 b^2} = 0.$$

La polaire réciproque est une ellipse, une hyperbole ou une parabole suivant que $\alpha < a$, $\alpha > a$, $\alpha = a$, c'est-à-dire suivant que le point O est à l'intérieur, à l'extérieur ou sur la courbe donnée. Il est facile de montrer qu'il en doit être ainsi : car, si le centre O du cercle auxiliaire est en dehors de l'ellipse, on peut mener par ce point deux tangentes réelles à la courbe, et comme les droites qui passent par le centre du cercle ont leurs pôles situés à l'infini, la courbe réciproque aura deux points à l'infini et sera une hyperbole; quand le point O est sur l'ellipse, il n'y a plus qu'une tangente qui passe par ce point, et la polaire réciproque n'ayant qu'un point à l'infini sera une parabole; enfin, si l'origine O est à l'intérieur de l'ellipse, aucune tangente réelle à cette courbe ne passe par ce point, et la polaire réciproque sera une ellipse, puisqu'elle ne peut avoir aucun point situé à l'infini.

Lorsque le point O est au foyer de l'ellipse, $\alpha^2 = a^2 - b^2$ et les coefficients de x^2 et de y^2 étant égaux dans l'équation (4), la polaire réciproque est un cercle.

Enfin, si $\alpha = 0$, l'équation (4) se réduit à

$$\frac{y^2}{a^2} + \frac{x^2}{b^2} = \frac{r^4}{a^2b^2}, \quad \text{ou} \quad b^2y^2 + a^2x^2 = r^4;$$

la courbe réciproque est une ellipse concentrique à la proposée.

306. *La polaire réciproque d'une circonférence, par rapport à un cercle de centre O, est une section conique ayant pour foyer le point O et pour directrice la polaire du centre de cette circonférence.*

En effet, menons la droite des centres et prenons cette droite pour axe des x. Si l'origine est au point O, le cercle donné est représenté en coordonnées rectangulaires par une équation de la forme

$$(x + \alpha)^2 + y^2 - R^2 = 0,$$

α étant la distance des centres et R le rayon du cercle; par suite, l'équation de la polaire réciproque sera

$$(R^2 - \alpha^2)x^2 + R^2y^2 - 2r^2\alpha x - r^4 = 0,$$

ou bien,

$$R^2(x^2 + y^2) - (\alpha x + r^2)^2 = 0.$$

Cette équation exprime que le rapport des distances d'un point de la courbe à l'origine et à la droite $\alpha x + r^2 = 0$ est constant, et, par conséquent, elle représente une conique qui a pour foyer le point O et pour directrice la droite $\alpha x + r^2 = 0$ ou la polaire du point $(-\alpha, 0)$ par rapport au cercle auxiliaire; ce qui démontre le théorème.

307. Puisque le cercle peut se transformer en une section conique, les propriétés descriptives du cercle s'appliquent aux courbes du second ordre. De plus, comme l'angle de deux droites est égal à celui des rayons qui joignent le centre O du cercle auxiliaire aux pôles de ces droites, toute relation métrique entre les angles des droites d'une figure qui renferme un cercle, se changera en une relation pareille entre les angles autour du point O foyer de la section conique. Nous allons donner ici quelques exemples du passage d'une propriété métrique du cercle à la propriété correspondante de la conique, en priant le lecteur de suivre avec attention les changements qui résultent de la transformation du cercle en une conique dont le foyer est le centre du cercle auxiliaire, et dont la direction est la polaire du centre du cercle donné.

Dans un cercle, les tangentes sont également inclinées sur la corde des contacts.	Dans une conique, la droite qui joint le foyer au point d'intersection de deux tangentes est bissectrice de l'angle des rayons vecteurs des points de contact.
Dans un cercle, les rayons menés aux extrémités d'une corde font des angles égaux avec cette droite.	Dans une conique, la droite qui joint le foyer au point d'intersection de deux tangentes est bissectrice de l'angle des droites qui vont du foyer aux points d'intersection des tangentes et de la directrice.
Dans un cercle, la tangente est perpendiculaire au rayon mené au point de contact.	Dans une conique, le rayon vecteur du point de contact d'une tangente, est perpendiculaire à la droite qui joint le foyer au point d'intersection de la tangente et de la directrice.
Dans un cercle, la droite qui joint le centre au point de concours des tangentes est bissectrice de l'angle de ces droites.	Dans une conique, la droite qui joint le foyer au point d'intersection d'une sécante avec la directrice divise en deux parties égales l'angle des rayons vecteurs des points de rencontre de la sécante et de la courbe.
La corde qui soustend un angle droit inscrit dans un cercle passe par le centre.	Les tangentes à la parabole perpendiculaires entre elles se coupent sur la directrice.
Dans un cercle, les tangentes menées aux extrémités d'un diamètre sont parallèles.	Dans une conique, si on mène deux tangentes d'un point de la directrice, la corde des contacts passe par le foyer.
Le lieu du sommet d'un angle constant circonscrit à un cercle est un cercle concentrique au premier.	Une corde vue du foyer d'une conique sous un angle constant enveloppe une section conique ayant même foyer et même directrice que la première.
Si un angle constant ACB se meut dans un plan, les côtés AC et BC étant assujettis à tourner autour des deux points fixes A et B, le sommet C décrit un cercle.	Si un angle constant tourne autour d'un point fixe O, la droite qui joint les points d'intersection de ses côtés avec deux droites fixes enveloppe une section conique.

308. Dans la transformation avec un cercle auxiliaire, le rapport anharmonique de quatre points en ligne droite de la première figure est égal au rapport anharmonique du faisceau des quatre droites correspondantes dans la figure dérivée ; car les droites qui joignent le centre O aux quatre points sont respectivement perpendiculaires aux droites du faisceau. Il en résulte qu'on peut étendre les propriétés harmoniques du cercle aux sections coniques.

Dans un cercle, les extrémités d'un diamètre sont deux points harmoniquement conjugués par rapport au centre et au point à l'infini de ce diamètre.	Dans une conique, les tangentes menées d'un point de la directrice forment avec celle-ci et la droite qui joint le foyer à ce point un faisceau de quatre droites harmoniques.
Les points de concours des tangentes communes à deux cercles se trouvent sur la ligne des centres et la divisent harmoniquement.	Les sécantes communes de deux coniques qui ont un foyer commun vont concourir au point d'intersection des directrices, et forment avec celles-ci un faisceau de quatre droites harmoniques.
Si on joint un point M d'un cercle à quatre points fixes de cette courbe, le rapport anharmonique du faisceau ainsi obtenu est constant, quelle que soit la position du point M sur le cercle.	Une tangente variable est rencontrée par quatre tangentes fixes d'une conique en quatre points dont le rapport anharmonique est constant.

Ces quelques exemples suffisent pour montrer l'utilité et l'avantage de la théorie des polaires réciproques comme méthode d'invention. Elle s'applique aussi aux courbes d'un degré supérieur ; le lecteur qui voudrait étendre ses connaissances sur cette partie peut consulter les ouvrages suivants :

Traité des propriétés projectives des figures par Poncelet. C'est ce géomètre qui est l'auteur de la théorie des polaires réciproques ; il l'expose d'une manière générale tome II, page 57, pour les courbes et les surfaces.

Transformation des propriétés métriques des figures à l'aide de la théorie des polaires réciproques par A. Mannheim. Paris, 1857.

Mémoire sur la transformation parabolique des relations métriques des figures par Chasles. L'auteur prend pour courbe auxiliaire une parabole et s'appuie sur le théorème suivant : les polaires de deux points quelconques, prises par rapport à une parabole, interceptent sur l'axe un segment qui est égal en longueur à la projection orthogonale sur cet axe de la droite qui joint les deux points.

Mémoire de Géométrie sur le principe de dualité par Chasles, tome XI des mémoires couronnés de l'Académie de Belgique. L'auteur y expose la théorie générale des figures corrélatives, et en déduit, comme cas particulier, la théorie des polaires réciproques.

§ 2. FIGURES HOMOGRAPHIQUES.

309. Si, après avoir formé la figure corrélative d'une figure donnée, on lui applique le même mode de transformation à l'aide d'une nouvelle conique, on obtient une troisième figure composée de points et de droites qui correspondent aux points et aux droites de la figure donnée; à des points en ligne droite, à des droites concourantes dans la première figure, correspondent des points en ligne droite et des droites passant par un même point dans la troisième; en un mot, ces deux figures jouissent des mêmes propriétés descriptives; on les appelle *figures homographiques*.

310. Il est facile de construire une figure homographique d'une figure donnée. Considérons une figure rapportée à deux axes OX, OY. Soit M (X, Y) un point de cette figure, et m (x, y) un autre point du plan qui doit correspondre au premier dans la figure homographique. Posons

$$\text{(H)}\quad X=\frac{ax+by+c}{a_2x+b_2y+c_2},\qquad Y=\frac{a_1x+b_1y+c_1}{a_2x+b_2y+c_2};$$

$a, b, c, a_1 \dots$ sont des coefficients constants.

Une droite de la figure donnée représentée par

$$\text{(D)}\qquad pX+qY+r=0,$$

aura pour droite correspondante dans la seconde celle de l'équation

$$(d)\quad p(ax+by+c)+q(a_1x+b_1y+c_1)+r(a_2x+b_2y+c_2)=0.$$

Il est évident que si trois points de la première figure (X_1, Y_1), (X_2, Y_2), (X_3, Y_3) sont sur une même droite D, les points correspondants dans la seconde (x_1, y_1), (x_2, y_2), (x_3, y_3) seront aussi sur une même droite d. De plus, si trois droites

$$pX+qY+r=0\quad p'X+q'Y+r'=0,\quad p''X+q''Y+r''=0$$

de la figure donnée passent par un même point, on peut trouver trois constantes k, k', k'' de manière à avoir l'identité

$$k(pX+qY+r)+k'(p'X+q'Y+r')+k''(p''X+q''Y+r'')\equiv 0,$$

et, en remplaçant X, Y par leurs valeurs tirées des relations (H), cette identité exprime que les droites correspondantes dans la figure dérivée passent aussi par un même point. Il en résulte que toute figure construite à l'aide des formules (H) est homographique avec la proposée : sa position et sa forme dépendent des valeurs que l'on attribue aux constantes a, b....

Réciproquement, quand deux figures sont homographiques, il existe, entre les coordonnées X, Y d'un point de l'une et les coordonnées x, y du point homologue dans l'autre, des relations de la forme (H); car, pour qu'à une droite de l'une des figures corresponde une droite dans l'autre, il faut nécessairement que les deux termes de chaque fraction soient des polynômes du premier degré en x et y et que le dénominateur soit le même.

311. Les formules (H) qui définissent l'homographie d'une manière générale renferment huit constantes, après avoir divisé les deux termes de chaque fraction par c_2, et à quatre points quelconques de l'une des figures, on peut faire correspondre quatre points quelconques de l'autre; car, en substituant les coordonnées de ces points, on aura huit équations pour déterminer les constantes arbitraires.

Les points situés à l'infini dans la première figure ont, pour homologues dans la seconde, les points de la droite représentée par l'équation

$$(I) \qquad a_2x + b_2y + c_2 = 0,$$

de sorte que les droites de la figure dérivée qui correspondent aux droites parallèles de la figure donnée vont se rencontrer sur la droite (I).

Enfin, il est utile de vérifier si deux figures homographiques peuvent avoir des points qui se correspondent à eux-mêmes.

Pour qu'il en soit ainsi, on doit avoir $X = x$, $Y = y$ et les équations (H) deviennent.

$$x(a_2x + b_2y + c_2) = ax + by + c$$

$$y(a_2x + b_2y + c_2) = a_1x + b_1y + c_1.$$

Ces équations sont du second degré et représentent deux hyperboles qui ont chacune une asymptote parallèle à la droite (I) $a_2x + b_2y + c_2 = 0$; car il est visible que la droite I ne rencontre chaque courbe qu'en un point.

Il en résulte que les deux hyperboles ne peuvent se rencontrer qu'en trois points situés à une distance finie, et il n'existe que trois points qui coïncident avec leurs homologues dans les deux figures : ces trois points s'appellent *points doubles*.

312. Considérons deux figures homographiques; soient

$$A = 0, \quad B = 0, \quad C = 0$$

les équations de trois points de la première figure, et

$$\alpha = 0, \quad \beta = 0, \quad \gamma = 0$$

celles des points correspondants de la seconde. En rapportant les figures respectivement aux triangles ABC et $\alpha\beta\gamma$, les formules de la transformation homographique en coordonnées tangentielles seront

$$(h) \qquad \frac{A}{m\alpha} = \frac{B}{n\beta} = \frac{C}{\gamma}$$

puisque les points $\alpha = 0$, $\beta = 0$, $\gamma = 0$ doivent correspondre respectivement aux points $A = 0$, $B = 0$, $C = 0$. Les deux constantes m et n se déterminent en faisant correspondre deux autres points dans les figures.

Si les équations précédentes représentent des droites correspondantes, les formules (h) seront celles de la transformation homographique en coordonnées triangulaires. Les coefficients m et n permettent de faire correspondre une quatrième droite de la seconde figure à une quatrième droite de la première.

313. *Dans deux figures homographiques, le rapport anharmonique de quatre points en ligne droite est égal à celui des quatre points correspondants.*

Soient

$$A = 0, \quad B = 0, \quad A - kB = 0, \quad A - k'B = 0$$

les équations de quatre points en ligne droite de la première figure.

Les points correspondants, dans la seconde, sont représentés par

$$\alpha = 0, \quad \beta = 0, \; m\alpha - nk\beta = 0, \quad m\alpha - nk'\beta = 0.$$

Les rapports anharmoniques de ces deux systèmes de points sont

$$\frac{k}{k'} \quad \text{et} \quad \frac{\frac{nk}{m}}{\frac{nk'}{m}};$$

ces rapports sont donc égaux.

314. *Dans deux figures homographiques, le rapport anharmonique de quatre droites issues d'un même point est égal à celui des quatre droites correspondantes.*

Même raisonnement que dans le numéro précédent, en supposant que les équations représentent des droites.

315. Il résulte des formules (H) et (h) que la transformation homographique ne change pas le degré d'une ligne; la courbe homographique d'un cercle sera en général une section conique. Toutes les propriétés descriptives du cercle et les propriétés métriques qui ne dépendent que des rapports anharmoniques s'étendent aux sections coniques. L'homographie sert à généraliser les propriétés de l'étendue, en passant d'un cas particulier d'une proposition à la proposition générale.

Exemples.

Ex. **1**. Menons dans un cercle différents diamètres; le point harmonique conjugué du centre, par rapport aux extrémités de chacun d'eux, se trouve à l'infini. Si on applique la transformation homographique, le cercle se change en une section conique; aux diamètres correspondent des sécantes qui passent par un point fixe, et le point conjugué harmonique de ce dernier, par rapport aux points où chaque sécante rencontre la courbe, doit se trouver sur une droite I qui correspond à l'infini de la première figure. De là ce théorème : *si par un point fixe on mène des sécantes à une conique, le lieu du conjugué harmonique du point fixe, par rapport aux points d'intersection de chaque sécante avec la courbe, est une ligne droite.*

Ex. **2**. Inscrivons, dans un cercle, un hexagone tel que les côtés opposés 1 et 4, 2 et 5 soient respectivement parallèles; les deux autres côtés opposés 3 et 6 seront aussi parallèles, de sorte que les points de concours des côtés opposés se trouvent à l'infini. Par la transformation homographique, on aura un hexagone quelconque inscrit dans une conique et dont les côtés opposés se rencontrent sur une droite I qui correspond à l'infini de la première figure; ce qui démontre le théorème de Pascal.

Ex. **3**. *Un triangle variable étant inscrit dans une conique, si deux de ses côtés passent par deux points fixes, le troisième enveloppe une section conique doublement tangente à la proposée suivant la ligne des points fixes.*

Pour démontrer ce théorème, considérons un triangle inscrit dans un cercle dont deux côtés se meuvent parallèlement à deux lignes fixes, le troisième côté conserve évidemment la même longueur, et, par suite, il enveloppe un cercle concentrique au premier.

Par la tansformation homographique, on aura un triangle inscrit dans une conique dont deux côtés tournent autour de deux points fixes, situés sur la droite qui correspond à l'infini de la première figure, et le troisième côté enveloppera une section conique qui touchera la première suivant la droite des points fixes; car on sait que deux cercles concentriques doivent être considérés comme ayant un double contact à l'infini.

Le théorème corrélatif du précédent peut s'énoncer ainsi :

Un triangle étant circonscrit a une conique, si deux de ses sommets glissent sur deux lignes fixes, le troisième sommet décrit une conique doublement tangente à la proposée suivant la polaire du point d'intersection des droites fixes.

Ex. 4. Soient deux angles constants α et β qui tournent autour de leurs sommets M et M' de manière à ce que les côtés MA et M'A se coupent sur un cercle; le point d'intersection a des deux autres côtés décrira un cercle qui passe par les points M et M'.

En effet, l'angle MaM' est mesuré par $\frac{1}{2}$(MM' + A'B); mais l'arc MM' est constant, et il est facile de voir que l'arc A'B est aussi constant, lorsque les côtés MA' et M'B tournent autour des points M et M'; car, d'après la nature du mouvement, ces côtés tournent à la fois d'un même angle. Donc, l'angle MaM' étant constant, le sommet a décrit une circonférence qui passe par les points M et M'.

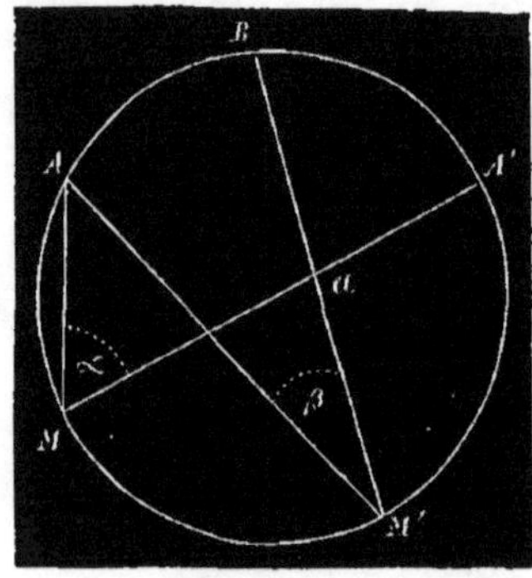

Fig. 111.

Par la transformation homographique, on arrive au théorème suivant : *Si deux angles constants α et β tournent autour de leurs sommets M et M' de manière que le point d'intersection de deux côtés se meuve sur une conique passant par les points M et M', le point d'intersection des autres côtés décrira aussi une section conique passant par ces mêmes sommets.*

Dans le cas particulier où la première conique se réduit à deux droites, l'une d'elles étant MM' et l'autre une droite quelconque sur laquelle se coupent deux côtés des angles mobiles, on arrive à la construction suivante d'une conique :

Si deux angles constants AMA' $= \alpha$, AM'B $= \beta$ *tournent autour de leurs sommets* M *et* M' *de telle sorte que deux côtés se coupent sur une droite fixe, le point d'intersection des deux autres côtés décrit une section conique qui passe par les sommets des angles mobiles.*

Cette construction a été donnée par Newton.

§ 3. FIGURES HOMOLOGIQUES.

316. Deux figures sont appelées *homologiques*, lorsque les points correspondants se trouvent sur des droites qui concourent en un même point, tandis que les droites correspondantes se coupent sur une même droite.

Poncelet a exposé le premier la théorie des figures homologiques; il a donné le nom d'homologues aux points et aux droites qui se correspondent dans les deux figures. Le point où concourent les droites qui renferment deux points homologues est le *centre* d'homologie, et la droite fixe où se rencontrent les droites homologues, l'*axe* d'homologie des deux figures.

Considérons une figure quelconque rapportée à deux axes OX, OY; soient X, Y les coordonnées de l'un de ses points, et x_0, y_0 celles d'un point fixe du plan. Si on représente par x, y les coordonnées du point homologue du premier, toute figure construite au moyen des formules

$$(K) \qquad \frac{X - x_0}{x - x_0} = \frac{Y - y_0}{y - y_0} = \frac{1}{lx + my + n}$$

sera homologique avec la proposée. En effet, on en déduit

$$\frac{Y - y_0}{X - x^0} = \frac{y - y_0}{x - x_0},$$

et deux points homologues quelconques (X, Y), (x, y) sont en ligne droite avec le point (x_0, y_0). De plus, à toute droite de la figure donnée représentée par

$$pX + qY + r = 0, \quad \text{ou} \quad p(X - x_0) + q(Y - y_0) + px_0 + qy_0 + r = 0,$$

correspond une droite ayant pour équation

$$p(x - x_0) + q(y - y_0) + (px_0 + qy_0 + r)(lx + my + n) = 0,$$

et il est visible que le point d'intersection de ces droites se trouve sur la droite fixe

$$(P) \qquad lx + my + n - 1 = 0.$$

La seconde figure est donc homologique avec la proposée : le point (x_0, y_0) est le centre, et la droite (P) l'axe d'homologie.

Réciproquement, étant données deux figures homologiques, les coordonnées de deux points homologues (X, Y), (x, y) sont liées par des relations de la forme (K). En effet, puisque ces points se trouvent en ligne droite avec le centre d'homologie (x_0, y_0) on doit avoir

$$\frac{Y - y_0}{X - x_0} = \frac{y - y_0}{x - x_0}, \quad \text{d'où} \quad \frac{X - x_0}{x - x_0} = \frac{Y - y_0}{y - y_0};$$

et, comme à une droite de l'une des figures correspond une droite dans la seconde, chacun de ces rapports doit être égal à une fraction dont le numérateur est une constante ou l'unité, et le dénominateur une fonction du premier degré en x et y.

Lorsque le centre d'homologie coïncide avec l'origine des coordonnées, les formules (K) deviennent

$$(k) \qquad \frac{X}{x}=\frac{Y}{y}=\frac{1}{lx+my+n}.$$

317. Les figures homologiques rentrent dans la catégorie des figures homographiques, car les formules (k) dérivent des formules (H) (N°310) en posant $a=b_1=1$, $b=c=a_1=c_1=0$, $a_2=l$, $b_2=m$, $c_2=n$; mais elles renferment une infinité de points doubles déterminés par les équations

$$x(lx+my+n)=x, \qquad y(lx+my+n)=y,$$

ou

$$x(lx+my+n-1)=0, \qquad y(lx+my+n-1)=0$$

obtenues en posant $X=x$, $Y=y$. Il en résulte que le centre d'homologie ($x=y=0$), et les points de l'axe d'homologie $lx+my+n-1=0$ sont des points qui se correspondent à eux-mêmes dans les deux figures; par suite, toutes les droites qui passent par le centre sont des droites doubles.

318. Soient

$$A=0, \qquad B=0$$

deux droites qui passent par le centre d'homologie de deux figures, et

$$A-kB=0$$

une droite quelconque issue du même point; la droite homographique correspondante sera (N° 312)

$$m\alpha-nk\beta=0.$$

Mais, dans deux figures homologiques, cette droite doit coïncider avec la première qui passe par le centre d'homologie; donc $m=n$: les formules de la transformation homologique en coordonnées triangulaires ne renfermeront qu'un seul paramètre et seront de la forme

$$\frac{A}{\alpha}=\frac{B}{\beta}=\frac{C}{m\gamma},$$

$C=0$, étant l'équation de l'axe d'homologie; A, B, C et α, β, γ sont les coordonnées de deux points homologues des figures rapportées à un même triangle de référence $ABC=0$.

On voit immédiatement que deux droites homologues

$$\lambda A + \mu B + \nu C = 0 \quad \text{et} \quad \lambda\alpha + \mu\beta + \nu m\gamma = 0$$

se coupent sur l'axe.

319. On peut étendre aux figures homologiques les propriétés des figures homographiques. Ainsi, le rapport anharmonique de quatre points en ligne droite ou de quatre droites qui passent par un même point de la première figure est égal à celui des quatre points ou des quatre droites homologues. La transformation homologique ne change pas le degré d'une courbe, et, en général, un cercle se change en une section conique. On peut ainsi, comme par l'homographie, généraliser une propriété d'une figure et déduire plusieurs propriétés des sections coniques de celles du cercle.

Exemples.

Ex. **1**. *Deux coniques dans un plan sont toujours homologiques.*

Considérons deux coniques qui se coupent en quatre points réels, et menons les tangentes communes A et B. Soient C et D les sécantes communes conjuguées qui passent par le point d'intersection des cordes de contact des tangentes communes. Rapportons les deux courbes au triangle ABC ; les équations des cordes de contact seront de la forme

$$\lambda A + \mu B + \nu C = 0, \qquad \lambda A + \mu B + \nu' C = 0$$

puisque la seconde passe par le point d'intersection du côté C avec la première. Cela étant, les deux coniques sont représentées par les équations

$$AB - (\lambda A + \mu B + \nu C)^2 = 0,$$
$$AB - (\lambda A + \mu B + \nu' C)^2 = 0,$$

et, comme on peut passer de la première à la seconde avec les relations

$$\frac{A}{\alpha} = \frac{B}{\beta} = \frac{\nu C}{\nu'\gamma},$$

les deux coniques sont homologiques. Le point de concours S des tangentes communes est le centre, et la sécante commune C l'axe d'homologie. On arriverait évidemment au même résultat, en prenant pour le troisième côté du triangle de référence l'autre sécante commune D ; donc les sécantes conjuguées C et D sont deux axes d'homologie qui correspondent au centre S. On verrait, de la même manière, que le point de concours S' des deux autres tangentes communes est aussi un centre d'homologie dont les axes sont encore les mêmes sécantes communes C et D. Les autres points d'intersection des tangentes communes sont également des centres d'homologie ayant pour axes les autres sécantes communes conjuguées.

Puisque deux coniques situées d'une manière quelconque dans un plan ont toujours deux sécantes communes et deux ombilics réels, il existera donc toujours deux centres d'homologie et deux axes qui leur correspondent.

Ex. 2. *Si deux coniques se touchent, le point de contact est un centre d'homologie des deux courbes.*

En effet, si deux points d'intersection de deux coniques se confondent, les deux tangentes communes coïncident, et leur point d'intersection, à la limite, est le point de contact des courbes. L'axe d'homologie sera, dans ce cas, la droite qui passe par les deux autres points d'intersection des coniques.

Corollaire. Si deux coniques ont un double contact aux points s et s', les tangentes en ces points se coupent en un point S qui sera un centre d'homologie dont l'axe correspondant est la corde des contacts. Les points s et s' sont aussi des centres d'homologie dont les axes sont les tangentes qui aboutissent au point S.

Ex. 3. *Si autour d'un point d'une conique on fait tourner un angle de grandeur constante, la corde interceptée dans la courbe enveloppe une section conique qui a un double contact avec la proposée.*

Imaginons un cercle qui touche la conique donnée au sommet de l'angle ; le point de contact étant un centre d'homologie, la corde interceptée dans le cercle est homologue à celle qui est interceptée dans la conique ; mais la première enveloppe un cercle concentrique ; donc la seconde enveloppera une conique qui aura un double contact avec la proposée, puisque deux cercles concentriques ont un double contact sur une droite à l'infini.

Dans le cas particulier où l'angle est droit, la corde interceptée dans le cercle est une droite qui passe constamment par le centre du cercle ; or, le cercle et la conique ont même normale au point de contact, et celle-ci est dirigée suivant le diamètre du cercle qui passe par le sommet de l'angle ; de là ce théorème : *un angle droit qui tourne autour d'un point d'une conique, intercepte sur cette courbe une corde qui passe par un point fixe de la normale au sommet de l'angle.*

Ex. 4. *Deux coniques qui ont un foyer commun sont homologiques.*

Quand l'origine des coordonnées est au foyer, une conique est représentée par une équation de la forme

$$X^2 + Y^2 - (\alpha X + \beta Y + \gamma)^2 = 0.$$

Or, si on pose

$$X = \frac{x}{lx + my + n}, \qquad Y = \frac{y}{lx + my + n},$$

on trouve une équation de la même forme, qui sera celle d'une nouvelle conique ayant pour foyer l'origine. Le foyer commun est donc un centre d'homologie des deux courbes.

Il résulte, de ce théorème, qu'un cercle de rayon quelconque décrit du foyer d'une conique, comme centre, sera homologique à cette conique ; car, dans un cercle, les foyers sont confondus au centre.

On pourrait démontrer les propriétés focales d'une conique en partant de ce théorème.

Ex. 5. *La similitude de deux figures est un cas particulier de l'homologie.*

En effet, si $l = m = 0$, dans les formules (k), il vient

$$\frac{X}{x} = \frac{Y}{y} = \frac{1}{n} = \text{const.}$$

Dans ce cas, les droites homologues sont parallèles, et l'axe d'homologie est à l'infini : deux polygones dont les sommets sont sur des droites qui passent par un même point ayant leurs côtés parallèles seront semblables; car il est évident que les angles sont égaux chacun à chacun et que leurs côtés sont proportionnels.

Puisque deux coniques semblables sont homologiques, les centres de similitude de ces courbes seront des points de concours des tangentes communes, et deux coniques homothétiques auront une sécante commune à l'infini, qui n'est autre chose que l'axe où vont concourir les droites homologues parallèles.

Remarque. Ouvrages à consulter sur l'homographie et l'homologie :

CHASLES. *Aperçu historique sur l'origine et le développement des méthodes en Géométrie.* On trouve dans cet ouvrage un mémoire sur deux principes généraux de la science : la *dualité et l'homographie.*

PONCELET. *Traité des propriétés projectives des figures.* L'auteur y développe longuement sa théorie des figures homologiques, et montre tous les avantages qui en découlent pour l'étude des figures.

§ 4. TRANSFORMATION PAR RAYONS VECTEURS RÉCIPROQUES.

320. Supposons que l'on ait une courbe S et un point fixe O; menons, par ce point, le rayon OM qui aboutit en un point M de la courbe donnée, et prenons, sur cette ligne, une longueur Om telle que l'on ait

$$Om \cdot OM = k^2,$$

k étant une constante. En répétant cette construction sur les différents rayons menés à S, le lieu du point m sera une courbe dérivée de la première, à laquelle on a donné le nom de *courbe inverse* de la proposée. Le procédé employé pour construire une figure inverse s'appelle *transformation par rayons vecteurs réciproques;* le point O est le pôle, et la constante k le module de la transformation.

Afin d'établir les formules de transformation, supposons, en premier lieu, que la courbe proposée soit définie en coordonnées polaires par l'équation

$$F(\rho, \omega) = 0,$$

le point fixe O étant le pôle. Désignons par r le rayon vecteur de la courbe inverse; on aura, par définition,

$$r \cdot \rho = k^2; \quad \text{d'où} \quad \rho = \frac{k^2}{r};$$

26

par suite, la courbe inverse aura pour équation

$$F\left(\omega, \frac{k^2}{r}\right) = 0.$$

Soit, en second lieu $\varphi(x, y) = 0$ l'équation de la courbe proposée rapportée à un système d'axes rectangulaires issus du point O. Appelons ξ, η les coordonnées du point m qui correspond au point M (x, y) de la courbe donnée : on aura les égalités

$$\frac{x}{\xi} = \frac{y}{\eta} = \frac{\rho}{r}.$$

On en déduit

$$\frac{x}{\xi} = \frac{y}{\eta} = \frac{k^2}{r^2}, \quad \text{et} \quad \frac{x}{\xi} = \frac{y}{\eta} = \frac{\rho^2}{k^2};$$

mais on a : $r^2 = \xi^2 + \eta^2$, $\rho^2 = x^2 + y^2$; par suite, il viendra, pour les formules de transformation,

$$x = \frac{k^2\xi}{\xi^2 + \eta^2}, \quad y = \frac{k^2\eta}{\xi^2 + \eta^2};$$

$$\xi = \frac{k^2 x}{x^2 + y^2}, \quad \eta = \frac{k^2 y}{x^2 + y^2}.$$

Il en résulte que la courbe inverse de la proposée sera représentée par l'équation

$$\varphi\left(\frac{k^2\xi}{\xi^2 + \eta^2}, \frac{k^2\eta}{\xi^2 + \eta^2}\right) = 0.$$

321. Comme application des formules précédentes, cherchons d'abord la courbe inverse d'une droite ayant pour équation

$$Ay + Bx + C = 0.$$

Par la substitution des valeurs de x et de y, il vient

$$C(\xi^2 + \eta^2) + k^2(A\eta + B\xi) = 0;$$

par conséquent, *l'inverse d'une droite est un cercle qui passe par le pôle.*

Si on fait une substitution analogue dans l'équation

$$x^2 + y^2 + 2ax + 2by + c = 0,$$

on trouve pour l'équation transformée

$$c(\xi^2 + \eta^2) + 2k^2(a\xi + b\eta) + k^4 = 0;$$

elle s'abaisse au premier degré si $c = 0$. Donc, *l'inverse d'une circonfé-*

rence est une circonférence ; dans le cas où elle passe par le pôle, l'inverse se réduit à une droite.

322. *La polaire réciproque d'une ligne plane* S, *par rapport à un point* O, *est l'inverse de la podaire de ce point.*

En effet, soit

$$F(u,v) = 0$$

l'équation de la ligne S ; la podaire de S, par rapport à l'origine, sera représentée par

$$(P) \qquad F\left(\frac{x}{x^2+y^2}, \frac{y}{x^2+y^2}\right) = 0.$$

En vertu des formules de transformation, l'inverse de la courbe (P) aura pour équation

$$F\left(\frac{\xi}{k^2}, \frac{\eta}{k^2}\right) = 0;$$

c'est précisément l'équation de la polaire réciproque de S, par rapport à un cercle de rayon k.

323. Les propositions qui précèdent se démontrent facilement par la géométrie élémentaire ainsi que les deux propriétés suivantes :

Les tangentes aux points m *et* M *qui se correspondent dans une courbe et son inverse sont également inclinées sur le rayon* OM ;

L'angle de deux lignes quelconques qui se coupent est égal à l'angle des deux lignes inverses.

La transformation par rayons vecteurs réciproques est moins importante que la transformation par polaires réciproques; cependant elle est quelquefois très utile pour simplifier les démonstrations; de plus, elle a été employée avec succès, comme méthode d'investigation, pour obtenir des propriétés nouvelles d'une ligne qui varient suivant le choix que l'on fait du pôle de transformation. Nous ne pouvons insister davantage sur ce sujet, et nous terminerons, en proposant aux élèves de démontrer les propriétés suivantes :

1° *Deux cercles, situés d'une manière quelconque dans un plan, peuvent toujours être regardés comme inverses l'un de l'autre ;*

2° *Les tangentes aux points correspondants de deux cercles inverses se coupent sur l'axe radical des deux cercles ;*

3° *Deux figures inverses* F_1, F_2 *d'une même figure* F, *correspondant à deux valeurs différentes du module, sont homothétiques ;*

4° *L'inverse de la podaire du centre d'une conique est une conique ;*

5° *L'inverse d'une conique ayant pour foyer le pôle, est une conchoïde circulaire ;*

6° *L'inverse d'une parabole ayant pour sommet le pôle est une cissoïde ;*

7° *L'inverse d'une hyperbole équilatère est une lemniscate.*

CHAPITRE XV.

COURBES ALGÉBRIQUES.

Équations du troisième et du $m^{ième}$ degré.

SOMMAIRE. — *Équation générale du troisième degré en coordonnées cartésiennes et triangulaires. Quelques propriétés des lignes du troisième ordre. Théorèmes généraux sur les lignes du $m^{ième}$ ordre.*

1. COURBES DU TROISIÈME ORDRE.

324. L'équation générale du troisième degré entre les coordonnées x et y peut s'écrire

$$(1)\quad Ay^3+y^2(A_1x+A_2)+y(B_1x^2+B_2x+B_3)+C_1x^3+C_2x^2+C_3x+C_4=0,$$

et, entre les coordonnées triangulaires A, B, C,

$$(2)\quad aA^3+A^2(a_1B+a_2C)+A(b_1B^2+b_2BC+b_3C^2)+c_1B^3+c_2B^2C+c_3BC^2+c_4C^3=0.$$

Ces équations renferment chacune neuf paramètres arbitraires; il en résulte qu'il faut neuf points pour déterminer une courbe du troisième degré.

Dans le cas particulier où quatre de ces points se trouvent sur une ligne droite, la courbe du troisième degré se compose de cette droite et de la conique définie par les autres points; car une courbe du troisième degré ne pouvant être rencontrée par une droite en plus de trois points, la droite qui renferme les quatre points doit nécessairement faire partie du lieu. De même, si, parmi les neuf points qui définissent une courbe du troisième degré, il y en a sept qui appartiennent à une même conique, le lieu se composera de cette conique et de la droite qui passe par les deux points restants.

325. *Trouver l'équation d'une courbe du troisième degré lorsque les sommets du triangle de référence appartiennent à la courbe.*

Si les sommets du triangle de référence se trouvent sur la courbe, l'équation (2) doit être satisfaite pour $B = 0$ et $C = 0$, $C = 0$ et $A = 0$, $A = 0$ et $B = 0$, et, par suite, on doit avoir $a = 0$, $c_1 = 0$, et $c_4 = 0$. L'équation (2) se présente donc sous la forme

$$(3)\ ABC + A^2(q_1B + r_1C) + B^2(r_2C + p_2A) + C^2(p_3A + q_3B) = 0,$$

et elle ne renferme plus que six paramètres arbitraires.

Il est facile de vérifier que les droites

$$q_1B + r_1C = 0,$$
$$r_2C + p_2A = 0,$$
$$p_3A + q_3B = 0.$$

sont les tangentes à la courbe aux sommets du triangle de référence. En effet, si on élimine B entre (3) et $q_1B + r_1C = 0$, on arrive à une équation de la forme $C^2(mA - nC) = 0$, et, par conséquent, la droite représentée par la première des équations précédentes rencontre la courbe en deux points qui coïncident sur la droite $C = 0$; elle est donc tangente à la courbe au sommet $(B = 0, C = 0)$. On prouverait de la même manière que les deux autres droites touchent la courbe aux sommets $(A = 0, C = 0)$, $(A = 0, B = 0)$.

Dans le cas particulier où le sommet $(B = C = 0)$ serait un point double, c'est-à-dire un point où viennent se rencontrer deux branches de la courbe qui ont des tangentes distinctes en ce point, toute droite $B = \lambda C$ ne rencontre plus la courbe qu'en un point différent du sommet du triangle; l'élimination de B entre l'équation de la droite et celle de la courbe doit mener à une équation de la forme $C^2(mA - nC) = 0$, et, par conséquent, il faut que l'on ait $q_1 = 0$, $r_1 = 0$. L'équation (3) devient donc

$$ABC + B^2(r_2C + p_2A) + C^2(p_3A + q_3B) = 0,$$

et quatre conditions nouvelles suffisent pour déterminer la courbe.

326. *Trouver l'équation de la tangente au point* (A′, B′, C′) *de la courbe du troisème degré représentée par* F (A, B, C) = 0.

Une droite quelconque passant par le point donné est représentée par les équations

$$\frac{A - A'}{\lambda} = \frac{B - B'}{\mu} = \frac{C - C'}{\nu} = \rho.$$

On en tire $A = A' + \lambda\rho$, $B = B' + \mu\rho$, $C = C' + \nu\rho$. Substituons ces valeurs dans l'équation de la courbe; il vient

$$F(A' + \lambda\rho, B' + \mu\rho, C' + \nu\rho) = 0,$$

ou, en développant suivant un théorème du calcul différentiel,

$$F(A'B'C') + \rho[\lambda F_A'(A', B', C') + \mu F_B'(A', B', C') + \nu F_C'(A', B', C')] + \cdots = 0;$$

les termes qui suivent dans le premier membre renferment ρ élevé à une puissance supérieure à la première. Si la droite que l'on considère est tangente à la courbe, l'équation précédente doit donner deux racines égales à 0, puisque la droite rencontre la courbe en deux points qui coïncident; mais F (A′, B′, C′) = 0, car le point donné est sur la courbe; donc, il faut que l'on ait

$$\lambda F_A'(A', B', C') + \mu F_B' + \nu F_C' = 0.$$

Si on remplace les coefficients λ, μ, ν par les différences $A - A'$, $B - B'$ $C - C'$, on aura pour l'équation de la tangente

$$(A - A')F_A'(A', B', C') + (B - B')F_B' + (C - C')F_C' = 0,$$

ou bien

$$AF_A'(A'B'C') + BF_B' + CF_C' = 0;$$

car, en vertu d'une propriété des fonctions homogènes,

$$A'F_A'(A', B', C') + B'F_B' + C'F_C' = 3F(A'B'C') = 0.$$

327. *Si d'un point* (A′, B′, C′) *on mène des tangentes à une courbe du troisième ordre, les points de contact de ces tangentes se trouvent sur une conique.*

En général, par un point donné, on peut mener six tangentes à une courbe du troisième ordre. En effet, une tangente quelconque issue de ce point et touchant la courbe au point (A'', B'', C'') est représentée par

$$(\alpha) \qquad AF_A'(A'', B'', C'') + BF_B' + CF_C' = 0;$$

mais, comme elle passe par le point (A', B', C'), on a la relation

$$A'F_A'(A'', B'', C'') + B'F_B' + C'F_C' = 0,$$

et, en combinant cette équation qui est du second degré en A'', B'', C'' avec $F(A'', B'', C'') = 0$ qui exprime que le point (A'', B'', C'') est sur la courbe, on trouve en général six valeurs distinctes pour les inconnues $\frac{A''}{C''}$, $\frac{B''}{C''}$; il y a donc six points de contact et six tangentes à la courbe qui aboutissent au point donné.

La relation (α) exprime que le point de contact (A'', B'', C'') de l'une des tangentes se trouve sur la ligne représentée par

$$A'F_A'(A, B, C) + B'F_B' + C'F_C' = 0,$$

équation du second degré en A, B, C qui représente une conique passant par les points de contact des tangentes issues du point (A', B', C').

328. *Le produit des distances d'un point d'une courbe du troisième degré à trois droites fixes est au produit des distances du même point à trois autres droites fixes dans un rapport constant.*

Considérons les six droites représentées par les équations

$$A = 0, \quad B = 0, \quad C = 0$$

$$A' = 0, \quad B' = 0, \quad C' = 0.$$

L'équation

$$ABC - kA'B'C' = 0$$

est du troisième degré en x et y et renferme treize constantes; on peut donc toujours ramener d'une infinité de manières une équation du troisième degré à cette forme d'où résulte le théorème énoncé.

329. *Si on considère le système de coniques qui passent par quatre points fixes d'une courbe du troisième ordre, toutes les cordes qui passent par les autres points d'intersection des coniques et de la courbe concourent en un même point situé sur la courbe.*

En effet, soient $A = 0$ et $B = 0$, $A' = 0$ et $B' = 0$ les équations des côtés opposés du quadrilatère qui a pour sommets les points fixes; l'équation.

$$AB - kA'B' = 0$$

où k est un paramètre arbitraire, représente toutes les coniques circonscrites au quadrilatère. D'un autre côté, une courbe du troisième degré qui passe par les sommets du quadrilatère peut être représentée par l'équation

$$ABC - k'A'B'C' = 0,$$

car elle est satisfaite pour $A = 0$ et $A' = 0$, $A = 0$ et $B' = 0$, $B = 0$ et $A' = 0$, $B = 0$ et $B' = 0$. Mais si on élimine AB entre les équations précédentes, il vient

$$kA'B' = \frac{k'A'B'C'}{C} \qquad \text{ou} \qquad A'B'(kC - k'C') = 0.$$

Il en résulte que la droite de l'équation

$$kC - k'C' = 0$$

est celle qui passe par les deux autres points d'intersection de chaque conique avec la courbe; toutes les droites représentées par cette équation où k est un coefficient indéterminé passent par le point d'intersection des lignes

$$C = 0, \quad \text{et} \quad C' = 0$$

qui se coupent sur la courbe.

330. *Si on mène des tangentes à une courbe du troisième degré aux points où elle est rencontrée par une droite quelconque, ces tangentes rencontrent la courbe en trois points situés en ligne droite.*

Si, dans l'équation du N° 328, on suppose que les droites $A' = 0$, $B' = 0$ coïncident, il vient

$$ABC - kA'^2C' = 0,$$

et cette équation renferme encore onze constantes, de sorte qu'on peut toujours ramener à cette forme toute équation du troisième degré. Mais il est visible que les droites

$$A = 0, \quad B = 0, \quad C = 0$$

rencontrent la courbe en deux points qui coïncident et situés sur la droite $A' = 0$; ce sont les tangentes à la courbe aux points où elle est rencontrée par la droite A′. De plus, ces tangentes rencontrent la courbe en trois autres points situés sur la droite $C' = 0$.

Réciproquement, *si, par trois points en ligne droite d'une courbe du troisième degré, on mène des tangentes à cette courbe, les points de contact de ces tangentes seront trois à trois en ligne droite.*

Car, si $A = 0$, $B = 0$, $C = 0$ sont trois de ces tangentes et $A' = 0$ la droite qui joint les points de contact de deux d'entre elles, la courbe est représentée par une équation de la forme $ABC - kA'^2C' = 0$.

§ 2. COURBES DU $m^{\text{ième}}$ ordre.

331. L'équation générale du $m^{\text{ième}}$ degré en x et y est de la forme

$$Ay^m + (A_1x + A_2)y^{m-1} + (B_1x^2 + B_2x + B_3)y^{m-2} + \cdots$$

$$+ (R_1x^{m-1} + R_2x^{m-2} + \cdots + R_m)y + S_1x^m + S_2x^{m-1} + \cdots S_mx + S_{m+1} = 0,$$

ou bien,

$$Ay^m + A_1y^{m-1}x + B_1y^{m-2}x^2 + \cdots S_1x^m + A_2y^{m-1} + B_2y^{m-2}x + \cdots$$

$$+ S_2x^{m-1} + \cdots + (R_my + S_mx) + S_{m+1} = 0.$$

Cette équation renferme un terme du degré m par rapport à y, deux termes du degré $m - 1$, trois termes du degré $m - 2$.... et $m + 1$ termes du degré 0. Le nombre des termes du premier membre est donc

$$1 + 2 + 3 + \cdots + m + (m + 1) = \frac{(m + 1)(m + 2)}{2},$$

et, par suite, le nombre de paramètres arbitraires est donné par

$$\frac{(m + 1)(m + 2)}{2} - 1 = \frac{m(m + 3)}{2}.$$

Il faut donc, en général, un nombre de points égal à $\frac{m(m + 3)}{2}$ pour déterminer une courbe de l'ordre m.

Remarque. Deux courbes, l'une du degré m et l'autre du degré n, ne peuvent pas se rencontrer en plus de mn points ; car l'élimination d'une variable entre les équations qui représentent ces courbes conduit à une équation ne renfermant plus qu'une variable et dont le degré est au plus égal à mn. Donc, si parmi les points qui définissent une courbe de l'ordre m, il y en avait $mn + 1$ situés sur une ligne du degré n, le lieu se composerait de cette courbe de l'ordre n, et d'une autre courbe du degré $m - n$; car la ligne du degré n ayant plus de mn points communs avec celle du degré m fait nécessairement partie du lieu défini par les points donnés.

332. *Toutes les courbes du degré m qui passent par $\frac{m(m+3)}{2} - 1$ points du plan passent par $\frac{(m-1)(m-2)}{2}$ points fixes.*

En effet, soient

$$S = 0, \qquad S' = 0,$$

les équations de deux courbes du degré m qui renferment les points donnés, et k un paramètre variable; l'équation

$$S - kS' = 0$$

est aussi du degré m et représente une courbe quelconque du même degré passant par les points donnés, et par les autres points d'intersection des courbes S et S'. Le nombre total des points d'intersection étant m^2, il s'en suit que chaque courbe passe par

$$m^2 - \frac{m(m+3)}{2} + 1 = \frac{(m-1)(m-2)}{2}$$

points fixes.

En vertu de ce théorème, toutes les courbes du troisième degré qui passent par huit points du plan, passent par un neuvième point fixe; les courbes du quatrième degré qui passent par treize points donnés passent par trois points fixes, et ainsi de suite.

333. *Si, parmi les m^2 points d'intersection de deux lignes de l'ordre m, il y en a mn situés sur une courbe de l'ordre n, les autres points restants au nombre de $m(m-n)$ appartiendront à une courbe de l'ordre $(m-n)$.*

Les coordonnées des points d'intersection de deux lignes de l'ordre m ayant pour équations

$$S = 0, \qquad S' = 0,$$

s'obtiennent en résolvant ces équations par rapport à x et y, ou bien en combinant l'une d'elles avec l'équation

$$(\alpha) \qquad S - kS' = 0,$$

qui représente une courbe du même degré passant par tous les points d'intersection des deux premières. Mais, si mn points d'intersection sont situés sur une courbe de l'ordre n, ces points peuvent être déterminés par la combinaison de l'une des équations $S = 0$, $S' = 0$ avec une équation du degré n; il doit exister une valeur de k telle que le premier membre de l'équation (α) se décompose en un produit de deux facteurs N et N', dont l'un du degré n et l'autre du degré $(m - n)$, et pour laquelle cette équation se réduit à

$$N \cdot N' = 0;$$

et, par conséquent, les $m(m - n)$ points d'intersection restants se trouvent sur la courbe $N' = 0$ du degré $m - n$.

Ainsi, par exemple, lorsque parmi les neuf points d'intersection de deux courbes du troisième degré, il y en a six sur une conique, les trois autres sont en ligne droite; de même, si parmi les points d'intersection de deux courbes du quatrième ordre, il y en a huit sur une conique, les huit points restants appartiennent aussi à une même conique.

Corollaire 1. *Si mn points d'intersection de deux systèmes de m droites situées dans un plan appartiennent à une courbe de l'ordre n, les autres points d'intersection au nombre de $m(m - n)$ sont sur une courbe de l'ordre $m - n$.*

Corollaire 2. *Deux systèmes de m droites étant tracées dans un plan, si, parmi les points d'intersection des droites du premier système avec celles du second, il y en a $2m$ situés sur une conique, les $m(m-2)$ points restants appartiendront à une ligne de l'ordre $m - 2$.*

On arrive à ce corollaire, en posant $n = 2$ dans le théorème général.

Corollaire 3. *Un pylogone de $2m$ côtés étant inscrit dans une conique, les $m(m - 2)$ points d'intersection des côtés d'ordre pair avec les côtés non adjacents d'ordre impair sont situés sur une courbe de l'ordre $(m - 2)$.*

Car les côtés d'ordre pair et ceux d'ordre impair forment deux systèmes de m droites qui ont $2m$ points d'intersection sur une ligne du second ordre; tous les autres points communs doivent se trouver sur une courbe de l'ordre $(m - 2)$.

En posant $m = 3$, on retrouve le théorème de Pascal sur l'hexagone inscrit dans une conique ; car les côtés se suivant dans l'ordre 1, 2, 3, 4, 5, 6, les points d'intersection des côtés opposés (4, 1), (6, 3), (2, 5) doivent être en ligne droite.

Corollaire 4. Si, par les m points d'intersection d'une sécante quelconque avec une courbe du degré m, on mène des tangentes à cette courbe, les $m(m-2)$ points d'intersection de ces tangentes avec la courbe appartiennent à une même ligne de l'ordre $(m-2)$.

Car, on doit regarder ici la transversale passant par les points de contact comme une conique formée de deux droites qui se confondent ; alors le système des m tangentes et la courbe de l'ordre m ont $2m$ points communs situés sur une conique, et tous les autres doivent se trouver sur une courbe de l'ordre $m-2$.

334. *Étant données trois courbes de l'ordre m S, S', S'', si on considère deux courbes S_1 et S_2 du même ordre, l'une passant par les points d'intersection de S et de S', l'autre par ceux de S avec S'', les m^2 points d'intersection des courbes S_1 et S_2 ainsi que les points d'intersection de S' et de S'' appartiennent à une même ligne de l'ordre m.*

En effet, soit

$$S = 0, \quad S' = 0, \quad S'' = 0$$

les équations des lignes données ; les équations

$$(S_1) \quad S - k'S' = 0, \qquad (S_2) \quad S - k''S'' = 0$$

représentent deux lignes de l'ordre m, l'une passant par les points d'intersection de S et de S', l'autre par les points communs à S et à S''. Si on retranche les deux dernières équations membre à membre, il vient

$$k'S' - k''S'' = 0 :$$

équation qui représente une ligne du $m^{\text{ième}}$ degré passant par les points d'intersection de S_1 et S_2, ainsi que par les points d'intersection de S' et de S''.

335. L'équation générale du degré m en cordonnées triangulaires peut se mettre sous la forme

$$A^m + A^{m-1}(a_1B + a_2C) + A^{m-2}(b_1B^2 + b_2BC + b_3C^2) + A^{m-3}(c_1B^3 + c_2B^2C + c_3BC^2 + c_4C^3) + \cdots = 0.$$

Elle renferme aussi $\frac{m(m+3)}{2}$ paramètres arbitraires. Pour abréger, nous écrivons simplement $F(A, B, C) = 0$.

Cela étant, proposons-nous de trouver l'équation de la tangente au point (A', B', C') de la courbe représentée par l'équation précédente. Une droite quelconque qui passe par le point (A', B', C') a des équations de la forme

$$\frac{A - A'}{\lambda} = \frac{B - B'}{\mu} = \frac{C - C'}{\nu} = \rho.$$

On en tire $A = A' + \lambda\rho$, $B = B' + \mu\rho$, $C = C' + \nu\rho$; substituons ces valeurs dans l'équation de la courbe ; on aura

$$F(A' + \lambda\rho, B' + \mu\rho, C' + \nu\rho) = 0$$

ou, en développant suivant la formule de Taylor,

$$(\beta) \qquad F(A'B'C') + \rho[\lambda F_A'(A'B'C') + \mu F_B' + \nu F_C'] + \cdots = 0,$$

les termes qui suivent, dans le premier membre, renferment les différentes puissances de ρ, depuis la seconde jusqu'à la $m^{\text{ième}}$. L'équation précédente donne les valeurs de ρ qui correspondent aux points d'intersection de la droite avec la courbe; mais $F(A', B', C') = 0$, et si la droite menée par le point (A', B', C') est tangente à la courbe, on doit avoir pour ρ deux racines nulles ; par conséquent, il faut que l'on ait

$$\lambda F_A'(A', B', C') + \mu F_B' + \nu F_C' = 0.$$

Si on remplace λ, μ, ν par les différences $A - A'$, $B - B'$, $C - C'$, il vient

$$(A - A') F_A'(A', B', C') + (B - B') F_B' + (C - C') F_C' = 0,$$

équation qui sera satisfaite par les coordonnées d'un point quelconque (A, B, C) de la tangente. Mais, d'après une propriété des fonctions homogènes, on a

$$A'F'_A(A', B', C') + B'F_B' + C'F_C' = m\, F(A', B', C') = 0,$$

et finalement l'équation de la tangente à la courbe au point (A', B', C') sera

$$AF_A'(A', B', C') + BF_B'(A', B', C') + CF_C'(A', B', C') = 0.$$

Cherchons, maintenant, la condition pour que la droite menée par (A', B', C') touche la courbe en trois points coïncidents ; une telle droite se nomme *tangente d'inflexion*. Dans ce cas, l'équation (β) doit renfermer ρ^3 comme facteur, et, par suite, on aura les conditions

$$F(A', B', C') = 0,$$

$$\lambda F_A'(A', B', C') + \mu F_B' + \nu F_C' = 0,$$

$$\lambda^2 F_{AA}''(A', B', C') + \mu^2 F_{BB}'' + \nu^2 F_{CC}'' + 2\lambda\mu F_{AB}'' + 2\lambda\nu F_{AC}'' + 2\mu\nu F_{BC}'' = 0.$$

Remplaçons λ, μ, ν par les différences $A - A'$, $B - B'$, $C - C'$, on aura simplement

$$F(A', B', C') = 0,$$

$$(\gamma) \qquad AF_A'(A', B', C') + BF_B' + CF_C' = 0,$$

$$A^2 F_{AA}''(A', B', C') + B^2 F_{BB}'' + C^2 F_{CC}'' + 2ABF_{AB}'' + 2ACF_{AC}'' + 2BCF_{BC}'' = 0$$

d'après les propriétés d'une fonction homogène. La seconde représente la tangente en (A', B', C'); ce sera la tangente d'inflexion ; la troisième doit être vérifiée par les coordonnées d'un point quelconque de la droite (γ); elle doit définir une conique qui se réduit à deux droites dont l'une est la tangente d'inflexion. Ce qui exige que les coordonnées A', B', C', satisfassent à la relation

$$(\varepsilon) \qquad \begin{vmatrix} F_{AA}'' & F_{AB}'' & F_{AC}'' \\ F_{BA}'' & F_{BB}'' & F_{BC}'' \\ F_{CA}'' & F_{CB}'' & F_{CC}'' \end{vmatrix} = 0.$$

Ainsi les points de contact des tangentes d'inflexion ou les points d'inflexion de la courbe doivent vérifier à la fois $F(A, B, C) = 0$ et la relation (ε). Si la courbe est de l'ordre m, l'équation (ε) sera du degré $3(m-2)$; il y aura, en général, $3m(m-2)$ points d'inflexion.

336. *Les points de contact des tangentes à une courbe de l'ordre m menées par un point quelconque* (A', B', C') *du plan appartiennent à une courbe de l'ordre* $(m-1)$.

Par un point donné, on peut en général mener $m(m-1)$ tangentes à une courbe du degré m; car une tangente quelconque issue de ce point et ayant pour point de contact (A'', B'', C'') est représentée par

$$AF_A'(A'', B'', C'') + BF_B' + CF_C' = 0,$$

et, comme elle passe par le point (A', B', C'), on a la relation

$$(p) \qquad A'F_A'(A'', B'', C'') + B'F_B' + C'F'_C = 0$$

qui est du degré $(m-1)$ par rapport aux coordonnées du point de contact. Si on combine cette équation avec $F(A'', B'', C'') = 0$, on trouve en général $m(m-1)$ valeurs pour les inconnues $\frac{A''}{C''}$, $\frac{B''}{C''}$, et, par suite, on peut généralement mener $m(m-1)$ tangentes à la courbe par un point extérieur.

En vertu de la relation (p), tous les points de contact de ces $m(m-1)$ tangentes se trouvent sur la courbe de l'ordre $m-1$ représentée par l'équation

$$A'F_A'(A, B, C) + B'F_B'(A, B, C) + C'F_C'(A, B, C) = 0.$$

Cette courbe s'appelle la *première polaire* du point fixe par rapport à la courbe proposée. Si on prend la première polaire du même point par rapport à la courbe de l'équation précédente, on obtient une courbe de l'ordre $(m-2)$ qui est la *seconde polaire* de ce point par rapport à la courbe du degré m; en continuant ainsi, on obtiendrait les polaires de divers ordres jusqu'à la dernière qui serait une droite.

337. *Les points doubles d'une courbe du degré m se trouvent sur la première polaire d'un point quelconque du plan.*

En effet, soit (A'', B'', C'') les coordonnées d'un point où viennent se couper deux branches de la courbe. Joignons ce point à un point quelconque (A', B', C') du plan; on aura

$$(d) \qquad \frac{A - A''}{\lambda} = \frac{B - B''}{\mu} = \frac{C - C''}{\nu} = \rho$$

pour les équations d'une droite quelconque qui passe par le point (A'', B'', C''); en exprimant qu'elle renferme le point (A', B', C'), il vient

$$\frac{A' - A''}{\lambda} = \frac{B' - B''}{\mu} = \frac{C' - C''}{\nu} = \rho.$$

Les points d'intersection de la droite (d) avec la courbe sont déterminés par l'équation

$$F(A'', B'', C'') + \rho(\lambda F_A'(A'', B'', C'') + \mu F_B' + \nu F_C') + \cdots = 0;$$

si (A'', B'', C'') est un point double, on doit avoir pour ρ deux racines égales à zéro, et, par suite,

$$\lambda F_A'(A'', B'', C'') + \mu F_B' + \nu F_C' = 0$$

ou bien, en remplaçant λ, μ, ν par $(A' - A'')$, $(B' - B'')$, $(C' - C'')$,

$$(A' - A'') F_A'(A'', B'', C'') + (B' - B'') F_B' + (C' - C'') F_C' = 0.$$

Mais

$$A'' F_A'(A'', B'', C'') + B'' F_B' + C'' F_C' = 0,$$

et, par conséquent, on a

$$A' F_A'(A'', B'', C'') + B' F_B' + C' F_C' = 0 :$$

équation qui exprime que le point double (A'', B'', C'') se trouve sur la première polaire du point (A', B', C').

338. *Les premières polaires d'un point du plan par rapport à toutes les courbes du degré m qui passent par m^2 points fixes passent toutes par $(m-1)^2$ points fixes.*

En effet, l'équation générale des courbes du degré m qui passent par les m^2 points d'intersection de deux courbes fixes du même degré $S = 0$, $S' = 0$ est de la forme

$$(s) \qquad S - kS' = 0.$$

Soient

$$P = 0, \qquad P' = 0$$

les équations des premières polaires d'un point donné par rapport à S et à S'. La première polaire du même point par rapport à une courbe quelconque de l'équation (s) est donnée par

$$P - kP' = 0,$$

et, quel que soit k, cette équation représente une courbe qui passe par les $(m-1)^2$ points d'intersection des lignes fixes $P = 0$ et $P' = 0$.

Remarque. Les différentes polaires d'un point par rapport à une courbe de l'ordre m ont été définies pour la première fois par Bobillier dans le tome XVIII des *Annales de Gergonne*. Cet éminent géomètre, dont les remarquables travaux n'ont pas été suffisamment appréciés jusqu'aujourd'hui, y démontre aussi plusieurs théorèmes sur les courbes algébriques. Les limites de cet ouvrage ne nous permettant pas de nous étendre davantage sur les propriétés des lignes planes d'un ordre supérieur, nous renvoyons le lecteur à l'excellent traité *Higher plane Curves* de Salmon.

Exercices.

Ex. 1. Une droite menée par deux points d'inflexion d'une courbe du troisième ordre passe nécessairement par un troisième point d'inflexion.

Ex. 2. Le cube de la distance d'un point d'une courbe du troisième ordre, à la droite qui passe par trois points d'inflexion, est dans un rapport constant avec le produit de ses distances aux trois tangentes d'inflexion.

Ex. 3. Si on joint un point d'inflexion aux points a, b, c où une droite coupe une courbe du troisième ordre, les trois autres points d'intersection a', b', c' sont en ligne droite. Que devient ce théorème, si les points a et b coïncident, ou si les trois points se réunissent en un seul ?

Ex. 4. Trouver le lieu du conjugué harmonique d'un point d'une courbe du troisième ordre, par rapport aux deux autres points d'intersection avec la courbe d'une sécante variable issue de ce point.

Ex. 5. Toute courbe du $m^{\text{ième}}$ ordre qui passe par $3m - 1$ points fixes d'une courbe du troisième ordre passe par un autre point fixe de cette courbe.

Ex. 6. Si, parmi les $3(m+n)$ points d'intersection d'une courbe de l'ordre $m+n$ avec une courbe du troisième ordre, $3m$ appartiennent à une courbe du $m^{\text{ième}}$ ordre, les $3n$ restants seront sur une courbe du $n^{\text{ième}}$ ordre.

Ex. 7. Si on place l'origine des coordonnées en un point O d'une courbe du $m^{\text{ième}}$ ordre, son équation sera de la forme

$$\varphi_1 + \varphi_2 + \varphi_3 + \cdots\cdots + \varphi_m = 0.$$

où φ_1, φ_2.... sont des fonctions homogènes en x et y dont le degré est indiqué par l'indice. Cela étant, démontrer que : 1° $\varphi_1 = 0$ est la tangente à l'origine;

2° φ_1 étant identiquement nul, toute droite passant par O y rencontrera la courbe en deux points coïncidents; un tel point se nomme *point double;* dans ce cas, les tangentes en O seront données par $\varphi_2 = 0$.

3° φ_1 et φ_2 étant identiquement nuls, une droite quelconque menée par O y rencontrera la courbe en trois points coïncidents ; le point O s'appelle alors *point triple;* les tangentes en ce point sont définies par $\varphi_3 = 0$.

4° Si $k - 1$ fonctions φ_1, φ_2.... sont identiquement nulles, une droite passant par l'origine y rencontrera la courbe en k points coïncidents; on dit alors que l'origine est un point multiple de l'ordre k, et les tangentes en ce point sont données par l'équation $\varphi_k = 0$.

Ex. 8. Prouvez qu'un point double d'une ligne vaut trois points simples, un point triple $1 + 2 + 3$ points simples, et, en général, un point multiple d'ordre k équivaut à

$$1 + 2 + 3 + \cdots\cdot + k = \frac{k(k+1)}{2}$$

points simples; assujettir une courbe à passer par un tel point équivaut à donner $\frac{k(k+1)}{2}$ relations entre les coefficients de l'équation.

Ex. 9. Le nombre de points multiples d'ordre k d'une courbe de $m^{\text{ième}}$ ordre ne peut pas être plus grand que

$$\frac{r(2m - r - 3)}{2(k-1)},$$

r étant le nombre entier immédiatement supérieur à $\frac{2m}{k} - 3$.

Ex. 10. Si une ligne a un point multiple de l'ordre k, ce point sera un point multiple de l'ordre $k - 1$ relativement à chaque première polaire, un point multiple de l'ordre $k - 2$ sur la seconde polaire, et ainsi de suite.

Ex. **11**. Toutes les polaires d'un point d'une ligne passent par ce point et sont tangentes à la courbe en ce point.

Ex. **12**. Le degré de la polaire réciproque d'une courbe du $m^{ième}$ ordre ayant s points doubles est égal à $m(m-1)-2s$.

Ex. **13**. Un point multiple d'ordre k diminue le degré de la polaire réciproque de $k(k-1)$ unités.

Ex. **14**. Une courbe quelconque du $m^{ième}$ ordre menée par $mp - \frac{1}{2}(p-1)(p-2)$ points d'une ligne du $p^{ième}$ ordre, p étant plus petit que m, rencontre cette courbe en $\frac{1}{2}(p-1)(p-2)$ autres points fixes.

Ex. **15**. Si r est plus grand que m ou n mais non supérieur à $m+n-3$, toute courbe du $r^{ième}$ ordre, qui passe par $\frac{1}{2}(m+n-r-1)(m+n-r-2)$ points parmi les mn points d'intersection des lignes d'ordre m et n, passera aussi par les autres points d'intersection restants.

Ex. **16**. Si, par un point quelconque O, on mène deux transversales coupant une courbe de l'ordre m aux points $A_1, A_2, \ldots A_m, B_1, B_2 \ldots. B_m$, le rapport

$$\frac{OA_1 \cdot OA_2 \ldots\ldots OA_m}{OB_1 \cdot OB_2 \ldots\ldots OB_m}$$

reste constant, quel que soit le point O, pourvu que les transversales conservent la même direction.

Ex. **17**. On coupe une ligne algébrique par un polygone ABC....R. Si, en parcourant ce polygone dans un sens, on fait le produit des segments compris entre les sommets successifs et la courbe, ainsi que le produit analogue, en parcourant le polygone en sens contraire, les produits ainsi obtenus sont égaux.

Ex. **18**. Par un point fixe, on mène une transversale à une courbe du $m^{ième}$ ordre ainsi que les tangentes aux points où elle rencontre la courbe. Une sécante quelconque, menée par le point fixe, rencontrera la courbe en m points et les diverses tangentes aussi en m points; le centre harmonique de ces deux systèmes de points sera le même.

Ex. **19**. Lorsque $(n+1)$ côtés d'un polygone de forme variable pivotent autour de $(n+1)$ points fixes, tandis que n sommets décrivent n lignes d'ordres : $m_1, m_2 \ldots. m_n$, le dernier sommet libre décrit une courbe d'ordre $2m_1 m_2 m_3 \ldots m_n$.

Si les points fixes ou pôles sont en ligne droite, la courbe décrite est de l'ordre $m_1 m_2 \ldots. m_n$.

Ex. **20**. Chercher les théorèmes corrélatifs des théorèmes qui précèdent, soit par les polaires réciproques, soit par les coordonnées tangentielles.

FIN DE LA GÉOMÉTRIE PLANE.

www.ingramcontent.com/pod-product-compliance
Lightning Source LLC
Chambersburg PA
CBHW052100230326
41599CB00054B/3531